国家重大出版工程项目

WILEY
Publishers Since 1807

植物基因组作图手册
遗传作图与物理作图

The Handbook of Plant Genome Mapping
Genetic and Physical Mapping

Khalid Meksem, Guenter Kahl 编著

康定明 华金平 主译

陈章良 主审

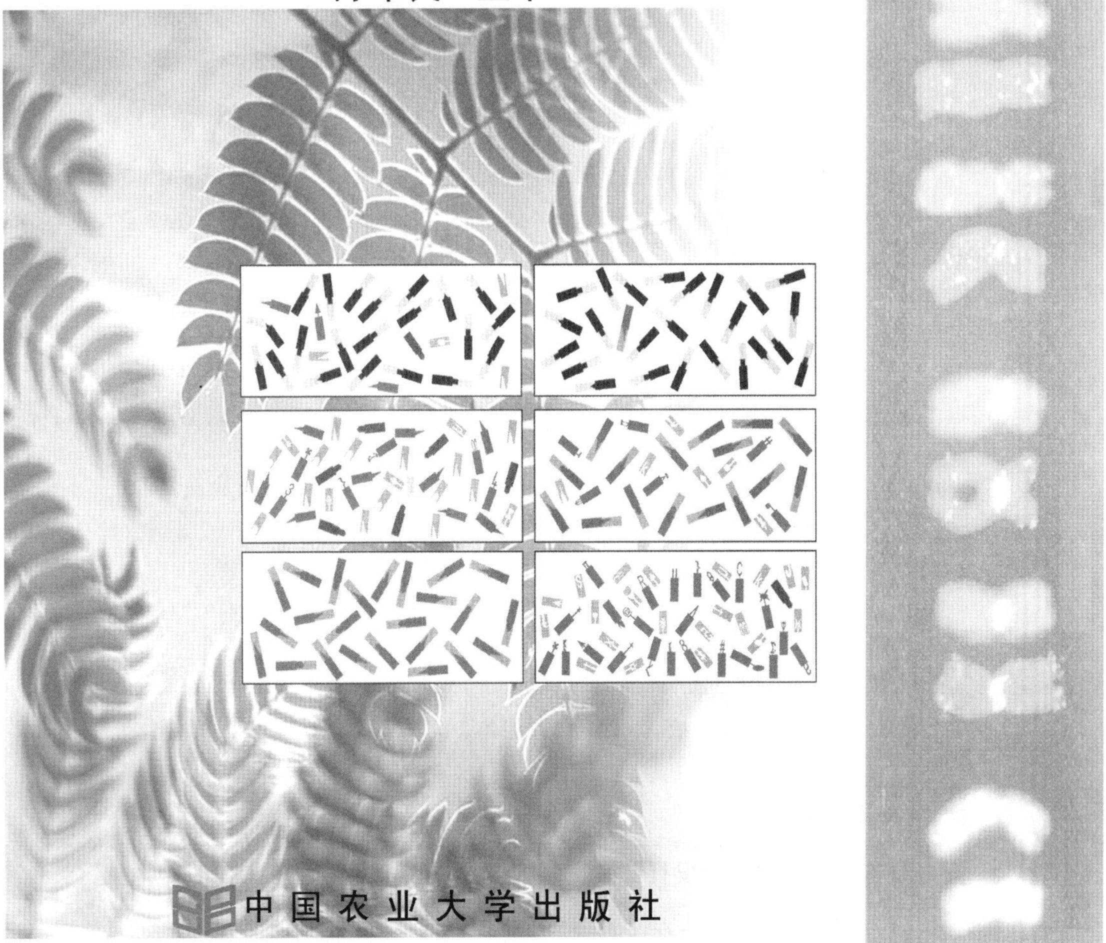

中国农业大学出版社

图书在版编目(CIP)数据

植物基因组作图手册:遗传作图与物理作图/(德)麦克锡等编著;康定明,华金平主译. 北京:中国农业大学出版社,2010.2
书名原文:The Handbook of Plant Genome Mapping:Genetic and Physical Mapping
ISBN 978-7-81117-788-6

Ⅰ. 植… Ⅱ. ①麦…②康…③华… Ⅲ. 植物-基因组-研究-手册 Ⅳ. Q943-62

中国版本图书馆 CIP 数据核字(2009)第 099427 号

书　名	植物基因组作图手册:遗传作图与物理作图		
作　者	Khalid Meksem,Guenter Kahl 编著 康定明　华金平　主译 陈章良　主审		
策划编辑	宋俊果	**责任编辑**	冯雪梅
封面设计	郑　川	**责任校对**	陈　莹　王晓凤
出版发行	中国农业大学出版社		
社　址	北京市海淀区圆明园西路 2 号	**邮政编码**	100193
电　话	发行部 010-62731190,2620 编辑部 010-62732617,2618		读者服务部 010-62732336 出　版　部 010-62733440
网　址	http://www.cau.edu.cn/caup	**e-mail**	cbsszs@cau.edu.cn
经　销	新华书店		
印　刷	涿州市星河印刷有限公司		
版　次	2010 年 2 月第 1 版　　2010 年 2 月第 1 次印刷		
规　格	787×1 092　16 开本　23 印张　454 千字　彩插 6		
印　数	1～2 000		
定　价	98.00 元		

图书如有质量问题本社发行部负责调换

著作权合同登记图字:01-2006-2820。

编者

Prof. Dr. Khalid Meksem

Dept. Plant, Soil, Agriculture
Southern Illinois University
Carbondale, IL 629
USA

Prof. Dr. Günter Kahl

Plant Molecular Biology
Biocentre and GenXPro
Johann Wolfgang Goethe University
Marie-Curie-Strasse 9
60439 Frankfurt am Main
Germany

封面说明：

封面从左向右展示了一个遗传图谱上的一个连锁群，是蓝色区域的放大图，分子标记(RFLP)即是沿着这个区域(用厘摩，cMs)，两个相邻的 RFLP 标记 S10620(红色)和 S14162(绿色)，在距离上相差 1.0 cM。这两个 RFLPs 用放射性同位素做标记后，杂交于一系列固定于尼龙膜上的 BAC 克隆上，通常用来分离包含一序列的基因组 DNA(例如两翼均被标记的基因)，并用荧光原位杂交法(FISH)定位于染色体线上(右边)。这项技术是通过用来作目标序列探索的常规荧光原位杂交技术演变而来的。在传统方法中，两个 BAC 克隆分别被标记于不同的荧光染色体上，它们或者发出红光(S10620)，或者发出黄光(S14162)，染色体先是由分子梳产生的。详见第 6 章：植物染色体的物理作图。

尽管本书倾注了作者、编辑和出版商的大量心血，但还是不能保证没有错误。欢迎读者对书中的叙述、数据、插图、细节或其他内容提出宝贵意见。

Library of Congress Card No.: applied for

British Library Cataloguing-in-Publication Data:
A catalogue record for this book is available from the British Library.

Bibliographic information published by Die Deutsche Bibliothek
Die Deutsche Bibliothek lists this publication in the Deutsche Nationalbibliografie; detailed bibliographic data is available in the Internet at<http://dnb.ddb.de>.

Printed in the Federal Republic of Germany.
Printed on acid-free paper.

Typesetting hagedorn kommunikation, Viernheim
Printing Strauss Offsetdruck GmbH, Mörlenbach
Bookbinding Litges & Dopf Buchbinderei GmbH, Heppenheim

ISBN-13: 978-3-527-31116-3
ISBN-10: 3-527-31116-5

作者列表

Bartoš, Jan
Laboratory of Molecular Cytogenetics and Cytometry
Institute of Experimental Botany
Sokolovska 6
77200 Olomouc
Czech Republic

Doležel, Jaroslav
Laboratory of Molecular Cytogenetics and Cytometry
Institute of Experimental Botany
Sokolovska 6
77200 Olomouc
Czech Republic

Gresshoff, Peter M.
ARC Centre of Excellence for Integrative Legume Research and School of Life Sciences
The University of Queensland, St. Lucia
Brisbane Qld 4072
Australia

Hass-Jacobus, Barbara
Department of Agronomy
Agricultural Genomics
Lilly Hall of Life Sciences
915 W. State Street
Purdue University
West Lafayette, IN 47907-2054
USA

Ishihara, Hirofumi
Department of Plant, Soil and General Agriculture
Agriculture Bldg. Room 176
Southern Illinois University at Carbondale
Carbondale, IL 62901-4415
USA

Jackson, Scott A.
Department of Agronomy
Agricultural Genomics
Lilly Hall of Life Sciences
915 W. State Street
Purdue University
West Lafayette, IN 47907-2054
USA

Jesse, Tacco
Keygene N.V., Agro Business Park 90
P.O. Box 216
6700 AE Wageningen
The Netherlands

Kahl, Günter
Plant Molecular Biology, Biocenter and GenXPro
University of Frankfurt am Main
Marie-Curie-Strasse 9
60439 Frankfurt am Main
Germany

The Handbook of Plant Genome Mapping.
Genetic and Physical Mapping. Edited by Khalid Meksem, Günter Kahl

ISBN 3-527-31116-5

Kubaláková, Marie
Laboratory of Molecular Cytogenetics and Cytometry
Institute of Experimental Botany
Sokolovska 6
77200 Olomouc
Czech Republic

Lee, Mi-Kyung
Laboratory for Plant Genomics & GENEfinder Genomic Resources
Department of Soil & Crop Sciences and Institute for Plant Genomics & Biotechnology
Texas A&M University
College Station, TX 77843-2123
USA

Macas, Jiří
Laboratory of Molecular Cytogenetics
Institute of Plant Molecular Biology
Branisovska 31
37005 České Budějovice
Czech Republic

Mast, Andrea
Third Wave Technologies
502 South Rosa Road
Madison, WI 53719-1256
USA

Meksem, Khalid
Department of Plant, Soil and General Agriculture
Agriculture Bldg. Room 176
Southern Illinois University at Carbondale
Carbondale, IL 62901-4415
USA

Nelson, James C.
Department of Plant Pathology
Kansas State University
Manhattan, KS 66506-5502
USA

Nelson, William
Arizona Genome Computational Laboratory
Institute for Biomedical Science and Biotechnology
303 Forbes Building,
University of Arizona
Tucson, AZ 85721
USA

Nguyen, Henry T.
Department of Agronomy,
Plant Sciences Unit
1-87 Agriculture Building
University of Missouri-Columbia
Columbia, MO 65211
USA

Peleman, Johan D.
KEYGENE GENETICS
P. O. Box 216
6700 AE Wageningen
The Netherlands

Peterson, Daniel
Mississippi Genome Exploration Laboratory (MGEL)
Dept. of Plant and Soil Sciences
117 Dorman Hall, Box 9555
Mississippi State University
Mississippi State, MS 39762
USA

Ren, Chengwei
Laboratory for Plant Genomics & GENEfinder Genomic Resources
Department of Soil & Crop Sciences and Institute for Plant Genomics & Biotechnology
Texas A&M University
College Station, TX 77843-2123
USA

Rouppe van der Voort, Jeroen N. A.M.
KEYGENE GENETICS
P. O. Box 216
6700 AE Wageningen
The Netherlands

Santos, Teofila S.
Laboratory for Plant Genomics &
GENEfinder Genomic Resources
Department of Soil & Crop Sciences
and Institute for Plant Genomics &
Biotechnology
Texas A&M University
College Station, TX 77843-2123
USA

Schneider, Katharina
Max-Planck-Institut für Züchtungs-
forschung,
Carl-von-Linne-Weg 10
50829 Cologne
Germany

Shen, Richard
Illumina, Inc.
9885 Towne Centre Drive
San Diego, CA 92121-1975
USA

Scheuring, Chantel
Department of Soil and Crop Sciences
and
Institute for Plant Genomics and Bio-
technology
2123 TAMU
Texas A&M University
College Station, TX 77843-2123
USA

Soderlund, Carol
Arizona Genome Computational
Laboratory
Institute for Biomedical Science and
Biotechnology
303 Forbes Building
University of Arizona
Tucson, AZ 85721
USA

Sørensen, Anker P.
KEYGENE GENETICS
P. O. Box 216
6700 AE Wageningen
The Netherlands

Sun, Shuku
Laboratory for Plant Genomics &
GENEfinder Genomic Resources
Department of Soil & Crop Sciences
and Institute for Plant Genomics &
Biotechnology
Texas A&M University
College Station, TX 77843-2123
USA

Tooke, Nigel
Biotage AB
Kungsgatan 76
753 18 Uppsala
Sweden

Town, Christopher D.
The Institute for Genomic Research
9712 Medical Center Drive
Rockville, MD 20850
USA

van den Boom, Dirk
SEQUENOM, Inc.
3595 John Hopkins Court
San Diego, CA 92121
USA

Wu, Chengcang
Laboratory for Plant Genomics &
GENEfinder Genomic Resources
Department of Soil & Crop Sciences
Crop Biotechnology Center
Texas A&M University
College Station, TX 77843-2123
USA

Wu, Xiaolei
Department of Agronomy,
Plant Sciences Unit
1-87 Agriculture Building
University of Missouri-Columbia
Columbia, MO 65211
USA

Xu, Zhanyou
Laboratory for Plant Genomics &
GENEfinder Genomic Resources
Department of Soil & Crop Sciences and
Institute for Plant Genomics &
Biotechnology
Texas A&M University
College Station, TX 77843-2123
USA

Zhang, Hong-Bin
Laboratory for Plant Genomics &
GENEfinder Genomic Resources
Department of Soil & Crop Sciences and
Institute for Plant Genomics & Biotech-
nology
Texas A&M University
College Station, TX 77843-2123
USA

译者序

《植物基因组作图手册》是《The Handbook of Plant Genome Mapping》英文版本的中译本，是一本对于控制生物性状遗传位点或者基因进行如何定位作图的手册性专著，阐述了基因定位中各类作图的方法和原理，尤其是对植物性状遗传控制位点的作图进行了举例与分析。全书共分 14 章，举例说明了基于各类型克隆作图的全基因组作图以及染色体作图，包括物理图谱与遗传图谱的联系与特点区分等。适合于生物学科方向的大学生、研究生，以及相关研究人员的阅读和查阅。

随着小鼠和人类，以及模式植物拟南芥、水稻、玉米等全基因组的序列完成，科学家已全面展开了基因功能的研究，而对生物的重要性状表型，通过不同类型作图，确定控制性状表型的遗传位点，对克隆控制性状表型的功能基因或遗传片段，进一步说明其性状表型发育的分子机制是至关重要的，同时也是分子标记辅助育种工作中的不可或缺的基础工作。因此，基因组的作图定位在后基因组时代，仍然起着十分重要的作用，尤其是对于农作物等基因组序列冗长的物种，某种程度上作图定位是基因克隆的必备环节。

目前，国际上专门论述基因定位作图的书籍还不多，在国内图书市场，基本没有见到，为此我们翻译了这本书。在翻译过程中，由于可供参阅和对照的有关中文正式出版物和公认确定的诸多学术名词的中文译名，我们还不掌握，只是应用了常见的中文文献，以及自身教学和学术场合交流应用的一些名词，我们深知这些中文译名也许并不准确和正确，不能得到大家公认，欢迎广大读者在读到此类问题时，来信给予批评指正。

另外，由于原著是若干作者共写，原著中有些图表和内容的对应上有个别不衔接，在翻译时，我们作了相应调整。再者，在原著的索引中，个别条款在对应原文时，也没有找到，对此我们做了适当删减。

该书的翻译过程中，得到中国农业大学出版社宋俊果、冯雪梅和高欣老师的大力支持与协助，在此表示衷心感谢。

译者

2010 年 1 月于中国农业大学

序

人类已经将150种细菌、古细菌的基因组、两种植物的基因组，以及一系列无脊椎动物和脊椎动物基因组，包括人类基因组破译（尽管还不全面），400多种其它生物的基因组测序正在进行。这本《植物基因组作图手册：遗传作图与物理作图》的出版显得晚了一些，实际上许多植物和动物有着不同密度的遗传图谱，这些图谱将有待逐渐完善。一些文章认为今后这个领域的研究工作不必再构建高密度图谱，而是应该提供更多用于图位克隆的基因信息。

其实，基因的遗传图谱与基因其他图谱是相互联系的，也就是说手边即使没有可用的遗传图谱，但只要有一系列多态性亲本，有足够的充分分离的后代，以及高分辨率的分子标记体系，强有力的计算机设备，包括足够的人力与财力，就可以很快、很容易地建立基因的遗传图谱。所以，今后遗传图谱将会相对容易并更加普遍地提供出来。

但是，对于全基因组的完整物理图谱，情况却大不相同。传统上物理图谱是在遗传图谱的基础上获得的，因此除非有其他方法，最实用的建立物理图谱的方法仍然需要手中建立有大量插入克隆的文库，并且最好有高密度的遗传图谱，无论是采用什么方法（因为YAC克隆具有嵌合现象和冗余性，BAC克隆基本已代替了YAC克隆）构建的DNA克隆，只要用单个标记或者多个标记或者标记群能容易鉴定克隆的都是可以应用的方法。与制作遗传图谱比较，制作一个高分辨率的物理图谱仍然需要投入大量的人力、时间、知识和资金。正是因为这个原因，高分辨率的物理图谱只在原核生物上完成得较多，因为许多原核生物的染色体测序已经完成，可以通过将遗传图谱与染色体序列的直接比对，最终得到物理图谱。但是应用这种方法却只在较少的高等生物的物理图谱获得上得到应用。因为许多真核生物还没有这样完整的基因组序列（如完整的物理图谱）。除此之外，组装全基因组序列的技术也仍然必须依赖和利用遗传图谱和物理图谱。这种方法的例外是HAPPY作图方法，因为应用这个巧妙的工具，可以直接而快速地得到物理图谱。所以，在最近一个阶段，对许多在这个领域进行研究的博士后来说，首先还是需要建立目标生物的遗传图谱，包括产生BAC文库和将成千上万个克隆物理比对到重叠群，至少是在目标区域。尽管这是一项单调乏味的工作，但是遗传作图标记仍然将在这个过程中占有重要的地位。

鉴于上述情况，我们邀请了国际知名的而且非常具有能力的植物研究专家，本着实事求是的科学态度，将其学识与智慧贡献给这本《植物基因组作图手册：遗传作图与物理作图》。展现在你面前的这本《植物基因组作图手册：遗传作图与物理作图》是关于这个复杂内容研究方面的最完整的、最新的论文集，而且在这本书的书写和编辑工作中，作者们倾注了大量的心血。所有的作者都在竭尽全力地报告他们在此领域的最新成果和进展，并对所应用的方法进行详细的叙述，以力求展示这个领域未来的研究潜力。可以说这本手册反映了植物基因组遗传作图和物理作图研究方面的世界级水平。

最后，再次衷心感谢所有贡献者，感谢他们使这本书在不久的将来成为植物基因组作图方面的权威论著。

谨将此书献给已逝的 Jozef Stefaan Schell，
感谢他激励着我们去思考，做研究。

目　录

第一部分　遗传作图

第二部分 物理作图

第一部分
遗传作图

Chapter 1

作图群体及遗传作图原理

概　述

用于作图的群体是由同一物种的多个个体组成，或者来自这些个体亲缘物种的杂交所形成，杂交的亲缘物种亲本在研究的性状特征上表现不同。作图工具可被用于鉴定影响和控制表型的遗传因子或遗传位点，以及确定遗传位点之间的重组距离。在相同物种的不同个体，选择在染色体上以固定的线状秩序排列的不同等位型存在的基因。由于不同遗传因子之间的连锁值，是由不同位点之间等位基因的重组事件来估测，而所有染色体上基因之间的连锁关系就构成了这个生物的遗传图谱。作图群体的类型常常由植物的繁殖方式来确定，而在这方面植物主要分成两种类型即自交可育型和自交不亲合型。本章将举例说明重组的分子基础，并总结作图群体的不同类型，讨论它们在不同应用中的优缺点。

摘　要

在遗传学和育种学中，作图群体是用于对控制可测定的表型性状遗传位点进行鉴定的工具。对于自花授粉物种，利用的是 F_2 群体和重组自交系（RILs），而对于自交不亲和的高度杂合物种，F_1 群体是最常选择作图的工具。而对于回交群体（BC）和双单倍体系（DH），两种植物类型都适用。由于分子标记是 DNA 序列的多态性反映，所以 DNA 特异区段的遗传呈现分子标记形式。性状或分子标记之间的重组频率揭示了两个性状或分子标记之间的遗传距离，而当需要某个物种更加完全的遗传图谱时，与性状连锁的分子标记是能够被锁定的。对于基于作图的基因克隆，较大的群体能够提供拟克隆基因与分子标记之间更加精确的图位，及提供分辨率更高的基因定位图谱。

由于集约化的育种和家系选择，只是在相关作物基因池内选择，所以遗传变异是存在局限的，而种间杂交则有助于增加基因池的容量，野生物种的基因可以通过野生种质以基因渗入系的形式带入新的基因，这将具有很高的价值，尤其是针对控制抗病性状基因的选择。可以用近等基因系构建外源基因文库，由于每个近等基因系都含有一段来自野生种的 DNA 片段，由此实现对一个野生种基因池的系统筛选。遗传图谱并不足以说明基因组结构的复杂性，因为遗传图谱只反映了重组信息，以及在基因组上的较大的不同变化。但是，将遗传图谱结合细胞遗传数据是构建基因物理图谱的基础。这样，就为考察基因组结构提供了一个综合的图谱，也方便了基因位置克隆和最终完成对基因组的序列测定。

1.1 引　言

对于作用于可观察表型的遗传相关因素，1865 年孟德尔总结出了它们的遗传规律，孟德尔规律已成为生物学现象中的核心组分。在孟德尔时代，遗传分析局限于只有用视觉来检测植物的表型。在那个时代，豌豆（*Pisum sativum*[Fabaceae]）是一个模型植物，而孟德尔研究可见的性状，如种子和豆荚颜色，种子和豆荚表面的结构（光滑型对于皱褶型）以及植株高度。事实上，这些性状就是生物学上观测到的首个遗传标记。1912 年 Vilmorin 和 Bateson 在豌豆上首次描述了有关连锁性状遗传的研究工作。然而，在豌豆上代表染色体的连锁群概念却一直不清楚。直到 1948 年，Lamprecht 描述了第一张遗传图谱，它提供了分布在 7 个连锁组上的 37 个分子标记（Swiecicki et al. 2000 总结），含有丰富的分子标记群，该标记群目前仍然用于拟南芥许多作物上等（Koornneef et al. 1987；Neuffer et al. 1997）。

在发现更多的遗传标记过程中，依照分子标记的性质，第一类分子标记是同工酶。同工酶在蛋白质的氨基酸成分以及电荷上具有异构重整变化，同工酶能够通过电泳而区分出来，所以这个技术用于植物群体和育种工作中株系和植物系统学的鉴定，而且这也被用作对遗传变异的遗传作图，这在玉米上得到广泛应用（Fei et al. 1986，Stuber et al. 1972）。尽管由于这部分小数目蛋白质的异构重整变化能够通过电泳辨析，但由于同工酶标记的数目并不丰富、是有限的。

分子生物学的发展为在 DNA 水平上分析评价遗传学的变异与遗传提供了多种技术。首先用来描述 DNA 的多态性是限制性片段长度 DNA 多态性（RFLP：restriction fragment length polyphorphism）标记（Botstein et al. 1980），这项技术需要用一个特异的探针在限制酶酶切后与不同基因型基因组的 DNA 片段杂交，整个基因组能够覆盖 RFLP。而且，依靠探针能够分析编码和非编码序列。杂交中的探针可用 PCR 在下一代产生，也就是用随机性扩增 DNA 多态性（RAPD：randomly amplified polymorphic DNA）（Williams et al. 1990；Welsh and McClelland 1990）和放大片段长度多态性（AFLP：amplified fragment length polymorphism）（Vos et al. 1995）。近来，开发出了多种用于检测单核苷酸多态性的方法（见 Rafalski 2002 总结）。而且这些方法具有自动化和多元化，它们能够建立起高密度的遗传图谱。

RAPD 和 AFLP 只是基于对陌生 DNA 片段的分析，而 RFLP 和 SNP 是对表达基因作为分子标记，对于已知序列的基因以及可能影响目标性状的基因，可以用上述标记进行选择和作图。采用这种方式，能构建出基因的功能图谱(Chen et al. 2001;Schneider et al. 2002)，可以通过分离群体及与标记相关的分子标记数据等表型数据确证或否定作用于控制性状的候选单个基因或多个基因。

遗传作图的基础是在不同多态位点之间进行重组，这中间包括了在减数分裂阶段同源 DNA 序列之间的化学反应。目前，有关 DNA 双螺旋打断后修复的模型(Szostak et al. 1983)对减数分裂同源染色体相互之间的重组做了最好的解释(图 1-1)。在这个模型中，两个姊妹染色单体在相同位点打断，它们的端部在 5′端被切除，然后单股 DNA 链融汇成整个的同源体，并且互补配对，单股 DNA 链上的缺失补齐是用整股 DNA 链作为模板，最后 DNA 分子形成两个 Holliday 接合点，并在接合基础上熔解，产生 50%的重组了两侧标记的配子和另 50%的未重组两侧标记的配子。在非重组的配子中，遗传标记定位在单股 DNA 链交换区内，能够进行基因的变换，结果可以产生非同源染色体之间的相互重组，这也是干扰遗传作图的一个问题。植物上，等位基因之间的变换事件由 Büschges et al. (1997)在克隆大麦 Mlo 抗性基因时首次发现。

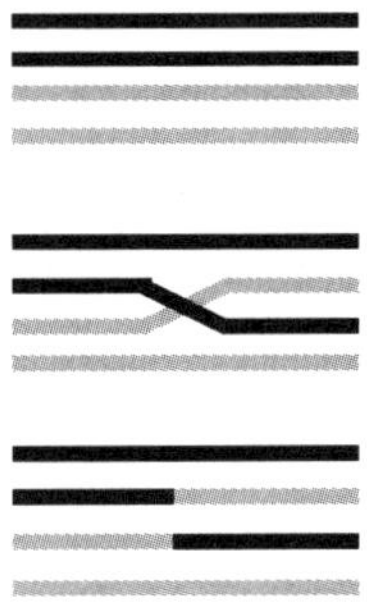

图 1-1　通过染色体交叉产生重组体。在减数分裂前期，每个亲本的两个姐妹染色体(分别由红、绿标记)联会形成二价染色体。染色体交叉点通过在两个非姐妹染色体间交换自然链而形成。互补链间的断裂与重新结合导致重组体产生。

染色体上两个位点之间发生重组事件的可能性，一般是依照染色体上两点之间的物理距离来决定：如果两者之间距离近，则在减数分裂之后他们将倾向聚在一起以连锁方式遗传到子代，随着距离增加，它们之间的重组可能性增加，遗传连锁逐渐减弱，这就是为什么遗传连锁能够用来作为物理距离的测量单位。然而，如果将基因组作为一个整体来看，重组频率是可变的，因为重组受到染色体结构影响，重组常常是被压缩在异染色质附近。在异染色质附近，观察到重组被正向干扰，即沿着同一个染色单体的重组事件被减弱了，这样就减少了双重组子的数目，如三个连锁位点就是这样的情况。

在重组频率和连锁基因位点秩序基础上进行的位点之间的连锁分析，可以通过统计上的最大释然方程来估计(Fisher 1921;Haldane and Smith 1947;Morton 1955)。从分离群体得到的大量数据通常用计算机程序来处理,来计算遗传图,最常见的计算机软件有:JionMap(Stam 1993)和 MAPMAKER(Lander et al. 1987)。

1.2 作图群体

对作图群体的基本要求是,被研究的性状在父母本之间一定要有多态性表现的,而且显著的性状要具有稳定遗传性。在选择作图群体中的父母本时,可参考下列方法:用它们的表型去筛选一组基因型和鉴定表型分布的极端性,最好是亲本之间有较多的遗传差异,这样分离群体中影响性状变异的遗传因素就多,鉴定亲本上控制变异性状的基因将越容易。这个方法可以用于单个基因控制的性状,也可用于多个基因控制的性状。

构建一个作图群体需要考虑的第二个重要特征是植物的繁殖方式。植物有两种最基本的繁殖方式:即自然的自交自花授粉作物如拟南芥、番茄和大豆等,或者能够进行人为手工自交,如甜菜和玉米等。另种方式是自交不亲和,自交敏感植物,如马铃薯。自交不亲合植物表现出高的遗传杂合性,对这样一些物种来说,由于自交的抑制,它们是很难产生纯合株系的。通常只有自交亲和的植物才能够产生表现最大程度纯合性的株系。总体来说,可用的植物材料决定了选择什么样的作图群体。另外需要考虑的因素就是构建群体所需要的时间和对所作图谱的分辨率的要求。所以综合上述概念的讨论,对作图本书将包括以下 7 个部分内容:

1. 适合自交作物的作图群体;
2. 适合杂交授粉物种的作图群体;
3. 两步战略对突变体或 DNA 片段作图;
4. 对特定染色体作图的作图工具;
5. 自然群体的作图和育种池的作图;
6. 基因作图和突变体上物理比对 DNA;
7. 实际作图中常发生的问题。

1.2.1 适合自交植物的作图群体

如果可以应用纯合株系或者能够产生只有一点植物长势变化的纯合株系,作图群体能够由 F_2 代植物、重组自交系(RIL)、回交群体(BC)、基因渗入系等汇聚成外源基因文库和双单倍体株系(DH)。

1.2.1.1 F_2 群体

作图群体的最简单形式就是 F_2 代植物群体(图 1-2),这种类型群体是基于经典遗传学孟德尔规律(1865)的基础。两个来自自然或者人工自交的纯合株系被选作为亲本，亲本 1 和亲本 2。也可用另一种方法，采用双单倍体株系能够避免任何遗留的杂合性(请参照 1.2.1.5)。如果可能的话，理想的两亲本，所有研究性状都应该不同。表型水平上(如形态或者抗病性)或通过核酸水平的分子标记多态性的程度能够鉴定出来。对于自交物种如大豆或油菜，如果两亲本来源是遗传距离较远的，通过杂交可以帮助增加 F_2 群体的多态性，当然这要求杂交后代都是可育的。这样的杂交第 1 代也叫 F_1 代。如果两个亲本株系都是纯合的，那么 F_1 的所有个体都将有相同的基因型和相似的表型，这也是孟德尔规律有关遗传一致性的内容。1 个单个的 F_1 植株然后通过自交产生 F_2 群体，F_2 群体内分离的各个个体在性状特征表现出介于双亲之间的不同，F_2 群体中个体之间的分离与不同是由于遗传物质被复制时减数分裂造成的结果。对于每个共显性标记期望的分离比率是 1∶2∶1(纯合了的像亲本 1(P1)的个体数∶杂合∶纯合的像亲本 2(P2)的个体数)，不利的情况是 F_2 群体不易被保留，因为 F_2 代植物常常不是永生的，而 F_2 代自交后的 F_3 代在遗传上又是不同的。对一些物种如甜菜，可以通过无性繁殖的组织培养来保存 F_2 代，只当需要时再再生和繁殖。还有一个特殊方法来保存 F_2 代群体就是将其保存在 F_3 代植物群体资源池中。而 F_2 代的性状评价只能通过杂交植株进行，如甜菜和玉米的质量和产量特性等。这就要求构建通过将每个 F_2 代个体和与一个共同基因型的测交个体杂交，而获得测交后代群体(详见 Schneider et al. 2002)。理想的状况是，用不同的通用测交亲本所做的不同测交，应该产生的对应结果，而不是一个特定测交亲本基因型的效应。

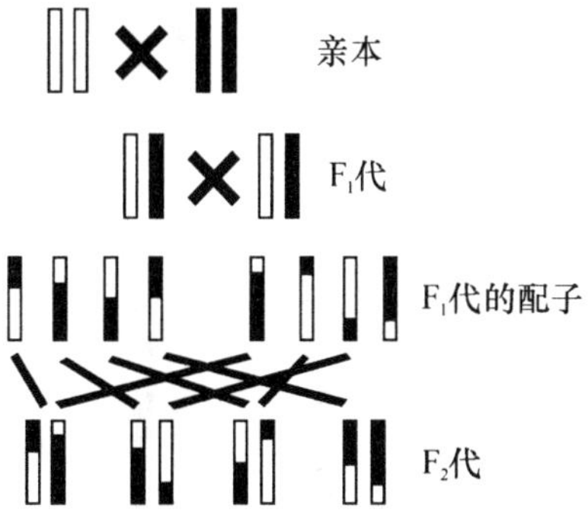

图 1-2 F_2 代群体的产生。两个染色体代表二倍体亲本的基因组。在亲本代，基因型是纯合的(用相同的颜色表示)，而在 F_2 代，基因型是杂合的。经过减数分裂，形成配子，并在 F_1 代配子中产生重组体。相应地，在 F_2 代群体的遗传组分中，产生更多重组体。

为了构建出一个全基因组的概览图，考虑了图谱中个基因位点的分辨率以及工作量、可行性等方面因素，起码应该产生一个含有 100 个个体的 F_2 代群体。

对于数量性状(QTLs：quantity trait loci)的作图，Monte Carlo 模拟方法说明至少需要 200 个个体(Bevis 1994)。对于更高分辨率以作为图位克隆基因的要求，有时也需要培育数千个个体。例如在番茄上有通过分析超过 3 400 多个个体而得到的详细图谱，才获得一个控制果实重量的基因位点的实例（Alpert and Tanksley 1996）。

1.2.1.2 重组自交系

重组自交系（RILs）是纯合子的自交，或者 F_2 群体中个体同胞交配的子代（图 1-2，图 1-3）。重组自交系的概念用于基因作图最早是从小鼠遗传学中开发而来。在动物上，需要大约 20 代同胞交配才能达到有用的纯合子水平。在植物上，重组自交系通过自交产生，除非这个物种是完全的自交不亲和。由于在自交过程中，每个株系的单粒种子是下一代的来源，重组自交系也叫单粒种子后代株系。自我授粉通过相对少的繁殖代产生的重组自交系，事实上，在 6 代之内，几乎所有的纯合性状都能达到。在每条染色体上分布着来自两个亲本的不同等位区。由于重组能使重组自交系的遗传构成不再发生改变，所以在重组自交系的后代几乎不存在分离。这样重组自交系的优点之一就是构成了一个永久的资源，能够被无限复制并与各个研究组分享。重组自交系的第二个优点是，因为重组自交系在完全纯合到达之前，经过了几轮减数分裂，重组的频率要远高于 F_2 代群体。结果是基于重组自交系所作的遗传图谱的分辨率要高于用 F_2 代群体所作的图谱（Burr and Burr 1991），而且图上与基因位点更加紧密地连锁的标记易于被确定。在植物上，重组自交系可应用于许多物种，包括水稻和燕麦（Wang et al. 1994；O' Donoughue et al. 1995）。

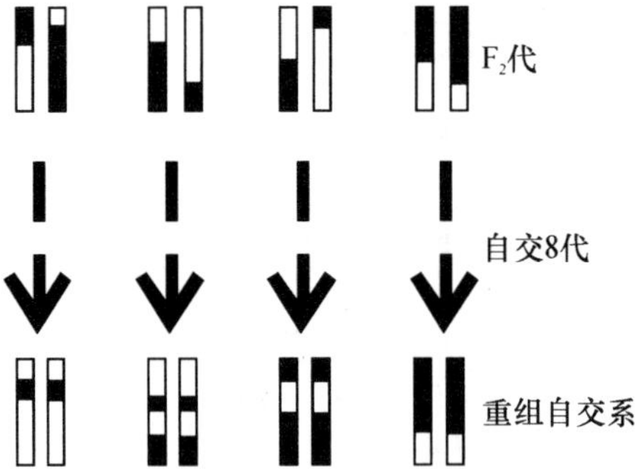

图 1-3 重组自交系的产生。对于重组自交系，植物的 F_2 代群体是连续自交的。在每一代，减数分裂导致进一步重组，减少杂合体直至产生带有任何一方亲本基因组片段的完全纯合的重组自交系。

在拟南芥上，300 个重组自交系已经变成了公共作图工具（Lister and Dean 1993）。重组自交系最初是通过将 Lansberg 生态型和 Columbia 生态型杂交构建的，已建立起较致密的标记框架。在 Landsberg 和 Columbia 之间所表现出的每个基因组片段的多态性可以通过分子技术图谱定位出来。

1.2.1.3 回交群体

为了分析亲本 B 背景中特异的来自亲本 A 的 DNA 片段，两者杂交的 F_1 代植物常与亲本 B 回交。这种情况，亲本 A 是 DNA 片段的供体，而亲本 B 是受体，也叫轮回亲本。在这个过程中，可以达到两个目标：不连锁的供体片段通过分离被分开，连锁的供体片段由于和轮回亲本重组被压缩到最小。为了减少供体片段的数目和大小，回交重复进行，最后产生高代回交系。在每轮回交中，供体基因组部分被减少 50%（图 1-4）。分子标记可用于检查和加快这个过程。在分析保留有马铃薯 *Tm*-2 基因位点的染色体片段时，据估计标记辅助选择减少了需要的回交代数在没有标记辅助选择为 100 代到有辅助标记选择后的 2 代（Young and Tankley 1989）。每次回交的后代在后来筛选由供体提供的性状。如果显性性状，则在后代里可以直接选择，对于隐性性状，还需要鉴定每个回交植物的自交后代。

除了含有 1 个片段到若干个位点的单一片段外，株系之间的其他遗传背景相同的，这也叫近等基因系（NILs）。近等基因系的产生是由包括标记辅助选择的几代回交的后代株系。为了固定供体片段并观察由隐性基因控制的性状，在回交过程完成后，需要两轮额外的自交。如果两个近等基因系表型上表现不同，这个现象被认为是由于渗入的 DNA 片段所带的等位基因的作用所致。这个方法在用于基于基因功能的分析中非常有用。这个方法对那些遗传转化困难，难以获得有兴趣等位基因的转基因物种是特别有价值的。另一个优点是近等基因系之间的基因重排被避免，但如果利用遗传转化转移外源基因，则会发生基因重排。

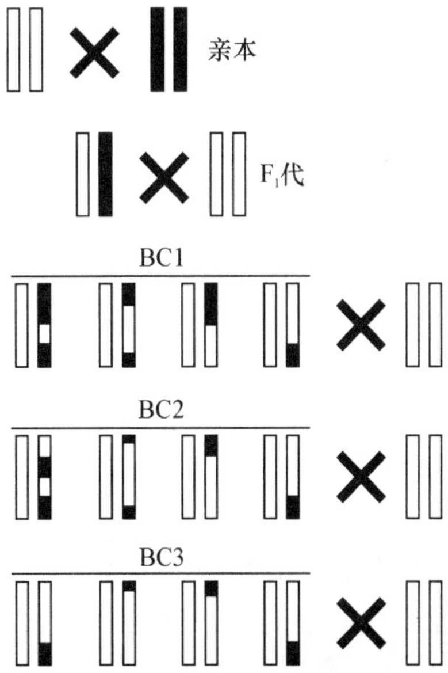

图 1-4 高级回交系的产生。回交系来自 F_1 代与相同轮回亲本回交，回交 1 次，供体亲本基因组片段的数量和大小就会减少，直到可以在轮回亲本中凭单一的 DNA 片段识别回交系。（白色：轮回亲本；黑色：供体亲本）

回交育种是一个重要的方法，如果单一的拟改良性状是抗性等，而必需转入其它性状都无需改良的栽培种时，只需要将这两个株系杂交产生可育的后代即可。镶入了一段来自较远物种的基因组 DNA 片段，这也叫着渗入系，而且镶入来自较远的遗传材料的株系表明可作为品种间的代换系。

1.2.1.4 渗入系：外源基因文库

如果要更深入的改良植物性状的育种，需要结合所有需要性状的等位基因积极地聚合到优良的栽培品种上。针对一些优良性状，如疾病抗性或质量参数等，这些性状对应的等位基因的一个可能来源，就是来自远缘的相关物种甚至野生物种。如果需要聚合这些已经知道的性状，遗传性状即相应位点的渗入，就能够通过一种直接的以标记辅助选择的方式完成。然而，一直以来野生物种影响数量性状的潜力其实并没有充分的利用，在这种情况下，回交育种就是一个很好的方法，可以鉴定单一的贡献于性状的遗传成分。近等基因系是经过高代回交过程构建的，这种情况下基因的表型效用是易于检测的，例如 Tankely(1996)等的工作，就是从野生番茄 *Lycopersicon pimpinellifolium* 物种定位到一个对番茄果实大小和形态的正向效应位点。

为了评价微小染色体在整个基因组水平的渗入效应，需要建立外源基因渗入系的文库，创制能够产生含有不同外源基因组片段的渗入系。这样的文库也叫外源基因渗入文库，是通过高代回交建立的。这个对应一个轮回亲本回交的过程(ADB)和标记辅助选择到 6 代，并完成自交 2 代或更多代而产生后代植物含有纯合的渗入 DNA 片段(见 Zamir 2001 总结)。一个番茄渗入系是由来自野生的绿色果实物种 *L. pennellii* 和番茄品种 M82 杂交(Eshed and Zamir 1995)获得。这个株系在高代回交过程后的株系相似于栽培亲本，但是拥有回交片段的回交后代有更加细微的表型效应，能够很容易的被鉴定出来。总之，对于所有目标性状的表型评估将揭示回交渗入的基因组片段对观测性状的正向效应。渗入片段可以通过使用分子标记来很清楚的鉴定。

在这本书中，要注意的是重组在远缘杂交间被减少，因为 DNA 序列不同，导致减数分裂时染色体无法配对。这种情况，反过来产生一种现象叫连锁拖曳，这种现象描述的是在回交育种中比预期还要大的 DNA 片段被保留下来的状况(Young and Tankely 1989)。下面的例子解释了这个概念：对于来自远缘野生种 *Lpcopersicum peruvianum* 的 *Tm2a* 抗性基因渗入番茄，遗传距离与物理图距的比率远超过 4 000 $kbcM^{-1}$，而栽培种上的平均比率只有 700 $kbcM^{-1}$ 左右(Ganal et al. 1989)。

1.2.1.5 双单倍体株系

双单倍体株系的每个细胞中包含两组相同染色体。这两组染色体是完全纯合的，对所有包含的基因来说只能利用一种等位基因。双单倍体株系可以从单倍体株系产生，就像在油菜和玉米中单倍体株系也能够自发的产生，也能够人工诱导产生，单倍体植物较小而且活力不如双倍体，基本不育。在特殊的培养基上通过培养单倍体的未成熟花药可以诱导单倍体。单倍体植物可以在配子体细胞发育的单倍体细胞时产生。第二个选择是小孢子培养，在栽培大麦上，可以通过用来自野生种 *Hordeum bulbosum* 诱导产生单倍体胚。在胚的第一个细胞分裂时，*Hordeum bulbosum* 的染色体被除去，留下了来自卵细胞的单倍染色体组。偶然地，单倍体植物的染色体组也能自发的加倍，产生双单倍体株系（DH）。这样的植物也可以通过施用秋水仙处理加倍单倍体或者其他部分来产生双单倍体株系。秋水仙主要是阻止细胞有丝分裂过程中的纺锤丝的结构形成，这样就阻止了染色体的分离，而使单倍体细胞的染色体得到加倍。如果是从单倍体植物上诱导产生的愈伤组织，愈伤组织细胞内的染色体数目时常会在内源有丝分裂自发加倍，而通过体细胞胚发生而产生的双单倍体株系。但是，离体培养条件可能会降低用于遗传作图的再生材料的遗传变异。

双单倍体株系，构成了一个可用于作图的永久资源，在产生作图群体时也是理想的杂交配对，因为它们没有残留的异质性的问题，保证了非常纯合。这种方法在小麦，大麦和水稻上的成功应用实例见 Chao et al.（1989），Heun et al.（1991）和 McCouch et al.（1988）。

1.2.2 杂交授粉作物的作图群体

由于自交不亲和性，一个物种上不能产生纯合系或者难以自交，就只有杂合的亲本植物被用作产生作图群体，如 F_1 代，或者回交株系（BC）。在少数树木物种上，如苹果树，梨树，葡萄数或者马铃薯上是这种情况。不同树木栽培品种之间的杂交后的 F_1 代可以用作基因型分析（Maliegaard et al. 1998；Yamamoto et al. 2002；Grando et al. 2003）。在马铃薯上，用作一次杂交中亲本株系间的异质性估计在 57%～59%（Gebhardt et al. 1989）。建立杂交群体时，来自双亲的不同等位基因贡献给 F_1 代个体。分子标记之间的连锁可以通过双亲产生的遗传图谱来估算。Gebhardt et al.（1989，1991）报道：在马铃薯上构建了一个回交群体，在这个群体中 F_1 代个体植物和其中一个亲本授粉，为了保持作图群体的 F_1 代基因型的成分，亲本株系和每个 F_1 后代都是通过无性繁殖方式繁殖保存后代。

1.2.3 用两步策略对突变体和 DNA 片段作图

对突变体作图总是需要构建分离群体。第一步，是选择紧密连锁或者共分离标记，第二步，决定这些分子标记在所作图中的位置。而且在第一步中要求有一个针对目标性状的分离群体，并且连锁标记能够被锚定在一个参考群体中，而在这个参考群体中有可用的精密分子标记框架图。当较大一组突变体需要在有限时间里作图时，上述方法是特别实用的。

这个概念被 Castiglioni et al. (1998)通过 AFLP 标记应用在大麦突变体的作图上。这个方法就是采用 AFLP 标记，因它具有非常丰富的易区分标记，可以依此为指标，利用能结合的有限数量 PCR 引物对，对整个基因组进行筛选。在 Castiglioni et al. 的这篇论文中，他用来自 Proctor X Nudinka 杂交株系之间得到的 511 个 AFLP 标记构建了遗传图谱。为了对形态突变体作图，突变体分别与 Proctor 和 Nudinka 杂交，而且通过 AFLP 标记分析挑选到 30～50 个突变体植株。由于突变体群体的 AFLP 特异条带有无与 Proctor X Nudinka 杂交后代作图中表现出的特异片段条带是一致的，所以可以依此推理出突变 DNA 片段在图中的位置，最后在同一张图上锚定突变位点。

Michelmore et al. (1991)介绍了可以采用的丰富连锁分子标记的不同方法，提出大片段分离分析(bulked segregant analysis，BSA)这个概念，以下介绍在此基础上产生的分析方法。BSA 只需要有一个对目标性状分离的群体，选择 2 个大片段区段或者以各自呈分离状的基因型所组成的 DNA 片段池，其中群体中就会有呈现突变体或野生型表型的纯合个体。这个说明对于基因作图的基因组区域，在每个由个体组成的池中是相同的。但是，当在 DNA 片段池之间，所选择的区域在分子上不相同时，基因组其他部分的遗传构成是随机的。大片段区段的多态性筛选是采用 RFLP，RAPD 或 AFLP 等分子技术来进行的。在它们首轮的 BAS 分析中，Michelmore et al. (1991) 在莴苣上鉴定出一些连锁于一个霜霉病抗性基因的一些连锁分子标记。它们产生了 17 个 F_2 代个体，这 17 个个体对于所选择的抗性位点 DM5/8 的等位基因是纯合子，使用了 100 个随机 RAPD 引物检测了大约 900 位点来分析它们，经鉴定有 3 个 RAPD 标记连锁到抗性位点。这个工作表明分子标记能够在目标位点两侧之间的 0～25 cM 区域内被可靠的鉴定。这个方法能够一步步在实际中操作应用，通过这种方法，可通过更靠近基因的、并与之连锁的每个新标记，构建出新的遗传位点区段组。每个分子标记与标签位点的连锁关系是通过分析分离群体中的单株植物来确证的。在引用的上述工作中，BSA 的 DNA 片段池来自作图群体，但是按照前面强调的两步法方法，BSA 分子标记也能够在不同群体中被锚定。

1.2.4 具体染色体的作图工具

针对具体染色体的作图工具，可以利用一个分离群体来确定基因型，即通过对每个染色体直接筛选其连锁关系的方式。这种方式首先可利用的是如果突变株系拥有一个或几个可见的作图突变，如在拟南芥上就有这样的拥有多个分子标记的株系可以利用：如株系 W100，包含有已鉴定的 5 条染色体的每个臂的突变(Koorneef et al. 1987)。拥有基因型 *aa*,*bb*,*zz* 的分子标记株系与 *mm* 基因型的突变体株系杂交。后代自交产生 F_2 群体。在这个群体中计算基因型为 *aa*/*mm*,*bb*/*mm*,*zz*/*mm* 的双突变体出现的频率,预期隐性双突变的遗传后代在双突变体杂交后代中为 1/16。如果出现少于这个预期,在这个双突变体杂交后代出现的比率,就可以被看作是突变位点 *m* 与被检测的分子标记之一是连锁的,而因此降低了重组的证据。两个位点在物理位置上越接近,重组事件就发生的越少。

过去的十来年,已开发了许多类型的分子标记,对于一个在已知遗传背景下的确定突变,必须与一个对照的基因型进行杂交,然后选择这个杂交后代产生表型的 F_2 代植物进行分子分析。拟南芥上,已在不同生态型如 Columbia 和 Landsberg erecta 上建立了很好的标记,并且已开发出 CAPS(amplified polymorphic sequence)和 SSR(simple sequence repeat)分析标记(Konieczny and Ausubel 1993;Bell and Ecker 1994)。经在突变体 F_2 代植物上检测,分子标记的位点覆盖了整个基因组,而且在突变的等位基因和标记等位位点之间呈现低的重组率说明突变等位基因和标记位点是连锁的。

1.2.5 自然群体与育种池的作图

一个物种中个体之间的自然变异也可用于作图。对于作物通过分析不同类株系的能够实现这个目的,这个方法适合于对由许多数量性状基因影响的复杂性状作图,这样的一些位点也叫数量性状位点(QTL)。对一个已知性状,建立一套完整的表型呈梯次变化的不同变异类型(accession)株系是非常重要的,特别是,如果能利用极端表型将更好。这是因为以下考虑,由于在一个特别的基因型中原本存在的基因组片段能够像非重组区段一样被传递,而那些标记,如单核苷酸多态性(SNPs: single-nucleotide polymorphisms),以及插入片段(insertions)或者删除片段(deletions),则很容易随着上述区段遗传。这样一些可遗传的单位也被称为单倍型(Haplotypes)。而它们的存在说明在紧密连锁基因之间的等位变异中存在一种连锁不平衡(LD, linkage disequilibrium)状态。已证明在玉米和甜菜上存在明显单倍型(Ching et al. 2002, Schneider et al. 2001)。

针对与特异极端表型相联系的单倍型的找寻有两种策略,一方面如果有丰富的序列信息可用作开发标记,则可以用与表型相联系的标记筛选整个基因组。但是,由于连锁平衡延伸不会超过 2 000 个碱基(见评述:Buchler and Thornsberry 2002)。所以,这种方法通常很耗时间花费也太大。另一种方面是针对预测的基因的生理功能,只集中做若干可能影响所分析性状的候选基因,这种方法已在玉米上成功应用。如果在我们研究不相关的基因型时,一个标记的等位基因或者是单倍型显著与一特殊表型相联系,那么在一个标记和一个表型性状间存在联系。在玉

米上已发现 *dwarf8* 是一个影响株高的位点(Thornberry et al. 2001),淀粉代谢的6个基因影响籽粒质量(Whitt et al. 2002)。这个方法的优点是不用构建实验群体,特别是对自花授粉作物以及自然生态型的自交系个体都有很强的实用性,因为这个方法只需要进行一次表型分析。自然群体的信息是非常丰富的,因为通常每个标记位点都有超过两个的等位基因,对作物来说不同的育种株系代表了极端的表型也可以被用于同一目的。

当自然群体的不相关株系通过许多代后自然地遗传分离,则会相对应发生大量减数分裂导致的高频率重组。所以,由于仍然存在的连锁平衡(LD)区段的限制,由基于性状所支持的位点能够被很高精度的作图,而且这个作图精度能够大大超过 F_2 代群体的分辨率。所以,关联作图能够极大地加速 QTL 图位克隆的进程。但是,这需要进行全面地统计估算分析株系之间相关性和整个群体结构,只有当群体结构是很均匀的情况,单倍型和表型之间的关联才能够实现。

1.2.6 对在物理结构图谱上与 DNA 对应基因和突变体的作图

遗传图谱的距离是基于重组率,但是重组率在基因组上是不均衡分布的,在异染色质区如着丝粒,重组率明显降低,在这种情况下,细胞遗传作图能够提供一种互补信息,因为它们是建立在染色体的精细结构基础上,染色体能够在显微镜下观察到,而且能够通过特殊染色方式被定性,如用 Giemsa C 带,或者能够在形态结构基础上,如着丝粒、核组织区(NOR)、端粒以及所谓的结合特殊形态的可遗传异染色质区。细胞遗传图谱使得连锁组和染色体联系在一起,染色体的方向决定着连锁组的方向。在一些物种,如玉米、小麦、大麦和拟南芥等物种,携带有染色体缺失、移位、断裂或者三染色体的株系,能够在细胞遗传学中作为很有价值的工具(Helentjaris et al. 1986;Weber and Helentjaris et al. 1989;Sandhu et al. 2001;Künzel et al. 2000;Koornneef and Vanderveen 1983)。染色体数目上的许多异常结合分子标记,如由 RFLP 产生的分子标记数据能够很清楚地辨别染色体。确定了的染色体异位断裂点也能够在染色体臂上的具体区域来确定探针区域。

最近,已开发出原位杂交技术(*in situ*)等能够同在染色体上定位核酸的许多技术。在细胞分裂的粗线期,既减数分裂前期的一个阶段,此时染色体长度比有丝分裂中期要长 20 倍,它们表现出来非常易于辨别的明亮荧光异染色质区段类型。依这种方法,在基于染色体长度、着丝粒位置、异染色质类型以及重复序列的位置等,可能可以对所有染色体进行鉴定。像 5S rDNA 和 45S rDNA 等通过荧光原位杂交(FISH:fluorescense in situ hybridization)均可以观察到(Hanson et al. 1995),如在苜蓿上(Kulikova et al. 2001)。在番茄上这个也已成功地定位了两个邻近常染色质结合处和着丝粒周围的异染色质基因(Zhong et al. 1999)。而且,能辨别更精细的多种色泽的FISH甚至可以定位单拷贝的序列(Desel et al. 2001)。这本书中,基于FISH的细胞遗传学作图对于在BAC克隆以及染色体上其他DNA序列位置所建立的物理图谱提供了很好的参考信息(Islam-Faridi et al. 2002)。

1.2.7 作图中的具体问题

遗传多样性的丢失无疑会影响一个新品种的培育,*Lycopersicon*这个种是今天番茄栽培种的祖先,它在开发中间出现的问题是遗传多样性丢失方面的一个很好实例(Mille and Tanley 1990)。当西班牙探险家将番茄从拉丁美洲带到欧洲时,假如只是带了有限的种子(和不同类型)而且这些成为今天栽培种,这样就有了瓶颈,育种方法就只是想单粒种子的后代,而且系谱选择也促使了遗传的一致性。因为番茄栽培品种一般是自交亲合,这样就进一步导致DNA的多态性减少。用RFLP分析,发现多态性探针的杂交程度在今天番茄杂交种中表现特别低(Miller and Tanksley 1990)。番茄基因型遗传多样性低表明,是由于在一组番茄变异类型中少量的微卫星等位基因造成的(Areshchenkova and Ganal 2002)。*Lycopersicon*种是自交不亲和性的,在品种内以及类型之间表现出非常大的遗传距离,说明繁殖方式在保持遗传变异方面的作用。应用遗传上不一致的地方品种就是增加遗传多态性的一个方法。已知几乎所有的*Lycopersicon*种的类型都能够与栽培番茄杂交,通过构建种间杂交而不是种内杂交,并建立群体,从而介导新的遗传因子进入作物育种基因池。

第二个问题是,经常会遇到遗传作图与分离比率不符而存在偏离分离比率的情况。这种情况描述的是在一个已知基因型类群的分离群体中,预期的孟德尔比率个体会有背离(Lyttle 1991)。也就是由于在植物上常会发生相关的配子由于丧失功能,而造成一种类型的等位基因比率变低(Xu et al. 1997)。这种情况可能在花粉、大孢子发生,或者两者同时发生,另外这种情况也可以用雄配子和雌配子的选择性不育的理由来解释,或者是由于对特殊配子基因类型的育性选择结果造成的。种子发育、种子萌发或者植物生长过程的选择也可以主动进行。在水稻上已发现并证明了有关影响配子体发育的基因位点,导致了偏离的分离比率(见Xu et al. 1997的总结),这些位点的作用被解释为是负责消除部分或全部带有一个亲本等位基因的配子。与配子体发育位点连锁的,也可以被作为是配子消除基因,划分出致死基因位点的分子标记位点也表现出分离的偏离,就像在马铃薯上讨论过的,自交不亲和位点阻止了花粉的自交,也是导致分离偏离的直接原因(Gebhardt et al. 1991)。如果一个位点接近一个被分离偏离影响的染色体区段,那么以具体重组代为目标的育种进程就会直接受影响。

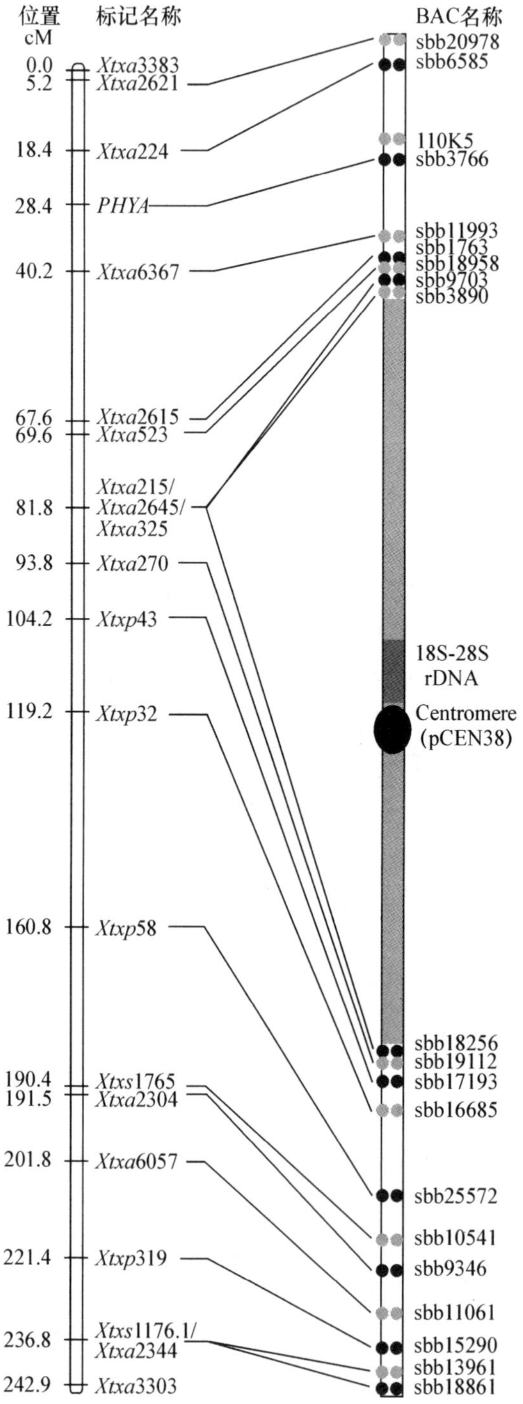

图 1-5 高粱1号染色体遗传图谱与物理图谱的比对(图来自于 Islam-Faridi 等. 2002, Courtesy of Genetics)。20 个高粱 BACs, 18S-28SrDNA,及 CEN38 的胞质遗传图表(着丝点克隆;右侧)。

1.3 讨论

在植物育种领域，对于鉴定遗传因子，遗传定位作图仍然是最有价值的方法，特别是对数量性状位点作用的一些鉴别上。遗传连锁标记可以被用作分子标记辅助选择育种，在早期阶段通过相关性状期望水平的表现来鉴定个体，以SNP检测为基础的高通量技术(Rafalski 2002)，使得在较短的时间内对成千上万个数据点进行划分评价，这项技术大大地减少了田间试验的规模。所以，手中拥有本章节描述的作图工具是非常重要的。

在试验设计中作图的分辨率是常被考虑的重要因子，还有作图所需要的时间以及人工耗费。尽管应用重组自交系，近等基因系和基因渗入系等，在有关作图精度上都有很高的评价，但构建它们都是非常费力和耗时的工作。另一种可以选择的方法是，通过对含有突变区域的 F_2 群体的突变区域的一定范围的位点作图，也可以通过和具有很高分辨率图的群体进行杂交，与已有图谱群体建立连锁关系的方法(Castiglioni et al. 1998)。再者，在自然群体的基础上开展工作而绕过构建试验作图群体，可以仍然保持一个高的作图分辨率，因为可以利用植物进化中发生的多个减数分裂事件(Rafalski 2002)。任何存在于连锁不平衡区域，并与性状有关遗传因子附近的分子标记，或许可以用作指示一个性状表达的水平。

下一步是对遗传因子本身的鉴定。除非一个基因是被候选基因的方法标签，那么通过构建部分物理图谱的图位克隆方法就应该选择。当然这需要建立大量插入的克隆如BACs而构建毗连群，而BACs是按照DNA指纹(DNA fingerprinting)的数据来构建。在植物上，实际工作中，遗传位点以及整个基因组的物理图谱可以同时开展，而且在植物上已有了模式植物上如拟南芥、作物的水稻和高粱的图谱(Mozo et al. 1999; Tao et al. 2001; Klein et al. 2003)，而对那些已经完成了全基因组测序的植物，如拟南芥(The Arabidosis Genome Initiative 2000)和水稻(Yu et al. 2002)，这种方法就变得更加容易。另一种方法也能够从完整的DNA序列基础上，开发出定位在部分基因组区域的新的遗传标记，并应用在作图中。一旦被克隆，一个基因就可以应用到转基因中。对失去特异性状突变体的表型互补试验，是鉴定基因功能的最终证据，而由此优良品种就可利用这个基因了。另外，基因鉴定的相关研究也能够对与具体标记相连锁位点的优良等位基因开展检测。

总之，利用群体进行遗传位点作图是对所选择的遗传因子和将一个物种基因组的组织结构作为一个整体来了解的最基本工具。它们是在物理结构水平或序列水平上解释大量和复杂基因组，进行基因组学研究的根本。

致谢

The author would like to thank Francesco Salamini for fruitful discussions in writing this chapter.

参考文献

Alpert KB, Tanksley SD (1996) High-resolution mapping andisolation of a yeast artificial chromosome contig containing fw2.2: A major fruit weight quantitative trait locus in tomato. PNAS USA 93, 15503–15507.

The Arabidopsis Genome Initiative (2000) Nature 408, 796–815.

Areshchenkova T, Ganal MW (2002) Comparative analysis of polymorphism and chromosomal location of tomato microsatellite markers isolated from different sources. Theor Appl Genet 104, 229–235.

Beavis WD (1994) The power and deceit of QTL experiments: lessons from comparative QTL studies. Proc. 49th Ann. Corn and Sorghum Ind. Res. Conf., Washington, DC American Seed Trade Association.

Bell C, Ecker J (1994) Assignment of 30 microsatellite loci to the linkage map of Arabidopsis. Genomics 19, 137–144.

Botstein D, White RL, Skolnick M, Davis RW (1980) Construction of a genetic linkage map in man using restriction fragment length polymorphisms. Am. J. Hum. Genet. 32:314–331.

Buckler ES, Thornsberry JM (2002) Plant molecular diversity and applications to genomics. Curr. Opin. Plant Biol. 5:107–111.

Burr B, Burr FA (1991) Recombinant inbreds for molecular mapping in maize: theoretical and practical considerations. Trends in Genet. 7, 55–60.

Büschges R, Hollrichter K, Panstruga R et al. (1997) The barley Mlo gene: a novel control element of plant pathogen resistance. Cell 88, 695–705.

Castiglioni P, Pozzi C, Heun M, Terzi V, Müller KJ, Rohde W, Salamini F (1998) AFLP-based procedure for the efficient mapping of mutations and DNA probes in barley. Genetics 149: 2039–2056.

Chao S, Sharp PJ, Worland AJ, Warham EJ, Koebner RMD, Gale MD (1989) RFLP-based genetic maps of wheat homoeologous group 7 chromosomes. Theor. Appl. Genet. 78, 495–504.

Chen X, Salamini F, Gebhardt C (2001) A potato molecular-function map for carbohydrate metabolism and transport. Theor. Appl. Genet. 102, 284–295.

Ching A, Caldwell KS, Jung M, Dolan M, Smith OS, Tingey S, Morgante M, Rafalski AJ (2002) SNP frequency, haplotype structure and linkage disequilibrium in elite maize inbred lines. BMC Genetics 3, 19.

Desel C, Jung C, Cai D, Kleine M, Schmidt T (2001) High-resolution mapping of YACs and the single-copy gene Hs1(pro-1) on Beta vulgaris chromosomes by multi-colour fluorescence in situ hybridization. Plant Mol. Biol. 45:113–122.

Eshed Y and Zamir D (1995) An introgression line population of Lycopersicon pennellii in the cultivated tomato enables the identification and fine mapping of yield-associated QTL. Genetics 141, 1147–1162.

Fisher, RA (1921) On the mathematical foundations of theoretical statistics. Philos. Trans. R. Soc. London, Ser. A 122, 309–368.

Frei OM, Stuber CW, Goodman MM (1986) Use of allozymes as genetic markers for predicting performance in maize single cross hybrids. Crop Sci. 26, 37–42.

Ganal MW, Young ND, Tanksley SD (1989) Pulsed field gel electrophoresis and physical mapping of large DNA fragments in the Tm-2a region of chromosome 9 in tomato. Mol. Gen. Genet. 215: 395–400.

Gebhardt C, Ritter E, Debener T, Schachtschabel U, Walkemeier B, Uhrig H, Salamini F (1989) RFLP mapping and linkage analysis in Solanum tuberosum. Theor. Appl. Genet. 78, 65–75.

Gebhardt C, Ritter E, Barone A, Debener T, Walkemeier B, Schachtschabel U, Kaufmann H, Thompson RD, Bonierbale MW, Ganal MW, Tanksley SD, Salamini F (1991) RFLP maps of potato and their alignment with the homoeologous tomato genome. Theor. Appl. Genet. 83, 49–57.

Grando MS, Bellin D, Edwards KJ, Pozzi C, Stefanini M, Velasco R (2003) Molecular linkage maps of Vitis vinifera L. and Vitis riparia Mchx. Theor. Appl. Genet. 106, 1213–1224.

Haldane JBS and Smith CAB (1947) A new estimate of the linkage between the genes for colour-blindness and haemophilia in man. Ann. Eugen. 14, 10–31.

Hanson RE, Zwick M, Choi S, Islam-Faridi MN, McKnight TD (1995) Fluorescent in situ

hybridization of a bacterial artificial chromosome. Genome 38, 646–657.
Helentjaris T, Weber DF, Wright S (1986) Use of monosomics to map cloned DNA fragments in maize. Proc. Natl. Acad. Sci. USA 83, 6035–6039.
Heun M, Kennedy AE, Anderson JA, Lapitan NLV, Sorrells ME, Tanksley (1991) Construction of a restriction fragment length polymorphism map for barley (Hordeum vulgare). Genome 34, 437–447.
Islam-Faridi MN, Childs KL, Klein PE, Hodnett G, Menz MA, Klein RR, Rooney WL, Mullet JE, Stelly DM, Price HJ (2002) Molecular cytogenetic map of sorghum chromosome 1: fluorescence in situ hybridization analysis with mapped bacterial artificial chromosomes. Genetics 161, 345–353.
Klein PE, Klein RR, Vrebalov J, Mullet JE (2003) Sequence-based alignments of sorghum chromosome 3 and rice chromosome reveals extensive conservation of gene order and one major chromosomal rearrangement. The Plant J. 34, 605–521.
Konieczny A, Ausubel FM (1993) A procedure for mapping Arabidopsis mutations using co-dominant; ecotype-specific PCR-based markers. The Plant J. 4, 403–410.
Koornneef M, Vanderveen HJ (1983) A marker line, that allows the detection of linkage on all Arabidopsis chromosomes. Genetica 61, 41–46.
Koornneef M, Hanhart CJ, von Loenen Martinet EP, Peeters AJM, van der Veen JH (1987) Trisomics in Arabidopsis thaliana and the location of linkage groups. Arabidopsis Inf. Serv. Frankfurt 23, 46–50.
Kulikova O, Gualtieri G, Geurts R, Kim DJ. Cook D, Huguet T, de Jong HJ, Fransz PF, Bisseling T (2001) Integration of the FISH pachytene and genetic maps of Medicago truncatula. The Plant J. 27, 49–58.
Künzel G, Korzun L, Meister A (2000) Cytologically integrated physical restriction fragment length polymorphism maps for the barley genome based on translocation breakpoints. Genetics 154, 397–412.
Lander ES, Green P, Abrahamson J, Barlow A, Daly MJ, Lincoln SE, Newburg L (1987) MAPMAKER: an interactive computer package for constructing primary linkage maps of experimental and natural populations. Genomics 1, 174–181.
Lister C, Dean C (1993) Recombinant inbred lines for mapping RFLP and phenotypic markers in Arabidopsis thaliana. Plant J. 4, 745–750.
Lyttle TW (1991) Segregation distorters. Annu. Rev. Genet. 25, 511–557.
Maliepaard C et al. (1998) Aligning male and female linkage maps of apple (Malus pumila Mill.) using multi-allelic markers. Theor. Appl. Genet. 97, 60–73.
McCouch SR, Kochert G, Yu ZH, Wang ZY, Khush GS, Coffman WR, Tanksley SD (1988) Molecular mapping of rice chromosomes. Theor. Appl. Genet. 76, 815–829.
Michelmore RW, Paran I, Kesseli RV (1991) Identification of markers linked to disease-resistance genes by bulked segregant analysis: A rapid method to detect markers in specific genomic regions by using segregating populations. Proc. Natl. Acad. Sci. USA 88, 9828–9832.
Miller JC, Tanksley SD (1990) RFLP analysis of phylogenetic relationships and genetic variation in the genus Lycopersicon. Theor Appl Genet 80, 437–448.
Morton N (1955) Sequential tests for the detection of linkage. Am. J. Hum. Genet. 7, 277–318.
Mozo T, Dewar K, Dunn P, Ecker JR, Fischer S, Kloska S, Lehrach H, Marra M, Martinssen R, Meier-Ewert S, Altmann T (1999) A complete BAC-based physical map of the Arabidopsis thaliana genome. Nat. Genet. 22, 271–275.
Neuffer MG, Coe E, Wessler S (1997) Mutants of Maize. Cold Spring Harbor Laboratory, New York.
O'Donoughue LS, Kianian SF Rayapati PJ Penner GA Sorrells ME et al. (1995) Molecular linkage map of cultivated oat (Avena byzantina X A. sativa cv. Ogle). Genome 38:368–380.
Rafalski A (2002) Applications of single nucleotide polymorphisms in crop genetics. Curr. Opinion in Plant Biol. 5:94–100.
Sandhu D, Champoux JA, Bondareva SN, Gill KS (2001) Identification and physical localization of useful genes and markers to a major gene-rich region on wheat group 1S chromosomes. Genetics 157, 1735–1747.
Schneider K, Weisshaar B, Borchardt DC, Salamini F (2001) SNP frequency and allelic haplotype structure of Beta vulgaris expressed genes. Mol. Breeding 8, 63–74.

Schneider K, Schäfer-Pregl R, Borchardt DC, Salamini F (2002) Mapping QTLs for sucrose content, yield and quality in a sugar beet population fingerprinted by EST-related markers. Theor. and Appl. Genet. 104, 1107–1113.

Stam, P (1993) Construction of integrated linkage maps by means of a new computer package: JOINMAP. The Plant Journal 5, 739–744.

Stuber CW, Goodman MM, Moll RH (1972) Improvement of yield and ear number resulting from selection of allozyme loci in a maize population. Crop Sci. 22, 737–740.

Swiecicki WK, Wolko B, Weeden NF (2000) Mendel's genetics, the Pisum genome and pea breeding. Vortr. Pflanzenzüchtg 48, 65–76.

Szostak JW, Orr-Weaver TL, Rothstein RJ, Stahl FW (1983) The Double-Strand-Break Repair Model for Recombination. Cell 33, 25–35.

Tanksley SD, Grandillo S, Fulton TM, Zamir D, Eshed Y, Petiard V, Lopez J, Beckbunn T, (1996) Advanced backcross QTL analysis in a cross between an elite processing line of tomato and its wild relative L. pimpinellifolium. Theor. Appl. Genet. 92:213–224.

Tao QZ, Chang YL. Wang JZ, Chen HM, Islam-Faridi MN, Scheuring C. Wang B, Stelly DM, Zhang HB (2001) Bacterial artificial chromosome-based physical map of the rice genome constructed by restriction fingerprint analysis. Genetics 158, 1711–1724.

Thornsberry JM, Goodman MM, Doebley J, Kresovich S, Nielsen D, Buckler ES (2001) Dwarfs polymorphisms associate with variation in flowering time. Nat. Genet. 28, 286–289.

Vos P, Hogers R, Bleeker M, Reijans M, van der Lee T, Fornes M, Frijters A, Pot J, Peleman J, Kuiper M, Zabeau M (1995) AFLP: a new technique for DNA fingerprinting. Nucleic Acids Res. 23:4407–4414

Wang GL, Mackill DJ, Bonman JM, McCouch SR, Champoux MC, Nelson RJ (1994) RFLP mapping of genes conferring complete and partial resistance to blast in a durably resistant rice cultivar. Genetics 136:1421–1434.

Weber D, Helentjaris T (1989) Mapping RFLP loci in maize using B-A translocations. Genetics 121, 583–590.

Welsh J, McClelland M (1990) Fingerprinting genomes using PCR with arbitrary primers. Nucleic Acids Res. 18, 7213–7218.

Whitt SR, Wilson LM, Tenaillon MI, Gaut BS, Buckler ES (2002) Genetic diversity and selection in the maize starch pathway. PNAS 99, 12959–12962.

Williams JGK, Kubelik AR, Livak, KJ, Rafalski JA, Tingey SV (1990) DNA polymorphisms amplified by arbitrary primers are useful as genetic markers. Nucleic Acids Res. 18:6531–6535.

Xu Y, Zhu L, Xiao J, Huang N, McCouch SR (1997) Chromosomal regions associated with segregation distortion of molecular markers in F2 backcross, doubled haploid and recombinant inbred populations in rice (Oryza sativa L). Mol Gen Genet 253, 535–545.

Yamamoto T, Kimura T, Shoda M, Imai T, Saito T, Sawamura Y, Kotobuki K, Hayashi K, Matsuta N (2002) Genetic linkage maps constructed by using an interspecific cross between Japanese and European pears. Theor. Appl. Genet. 106, 9–18.

Young ND, Tanksley SD (1989) RFLP analysis of the size of chromosomal segments retained around the Tm-2 locus of tomato during backross breeding. Theor. Appl. Genet. 77, 353–359.

Yu J et al. (2002) A draft sequence of the rice genome (Oryza sativa L. ssp. indica). Science 296, 79–92.

Zamir D (2001) Improving plant breeding with exotic genetic libraries. Nature Rev. 2, 983–989.

Zhong XB, Bodeau J, Fransz PF, Williamson VM, van Kammen A, de Jong JH, Zabel P (1999) FISH to meiotic pachytene chromosomes of tomato locates the root-knot nematode resistance gene Mi-1 and the acid phosphatase gene Aps-1 near the junction of euchromatin and pericentromeric heterochromatin of chromosome arms 6S and 6L, respectively. Theor. Appl. Genet. 98, 365–370.

Chapter 2

遗传作图的分子标记体系

摘　要

遗传变异导致基因组进化，由于 DNA 序列变化在植物和动物种间和种内基因组中自然产生的多态性是遗传变异的基础。分子标记的建立与应用是基于自然发生的多态性。由于 DNA 初级结构的发现，认识到许多物种的 DNA 特点。已开发建立起了许多分子标记检测系统，在遗传分析中，这些系统能够用于区分存在于基因组 DNA 序列中的变异。这些技术中，RFLP、RAPD、SSR 和 AFLP 是通常用于遗传连锁分析的技术。这些强有力的全新的方法衍生出了具有新的植物育种革命意义的新的育种方法，即标记辅助选(MAS)。所有主要作物种的许多基因已被标到或被克隆。目前，遗传连锁分析已经变成了鉴别和定性由多基因控制的，调控重要农艺性状的一个常规工具。本章介绍一些在遗传连锁分析中使用的主要的标记检测体系，对每一个标记体系主要介绍如下几个方面：①发展历史；②优缺点；③检测方法；④在植物基因作图中的应用。

2.1　引　言

分子标记帮助人们能够更深入的认识植物基因组和遗传学的组织与结构，并成功分析了作物中许多具有附加值的性状。行之有效的方法之一就是利用遗传作图技术来定位控制特殊性状的基因，从而找回该重要基因组的信息。应用各种分子标记系统已建立了许多植物物种的遗传，如应用限制性酶切片段长度的多态性(RFLP)(Botstein et al. 1980)，DNA 随机扩增多态性(RAPD)(Willium et al. 1990；Caetano Anolles et al. 1991)；简单重复序列或微卫星 DNA(SSR)(Litt and Luty 1989)；标签序列位点(STS)(Palazzolo et al. 1991)；扩增片段长度多态性(AFLP)(Vos et al. 1995)；单核苷酸多态性(SNP)(Lai et al. 1998)；特异序列扩增区(SCAR)(Williany et al. 1991)；酶切扩增多态性序列(CADS)(Lyarnichev et al. 1993)。每种方法在不同目的的使用中都有自己的优缺点(表 2-1)。然而，RFLP、RAPD、SSR 和 AFLP 标记法在植物各物种遗传作图中应用最多。

相同遗传位点的核苷酸序列多态性是在研究遗传图谱和DNA指纹图谱中发展分子标记的基础。运用分子检测技术可以展示DNA的多态性,这些技术分为基于分子杂交的多样的RFLP技术,以及基于PCR的RAPD、SSR、AFLP技术。当应用分子标记进行遗传图谱分析时,对于大规模的基因型分析,使用分子标记进行遗传作图时,必须考虑基因型分析方法是否简单,性价比要高,分子标记所提供的信息量等。基于这样一个全面考虑,本章只介绍遗传作图中通常使用的四类技术(RFLP,RAPD,SSR和AFLP)。SNP标记,是常被称为"第三代分子标记",该标记在整个基因组非常丰富。SNP对了解基因结构或者对数量性状位点进行QTL作图,以及相关遗传学内容的研究都具有很大的潜力。SNPs将在其他章中介绍。

表2-1 最常用的分子标记系统之间的比较

标记	是否PCR	多态性	显性	重复性	自动化程度	费用
RFLP	否	低/中	共显性	高	低	高
RAPD	是	中/高	显性	低	中	低
SCARS/CAPS	是	高	共显性	高	中	中
AFLP	是	高	显性	高	中/高	中
SSR	是	高	共显性	高	中/高	低
ISSR	是	高	显性	高	中/高	低
STS	是	高	共显性/显性	高	中/高	低
SRAP/ETS	是	中	共显性	高	中	低
IRAP/REMAP	是	高	共显性	高	中/高	低
SNP	是	极高	共显性/显性	高	高	低

2.2 遗传作图中常用的DNA标记

2.2.1 RFLP

在开发的多种分子标记技术当中,RFLPs是动植物遗传图谱计划中所使用的最早的分子标记(也被称作第一代分子标记)。RFLPs是由于DNA序列改变,如单核苷酸突变、从一到几百碱基对的DNA片段的插入或丢失,大的染色体片段DNA的重排。这些变化引起获得,丢失或移动了内切酶位点,而这正是RFLPs产生的基础。已经证明RFLPs在基因型分析是实用的和精确的。RFLPs技术要用特殊的内切酶消化基因组DNA并使之与探针杂交。RFLPs中的探针可以是基因组的DNA片段,cDNA,或是在作物物种的EST项目中开发的表达标签序列(ESTs)。由于RFLP标记是双等位共显性,因此可以用特殊的探针在染色体上定位到一个唯一的位点。但RFLPs分析劳动量大,耗费时间。对RFLP的改良与简化成为高通量的方法已经运用到目前的方法中。在RFLP分析中避免了使用很耗时的Southern杂交,RFLP检测也被PCR-RFLP分析代替,或RFLP标记已经转变为了通过基因组 DNA 克隆的两个末端测序，以及基于末端序列设计寡核苷酸引物的 SCAR 标记了。这些引物被直接在 PCR 反应中用于放大基因组 DNA 的多态区的扩增。如果检测不到扩增片段长度多态性，就要对 PCR 扩增的片段用限制性内切酶进行消化，再检测 RFLPs。

SCARs 的优点在于它是共显性方式遗传，相比较而言，RAPDs 是显性方式遗传的。AFLPs 是基于用 PCR 扩增用特异限制性内切酶消化的片段和含有几个核苷酸碱基的寡核苷酸结合器。该方法可以得到大量限制性内切片段的条带，促进了多态性检测，但是也是显性遗传方式。DNA 片段的数量可以通过选择不同的碱基数和核苷酸组成的接头来控制。这一方法在饱和作图和品种区分中十分有用。对比 RFLP，RAPD 和 AFLP 等 DNA 作图技术，AFLP 是最有效，重现性高的多态性检测技术。这就使得 AFLP 技术在多态检测及精细作图中是很具吸引力的方法。然而，大多 AFLPs 是显性标记，其步骤过于复杂而不适于基因型分析或分子标记辅助选择(MAS)。

2.2.1.1 常规 RFLP 分析技术

1. DNA 准备：调整所有 DNA 样品的浓度，使其浓度一样(500 ng/μL)，用 0.8%的琼脂糖进行电泳。高纯度的 DNA 样品是用任何限制性内切酶消化 DNA 成功的关键因素。

2. 限制性内切酶的消化：将步骤 1 中准备好的 DNA 平均等分在微量离心管中或 96 孔 PCR 板的微孔中。给消化反应准备一个容器，最后将内切酶加入并混匀。基因组 DNA 限制性内切酶消化的配方如下：

DNA	10 μg
10×buffer(缓冲液)	1×
限制性内切酶	3.5 U/μg DNA
H_2O	30 μL

在内切酶最适温下温育 6 h 以上。

3. 琼脂糖凝胶电泳和 Southern 印迹：培育完成后，向每个微管和混孔中加 5 μL的 6×DNA 点样缓冲液(loading buffer)。将混合样品点在 0.8%的琼脂糖电泳胶上，在与片段长度大小对应标准的低压(0.5 V/cm)下电泳 16～18 h。电泳将 DNA 片段分离后，用 Southern 印迹法将 DNA 转移至杂交膜(Hybond N^+ 膜)上。

4. 标记探针：用 ^{32}P 标记探针，一般用随机引物标记法(Feiberg and Vogelstein 1984)。

5. 杂交和放射自显影。

2.2.1.2 PCR-RFLP

尽管 RFLP 作图是一个在许多物种中广泛使用的强有力技术，但是它并不方便，需要的 DNA 量很大。随着 PCR 技术的出现，基于 PCR 的 RFLP 标记得到了发展，它需要很少的DNA，并能快速、容易和高通量的进行基因型分析。PCR-RFLP技术是一种已成熟的方法，它广泛的应用于快速、可靠的检测DNA变异研究中。这些变异导致了唯一内切酶位点，这可通过三个步骤，就可以将一对等位基因区分开：对目标DNA序列进行PCR扩增，限制性内切酶消化，基于电泳的结果片段分析。由PCR-RFLP发展起来的标记也被称作CAPs（酶切扩增多态性序列），并已经证明不仅具有低花费特点，而且在突变位点作图，中等通量SNP基因型分析等方面是一项有效的技术（Neff et al. 1998）。

1. PCR扩增：配方如下（最终浓度）：

PCR缓冲液	1×
$MgCl_2$	2.5
dNTPs	200 μmol/L（4种各自浓度）
正向引物	1 μmol/L
反向引物	1 μmol/L
Taq DNA聚合酶	1 U
DNA模板	1～10 ng

PCR仪运行程序：初始变性：95℃ 5 min；40次循环：95℃ 30 s（变性），50～60℃ 30 s（退火温度是依据引物的 *Tm* 值来确定），72℃ 5 min（延伸）；最后4℃保存。

2. 内切酶消化。

a. 将10 μL的PCR产物转移至每个微量离心管中。

b. 酶切混合物的准备。每个样品加2 μL合适的限制性酶缓冲液，5～10 U酶，每个样品加水至总量为20 μL。

c. 每样品加酶切混合物10 μL。

d. 在PCR仪上适宜的温度保温3 h。

3. 电泳。

a. 取10 μL酶切产物加2 μL 6×DNA上样缓冲液，点样于2%～3%琼脂糖胶，含溴化乙锭（依据区分条带的大小）用TBE缓冲液浸没凝胶，在恒压下电泳。

b. 用紫外透射仪显示凝胶上条带，并拍照。

2.2.1.3 错配PCR-RFLP

CAPS技术中有一个限制就是只有突变产生或者破坏了一个限制性内切酶位点才能检测出。然而，大多单核苷酸的变化并不能使内切酶位点改变。dCAPS（再生酶切扩增多态性序列）是与CAPS相似的一项技术，通过用引物进行PCR反应而发展起来，引物中引入一个或多个错配碱基，这样可以检测出等位基因之间由于只有一个核苷酸的变化而不产生内切酶位点改变的突变（Neff et al. 1998）。通过错配PCR引物获得的PCR扩增产物，由于产生了适宜的酶切位点，可以用合适的内切酶进行酶切，再通过凝胶电泳就可区分出来突变位点。因为dCAPs的自然共显性，用该技术可以快速区分杂合基因型植物。dCAPS标记还可在精细遗传作图中有应用。dCAPS实验方案与CAPS相似。

2.2.2 RAPD

随机扩增多态性DNA(RAPD)是在遗传作图和DNA指纹图谱研究中，基于PCR分子标记而发展起来的较早的标记技术。自此，许多新的基于PCR的分子标记技术因不同目的应运而生。基于PCR的标记是第二代分子标记。在遗传作图，基因组指纹图谱及多样性研究中，该技术得到了广泛的发展和应用。因为RAPD技术相对简单而且引物设计并不是必需序列信息。

当一个单一的随机寡核苷酸引物(约10个碱基)在PCR反应中使用时，它与基因组中的同源序列发生退火。如果引物也与互补链退火，且与其他引物3′末端并不远时，整个基因组中的扩增子就作为目标被扩增(Welsh and McClelland 1990)。由于PCR扩增片段由引物产生，引物杂交到基因组位点是偶然的匹配，或者是几乎完全匹配，在低的严谨条件下一个单一的随机引物将产生多种产物，这可以经电泳后的溴化乙锭染色将其分离开。然而，一个单一引物产生的相对复杂的类型在不同植物材料中有所变化；大多数情况下，一个单一引物提供1到3个强条带，这可以与作图群体的亲本相区别。因此，只有那些在每个类型中都可重现的，强条带才能作为分子标记。RAPD技术在遗传作图和基因组指纹图谱研究中应用并不很多，因为该技术有它自身缺点。其重现性不仅是实验室之间而且一个实验室不同时间的结果重复性也很差，这就使得分享或重现标记信息变得很困难。RAPD的PCR扩增在一个不严格的条件下进行，实际上PCR的每一方面都对重现性有影响。改变PCR参数对低强度的条带影响最明显，而强度很高的条带，其位置和强度也都受影响。

1. 每个微管加入25～50 ng的DNA模板。
2. 准备PCR反应的混合物：

PCR缓冲液	1×
$MgCl_2$	1.5 mmol/L
dNTPs	200 μmol/L(4种各自的浓度)
10-mer寡核苷酸引物	1 μmol/L
Taq DNA聚合酶	1 U
DNA模板	50 ng

3. 将微管放入PCR仪并按下列程序循环：95℃ 3 min；50次循环：95℃ 1 min，36℃ 1.5 min，72℃ 1.5 min；72℃最后延伸10 min。
4. 将10 μL PCR扩增产物与2 μL点样缓冲液混合，加至1%～2%琼脂糖电泳胶上在50 V/cm条件下电泳2 h。

2.2.3 SSR标记

简单重复序列(SSR)或微卫星 DNA 是分子标记中很重要的一类。它包含了基于 PCR 分子标记的核心标记体系，在 DNA 指纹图谱，遗传作图，MAS，遗传多样性研究，群体遗传学研究中应用广泛(Hearne et al. 1992；Zietkiewicz et al. 1994)。植物类群中微卫星标记是丰富的，高多态性、共显性的，能区别多个等位基因的方法，这些多个等位基因是植物中一系列重复单元(基序，motif)的突变产生的，大约 1～6 bp DNA 短序列，如双核苷酸的重复[(AT)n 和(CT)n]，以及三核苷酸重复(ATT)，在整基因组中主要分散于基因和非编码区之间的一些区域(Li et al. 2002)。

微卫星多态性分析是基于 PCR 的一种分析方法。每个微卫星重复序列两侧面存在的两个保守的位点特异的 PCR 引物被用作 PCR 扩增。由引物标记而发展起来多种标记检测方法，凝胶设备，染色用具，检测装置。用两个正常引物或者一个正常引物另一个在 T4 多核苷酸激酶作用下，用放射性[γ-^{32}P]ATP 标记修饰 5′末端进行 PCR 扩增，该放射性标记用起来简单便宜，但比荧光染色法(荧光色基)分辨率低。可用琼脂糖凝胶非变性和变性的聚丙烯酰胺凝胶检测 PCR 产物，在分子标记辅助选择中经常使用 3%浓度的琼脂糖凝胶检测系统和溴化乙锭染色进行检测。在大多数情况，至少可以达到 10 bp 的分辨率。然而，如果 SSR 的 PCR 产物大小差异少于 10 个 bp，同位素标记引物的聚丙烯酰胺凝胶电泳检测系统较为理想。另一个检测方法是在 DNA 测序系统，通过这个仪器检测激发的荧光染料标记检测 SSR 产物。在一定波长范围内，染料可产生荧光，用软件收集并分析这一信息，在图表中判别 SSR 等位基因的峰值。在每个样道内运行内部大小标准，直到能将 1 bp 的差异区分开。在 ABI 公司 DNA 序列仪的一个样道上可用三种不同的染料用作标签分析至少三种标记。如果 SSR 座位的等位基因的大小范围等已清楚，这个数目还可以增加。运用这一信息，处于同一凝胶样道上运行的相同染料的等位基因可被正确的记录，因为它们的大小是在一个与 SSR 位点相对应的范围内。由于这些特征，需要进行的多个 PCR 反应，可以用包括多个引物对的单一 PCR 扩增完成(多重 PCR)，或者将多个单 PCR 扩增产物汇集混合在一起，或者将这些方法相结合。因此，基于荧光的用序列分析仪的基因型分析系统已广泛被采用。该方法通过半自动化的高通量系统，包括用软件精确和定时对等位基因归类，即能精确估计片段大小又能分析数据。这一基因型分析系统在 AFLP 分析中仍可以使用。

荧光法相对其他标记方法有一系列优点：①荧光化合物和底物有比放射性同位素具有更长的存储寿命(放射性同位素要立刻使用以免其衰变)。②与放射性标记和银染色法相比，该方法安全性高，操作性强，用完后处理问题明显容易，且便宜。③荧光检测方法比放射自显影和银染洗片要快得多。④荧光信号在很大的浓度范围内是成线性变化,在数量检测中允许更大幅度的变化。⑤SSR 大小的可变性与荧光团允许复杂标记能同时被检测。⑥通过特异选择荧光标记,能够最大的减小背景。⑦能使用电子数据收集系统,包括决定片段大小的光谱软件和对等位基因及基因型的判定。

2.2.3.1 常规 SSR 分析

A:琼脂糖凝胶检测体系

1. 每个样品进行 PCR 扩增时配方如下:

10×PCR 缓冲液	2.0 μL
$MgCl_2$(50 mmol/L)	1.0 μL
dNTPs(2 mmol/L)	2.0 μL
PVP(20%)	2.0 μL
BSA(10 mg/mL)	0.2 μL
无标记的正向引物(20 nmol/L)	0.4 μL
无标记的反向引物(20 nmol/L)	0.4 μL
Taq DNA 聚合酶(5 U/μL)	0.2 μL
H_2O	9.8 μL
DNA(50~100 ng)	2.0 μL

2. 制备 3%的琼脂糖凝胶,带有 5%的溴化乙锭。
3. 加 5 μL 的 6×点样缓冲液,混匀。
4. 每个样品取 10 μL 点入琼脂糖凝胶分离孔上。
5. 在 60~75 V 的电压下电泳约 3 min。
6. 将凝胶放在成像系统并拍照存留。

B:变性凝胶检测体系(放射性方法)

基于放射性标记方法的不同,在 SSR 多态性检测中主要使用 2 个方法。

方法一是在两条 PCR 引物的其中一条用 T4 多聚核酸激酶在 5′末端加上标记的[γ-^{32}P]ATP。

方法二是经常用的直接添加[α-^{32}P]dATP(Bui and She 1996)。或者在 PCR 混合物中加入[α-^{32}P]dATP(Cregan et al. 1994;Reineke and Karlovsky 2000)。

用 T4 多聚核酸酶标记 PCR 引物

1. 用 T4 多聚核酸酶在两条 PCR 引物之一的引物 5′端标记。

配方如下:

寡核苷酸引物	50 pmol
10×酶缓冲液	2.0 μL
[γ-^{32}P]ATP(7 000 Ci/mmol)	2.0 μL
T4 多聚核苷酸激酶(1 U/μL)	1.0 μL

H_2O 加至	20 μL

在 37℃下温育 1 h。

2. 用小柱 Sephodex G-75 离心法将未被[γ-^{32}P]ATP 标记的寡核苷酸片段分离开。

3. 每个样品进行 PCR 扩增，PCR 扩增配方如下：

10×PCR 缓冲液	1.0 μL
$MgCl_2$(25 mmol/L)	1.0 μL
dNTPs(2 mmol/L)	1.0 μL
5′未标记引物(20 μmol/L)	0.1 μL
3′未标记引物(20 μmol/L)	0.1 μL
标记引物	1/100 th
Taq DNA 聚合酶(5 U/μL)	0.1 μL
加 H_2O 至	8 μL
DNA(50～100 ng)	2.0 μL

4. 每个 PCR 管等分样 8 μL(除了 2.0 μL DNA 模板)。

5. 准备 6%浓度的聚丙烯酰胺标准测序凝胶，7.7 mol/L 尿素。

6. 每个 PCR 管加 2 μL 6×DNA 点样缓冲液，取 2～4 μL PCR 产物点样。

7. 可依据扩增产物大小，60～70 W 电泳 2～3 h。

8. 放射自显影观察 SSR 条带。

同位素直接混合到 PCR 产物中

1. PCR 扩增：

Tris-HCl pH 9.0	10 mmol/L
KCl	50 mmol/L
$MgCl_2$	1.5 mmol/L
dNTPs	0.2 mmol/L
5′引物	0.15 μmol/L
3′引物	0.15 μmol/L
Triton X-100	0.1%
[α-^{32}P]dATP(10 μCi/μL)	0.1 μL
Taq DNA 聚合酶(5 U/μL)	0.2 μL
DNA(50～100 ng)	2.0 μL
H_2O 加至	10 μL

用如下程序在 PCR 仪上进行 PCR 扩增反应：94℃变性 3 min；35 次循环：94℃ 1 min，47～60℃(依据引物定)1 min，68℃ 1 min；72℃最后延伸 10 min。

2. 制备 6%浓度的标准测序聚丙烯酰胺凝胶，6.0 mol/L 尿素。

3. 点样、电泳、自显影。

C:应用测序仪的 SSR 检测体系

该方法对高通量实验室有效片段分析的是一个很有价值的工具。DNA 片段包括 SSR 的检测可以用凝胶 DNA 测序仪(如 ABI 377 或 LI-COR IRI)或用毛细管 DNA 测序仪(如 16 管的 ABI 3100,9 管的 CEQ 8000,96 管的 ABI 3700,或高通量的 48-,96-,192 管排列的 Aurora)。这里讲述三种荧光标记法:荧光色基修饰引物,含有内部荧光色基修饰的 dNTP 的 PCR 产物,PCR 反应后荧光标记法。

荧光色基修饰引物:

1. 可用于标记正向引物的物质有 6-羧基荧光素(6-FAM;蓝色),6-氯-6-羧基荧光素(HEX;黄绿色);NED(黄色)或 4-氯-6-羧基荧光素(TET;绿色)。

2. PCR 反应混合物配方:

基因组 DNA	5～30 ng
Tris-HCl,pH 8.3	10 mmol/L
KCl	50 mmol/L
$MgCl_2$	1.5 mmol/L
dNTPs	0.2 mmol/L
标记的正向引物	2.5～10 pmol
未标记的反向引物	2.5～10 pmol
Taq DNA 聚合酶	0.5～1 U
dd H_2O 到	10 μL

3. 在 PCR 仪上进行扩增反应,反应参数如下:94℃变性 2 min;30 个循环:94℃ 1 min,47～60℃(依据引物而定)1 min,72℃ 1 min;72℃ 最后延伸 10 min。

注意:扩增后,将等量的 PCR 产物(0.5～1.5 μL)与 10 μL 甲酰胺和 Rox(红色)标记的内部大小标准(GENESCAN-500 或 GENESCAN-400)相混合,在 94℃下 4 min 变性,最后在冰上冷却。由于荧光素与 PCR 产物混合在一起,所以所需模板 DNA 数量一定要减少,每个 SSR 引物的浓度一定要最优,以便获得一个分辨率好的峰值并且每种颜色都有一致的信号。将每一个用标记引物分开进行的 PCR 反应的产物都汇集在一起,各个引物的 PCR 产物的等分,与基于 SSR 大小和荧光染料颜色的样品结合前一定要最佳。

PCR 产物与内部荧光色基修饰 dNTP

该方法代替了荧光标记 PCR 产物。它包括了使用荧光标记的 dNTPs,该物质在 PCR 扩增反应中可发生内部嵌合。该法对于用所有 SSR 标记在双亲间进行遗传作图,提供了一种性价比很高的调查多态性的方法。因为在我们了解多态性信息之前，没必要去合成或购买荧光修饰的引物。

1. PCR 反应混合物配方：

基因组 DNA	30～50 ng
Tris-HCl，pH 8.3	10 mmol/L
KCl	50 mmol/L
$MgCl_2$	2.5 mmol/L
dNTPs	0.2 mmol/L
正向引物	8 pmol
反向引物	8 pmol
Taq DNA 聚合酶	1 U
f-dCTP	0.5～1 pmol
dd H_2O 至	10 μL

2. PCR 仪扩增时，参数设置如下：94℃变性 2 min；30 个循环：94℃ 1 min，47～60℃（依据引物）1 min，72℃ 1 min；72℃最后延伸 10 min。

3. 扩增后，等分 PCR 扩增产物（0.5～1.5 μL）混溶于 10 μL 的甲酰胺和红色 ROX 标记的内部尺度标准的片段中，置于 94℃下变性后立刻置于冰上。

注意：荧光标记的 dNTP（三磷酸脱氧核苷酸）通常使用是 dCTPs（[R110]dCTP，[R6G]dCTP，[TAMARA]dCTP，或[Cy5]dCTP）。混合物必须依据不同的颜色在毛细管测序仪上点样测序。尽管性价比高，但该方法不适合精确测定 PCR 产物的长度，因为该扩增片段在化学上是异质的，这样就会产生嵌合的荧光核苷酸数目具有变化的性质。

PCR 反应后荧光标记法

该方法性价比高，是因为不用昂贵的荧光标记引物。该法还有一个优点就是避免了分析中的模糊性，即通过 *Taq* DNA 聚合酶加了一个非模板的核苷酸。

1. PCR 反应混合物配方：

基因组 DNA	30～50 ng
Tris-HCl，pH8.3	10 mmol/L
KCl	50 mmol/L
$MgCl_2$	2.5 mmol/L
dNTPs	0.2 mmol/L
正向引物	1μmol/L
反向引物	1μmol/L
Taq DNA 聚合酶	1 U
ddH_2O 至	10 μL

2. 用 PCR 仪扩增时,参数设置如下:94℃变性 2 min;30 次循环:94℃ 30 s,47~60℃(依据引物定)30 s,72℃ 1 min;72℃最后延伸 5 min。

3. PCR 产物的标记(配方):

PCR 产物或收集的样品	4 μL
标记反应混合物	4 μL
Tris-HCl,pH 8.7	5 mmol/L
$MgCl_2$	10 mmol/L
DNA 聚合酶 I	0.1 U/μL
f-dcTP 或 f-dUTP	2 μmol/L

4. 在 37℃将上述混合物温育 15 min。

5. 加 0.8 μL 的 0.2 mol/L EDTA 终止反应。

6. 加 0.8 μL 小牛肠碱性磷酸酶(2 U)在 37℃温育 30 min 以降解标记的核苷酸。

7. 从每个 PCR 产物样品中取出 4 μL,以使其独立被标记用于混合物的上样。

8. 取 1 μL 汇集的混合样品,与 0.2 μL 尺度标准,以及 10 μL 甲酰胺混合。

9. 在 PCR 仪上 95℃变性 4 min。

10. 用 ABI 3100 DNA 测序仪——电泳。

注意:该方法得到的结果是基于琼脂糖凝胶电泳的,它结合了微卫星标记,用多重能够进行电泳荧光染料标记 PCR 产物,如果没有任何相同颜色重叠峰的图谱。该法比其他荧光标记方法具更大的可塑性,但是 SSR 的图谱和大小事前必须知道。

2.2.3.2 ISSR

内部简单重复序列(ISSR)是一个如同 RAPD 一样的标记体系,它不需要对基因组序列有所了解(Godwin et al. 1997)。ISSR 能通过在 5′或 3′端重复区以及还可延伸到旁侧区域锚定的引物获得大量的微卫星区的变异。这一技术允许在颠倒方向的重复(ISSRs)之间的基因组片段得以扩增。一般而言,用一系列单个引物产生的一系列片段,可以经过琼脂糖凝胶电泳或聚丙烯酰胺凝胶电泳进行大小分离(Nagaraju et al. 2002)。ISSR 标记分为三步:设计寡核苷酸引物,用 PCR 扩增 ISSR 片段,分离 PCR 扩增的产物。寡核苷酸 ISSR-PCR 引物一般是基于微卫星重复序列的基序而设计,如(GA)*n* 或(CA)*n*,遵循环 5′或 3′旁侧锚定相结合规则,如(GA)8RGY 或(GA8)RG。这些锚定可以确保 ISSR 图谱的分辨率和条带的重现性。多位点标记体系在指纹图谱,遗传多样性分析,遗传作图中很有用。该技术能快速区分非常紧密相关的个体。该技术的优点在于能产生多个的多态性位点,高通量,低消耗。缺点是 ISSR 是显性的,低重现性、引物结合有时较难产出率低。在标准 ISSR-PCR 方法外加一个附加的 PCR 再扩增步骤,能显著增强重现性和产率(Wiesner and Wiesnerovà 2003)。

A:ISSR-PCR

1. PCR 反应混合物配方:

基因组 DNA	20 ng
Tris-HCl, pH 8.3	10 mmol/L
KCl	50 mmol/L
$MgCl_2$	4.0 mmol/L
dNTPs	0.2 mmol/L
ISSR 引物	0.2 μmol/L
Taq DNA 聚合酶	1 U
加 H_2O 至	25 μL

2. PCR 扩增参数设置:94℃变性 3 min;35 个循环:94℃ 1 min,55℃ 30 s,72℃ 1 min;72℃最后延伸 3 min。

3. 电泳。

B:FISSR-PCR 实验方法

1. PCR 反应混合物配方:

基因组 DNA	5 ng
Tris-HCl, pH 8.3	10 mmol/L
KCl	50 mmol/L
$MgCl_2$	2.5 mmol/L
dNTPs	1 mmol/L
Gelatin(明胶)	0.01%
Trion X-100	0.01%
ISSR Primer	4 μM
Taq DNA 聚合酶	0.25 U
(Ampli Taq Gold, Perlcin-Elmer)	
荧光素 dUTP(TAMAPA, R100 或 R6G)	0.4 μmol/L
加 H_2O 至	5 μL

2. PCR 反应参数设置:94℃变性 10 min,35 次循环:94℃ 30 s,50℃ 30 s,72℃ 1 min;72℃最后延伸 10 min。

2.2.3.3 STMP

SSR 在许多领域具有广泛的用途,但 SSRs 的一个最大的局限是当 DNA 序列未知时无法发现和定性单个位点。SSR 的步骤包括构建基因组文库,用特异的 SSR 探针筛选阳性克隆,定性拷贝数目,多态性分析和确定每个 SSR 的染色体位置,这一方法步骤太繁琐了。序列标签微卫星图谱法(STMP)是一项能从基因组 DNA 或 cDNA 文库中快速产生大量简单重复序列标记的方法(Hayden and Sharp

2001;Hayden et al. 2002)。该方法是在基于 AFLP 原理产生的 *Pst* Ⅰ-*Mse* Ⅰ 限制性片段扩增后的混合产物基础上,富集含有 SSRs 的 DNA 片段,这些含有 SSRs 的 PCR 产物的 PCR 反应,是通过将单个接头引物以及锚定于 SSR 5′端的酰化生物素寡核苷酸引物为 PCR 引物完成的。预扩增后,只有含有目标 SSR 的片段才能用包被有链霉状抗生物素蛋白的磁珠捕获。捕获的片段被克隆测序或者用特异接头引物区分洗掉 PCR 其他产物后直接测序。含有 SSR 扩增子的混合物中的长片段可使 STMP 标记转变成 SSR 标记。该方法无需文库筛选去鉴定包含有 SSR 的克隆,而且与传统方法相比它提供了一个发展 SSR 标记的更有效途径。

2.2.4 AFLP

2.2.4.1 传统的 AFLP 分析

典型的 AFLP 方法是一项基于 PCR 的指纹图谱技术,一般包括以下步骤:

1. 用两个内切酶去切 DNA,产生六碱基和四碱基的酶切端,在 5′端都有突出端(外悬末端)。

2. 结合互补与酶切片段两端的双链接头。

3. 用互补与接头和限制内切酶位点的序列的两条引物扩增限制性内切片段组,并通过选择核苷酸在 3′端延伸。正向引物用 ^{33}P 标记。

4. 在变性聚丙烯酰胺凝胶上电泳分离限制性内切片段。

5. 用放射自显影法显示 DNA 指纹图谱的条带。

由于可用许多不同的限制性内切酶,这样就给对应的引物结合提供了大量的可变性,使 AFLP 能广泛的使用,如遗传多样性评价、群体结构、系统进化关系、遗传作图、QTL 作图、精细物理作图、基因表达的转录图谱(Mueller and Wolfenbarger 1999)。

AFLP 将 RFLP 和 PCR 技术结合起来的优点在于,改进了重现性、分辨率、时效性和多态性检测,极大地增进了完整基因组水平分析的完成(Scottdl et al. 1998)。

AFLP 的步骤

1. 调整基因组 DNA 样品的浓度,使其浓度一致。

2. DNA 限制性内切反应:

基因组 DNA	200～500 ng
Tris-醋酸盐,pH 7.5,37℃	10 mmol/L
醋酸钾	50 mmol/L
醋酸镁	10 mmol/L
BSA	0.1 mg/mL
*Eco*R Ⅰ	5 U

Mse Ⅰ	5 U
加 H_2O 至	12.5 μL

3. 37℃下培育 5～8 h。

4. 接头的连接。

a. 接头准备：*Eco*RⅠ-接头：5′-CTCGTAGACTGCGTACC（*Eco*RⅠ-接头），3′-CATCTGACGCATGGTTAA-5′（*Eco*RⅠ-接头 R）；*Mse* Ⅰ-接头：5′-GACGATGAGTCCTGAG（*Mse* Ⅰ接头正向），3′-TACTCAGGACTCAT-5′（*Mse* Ⅰ-接头反向）。在 10 mmol/L，pH 为 8.5，Tris 缓冲液中溶解单链 DNA 接头寡核苷酸（非磷酸化的），调整每种寡核苷酸浓度到 200 pmol/μL，作为一种母液浓度。混合等量的每个互补寡核苷酸，使其工作浓度为 20 pmol/μL。

b. 连接混合反应液：

Tris-醋酸盐 37℃ pH 7.5，	10 mmol/L
醋酸钾	50 mmol/L
醋酸镁	10 mmol/L
ATP	0.4 mmol/L
接头 1	50 μmol/L
接头 2	50 μmol/L
T4 DNA 连接酶	1 U
加 H_2O 至	12.5 μL

加 12.5 μL 连接混合物至每个限制性混合物中，16℃下过夜。加 100 μL 的 10 mmol/L Tris 缓冲液（pH 8.5）稀释模板 DNA，进行预扩增。

5. 预扩增。

a. 预扩增混合物配方：

1∶5 稀释的模板 DNA	2.5 μL
Tris-HCl，pH 8.4	10 mmol/L
KCl	50 mmol/L
$MgCl_2$	1.5 mmol/L
dNTP	0.2 mmol/L
预选择引物 1	0.75 μmol/L
预选择引物 2	0.75 μmol/L
Taq DNA 聚合酶	1 U
去离子甲酰胺	2%
加 H_2O 至	20 μL

b. PCR 参数位置：94℃ 2 min；94℃ 30 s；50℃ 30 s；72℃ 1 min；重复 2～4 步骤 20 次；4℃保存。

6. 选择性扩增。

a. 用 γ-^{33}P-ATP 标记引物：为了检测扩增的 PCR 产物，两个选择性引物中的一个必须用 γ-^{32}P-ATP 或 γ-^{33}P-ATP 标记在引物（多个寡核苷酸）的 P 末端标记，这个过程要用 T4-多聚核苷酸激酶催化。50 μL 标记溶液的配方如下：

*Eco*RⅠ选择引物	10 μL
γ-^{33}P-ATP	10 μL
Tris-HCl，pH 7.6	70 mmol/L
$MgCl_2$	10 mmol/L
KCl	100 mmol/L
2-巯基乙醇	1 mmol/L
T4 多聚核苷酸激酶	10 U
加 H_2O 至	50 μL

在 37℃温育 1 h，之后在 70℃下温育 10 min。

b. AFLP PCR 配方：

1∶5 稀释预扩增模板 DNA	2.5 μL
Tris-HCl，pH 8.4	10 mmol/L
KCl	50 mmol/L
$MgCl_2$	1.5 mmol/L
dNTP	0.2 mmol/L
*Eco*RⅠ引物（标记的）	4 pmol
Mse Ⅰ引物	20 pmol
Taq DNA 聚合酶	1 U
加 H_2O 至	20 μL

c. PCR 反应参数：94℃ 2 min；94℃ 30 s；65℃ 30 s，在下面每一个循环开始之前－0.7℃；72℃ 1 min；步骤 2～4 重复 12 次；94℃ 3 s；56℃ 30 s；72℃1 min；6～8 步骤重复 25 次；72℃ 5 min；保存于 4℃。

7. PCR 产物电泳分离：

a）将每个反应混于等体积的 2×甲酰胺缓冲液中（98%的甲酰胺，10 mmol/L EDTA，pH 8.0 加入溴酚蓝和二甲苯青带纹染色）。

b）在 93℃培育 4～5 min，立刻置于冰上。

c）上 3 μL 样于凝胶（6.0%丙烯：二丙烯[19∶1]，7.5 mol/L 尿素，1×TBE 缓冲液）。

d）在 40～50 V 下 1×TBE 上电泳，至带有二甲苯青的带纹走到距离胶另端 2～3 cm处停止电泳。

8. 自显影：先在滤纸上干胶，然后用 Kodak BioMax（或者有其他供应商相似的产品）胶片在-80℃下3天产生自显影。

注意：此预扩增步骤能够降低，在观察放射自显影胶卷时的背景。

2.2.4.2 f-AFLP

基于荧光的AFLP方法(f-AFLP)利用自动DNA测序仪，对用不同荧光染料标记的多种成分的AFLP的PCR产物，同时进行图像数据的收集(Myburg et al. 2001)。该方法在半自动化和高通量的基因型分析方面比典型的AFLP更具有灵活性。限制性内切、连接、扩增等方法几乎与典型的AFLPs方法相同(见典型的AFLP部分)，不同处只在于用更少的DNA样品(100～300 ng)。预扩增模板DNA和选择性扩增DNA之间的稀释比率最好是1∶10，因此荧光比同位素更敏感。

1. 选择扩增：

1∶10稀释预扩增模板DNA	2.0 μL
Tris-HCl，pH 8.4	10 mmol/L
KCl	50 mmol/L
$MgCl_2$	1.5 mmol/L
dNTP	0.2 mmol/L
*Eco*RⅠ引物(标记的)	0.4 pmol
Mse Ⅰ引物	6 pmol
Taq DNA聚合酶	1 U
加dd H_2O至	10 μL

2. 准备样品在毛细管测序仪上电泳。

a. 每样点等分加1.0～1.5 μL PCR产物。如果PCR反应时用的是相同组样品，而且用不同的颜色标记了AFLP引物可与样品有不同的结合，因此可以混合上样(ABI检测系统允许四种颜色混合上样)。

b. 对上样板的每个样品混合0.2 μL 400～500 bp的分子大小标准和10 μL Hi-Di甲酰胺，再向每个样点加这10.2 μL混合物。

c. 95℃下变性5 min，置于冰上。

3. 遵从仪器说明书在DNA测序仪上电泳。

2.2.4.3 cDNA-AFLP和HiCEP

cDNA-AFLP通常用于展示特异组织，胁迫反应或者发育阶段转录组的表达谱，以及构建转录组图谱(Brugmans et al. 2002)。还可以用于开发由转录组衍生的cDNA-AFLP标记，特别是全基团组中基因的目标编码区，如同AFLP一样，cDNA-AFLP不需要事前知道序列信息。cDNA-AFLP的步骤源于AFLP所用的两个限制性酶切片段的接合，一个是常用酶切位点另一个是稀有酶切位点。与

AFLP不同的是，在决定用哪个酶进行酶切时必须考虑几个重要方面，尤其是预期和观察到的酶切位点的频率，覆盖性（可观察到的表达基因百分率），以及假阳性。非常稀少的内切酶和非常低的内切位点将可能不会产生适于解释的指纹图谱。稀有内切酶，如 *EcoR* Ⅰ、*Pst* Ⅰ和 *Ase* Ⅰ等通常在AFLP中使用，也许它们不能产生很多cDNA切点，cDNA-AFLP的功用就很低。然而，如果仅用常用的4-bp碱基酶，而又没法去掉不只一条的过多的条带，该方法就会受到高的假阳性率干扰。基于cDNA-AFLP的应用，发展起来了两个主要的cDNA-AFLP方法。一个是对cDNA片段进行一些小的修饰而简单应用AFLP方法，另一个方法是针对cDNA的特殊方法，即所谓的“高覆盖度表达谱”（HiCEP）（Fukumura et al. 2003）。cDNA-AFLP技术的主要优点表达基因的大部分被靶标，这项技术灵敏度高，其结果能够检测到低丰度的转录本。

常规 cDNA-AFLP 分析

1. mRNA分离：

a. 收集组织（1～5 g）在液氮中磨碎，－80℃保存至RNA分离。

b. 分离总RNA。

2. cDNA合成：

a. 用poly(d)[T]在25 V的寡核苷酸耦合到超级磁珠在10 μg总RNA中提取poly A＋RNA。

b. 依据标准步骤合成第一、二条cDNA链。

c. 调节分离mRNA和cDNA合成的体积，以促进处理96孔模板格式，使得所有样品的处理同时进行。

d. cDNA合成后最终体积是50 μL。5 μL反应混合物用在1%的琼脂糖凝胶上分析混合物浓度，大约10 mg/μL。

3. 模板准备：用预期使用的酶，模板准备方法与AFLP相似。

高覆盖率表达谱（HiCEP）

1. 用DNase Ⅰ消化总量1.5 μg的mRNA（1.5 U/mL在25℃下15 min）。

2. 运用Superscript First-Strand Synthesis System for RT-PCR（Invitrogen）以及100 pmol的生物素标记的oligo(dT)引物合成cDNA第一链。

3. 合成cDNA第二条链。

4. 用50 U *Msp* Ⅰ消化双链cDNA（dscDNA）。

5. 使用400 U T4 DNA连接酶连接5.0 μg的 *Msp* Ⅰ接头（5′-AATGGCTA-CA-CGAACTCGGTTCATGACA-3′ 和 5′-CGTGTCATGAACCGAGTTCGTG-TAGCCATT 3′）。

6. 运用连接产物的磁性珠分离物在5′端产生生物素，由此将结合到包被有链状生物素（Dyna-beads M-280 Streptavidin）的磁珠上。

7. 用 1.0 mL 的清洗缓冲液洗两次（5 mmol/L Tris-HCl，pH 7.5，0.5 mmol/L-EDTA，1.0 mol/L NaCl）。

8. 用 20 U *Mse* Ⅰ 酶切后磁珠上的 cDNA 片段。

9. 收集上清液，包括酶切的片段。

10. 在 15 μL 的反应混合物中，在 2 U *Mse* Ⅰ 下用 400 U T4 DNA 连接酶连接 10.2 pmol *Mse* Ⅰ 接头（5′-AAGTATCGTCACGAGGCGTCCTACTGCG-3′和 5′-TACGCAGTAGGACGCCTCGTGACGATACTT-3′）。

11. 加 1 485 μL 的 0.1×TE（1.0 mmol/L Tris-HCl，pH 8.0，0.1 mmol/L EDTA）使用 0.1 μL 反应结果溶液作为选择 PCR 的模板。

12. 选择 PCR 和电泳。20 μL 混合物溶液包括：

a. *Msp*-Ⅰ NN 引物的 pmol（5′-标记-ACTCGGTTCATGACACGGNN-3′）

b. *Mse*-Ⅰ NN 引物的 pmol（5′-标记-AGGCGTCCTACTGCGTAANN-3′）

c. 40 nmol 的 dNTPs

d. 1× *Taq* DNA 聚合酶缓冲液

e. 1 U *Taq* DNA 聚合酶

PCR 参数设置：95℃ 1 min；28 次循环：95℃ 2 s，71.5℃ 30 s，72℃ 1 min；最后 60℃ 30 min。

2.2.4.4 TE-AFLP

TE-AFLP 称为三内切酶 AFLP（van Der wurff et al. 2000），是由典型的 AFLP 方法衍生而来。该法中用三内切酶和两个接头而不是像在 AFLP 中用两个内切酶。加了第三个酶就可以通过减少限制性酶内切片段数量而增强分辨率，提供在第三个内切酶位点的分辨力。在复杂基因组的指纹图谱产生中该方法使两步扩增变成一步。

1. 限制性片段的连接：

基因组 DNA	20 ng
Tris-HCl，pH 7.6	10 mmol/L
NaCl	50 mmol/L
$MgCl_2$	10 mmol/L
DTT	1 mmol/L
ATP	0.5 mmol/L
接头	4 pmol
T4 DNA 连接酶	0.5 weiss 单位
Xba Ⅰ	6 U
*Bam*H Ⅰ	1.25 U
Rsa Ⅰ	1 U
加 H_2O 至	20 μL

30℃下温育 1.5 h。

2. PCR 扩增：

作模板酶切-连接溶液	0.5 μL
Tris-HCl,pH 8.5	15 mmol/L
KCl	50 mmol/L
$MgCl_2$	1.5 mmol/L
标记的正向引物	10 pmol
未标记的反向引物	10 pmol
Taq DNA 聚合酶	2.5 U
加 H_2O 至	50 μL

PCR 设置：95℃变性 2.5 min；10 个循环：95℃ 30 s，70℃ 30 s，72℃ 1 min；40 次循环：95℃ 30 s，72℃ 1 min；72℃ 20 min 最后延伸。

3. 电泳：与 f-AFLP 相同。

2.2.4.5 MEGA-AFLP

MEGA-AFLP 即多个内切酶基因型分析（mutilplex-endonuclease genetyping approach；Agbo et al. 2003）也是由常规 AFLP 方法衍生而来。在该方法中，四个或更多限制性内切酶与一对接头/引物接合，以使得和限制性内切酶的结合位点比在常规 AFLP 中用的两个限制性酶进行酶切的结合更强。该方法原理是许多内切酶在酶切后产生的黏性末端是和其他一些内切酶在酶切后产生的外悬位点具有相容性。只有一对用于连接的接头可以通过 PCR 中的一对同类引物进行片段扩增，这样 PCR 扩增反应更加强劲的条件也更加严格。

1. 双酶切反应。

a. 用 *Bglα* 和 *EcoR* Ⅰ 先行酶切。

基因组 DNA	100 ng
Tris-HCl,pH 7.5 下 37℃	50 mmol/L
NaCl	100 mmol/L
$MgCl_2$	10 mmol/L
BSA	0.1 mg/mL
Bglα	10 U
EcoR Ⅰ	10 U
加 H_2O 至	20 μL

在 37℃温育 4 h。

b. 加 30 mL 异丙醇沉淀酶切片段。

c. 上步沉淀溶解在 10 μL 蒸馏水中进行第二次酶切。

d. 第二次酶切。

待酶切的片段	10 μL
Tris-HCl，pH 7.5，37℃	10 mmol/L
NaCl	50 mmol/L
$MgCl_2$	10 mmol/L
BSA	0.1 mg/mL
Bcl Ⅰ	10 U
Mun Ⅰ	10 U
加 H_2O 至	20 μL

在 37℃温育 4 h。

e. 用异丙醇沉淀酶切产物，再溶解入 10 μL 蒸馏水中。

2. 连接：

酶切的 DNA	10 μL
Tris-HCl，pH 7.5	330 mmol/L
$MgCl_2$	25 mmol/L
DTT	5 mmol/L
ATP	5 mmol/L
Bglα 接头	20 pmol
Mun Ⅰ接头	20 pmol
T4 DNA 连接酶	400 U
加 H_2O 至	20 μL

在 25℃温育 2 h。

3. 预选择扩增：

1∶1 稀释的连接产物	4 μL
Tris-HCl，pH 9.0	10 mmol/L
KCl	5 mmol/L
Triton X-100	0.1%
Gelatin（白明胶）	0.01 W/V
$MgCl_2$	2.5 mmol/L
dNTPs（每种）	0.2 mmol/L
Bgl Ⅱ预扩增引物	5 pmol
Mun Ⅰ预扩增引物	5 pmol
Taq DNA 聚合酶	1 U
加 H_2O 至	20 μL

PCR 参数设置：95℃变性 2 min；20 次循环：95℃30 s，56℃30 s，72℃ 2 min；40 次循环：95℃ 30 min，72℃ 1 min。

4. 选择扩增：

1∶20 稀释预扩增物产物	4 μL
Tris-HCl，pH 9.0	10 mmol/L
KCl	5 mmol/L
Triton X-100	0.1%
Gelatin（白明胶）	0.01 *W/V*
$MgCl_2$	2.5 mmol/L
dNTPs（每种）	0.2 mmol/L
Bgl Ⅱ引物	5 pmol
标记的 *Mun* Ⅰ引物	5 pmol
Taq DNA 聚合酶	1 U
加 H_2O 至	20 μL

PCR 参数：95℃变性 2 min；20 次循环：95℃ 30 s，56℃ 30 s，72℃ 2 min；40 次循环：95℃ 30 min，60℃ 30 s，72℃ 1 min；60℃ 30 min 最后延伸。

5. 电泳：与 f-AFLP 相同。

2.2.4.6 MITE-AFLPs

植物基因组有许多转座子（TEs）家族，TEs 家族经常为植物基因组的主要组成部分，并分布在整个基因组。微小颠倒重复转座因子（MITEs）是最近在许多植物基因组中发现的主要转座子家族之一（Casa et al. 2000）。每个转座子家族都有固定的结构特征，使得我们可以利用这个特点将其相互之间区别开来，并最好将鉴定的分子标记锚定在 TEs 上。MITE-AFLP 技术在多个作物种类上开发应用，如水稻、小麦、玉米等，评价其遗传变异和系统进化分析，由于这些物种的整个基因组存在着高拷贝的 MITE 序列。已经证明 MITEs 更多的定位于基因的 3′端，而且在自交系之间存在的多态性有相关性。在物种内和物种之间，MITE-AFLP 技术可以修正其他方法研究得到的遗传变异和相互之间的相关关系结果（Park et al. 2003）。

1. 基因组 DNA 酶切：用 *Mse* Ⅰ 酶切 10 ng 的基因组 DNA。

2. 用 *Mse* Ⅰ 的接头连接：5′GACGATGAGTCCTGAG-3′ 和 5′-TACTCAG-GACTCAT-3′。

3. 预扩增：用 *Mse* Ⅰ 预扩增引物：5′-GACGATGAGTCCTGAGTAA-3′和一个与 MITEs 结构域一致的序列。如 MITE 元件 *Pangrangja*，引物是 5′-AAR-CAGTTTGACTTTGATC-3′（R=A，G）。对于 MITE 元件转座子 Hbr，引物是：5′-GATTCTCCCCACAGCCAGATTC-3′。

配方如下：

酶切连接产物	5 μL

10×缓冲液	5 μL
$MgCl_2$	1.5 mmol/L
dNTPs(每种)	0.2 mmol/L
Mse Ⅰ预扩增引物	0.5 μmol/L
MITE引物	0.5 μmol/L
Taq DNA多聚酶	1.5 U
加 H_2O 至	50 μL

PCR反应参数位置:72℃变性2 min;95℃变性3 min;25个循环:94℃ 3 s,53℃ 30 s,72℃ 1 min;72℃最后延伸5 min。

4.选择性扩增:

1:50溶解前扩增产物	3 μL
10×缓冲液	5 μL
$MgCl_2$	1.5 mmol/L
dNTPs(每种)	0.2 mmol/L
Mse Ⅰ预扩增引物	0.5 μmol/L
MITE引物	0.5 μmol/L
Taq DNA多聚酶	1.0 U
加 H_2O 至	30 μL

PCR反应:94℃变性5 min;10个逐渐降低温度的循环:94℃ 30 s,62℃ 30 s,72℃ 1 min,以上循环每个循环退火温度降低1℃;26个循环:94℃30 s,53℃30 s,72℃ 1 min;72℃最后延伸5 min。

2.2.4.7 AFLP的转换

尽管AFLP标记能在许多领域里使用,但AFLP标记存在冗余而且显性遗传,因此在分子标记选择中不能像SSR和STS一样,能以自动程序进行高通量的基因型分析。所以,很有必要将每个具体的AFLP标记成为其他方便使用的,就如CAPS标记、SCAR标记或SNP标记等共显性的和序列特异的标记(Meksem et al. 2001;Nicod and Largiader 2003;Weerasena et al. 2003),因为cDNA-AFLP检测更加复杂,AFLP引物不能直接用在扩增基因组DNA或cDNA上的多态性标记。因此,就有必要用一种可靠有效的方法将AFLP标记,转变成高通量,单一位点的PCR标记。然而,为特异位点标记设计新的PCR引物,需要AFLP条带上DNA的序列信息,而且这个特异位点标记应该具有区分多个等位基因的能力。为了能在多个大小几乎相同的AFLP片段中,分离出一个我们感兴趣的AFLP片段,需要经过更繁琐的步骤才能完成。将多态性AFLP条带从聚丙烯酰胺胶中切出,胶条中的DNA经过抽提纯化用在选择性扩增中使用的相同引物,进行再扩增。再扩增的AFLP条带直接用于测序或是克隆。基于

AFLD 条带的内部序列变异，PCR 引物可以依据内部序列的基因组扩增来设计，这样就可以产生如 CAPS，dCAPS 或 STS 标记的特异序列。当成功率很低的方法去寻找内部多态性时，要进行一个增加的步骤以鉴定引起内源 AFLP 的限制内切酶切位点或选择性核苷酸上存在的 SNP。只要 AFLP 标记是单个位点标记，就没有任何障碍去利用由 SNP 引起的 AFLP 的唯一性，能够使 AFLP 标记转换成为简单的基于 PCR 的标记。流程图 2-1 给出了这一方法的步骤概览（Brugmans et al. 2003）。

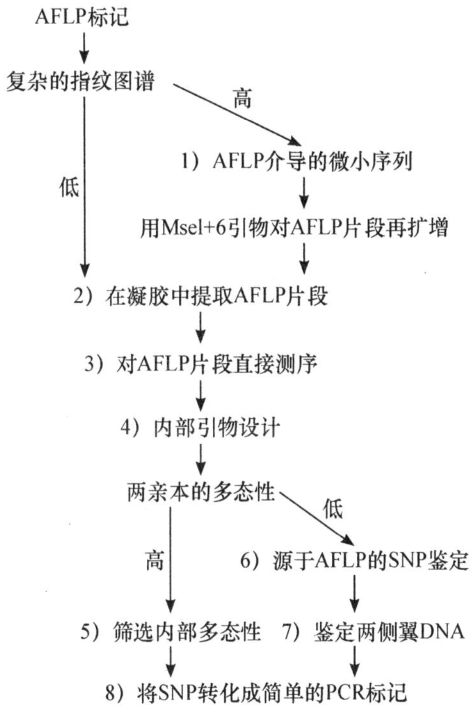

图 2-1 将任一个 AFLP 标记转化成基于 PCR 的单位点标记的检测方法步骤与流程图（Brugmans et al. 2003）。

2.2.5 REMAP 与 IRAP

微卫星逆转录转座子扩增多态性（REMAP）和内部逆转录转座子扩增多态性（IRAP）是基于逆转录转座子的 DNA 标记体系（Kalendar et al. 1999）。在许多植物基因组成分析中，逆转录转座子起着重要作用，尤其在禾本科植物中（Vicient et al. 2001）。它们在整个核基因组中存在的丰富性和分散性，以及插入活性都说明它们与植物基因组进化具一定关系，同时对依靠于 PCR 指纹图谱的产生，以 DNA 为基础的标记体系的开发，也提供了一个很好的基础。多位点图谱的指纹图谱，揭示了已知反转录转座子家族成员的插入而导致的多态性。IRAP 技术产生的 PCR 产物来源于被插入的反转录转座子与其他片段有足够接近，以便能够进行有效的扩增，一般是使用的引物是与较长末端的重复序列(LTRs)相匹配的引物。REMAP 技术使用一条 LTR 引物，另一条引物是按照一条简单序列重复(SSR)的 3′端复性要求而设计。所以，REMAP 能够扩增一个由三个不同序列组成的混合物，即在 LTR 和微卫星位点之间的片段，两个微卫星位点之间的序列，两个逆转录转座子之间的序列。REMAP 和 IRAP 检测插入位点都很有效。下面就是从 BARE-1 逆转录转座子家族中开发的一个例子中需要的实验步骤(Kalendar et al. 1999)。

2.2.5.1 IRAP

1. 引物设计：引物必须定位到 BARE-1 LTR 的保守延伸区域，特别是在两条引物 3′端的区域。

2. PCR：

基因组 DNA	20 ng
Tris-HCl, pH 8.8	20 mmol/L
KCl	50 mmol/L
Tween-20	0.01%
甘油	5%
$MgCl_2$	2.0 mmol/L
dNTPs(每种)	0.2 mmol/L
正向引物	5 pmol
反向引物	5 pmol
Taq DNA 多聚酶	1.0 U
加 H_2O 至	20 μL

PCR 参数设置：94℃ 2 min；94℃ 30 s 1 个循环；60℃ 30 s，每秒增加0.5℃，至止 72℃；72℃ 2 min+3 s 30 次循环；72℃ 10 min；4℃保存。

3. 电泳：取 PCR 产物点样至 2%NuSieve 的 3∶1 琼脂糖凝胶上，溴化乙锭染色检测。

2.2.5.2 REMAP

1. 引物设计：引物之一要与逆转录转座子序列互补，像 *BARE*-1a，反向引物 5′-GGAATTCATAGCATGGATAATAAACGATTATC-3′ 对应于 BARE-1a LTR 369-393 区位的核苷酸，而且是用附加在其 5′端含有一个 *EcoR* Ⅰ 酶切位点的尾巴来对应的。正向引物是依据两个二核苷酸的重复序列，如(GA)*n*，(CT)*n*，或三个重复(CAC)*n* 和(GTG)*n*，而针对微卫星序列设计。

2. PCR 反应及 PCR 仪运行程序，产物的分辨率与 IRAP 相同。

2.2.6 SRAP

序列相关扩增多态性(SRAP)是一个基于 PCR 的新的标记技术,它具有简单,可靠,中通量率以及高百分率的片段来自编码区的特点。在基因组中,该方法优先靶标开放阅读框架(ORFs),而产生中度数量的共显性标记。SRAP 技术已成功地用于构建遗传图谱和甘蓝(*Brassica olerace*)的转录组图谱(Li and Quiros 2001)以及评价种质资源的遗传多样性(Budak et al. 2003; Ferriol et al. 2003)。由 cDNA-SRAP 方法产生的标记的测序,使得这种方法,在对于已有很好研究基础和结果的模式物种,与其他作物比较发现新的基因时,成为一种潜在的强有力的工具。

1. 引物设计:SRAP 的引物设计建立在这样一个事实上,即一个物种的基因组中编码区的"GC"所占百分率非常高,而 3′端非翻译区(3′UTR)的"AT"含量所占百分率也非常高。每个 PCR 反应要用两条引物。正向引物由 17 个碱基组成,而其中含有 14 个碱基的核心序列,富含 G 和 C 碱基,并在 3′端有 3 个选择性的核苷酸,该引物在退火时与富含 G 和 C 的编码区有较高的亲和力。反向引物有 18 碱基组成,其中含有 15 个碱基的核心序列,富含 A 和 T 碱基,并在 3′端有 3 个选择性的核苷酸,该引物在退火时与富含"A 和 T"的非编码区有较高的亲和力。例如:正向引物的例子包括 me1, 5′-TGAGTCCAAACCGGATA-3′ 和 me2, 5′-TGAGTCCAAACCGGAGC-3′,而反向引物的例子包括 em1, 5′-GACTGCGTACGAATTAAT-3′, em2, 5′-GACTGCGTACGAATTTGC-3′。

2. PCR 反应混合物成分:

基因组 DNA 或 cDNA	20 ng
Tris-HCl, pH 8.3	10 mmol/L
KCl	50 mmol/L
$MgCl_2$	1.5 mmol/L
dNTPs	0.2 mmol/L
正向引物	0.3 μmol/L
反向引物	0.3 μmol/L
Taq DNA 聚合酶	1 U
加 H_2O 至	25 μL

PCR 设置参数如下:94℃ 5 min; 5 次循环:94℃ 1 min, 35℃ 1 min, 72℃ 2 min; 30 次循环:94℃ 1 min, 50℃ 1 min, 72℃ 2 min; 72℃ 5 min。4℃保存。

3. 电泳:扩增片段的分离在 12%的聚丙烯酰胺凝胶(丙烯酰胺:二丙烯酰胺为 29∶1, 1×TBE 缓冲液)上 500 V 下 11 h 完成,或者跑一个测序胶。

2.3 讨 论

前文介绍了一些主要的分子标记检测技术，即基于杂交和扩增的技术，也是目前在许多植物种群中研究基因组多样性和构建遗传图谱的流行方法。对一个特定的生物，利用任何一个 DNA 标记技术时，都有许多因素要考虑。这些因素包括：多态性、共显性、效率、简单性、可靠度、花费、重现性、在没有序列信息的条件，以及工作量。正如前文所述，我们介绍了好几个方法，如 RFLP-PCR，RAPD，SSR 和 AFLP 等，并介绍了其扩增的具体方法，以进一步增强 DNA 多态性的分辨率和检测能力。然而，相比较 RFLP 和 AFLP 而言，RAPD 检测方法相对简单、直接和快速，但它可靠性和重现性不好。这些方法每一个都有自己最适宜解决的具体问题，所以要依据任务选择方法。SSR 标记对那些具有共显性特点的自花授粉作物，以及多态性不丰富的物种有很大的应用价值。而 AFLP 在构建复杂基因组的遗传图谱时有较大的实用性，但它是显性标记体系。实际上，在 AFLP 技术基础上的一些变异与修改的方法，如 cDNA-AFLP 和 MITE-AFLP 等却有较广的应用潜力，因为它们可以明确标记到感兴趣的基因以及在整个基因组广泛分布的转座重复因子。AFLP 技术操作简单在实验室中容易开展是其很大的优点，实际上标准的寡核苷酸引物设计极大的削减了操作的繁琐也降低了消耗。一旦当实验室已证明此项技术能成功完成，就可以扩大应用范围，即采用完全相同的试剂和条件，在不同作物种类上得到实验数据。然而，AFLP 标记的缺点一般是显性和产生无法知晓和解释的位点。显性问题可以用快速产生高密度图谱的可能性来部分克服，即在来自连锁群的标记和表型之间建立连锁关系，而且只关注其中的一个特殊的区域，暂时把基因组的其他部分放到一边。对于 RAPDs 方法，主要的问题是它们结果重现性太低，实验结果对 PCR 条件的依赖性极高。相比较而言，AFLP 方法对 QTL 作图、高密度遗传图谱构建，精细作图等是一个较好的选择。随着 SNP 标记的发展，遗传学研究将会变得更加容易一些。

参考文献

Agbo EC, Duim B, Majiwa PA, Buscher P, Claassen E, Te Pas MF (2003) Multiplex-endonuclease genotyping approach (MEGA): a tool for the fine-scale detection of unlinked polymorphic DNA markers. Chromosoma. 111(8):518–524.

Botstein B, White RL, Skolnick M, Davis RW (1980) Construction of a genetic linkage map in man using restriction fragment length polymorphisms. Am J Hum Genet 32:314–331.

Brugmans B, Fernandez del Carmen A, Bachem CW, van Os H, van Eck HJ, Visser RG (2002) A novel method for the construction of genome wide transcriptome maps. Plant J. 31:211–222.

Brugmans B, van der Hulst RG, Visser RG, Lindhout P, van Eck HJ (2003) A new and versatile method for the successful conversion of AFLP markers into simple single locus markers. Nucleic Acids Res. 31:e55.

Budak H, Shearman RC, Parmaksiz I, Gaussoin RE, Riordan TP, Dweikat I (2003) Molecular characterization of Buffalograss germplasm using sequence-related amplified polymorphism markers. Theor Appl Genet. 2003 Sep 13 [Epub ahead of print].

Bui MM and She JX (1996) Analysis of microsatellite polymorphism using the polymerase chain reaction. In "Practical protocols in molecular biology" edited by Yongming Li and Yuqi Zhao, 1996, Science Press, Beijing, New York.

Caetano-Anolles G, Bassam BJ, Gresshoff PM (1991) DNA amplification fingerprinting using very short arbitrary oligonucleotide primers. BioTechnology 9:553–557.

Casa AM, Brouwer C, Nagel A, Wang L, Zhang Q, Kresovich S, Wessler SR (2000) Inaugural article: the MITE family heartbreaker (Hbr): molecular markers in maize. Proc Natl Acad Sci U S A. 97:10083–9.

Cregan PB, Bhagwat AA, Akkaya MS, Jiang RW. 1994, Microsatellite fingerprinting and mapping of soybean. Methods Mol. Cell Biol. 5:49–61.

Feinberg AP and Vogelstein B. (1984) A technique for radiolabeling DNA restriction fragments to a high specific activity. Anal. Biochem. 132:6–13.

Ferriol M, Pico B, Nuez F (2003) Genetic diversity of a germplasm collection of Cucurbita pepo using SRAP and AFLP markers. Theor Appl Genet. 107:271–282.

Fukumura R, Takahashi H, Saito T, Tsutsumi Y, Fujimori A, Sato S, Tatsumi K, Araki R, Abe M. (2003) A sensitive transcriptome analysis method that can detect unknown transcripts. Nucleic Acids Res. 31:e94.

Godwin ID, Aitken EA, Smith LW (1997) Application of inter simple sequence repeat (ISSR) markers to plant genetics. Electrophoresis 18:1524–1528.

Hayden MJ, Sharp PJ. (2001) Sequence-tagged microsatellite profiling (STMP): a rapid technique for developing SSR markers. Nucleic Acids Res. 29:E43–3.

Hayden MJ, Good G, Sharp PJ. (2002) Sequence tagged microsatellite profiling (STMP): improved isolation of DNA sequence flanking target SSRs. Nucleic Acids Res. 30:e129.

Hearne CM, Ghosh S, Todd JA (1992) Microsatellites for linkage analysis of genetic traits. Trends Genet 8:288–294.

Kalendar R, Grob T, Regina M, Suoniemi A, Schulman A. (1999) IRAP and REMAP: two new retrotransposon-based DNA fingerprinting techniques. Theor Appl Genet 98:704–711.

Lai E, Riley J, Purvis I, Roses A. (1998) A 4-Mb high-density single nucleotide polymorphism-based map around human APOE. Genomics 54:31–38.

Li G, Quiros CF (2001) Sequence-related amplified polymorphism (SRAP), a new marker system based on a simple PCR reaction: its application to mapping and gene tagging in Brassica. Theor Appl Genet (2001) 103:455–461.

Li YC, Korol AB, Fahima T, Beiles A, Nevo E (2002) Microsatellites: genomic distribution, putative functions and mutational mechanisms: a review. Mol Ecol. 11:2453–2465.

Litt M, Luty JA. (1989) A hypervariable microsatellite revealed by in vitro amplification of a dinucleotide repeat within the cardiac muscle actin gene. Am J Hum Genet. 44:397–401.

Lyamichev V, Brow MAD, Dahlberg JE. (1993) Structure-specific endonucleolytic cleavage of nucleic acids by eubacterial DNA polymerases. Science 260:778–783.

Meksem K, Ruben E, Hyten D, Triwitayakorn K, Lightfoot DA. (2001) Conversion of AFLP bands into high-throughput DNA markers. Mol Genet Genomics. 265:207–214.

Mueller UG,Wolfenbarger LL (1999) AFLP genotyping and fingerprinting. Trends in Ecology and Evolution 14:389–394.

Myburg AA, Remington DL, O'Malley DM, Sederoff RR, and Whetten RW (2001) High-throughput AFLP analysis using infrared dye-labeled primers and an automated DNA sequencer. BioTechniques 30:348–357.

Nagaraju J, Kathirvel M, Subbaiah EV, Muthulakshmi M, Kumar LD (2002) FISSR-PCR: a simple and sensitive assay for highthroughput genotyping and genetic mapping. Mol Cell Probes 16:67–72.

Neff MM, Neff JD, Chory J, Pepper AE (1998) dCAPS, a simple technique for the genetic analysis of single nucleotide polymorphisms: experimental applications in Arabidopsis thaliana genetics. Plant J. 14:387–392.

Nicod JC , Largiader CR (2003) SNPs by AFLP (SBA): a rapid SNP isolation strategy for non-model organisms. Nucleic Acids Res. 31: e19.

Palazzolo MJ, Sawyer SA, Martin CH, Smoller DA, Hartl DL (1991) Optimized strategies for sequence-tagged-site selection in genome mapping. Proc Natl Acad Sci U S A. 88:8034–8038.

Park KC, Kim NH, Cho YS, Kang KH, Lee JK, Kim NS (2003) Genetic variations of AA genome Oryza species measured by MITE-AFLP. Theor Appl Genet. 107:203–209.

Reineke A and Karlovsky P (2000) Simplified AFLP protocol: replacement of primer labeling by the incorporation of alpha-labeled nucleotides during PCR. BioTechniques 28:622–623.

Scottdl, Walker MD, Clarck C, Prakash CS and Deahl KL (1998) Rapid assessment of primer combinations and recovery of AFLP^{TM} products using ethidium bromide staining *Plant Molecular Biology Reporter* 16:41–47.

van Der Wurff AW, Chan YL, van Straalen NM, Schouten J (2000) TE-AFLP: combining rapidity and robustness in DNA fingerprinting. Nucleic Acids Res. 28:E105.

Vicient CM, Jaaskelainen MJ, Kalendar R, Schulman AH. (2001) Active retrotransposons are a common feature of grass genomes. Plant Physiol. 125:1283–1292.

Vos P, Hogers R, Bleeker M, Reijans M, Van de Lee T, Hornes M, Frijters A, Pot J, Pelman J, M. Kuiper M, Zabeau M (1995) AFLP: A new technique for DNA fingerprinting. Nucleic Acids Research. 23:4407–4414.

Weerasena JS, Steffenson BJ, Falk AB (2003) Conversion of an amplified fragment length polymorphism marker into a codominant marker in the mapping of the *Rph15* gene conferring resistance to barley leaf rust, *Puccinia hordei* Otth. Theor Appl Genet. 2003 Oct 2 [Epub ahead of print]

Welsh J, McClelland M (1990) Fingerprinting genomes using PCR with arbitrary primers. Nucl Acids Res 8:7213–7218.

Wiesner I and Wiesnerová D (2003) Insertion of a reamplification round into the ISSR-PCR protocol gives new flax fingerprinting patterns. Cellular & Molecular Biology Letters 8:743–748.

Williams JGK, Kubelik AR, Livak KJ, Rafalski JA, Tingey SV (1990) DNA polymorphisms amplified by arbitrary primers are useful as genetic markers. Nucl Acids Res 18:6531–6535.

Williams MNV, Pande N, Nair S, Mohan M, Bennett J. (1991) Restriction fragment length polymorphism analysis of polymerase chain reaction products amplified from mapped loci of rice (*Oryza sativa* L.) genomic DNA. Theor Appl Genet 82:489–498.

Zietkiewicz E, Rafalski A, Labuda D (1994) Genomic fingerprinting by simple sequence repeat (SSR)-anchored polymerase chain reaction amplification. Genomics 20:176–183.

Chapter 3

遗传作图的方法及软件

概　述

本章的目的是用一般性的术语，来解释怎样用植物遗传标记基因型数据，构建连锁图谱；为了叙述统计方法的发展和变化，来组合表型数据与分子标记和图谱数据，以确定控制数量性状位点(QTLs)的假定基因；为了调查可以用于这两种作图中的软件资源，并在最后对这些研究领域中就当前的方向提供评论。本章是针对具有基础的统计知识，而不需要宽广的统计，以及数量遗传知识的读者，这些读者是希望他们自己能用一些软件工具或组合这些方法，通过他们自己将遗传数据灵巧地转换成一张图谱或者 QTL 模型。本章省略了详细的数学知识，参考哺乳动物遗传学，其中更多引用的理论知识已经超出了我们的范围。

摘　要

多位点遗传图谱可以分为下面三类问题：分组，排序和距离估算，其中第二项是计算上最为有趣的。随着 DNA 分子标记的丰富性的增加，和若干物种 DNA 序列的获得，这些问题在实际中的重要性降低了，兴趣转移到比较作图和重组研究上。QTL 作图由计算简单相关性数据发展到验证精细的多基因模型，运用的方法如 Markov Chain Monte Carlo(MCMC)，用来研究高维度的参数空间。当前的趋势是将 QTL 数据和其他的遗传学数据整合，比如基因表达、代谢途径和 QTL 模型的扩展，将它们结合起来研究在群体和家谱中的连锁不平衡。计算机软件对连锁和 QTL 作图的应用有很多，但是都是局限在分析领域、界面的质量和功能扩充的潜力。一个资源开放的开发平台或许可以使更好地去利用理论上取得的进展。

3.1　引　言

前面的章节描述了遗传物质，和用于开发遗传图谱，而开发一系列 DNA 标记基因型数据的实验操作方法。第一章介绍了遗传重组生物学事件，这个事件可控制分布在个体染色体上父本和母本 DNA 片段分配，并可供我们进行以连锁形式存在的一对位点，进行遗传距离的测量。

尽管自花授粉作物的连锁作图在实践中几乎没有什么问题，但像计算形式复杂等问题，仍然具有理论上的吸引力。作图作物物种的丰富类型在近十年前来已经有了很好的报道(Paterson 1996)，与此同时出现在自身基础和相关物种种类之间的基因组之间建立关系。对于异型杂交和自身多倍体系统，软件工具依然相当初级和缺乏。尽管超越了我们研究范围，但我们当前的兴趣是在种间杂交图谱比较，包括在本书的其他地方已介绍的，为物理图谱而组装框架的遗传图谱的应用。

针对理论进展，具有更加丰富内容的是 QTL 作图。长久以来已证明比一个 QTL 模型的参数估计更加具有挑战的问题，是鉴定模型。例如，有多少个 QTL，他们在图上的位置以及它们相互之间的关系等。在这些方面，尽管近年有了很大的进展，但是应用于这方面的非常方便的软件工具的研究进展明显落后于理论，因为相互作用基因的潜在数量应该说是无限的，所以对 QTLs 之间的遗传上位的评价，是一个长期存在的挑战。目前更大的兴趣是，在非常精细的实验观察中，结合高度对应的基因表达检测，用 QTL 作图作为一个证实基因相互作用模型的方式，而且更加关注的是遗传控制数量性状的信息，而这些数量性状在自然界中以及群体和家谱中，是由连锁不平衡提供的。

3.1.1 植物遗传连锁作图的方法和工具

3.1.1.1 问题的阐述

对于两个连锁的遗传位点，在单次减数分裂时每次染色体之间交叉发生的概率是 r。r 值的估算是通过被观察到这些位点的有区别的基因型组合列表(每种基因型都有一个依据 r 值的概率，而且可在我们的实验中进行杂交设计)，然后可以发现一个 r 值，反映的是这些基因型组合的可观察到频率的最大可能性。最大可能性(ML：maximum likelihood)的参考方法将在下面重现；主要是针对更多统计的详细数学叙述，见 Liu(1998)。另外，距离的测量能够通过代数作图功能，从连锁中得到。

现在让假设我们已经在我们的数据表中估计了一对标记，而且如果我们选择的方法需要它，转换这些连锁值为距离。我们的目的是把位点分组成候选染色体片段，即连锁组，并在这个连锁组中以相对位置安排这些位点，而这些位点和位置大多数是与它们的连锁是一致的。有时我们将来自多个不同的杂交设计，但一些标记则是共同的，由此得到实验数据表。对于任何设计，我们需要有一些方法来评价结果图谱的质量，例如一个图谱比另外的图谱优异的程度？哪些位点说明这些图谱之间的不同。

实际上我们将忽略了我们时常比分子标记表单独中提供的更多信息，我们将忽视复杂的现象，比如遗传干扰，重组抑制，以及特别的染色体类型和异常。

3.1.2 位点分组

分组是一个设置接受原则的过程，并要求对任何不合格于已有组的候选位点，启动一个新的组。通常的接受原则是建立较高一级的连锁阈值，和与组内其他成员的连锁的较低一级检测限制（LOD：limit of detection）分数阈值。这些 LODs 是在 *r* 值和用于估计它的观察数字的基础上的信息度量。最后的分组结果是唯一由接受阈值来决定的，分析将在组的数量和大小之间设置一个平衡，在这些分组中将涉及经验和遗传物质的先前知识，太大的组将导致不稳定的位点秩序；太小的分组将产生片段化的不完整图谱结果。

3.1.3 位点排序

排序是连锁作图的中心问题，而且在认识上最有兴趣的，是在考虑针对平均适宜大小分组，没有十分确信的方式去发现 *N*! /2 可能顺序中的最好顺序。这里的"最好"依靠这个标准（客观功能），根据个体连锁的总和或者产物，采取评价候选顺序，或者根据相邻位点对的 LOD 统计表。难以把握的是，通过用一些方式探索这个"顺序空间"时，又正在提出候选顺序，以期望去产生不断改进的更好解决办法。根据两点连锁距离，初步的排序能够被进一步精细调控，通过再一次估计多个位点的连锁，随同原位点的逆转，搜索一个全面改善的顺序。

最简单的代数之一，排序（Ellis 1997；Doerge 1996；Crane and Crane 2004a），包括了正在扩展一个顺序，是从最紧密连锁位点对向外扩展。它是"贪婪的"算法，在认识上每个持续的添加是被做到当前最优的顺序，而没有考虑还没有添加的位点，或者还没有移出前添加的。一个更加精细的贪婪的算法代数是 MAPMAKER's(Lander et al. 1987)的方法，找出三个位点的顺序，排除最不可能的，然后进行通过估算由保留的一个建立的可允许的多位点顺序。最后的优化是由逆转来完成的。JoinMap 的方法（Stam 1993；Stam and van Ooijen 1995）也是顺序的，一次加一个最有信息的标记，只有显示了良好适合度的测试，说明改进了的才能接受，而且每一步都由混乱到优化。相似的策略也被用于 Map Manager QTX（Manly and Olson 1999），也被缩写为 MMQTX，对一个新的标记，当它被添加到一个组中时，或者在所有的标记被分配后，通过逆转优化，这个软件联合了分组和排序的操作，通过证明最好的插入位点（如果存在的话）。

一些图谱构建的方法并不是推翻重来，而是通过刷新工作来替换，用各类交换/估算操作，在一个组中所有位点的一些起始顺序，采用方法是来自知名的和非常近似的"旅行销售人员问题"（TSP：Traveling Salesman Problem），TSP 要求能找到一次通过一组多个已知城市中每个城市的最短旅行线路。模拟退火（SA：simulated annealing），被 GMendel（Liu and Knapp，1990）使用，利用一个在结构上控制变化数字的"温度"参数，这个结构可以被应用在每一步中，以及用一个比当前存在更低的一个(更加不喜欢的)分数。当这个结构在一些温度下稳定化后,这个系统就被“冷却了”,变化成为很少的极端,并且不喜欢的变化不容易被接受。CarthaGene(Schiex and Gaspin 1997)提供了SA以及贪婪算法,由TSP推出的启发式,而且还应用了遗传学算法(GA:genetic algorithm)为了发展一个群体的位点顺序。GAs打算采用拥有一些突变率的有性重组,针对物种适应性的组合优化,仿效自然存在的系统,接着根据适应的功能进行选择。另一个进化的算法据报道是最快和最有效的,这是一种仅仅依靠无性繁殖,而由此依靠突变变异的算法。(Mester et al. 2003)。

作图中的质量评估,能够合并进入一些如前面叙述的持续组装方法中。CarthaGene提供了一个“框架”建立的方法允许控制中的“坏的”排除(不稳定被排序)标记。在MAPMAKER中,怀疑的位点,如那些通过引入过度的双交叉,扩展中的图谱能够通过“降一个”的特征来鉴定。在一个快速的排序算法被应用的地方(Mester et al. 2003),这个操作能够用解靴带的方法自动进行,或者Monte Carlo算数如SA能够像在GMendel中一样被重复运行。上述程序的大部分将会产生许多“最好的”图,然而这些“最好的”分数(如,多点可能性或LOD)的分布本身对可靠性是一个指南,拥有成为证据的相似分数,为至少一个不稳定的原本顺序。检查时常揭示了可靠的标记。

两个新的排序方法是用位置信息最小丢失的约束,把高维(在N位点的情况,那就是$N-1$)的空间减至一维空间。度量的多维规模化(Ukai et al. 1990)被MAPL(Ukai 1997)用来破解遗传距离矩阵变成两维的散点图,这个图具有的性质是把所有成对点的距离,用最小平方法最优接近到它们之间在原初矩阵中的距离。分析要求选择一个终止位点,其余的位点按上述假设的贪婪方法添加。尽管似乎没有任何内固定的方式来评估质量。第二种算法(Newell et al. 1995)采用距离几何方法,把距离矩阵转变成$N-1$个维度空间,然后用数字梯度降低的方法,来得到最小方差1D的坐标。一个标记位点的不确定性是从与其他标记的距离的不确定性被计算出来,而且能够被用图形显示。DGMAP提供的计算机程序似乎没有被用于植物,或者不太可能适用于植物。

3.1.4 多位点距离的估算

如果得到了一个位点的顺序,那么剩下的问题就是计算位点之间的距离。简单的方法是保留相邻标记之间最初的距离,因为这些是被建立在ML近似值和开始用的部分信息上,所以是一个令人不满意的方法。一个由Jensen和Jorgensen(1995)提出的改进,后被JoinMap改变,并被Newell et al. (1995)重新改造,由计算这个距离来组成,这个距离具有来自两点距离的最小平方差,虽然此间对建立在更多信息的距离估算给予更多的权重。MAPMAKER和CarthaGene直接地更新了连锁估算,采用一种EM的算法(一类对估算的会聚性算法,是互相依靠一些未知的参数,而这些参数是来自依次更新的其他参数)。两种方法增加了最终图谱的可能性,GMendel 采用一个更简单和较少稳定的方法,这个方法调整了两个位点原初的距离估算,以表现出最小的预期从未知权重距离来的绝对误差,未知权重距离是所有两位点侧翼位点之间,包括两位点本身之间的距离。

3.1.5 使用变异和混合杂交设计

3.1.5.1 远缘杂交物种

二倍体或容忍自交的异源多倍体物种的杂交,可以说明植物中共同的作图设计。然而,针对需要进行远缘杂交者,连锁估算必需区分出结合和排斥阶段的差别,而针对共显性和显性标记,两者都必须容纳在一个位点分离的像四个(在一个二倍体中)一样多的等位基因。尽管 Ritter et al.(1990),Ritter 和 Salamini(1996),Maliepaard 等(1997)已精心设计了多个方法,但是可用的软件仍然不能够处理不确定状态的数据。分析者必须从两位点基因型频率推断出 7 个可能的标记分离类型。下一步即是用 MAPMAKER 建立独立的图谱,并通过手工将它们与“多个等位基因的桥” 标记结合,对于来自两个亲本的两类正在分离的等位基因这些标记是共同的,另外也是把编码类型的多个标记交给软件包,如 JoinMap 或者 CarthaGene,这些软件接受在一个单个的杂交中的多种分离类型。MMQTX 会处理混杂的分离,并将跳过阶段,但是它不能在一个位点容纳超过两个等位基因。

3.1.5.2 同源多倍体物种

对于多倍体来说,等位基因剂量在传统的杂交设计中能够数量减半染色体的倍性数目。由于剂量的不确定性状态问题被混合了。剂量能够从分离频率和连锁中推理出,在四倍体(Hackett et al1998)和八倍体(Ripol et al. 1999)中,这些分离频率和连锁针对单一的(单个剂量)(Wu et al. 1992)和较复杂的多个标记所估算。一般的作图软件将不能进行这些计算,并且一种作法是必须建立一个只用来自一些单一标记的图谱,之后用手工添加较复杂的多个标记,或者也预先计算连锁和它们的 LODs,并提供它们到一个程序,如 JoinMap 来进行组装。针对平均倍性设计多环节(He et al. 2001)计算单一两点的 γ 值,而更有用的是 TetraploidMap(Hackett and Luo 2002;Hackett et al. 2003;Julier et al. 2003),这个软件计算两点连锁和 LODs,鉴定连锁组群,并用 SA 和原地颠倒来排序。这能鉴定双倍减少(姊妹染色单体分离到相同的配子中,由于多价减数分裂配对),但不能计算这种情况下的重组。Wu et al.(2001) 已经提供了一个完全的模型。

3.1.5.3 组合数据

我们也需要由独立的包含共有标记的数据集计算连锁图。JoinMap 根据在所有群体中具有相同的连锁基础的假设,而计算共有的两点连锁,对一个给定的位点对,在其被观察值变异的基础上提供 LOD 分数。CarthaGene 允许只有一个共有顺序，但不必共有位点之间的距离的假设，产生群体特异的，含有合并标记的图谱。GMendel 发出异质性测试，目的在于提醒分析人员合库成池的风险，除了计算共同的 γ 值，根据已合并成池的，被观察到的预期的两位点基因型频率，作为一个群体 ML 方法的扩展。

对物种之间比较图谱兴趣的增加，已经针对查图看图和根据多个被比较图中的唯一的位点位置来比较，产生了许多软件。这些是在我们关注的来自分离数据连锁图谱的构建和评价之外的，尽管只是一个应用，MapInspect(van Berloo and Kraakman 2002)，仍然值得注意作为一个工具，用于评估“紧张度”，这个过程是通过在两点之间距离的巨大差异性被体现，而两点之间的距离被预期是在不同图谱中是相似的。这个“紧张度”在与那些被观察到的和多点距离之间是相似的，多点距离的多种目标功能是努力在任何给定数据集内最小化。

3.1.6 连锁作图软件的实用性、界面和特征

上面提到的软件包，除了 JoinMap 是商业软件，其余都是免费的。关于用户的界面(UIs: user interfaces)，MAPMAKER(除了苹果机版本)，FLIPPER(Crane and Crane 2004b)，Gmendel，和 TetraploidMap 所有都有命令行用户界面，而其他的，前文中提到的都有简单的精心制作的图界面(GUIs: graphical UIs)。MAPMAKER 和 CarthaGene 是可读的，MMQTX 提供一系列的精细分析，包括 QTL 作图(在 MAPL 中也提供这个特征)，而其他的都是单项任务的。所有处理标准杂交设计(回交，F_2，双单倍体，重组自交系)，而 MMQTX 更进一步处理一整套设计，包括高级杂交和回交。MMQTX 和 CarthaGene 也接受辐射杂交数据。MMQTX，GMendel，TetraploidMap 和 JoinMap 提供来自预期的分离误差测试，而且前两个软件还提供这种情况下的连锁估计的统计数据修正。

3.2 植物 QTL 作图的方法和工具

3.2.1 问题的阐述

就像连锁作图那部分，这部分只对所包括的应用统计操作的数学基础作一个简要介绍。详细的处理请参见 Liu(1998)，Lynch and Walsh(1998)。重点是理论兴趣的方法，无论它们是否在实践中常用。

QTL 是指不能由表型明确推出基因型的基因。QTL 搜寻以 DNA 标记基因型数据，以及由一组产生于有计划的杂交后代的性状数据开始的，而且通常遗传图谱的构建即可用来自相同基因型数据，也可用不同基因型的数据。我们工作的目标是定位影响我们性状的 QTLs，并估算 QTLs 的等位效应，如个体 QTLs 的加性效应和显性效应，以及在两个或多个 QTLs 上，在上述效应之间的相互作用(上位

效应)。需要考虑变量将进行的交配设计,性状类型,包含在表型数据中的环境变异,这些表型数据必须能被制作成模型,并通过适宜重复来减少规模。总之,我们要评价解决问题的稳定性。

从统计来讲,我们的目的是鉴定和解决一个模型,这个模型预测的变量即可以是DNA标记或者也可以是“真实的”QTLs,而它们的反应变量是性状。一个真实的QTL的基因型,是多种标记基因型的一个功能,而且能够作为一系列基因型基因型概率或者一个期望值被表达出来。对任何一个具体的模型,估算的系数可以通过最小平方(LS:least-squares)或者ML方法来获得。但是如果这些模型不能很好地描述性状的遗传控制的话,上述算法方法就都是错误的(Knapp et al. 1992)。为了说明一个模型针对所有QTL效应,数目和位置去创造一些术语。但是因为最后两个即QTL的数目和位置是不知道的,我们必须在模型搜寻和研究中适宜地包括它们。我们也必须在“模型空间”测试所有可能的模型,或者发现一些方式去漫游模型空间,通常是向上的方向(朝更高可能性),这是一个要求在每一部,都重新评价模型系数的过程。我们也必须有一个方法来给模型化等级,以针对复杂性均衡解释的能力。针对这些操作的方法被松散地划归为LS,ML和Baysian等方法。

最近一篇QTL作图方法的综述(Doerge 2002),提供了下面提供了对顺序问题考虑的总的观点。一个直接面对生物学家的指南(Jones et al. 1997)用更加简单的方法,介绍了QTL问题。对QTL作图软件特征的详细比较,请参看Manly and Olson(1999)。

3.2.2 单标记关联

3.2.2.1 数值性状

遗传标记表型与数量性状表型相关的概念通常要追踪到Sax(1923),并在后面的工作中被重新提出来,由Soller引用(1979),这些工作是在出现可用的DNA标记之前。简要的原理是这样:因为一个标记的基因型应该与一个连锁QTL位点基因型相关,标记也应该表现出对性状的统计影响,尽管标记递减伴随增加QTL的遗传距离。这个影响能够被检测出来,通过比较标记-基因型组合的表型平均值得出,如通过生物统计变量分析中的t测验,或者回归分析。如果用回归分析,需要对解释的变量数字化,一个个体在标记位点的基因型,能够用个体携带的涉及等位基因的数目表现出来(在二倍体中,记为0,1或2)。设计中的所有三个基因型表现的效应,能够被区分为加性效应和显性效应。设计中的超过2个等位基因的可以在一个位点分离,回归能够被一个一般的线性模型,或者非参数的相似模型,如Kruskal-Wallis测试所代替。

单标记测试不需要一个遗传图谱,而且也不能将一个更远的但表现强的QTL与附近的弱QTL区别开。ML方法被提出来这样做,即通过利用在组合中

(Zhuchenko et al. 1979; Weller 1986; Luo and Kearsey 1989; Simpson 1989)的预期变异,已经让位于更强有力的距离间隔方法。在一个充分饱和标记的图谱区域(Darvasi et al. 1993),设计中的重组已经被限制,或者没有可用的图谱,对于一次发现 QTLs 的方法,单个标记检测是和任何其他方法一样是有效的好方法。

3.2.2.2 分类性状

当植物性状的一些观测值是属于分散组合型的,如疾病感染类型或者生长习性等,比较这些性状观测值的平均值是不可能的。采用二进位判别的性状能够被作为遗传位点处理和用连锁分析处理,但是这样数据就分成了多种组合,因此进行一些分类形式的测试是必需的。没有确定秩序的组合能够采用卡方(χ^2)测试,这个测试是独立于杂交列表的基因型组合,但是更加普通的表型组合有自然的秩序(通常情况是用疾病数据),并且能够用非度量化的等级测试处理。这些普通类型任务的质量性状是采用数字 1 记录(组合的数量),而通过回归处理它们似乎是可以进行的,但是针对这样数据,用已经被开发出来的间隔作图可能是较好的方法。

3.2.3 间隔作图:简单法(SIM:Simple Interval Mapping)

3.2.3.1 ML 方法

在一篇标记定位的文章里,Lander 和 Botstein(1989)展示了怎样估测 QTL 的效应,在一对给定的图谱标记的任何测试位点。用两侧翼标记提供 QTL 基因型的分布概率,并针对每一基因型组合,用多个 QTL 基因型组合中性状的假定的正常分布提供可观察表型概率,对在这些组合中的性状平均数和变异,用 EM 算法来重复发现多个值,而这些组合是在个体后代上观察到表型/两侧翼分布标记基因型结合的可能性最大的组合。在 MAPMAKER/QTL(Lincoln et al. 1992)中应用的一个 QTL 绘图的方法,是沿着多条染色体“行走”,在多个分开有 1 或者 2 个厘摩的有秩序间隔点,进行 ML 计算,并且最后结果的 LOD 分值标注在图中,用来揭示最大可能性的候选 QTL 位点。

已认识到这个算法是无法解决一个完整 QTL 模型的,于是作者通过用一个初步的被固定的 QTL(Lincoln et al. 1992)效应来搜寻基因组,由此提供一种方法来合并一个处于第二个可能的 QTL。但是,平均单一 QTL 搜寻的计算工作量大而且慢,所以同时用一个 ML 处理建立多个 QTLs 模型是不切实际的。但是只依靠一个简单的模型会给出性状遗传效应的欺骗性评价。具有正向效应的来自相同亲本的连锁 QTLs 作为一个单一的宽的“魔鬼 QTL”峰出现在它们之间,而那些具有相反效应的是看不见的或者是不重要的(Martinez and Curnow 1992)。其他利用 ML-SIM 的程序是 QTLCartographer(Wang et al. 2004),MAPL 和 MutiQTL(Korol 2004)。

ML 方法对 SIM 质量上地不同是由 Xu 和 Atchley(1995)修改,他们借鉴一个来自人类遗传学的方法,这个方法只需要评价等位基因的继承等同(IBD:identity-by-descent)部分,这些等位基因在一个图谱位置上与多个个体的多个等位基因共享。对于这个位置的一个 QTL,高的 IBD 应该伴随着低的表型差异。这样一个随机模型算法,这个模型是建立在变异基础上,而不是建立在 QTL 效应的大小上。这个模型算法针对植物已经被应用在基于互联网的软件 QTL Express 中(Seaton et al. 2002)。这个模型好于"固定模型"的优点是,它不需要位点的任何连锁状态知识,或者是等位基因的个数,而且容易适应复杂系谱的设计。

3.2.3.2 最小平方(回归)和非参数法

LS 比 ML 方法计算上更容易更快捷,简洁,并且能够对多种效应,多种匹配设计,用通常忽视的估算精度损失的多个世代和精确度直接建立模型。Haley 和 Knott(1992)及 Martinez 和 Curnow(1992),阐明 ML-SIM 的 LS 近似方法,他们指出,在一个 QTL 位置,在给定多个两侧翼标记的基因型期望类型,表型值的简单回归是如何表达的,根据加性效应 a 和显性效应 d,而估算这些效应。最早的一些作者将这个方法应用到远缘杂交设计中。尽管如此,然而,这些想法是现代几种软件包的基础,通过二维搜寻所有 QTL 位点,建立两个 QTL 模型的方法,对大模型是不现实的。同样也很少应用在实践中的是对连锁 QTL 的三标记测试,这已由 Martínez 和 Curnow(1992)报道。这些作者(Martínez and Curnow 1994)继续报道了在一个个体中,如何来补偿一个正在丢失的两侧翼标记的基因型,以 QTL 期望值为基础,替代最近可用的非丢失侧翼标记,再接着通过一个一般的算法(Jiang and Zeng 1997)是针对在任何 QTL 位点,产生基因型概率分布,而任何 QTL 位点利用了所有的信息,这些信息可利用来自不完全信息的或显性的两侧翼标记。利用 LS-SI 的 M 计算机程序是许多的,包括 MQTL(Tinker and Mather 1995),MMQTX,QGene(Nelson 1997), QTL Express 和 MCQTL(Jourjon et al. 2004)。

一个不同的 LS 方法(Kearsey and Hyne 1994)包含在每个标记位点,在那个位点和 QTL 位点之间重组概率的一个功能的基础上,在多个基因型组合的平均值之间回归其中的不同。就像上面的 LS-SIM 方法,将最终的统计结果描点到图(如残差平方和)中,在每个被测试的有规律间隔 QTL 位点,针对在多个标记组合平均值之间的变异,这个方法剔除了来自性状变异的信息,是非常容易应用在统计编程语言中,而且有时也用在实践中,甚至应用在推广中(Charmet et al. 1998)。由 Whittaker et al. (1996)报道的,一个少用的双变量方法,立即在两侧翼的两个标记上回归表型,并且在目前和一个 QTL 的定位两方面,推理这些系数,因此用一个全面的"漫步"来分散。

若干个 SIM 的其他扩展应用,分成"稀有被应用"的组合。针对一些没有遵循由 LS 方法预期的正常分布性状,这些数据组合是一种非参数的方法(Kruglyak and Lander 1995)。Logistic 回归方法,是针对序数而不是度量性状被开发(Hackett and Weller 1995),尽管模拟(Rebaï 1997)因此已经表现出如处理连续数据一样处理分散性状数据,以及应用普通回归等通常将作为精确的方法。原本在连锁作图中同源多倍体的多个等位基因问题,也使 QTL 作图复杂了,Xie 和 Xu(2000)和 Hackett et al. (2001a)已经介绍了利用共显性标记的方法。

对有条件 QTL 预期的回归,就如 Haley 和 Knott(1992),由在估测 QTL 基因型的误差,扩大了残差误的估算。在少数几个补偿方法中,其中一个是重复地再权衡 Xu(1998a)的 LS 方法,而其他的方法则是包含在原有的下面要讨论的复合方法中。

3.2.4 间隔作图:复合法(CIM:Composite Interval Mapping)

SIM 方法是不能用于存在多个,特别是连锁的 QTLs,原因是在每个图谱位点 SIM 测试错误假设的结果,如那种"在测试图位点上的 QTL"对应"无任何 QTL 存在"。正确的测试(Jansen 1993)是那类多个 QTL 位点模型,包括对应一个在测试图谱位点排除一个 QTL。这样的一些测试能很好地适合一个多元线性回归的结构,并且多个 QTL 位点模型的改进,在多个标记组的回归上已经去了进展(Cowen 1989),在一个测试点获得含有两个 QTL 期望值的"杂交"模型,以及在图谱的其他地方获得多个"背景"辅助因子标记(Jansen 1992;Jansen and Stam 1994;Zeng 1994),而且最后获得的多种模型中,所有的标记均被 QTL 基因型所替代(Kao and Zeng 1999;Sen and Churchill 2001)。

复合方法的关注点本质上不在辅助因子标记上,因为由于假设的 QTLs 外的测试间隔,这些辅助因子标记只用在去吸收粗略的性状变异。而 QTL 搜寻仍是一个对整个图谱的一维扫描,很多方法用来选择辅助因子标记,被加上 QTL 分辨率越多,检测的能力和估算精确度越低。在模型中得到的 QTL 基因型的错误能够用加权回归(偏回归)使其最小化(Jansen and Stam 1994),或者使用 ML 替代 LS (Zeng et al. 1999)。

Jasen 的"MQM"方法已被应用于商用数据包 MapQTL 和在 QTL Cartographer 中,Zeng 的 ML-CIM 方法中。由 MMQTX,PLABQTL(Utz and Melchinger 1996)和 QTLMapper(Wang et al. 1999)提供 LS 的应用。另一个商用软件 MultiQTL,提供一套精细的 QTL 分析包括 CIM。CIM 的一个较简化的版本(sCIM)由(Tinker and Mather 1995)在软件 MQTL 中提供。MQTL 适合一个多重回归模型在每个 QTL 测试图谱中仅替代一次的情况。

CIM 的"复合"特征能够被合并到大多数的 SIM 变量中,这个 SIM 也可被看作是没有任何辅助因子的 CIM。值得一提的例子是针对作图 logistic-回归方法,对双元疾病在"阈值"模型(Xu and Atchley 1996)基础上进行 QTLs 作图,以及 Xu 和 Atchley(1995)的"随机模型"算法。CIM 还没有扩展到同源多倍体模型。

3.2.5 显著性测试

QTL 作图的一个长久问题，已经评价统计测试的可靠性，如来自 QTL 扫描的 LOD 值。简单地说没有任何单一的理论取样分布，这个分布应用到一个 QTL 实验的所有变量(如，具有差异的个体数量，配对设计，性状分布，标记密度和信息内容)。而理论的显著性的阈值被 Lander 和 Botstein(1989)提出，Lander 和 Kruglyak(1995)，Mangin et al. (1998)，其中表现稳定的一个可用重排(Churchill and Doerge 1994)，模拟(van Ooijen 1999)，或者重新取样(Visscher et al. 1996；LeBreton et al. 1998)方法等产生。如果表型数据对于标记数据数倍的非常零乱的和随机的，而 QTL 测试在每一个零乱点都被计算，统计结果的分布代表着没有任何效果的无效假设。这个分布的合适百分点(就说，第 5 个)，就能够在非零乱的数据上，被用作一个统计计算的测试阈值。而这些排列测试是免于引起不能参数测试的分布假设的，它们能占用相当长的时间来运行。一些至今还没有被利用的，使它们加速的方式将在下面讨论。一个只依靠一次 QTL 扫描(Piepho 2001)结果的一般快速方法表现与排列测试相同的结果。

3.2.6 间隔作图：多个 QTL 模型构建

3.2.6.1 逐步回归和穷尽搜索方法构建多个 QTL 位点的模型

构建多个 QTL 位点模型的一项早期努力是在遗传图谱上，在代表每个标记间隔的中间点，对假的 QTLs 位点利用性状多重回归(Moreno-Gonzalez 1992a, 1992b)。然后，采用逐步建立模型方法的精细调控，消除没有任何影响的间隔，并且在仍然保留间隔的同时，精细调控 QTLs 的位置。这个方法的多个元素已经重复应用在近期的工作中。在 QTL Cartographer 中利用多重间隔作图(MIM；Kao and Zeng 1999；Zeng et al. 1999)，使用逐步回归选择方法，从首次由 CIM 到达的一个模型中，添加和移出一个 QTLs 位点，然后利用这个 EM 算法，来同时估算 QTL 基因型，增加移动 QTL 自 CIM 达到的第一个模型，然后使用 EM 代数同时估计 QTL 基因型和可能性，最后在模型中的 QTLs 和相互之间或和遗传图谱上未被占用的 QTL 位点之间寻找遗传上位效应。第二种方法(Sen and Churchill 2001)用 Monte Carlo 取样，取代这个"精确"计算方法。对一个给定的数据组，许多(10 到大于 200)被称为假标记的独立的 QTL 基因型被产生("被归因于")在图谱中致密的间隔测试位点，通过在每个个体上从它们的有条件的分布两侧翼的多个标记中取样，由此大约估算预先多个 QTL 基因型的概率分布。考虑多个个体的表型，较晚的通过每个假标记的估计权重设置而产生，这个设置是通过基于表型回归的适宜统计。这些过程是用软件完成(Broman et al. 2003)。这个方法当前需要一个 q 维搜寻，这里 q 是 QTL 建模的数量(以便 $q>3$ 是不实际的)，但这个方法提供的优势只是权重方面的，而不是假标记方面的优势，当模型改变时，这个方法必须被改变。

一个由 Wang et al.(1999)报道的方法,并被 QTLMapper 1.0 应用,使用逐步回归去选择标记,针对包含在一个主要加上遗传上位效应,和环境相互作用效应的混合线性模型。

3.2.6.2 马尔克夫链蒙特卡罗 MCMC 方法

MCMC(Hastings 1970)是 Bayesian 方法(是一种通过刷新分析者事先用含有数据组信息对参数的推测来估算参数的方法),MCMC 方法的目的是用概率论("Monte Carlo")取样,去产生多个 QTL 参数中的一个合并(集合)的后续分布,被给出已观察到的 QTL 作图数据。这个算法逐渐地精细调控每个参数估算,并依次根据其他参数的当前估算是正确的这个假设,在此方面这个算法是相关于 EM 的。针对 QTL 基因型、位置和效应,由起始值开始,MCMC(分析者希望)通过轮流刷新每个参数,向着一个稳定和可解释的模型方向发展。这样它的概率分布(如,一个加性 QTL 效应的概率分布)对其他参数来说是知道的,一个新值是从那个分布中由随机("Gibbs")采样产生。这儿这个分布是不知道的(如 QTL 的位置分布概率),一个新"建议"的值是随机地(在一定约束内)被产生,并用一个对应于在可能性上变化的概率来"接受",这也是这个新值可能产生的可能性的变化(一个"Metropolis—Hastings"步骤)。数千个重复提供参数值的分布(对照于点估算),并提供内置的显著性测验。尽管 MCMC 的诊断在网上(http://www.statslab.cam.ac.uk/~mcmc/pages/list.html)可进行,为此可保证更新链充分地采集参数分布样品,但是调整 MCMC 是非常有技巧的。

在一个 QTL 扫描中,为了评估 QTL 可能性,当 Monte Carlo EM 方法被 Jasen 报道时,首次应用 MCMC,用 QTL 的数目和位点本身作为随机变量处理 QTL 数目和位点,针对植物 QTL 作图,表现出已经是 Satagopan et al.(1996)的方法。这个方法中的许多后续的调查的一些方法是归于 Sillanpää 和 Arjas(1998,1999),Bink et al.(2000),Yi 和 Xu(2002)等。针对 MCMC QTL 作图的公共软件只有 Multimapper(Sillanpää 1998),这个软件不提供在 Yi 和 Xu(2002)报道类型的一个完全 QTL 建模工作框架,包括为了用不同 QTL 数目在模型之间进行转换,而产生的所谓可逆跳跃 MCMC(Green 1995)。MCMC 分析的计算工作强度很高,可以消耗大量计算时间。一项比较研究(Maliepaard et al. 2001)发现了在 MQM 的 QTL 发现和 MCMC 中的 QTL 发现之间总体的一致性,但是也有"一些不同",一但这些不同对应用指导不是很有帮助。

3.2.6.3 遗传算法

在上文图谱排序的论述内容中提到的,遗传算法(Gas:Genetic Algorithms)在 QTL 作图上表现出很强的功能。Carlborg(2000)说明建模上位的问题,而 Nakamichi(2001)和 Nakamichi et al.(2003)出版了 Unix 计算机程序。这些研究报道至少对大量耗时耗力的穷尽搜索,或者对 MCMC 模型建立和测试方法的速度超越了两个数量级，但是针对适宜的集中，GAs 必须被调整。

3.2.7 多性状(MT:Multiple-trait)的 QTL 作图

通常在 QTL 研究中，一些被测量的性状是相互关联的。分析人员喜欢用这个相关结构来减少统计测试的数量，如果可能，精确估计 QTL 位置，并在影响不同性状的相同图谱区域，测试紧密连锁 QTL 对应的基因多效性。为了达到第一个目的，Weller(1996)和 Mangin et al. (1998)用它们的不相关的主要成分，代替了相关性状，假设相关于这些多个“复合”性状中的之一的一个 QTL，对基因多效性将是一个证据。Jiang 和 Zeng(1995)和 Kord et al. (1995)表明，从 MT 间隔作图中增长了 QTL 的探测效力，而且 Knott 和 Haley(2000)和 Hackett et al. (2001b)报道了一个多变量回归方法，这个方法在统计软件包中是容易编程的。QTL Cartographer 提供一个 MT 法，但最全面的应用是 MultiQTL 中的 MT 方法。

3.2.8 多重杂交(MC:Multiple-cross)QTL 作图

综合的杂交设计，如那些已开发的经典遗传研究增加了探测 QTLs 的能力，这些 QTLs 在每个杂交中是不可以分离的。Rebï et al. (1997)提出的 LS 模型，以及 Rebï 和 Goffinet(2000)已经被用在 QTL Express 和 MCQTL(Jourjon et al. 2004)中，而且固定的和随机模型方法已经被 Xu(1998b)和 Xie et al. (1998)开发出来。在一些物种，如拟南芥(Syed and Chen 2004)和小鼠(Threadgill et al. 2001; Hitzemann et al. 2000)，在已有良好基因型的自交系作图株系之间适宜的杂交可以产生拥有完全知道基因型的杂合子 F_1 子代，这些基因型是有用的对测试遗传假设。这样的设计能够用最小修饰的标准 QTL 算法进行分析。

3.2.9 计算最优化的方法

尽管相比需要产生数据的时间和花费，有些 QTL 算法的缓慢性是可以被忍受的，它支撑着分析者的数据探索和数据加工两个方面，这些可能是需要有一些操作的，如标记辅助选择。有若干篇近期的论文关注执行的速度，在这些论文中，GA 的论文被引用了。平行计算(Carlborg et al. 2001)，这个方法包括分配计算任务到多个处理器，平行计算方法现在已应用到若干 QTL 作图领域，或许最明显的是排列测试。

提出的两个更深入的改进是在解决线性模型和搜索 QTL 模型方面。在一维 QTL 搜索中，尽管模型矩阵从一个测试位置到另一个测试位置没有改变，简单的应用是很繁琐地分解整个新矩阵到一个中间格式称谓 QR 矩阵。尽管，更新 QR 形式而不是再生成能够加速 CIM(通过 LS 和 ML 两种方法)到三个数量级(Ljungberg et al. 2002)。这些相同的作者(Ljungberg et al. 2004)报道了一种方法，即已知许多没有定位的 QTLs 和要被建模型的效应，对它们的参数值，可以快速发现全面的最优值(可与穷尽搜索比较作为确证)。这个算法是通过只在那些客观功能被数学预期有一个最优值存在的区域,发现和逐步增加的再分进行的。这样据报道能够较穷尽法搜索要快四个数量级,而比 GA 方法快一个数量级。

由 Berry(1998)报道的 Bayesian 算法,是一个加速方法,这个方法也降低了 MCMC 的稳定性(Berry 1998)。

3.3 作图方法和工具的未来趋势

3.3.1 连锁和 QTL 作图的未来

在未来的一些年,遗传作图将保留一个重要的研究活跃性,在已作图的生物中只有一部分物种呈现了图谱。因为或许可以认为全长基因组序列的获得,将不再需要构建这些低分辨率的图谱,进行杂交和获取标记数据仍然是比测序更便宜一些,杂交和标记就像物理图谱一样,不能给出染色体减数分裂行为的观察。

直到最近,QTL 分析已经成为一个在遗传标记,与代表整个生命时间里基因效应总和的表型观察,两者之间的关联搜寻。这些包括与其他基因和环境的相互作用(Korol et al. 1998;Wang et al. 1999;Cao et al. 2001;Carlborg 和 Andersson 2002)。一个正令人感兴趣的领域是 QTL 在整个植物不同发育阶段的变化(Wu et al. 1999;Cao et al. 2001;Wu et al. 2004),一个以互联网为交界面的计算机程序 FunMap(Ma et al. 2004),就是为了鉴定这些动态的 QTLs,这个计算机程序最近已经出现。第二个领域是使用 RNA 表达数据作为 QTL 扫描的数量性状(Jansen 和 Nap 2001),给我们了一个前所未有的能力,来利用基因组序列和 SNP 数据,确定顺式和反式工作的遗传调控因子(Morley et al. 2004)。似乎 QTL 研究的目标正在从以较粗分辨率的确定个体基因,发展到阐明整个生命时间里,基因功能和相互作用的所有方面。第三个趋势是建立在连锁不平衡(LD)基础上的识别,作为在遗传学上用自然发生的 LD,携带互补信息到用一个有计划的杂交而产生的 LD 作为因果推理的基础(Wu et al. 2001,2002;Jannink et al. 2001;Bink et al. 2002)。

未来最活跃的研究可能在总体解决方法上,如遗传信息资源的整合到预测表型,这样实验设计只是其中的变量之一。所以,不只是处理不同 LD 资源的统一方法需要这样,对联合的分开的多个实验(Goffinet 和 Gerber 2000;Arcade et al. 2004)的兆数量级的分析,以及为组合多个 QTL 模型的方法也需要总体解决(Sillanpää and Corander 2002)。

3.3.2 植物作图软件所适用的软件工具

3.3.2.1 软件优良特性的标准

从软件来说,作为任何分析工具,研究人员希望数据准备简化,学习使用工具容易,易于应用的适宜统计方法,并以一种便于理解的,适宜交流的方式输出,有些研究者也希望软件有一个丰富的特征设置,如,易于搜寻以及比较数据和算法行为,图表查看,或其他观察方式的转换,与其他软件和数据库整合;模块化接近软件,或者可用高质量资源码打开。一些研究者或许坚持软件至少对公共研究者应该是免费的。

3.3.2.2 分析范围

上面叙述讲解到的软件包在特征上和使用的便利性上变化很大。尽管MMQTX和MultiQTL似乎是最赋有能力在提供一个扩大的选择阵列,但没有任何软件在作图的多个问题上能够囊括一个限定范围的变化。在前面的章节中叙述的许多令人感兴趣的统计进展中,实践中却停止了使用,这可能更少是由于缺少优点,而是由于缺少软件来应用。

尽管出版了多种新理论方法和工具,将用那些从MAPMAKER,JoinMap,QTL Cartographer或其他流行软件得到的结果去比较新方法和工具在一个共同应用中的结果,来自对各种程序输出结果的系统比较研究还是欠缺的。当为一个软件进行数据准备可能并不困难,而当重新对这些数据进行新的格式准备,以用于多个提供需要互补分析的软件,这项工作就繁重了。一些软件采用的数据格式相近于那些流行的前面出版的软件。MMQTX提供不同格式的转换程序。

3.3.2.3 学习与使用的方便性

作者他自己作为一个软件开发者,有着很强的认识,关于质量是由什么元素组成,他已经努力用所有软件包发现缺点。实际上,报道SIM使用的出版物的容量,以及其他对QTL作图的一维估算,在清楚地证明了在这个方法中的弱点之后的12年,建议研究者(许多,当然是学生)选择熟悉程度与使用的方便性要胜过统计的功能。

有关软件性质的最少项目清单,这些软件性质内容似乎对使用过时的一些分析方法去掉了一些借口,这个清单将包括一个直观的用户界面(UI:user interface),这个界面能够阻止和原谅用户错误,如在数据格式形成,对类型测定的最小要求,清楚和良好书写的文本,UI标志和光标提示,快速进行,解除中止或者碰撞。多个较高级别特征,这里不仅仅是提供可接受的分析方法,实际上是帮助分析者理解和交流他们之间的做法,包括改变参数或算法的方便性,在不同分析(如标记回归和CIM)之间的比较方便性,评价结果、有效性和可输出图形演示特性。

3.3.2.4 易用性和扩展性

对一个分析人员去推广一个执行软件功能特性的唯一方法,是去写一个手稿来指导软件运行的操作,在这个手稿中软件的功能被介绍(如MAPMAKER和CarthaGene)。在这些软件里,源代码是公开的,一个外界的开发者能够在大体上修改,并且扩展这个软件去加新的分析和图形,但是这些代码要具有很好的质量,而且要用更流行的语言和格式来书写,建立一个全新的程序是较容易的。结果是用多样性语言和格式书写的有限目的的多个程序的当前精品，有多样性的 UIs，并且没有彼此之间的连通性或者方便的可比较性。在一个学术定义上，软件开发者的周转容易，由此一个项目或许有不确定的连贯性，错误不是固定的，新的分析不被加上，而且软件被及时冻结。针对学术上去书写和保留高质量，特殊的分析软件是困难的和昂贵的。在保持产品对一个团体可以自由应用方面还存在其他方法吗？

3.3.3 公共遗传作图软件的发展模式

减少工作重复的一个方法，是鼓励快速和广泛测试，并采纳新的分析方法，接纳统计人员和开发者的工作而没有限制封闭代码或颁发证书费用，将成为一个接纳插件特征开放结构系统。针对这个系统的两个模型是 ISYS(Siepel et al. 2001)，一个一般性平台针对动态连接的有软件服务的生物信息数据，另一个是 Eclipse (http://www.eclipse.org/)，一个软件开发环境，两个模型都用 Java 语言书写。但是一个 QTL 平台不需要具有这些一般性和复杂性，如果所有那些特性都是想要的只是一种方法，可通过合并新的统计分析，图形展示和数据的输出输入功用来解决。针对“插进”一个新的特征而没有重新建立整个应用范围，熟悉语言编程序者不必去理解更多一些规则，但是他们在较大的设计决定时，仍然要有声音，因为密码基础是一个集体性的资源。如果这样一个系统开始应用，并且它们出现在若干个单位，在这几个单位里相似的想法正在被开发，在软件上应用新的 QTL 分析方法，与更多限制范围，限制 UI，封闭资源应用等方面的开发相比，将较容易去在公共资源里拿到资金。

参考文献

Arcade A, Labourdette A, Falque M, Mangin B, Chardon F, Charcosset A, Joets J. (2004) BioMercator: integrating genetic maps and QTL towards discovery of candidate genes. Bioinformatics, April 1, 2004, electronic preprint.

Berry CC. (1998) Computationally efficient Bayesian QTL mapping in experimental crosses. Proceedings Biometrics Section, American Statistical Association, pp. 164–169.

Bink MCAM, Janss LLG, Quaas RL. Markov chain Monte Carlo for mapping a quantitative trait locus in outbred populations. (2000) Genet. Res., 75:231–241.

Bink MCAM, Uimari P, Sillanpää MJ, Janss LLG, Jansen RC. (2002) Multiple QTL mapping in related plant populations via a pedigree-analysis approach. Theor. Appl. Genet., 104:751–762.

Broman K, Wu H, Sen S, Churchill GA. (2003) R/qtl: QTL mapping in experimental crosses. Bioinformatics, 19:889–890.

Cao G, Zhu J, He C, Gao Y, Yan J, Wu P. (2001) Impact of epistasis and QTL x environment interaction on the developmental behavior of plant height in rice (Oryza sativa L.). Theor. Appl. Genet., 103:153–160.

Carlborg Ö. (2000) The use of a genetic algorithm for simultaneous mapping of multiple interacting quantitative trait loci. Genetics, 155:2003–2010.

Carlborg Ö, Andersson L. (2002) Use of randomization testing to detect multiple epistatic QTLs. Genet. Res., 79:175–184.

Carlborg Ö, AnderssonEklund L, Andersson L. (2001) Parallel computing in interval mapping of quantitative trait loci. J. Hered., 92:449–451.

Charmet G, Cadalen T, Sourdille P, Bernard M. (1998) An extension of the 'marker regression' method to interactive QTL. Mol. Breed., 4:67–72.

Churchill GA, Doerge RW. (1994) Empirical threshold values for quantitative trait mapping. Genetics, 138:963–971.

Cowen NM. (1989) Multiple linear regression analysis of RFLP data sets used in mapping QTLs. In: Development and Application of Molecular Markers to Problems in Plant Genetics,; Helentjaris T, Burr B, eds. Cold Spring Harbor Laboratory, Cold Spring Harbor, NY. pp. 113–116.

Crane CF, Crane YM. (2004a) A nearest-neighboring-ends algorithm for genetic mapping. Poster 976, Plant Animal Genome XII, San Diego, CA.

Crane CF, Crane YM. (2004b) FLIPPER: A general, high-capacity genetic mapping program. Poster 993, Plant Animal Genome XII, San Diego, CA.

Darvasi A, Weinreb A, Minke V, Weller JI, Soller M. (1993) Detecting marker-QTL linkage and estimating QTL gene effect and map location using a saturated genetic map. Genetics, 134:943–951.

Doerge R. (1996) Constructing genetic maps by rapid chain delineation. J. Quant. Trait Loci, 2. http://www.cabi-publishing.org/gateways/jag/index.html.

Doerge RW. (2002) Mapping and analysis of quantitative trait loci in experimental populations. Nature Rev. Genet., 3:43–52.

Ellis THN. (1997) Neighbour mapping as a method for ordering genetic markers. Genet. Res., 69:35–43.

Goffinet B, Gerber S. (2000) Quantitative trait loci: a meta-analysis. Genetics, 155:463–473.

Green PJ. (1995) Reversible jump Markov Chain Monte Carlo computation and Bayesian model determination. Biometrika, 82:711–732.

Hackett CA, Luo ZW. (2002) TetraploidMap, software suite for calculating linkage maps for autotetraploid populations. ftp://ftp.bioss.sari.ac.uk/pub/cah/

Hackett CA, Weller JI. (1995) Genetic mapping of quantitative trait loci for traits with ordinal distributions. Biometrics, 51:1252–1263.

Hackett CA, Bradshaw JE, Meyer RC, McNicol JW, Milbourne D, Waugh R. (1998) Linkage analysis in tetraploid species: a simulation study. Genet. Res., 71:143–154.

Hackett CA, Bradshaw JE, McNicol JW. (2001a) Interval mapping of quantitative trait loci in autotetraploid species. Genetics, 159:1819–1832.

Hackett CA, Meyer RC, Thomas WTB. (2001b) Multi-trait QTL mapping in barley using multivariate regression. Genet. Res., 77:95–106.

Hackett CA, Pande B, Bryan GJ. (2003) Constructing linkage maps in autotetraploid species using simulated annealing. Theor. Appl. Genet., 106:107–115.

Haley CS, Knott SA. (1992) A simple regression method for mapping quantitative trait loci in line crosses using flanking markers. Heredity, 69:315–324.

Haley CS, Knott SA, Elsen J-M. (1994) Mapping quantitative trait loci in crosses between outbred lines using least squares. Genetics, 136:1195–1207.

Hastings WK. (1970) Monte Carlo sampling methods using Markov chains and their applications. Biometrika, 57:97–109.

He Y, Xu X, Tobutt KR, Ridout MS. (2001) Polylink: to support two-point linkage analysis in autotetraploids. Bioinformatics, 17:740–741.

Hitzemann R, Malmanger B, Reed C, Lawler M, Hitzemann B, Coulombe S, Buck K, Rademacher B, Walter N, Polyakov Y, Sikela J, Gensler B, Burgers S, Williams RW, Manly K, Flint J, Talbot C. (2001) A strategy for the integration of QTL, gene expression, and sequence analyses. Mamm Genome, 14:733–747.

Jannink J-L, Bink MCAM, Jansen RC. (2001) Using complex plant pedigrees to map valuable genes. Trends Plant Sci., 6:337–342.

Jansen RC. (1992) A general mixture model for mapping quantitative trait loci by using molecular markers. Theor. Appl. Genet., 85:252–260.

Jansen RC. (1993) Interval mapping of multiple quantitative trait loci. Genetics, 135:205–211.

Jansen RC. (1996) A general Monte Carlo method for mapping multiple quantitative trait loci. Genetics, 142:305–311.

Jansen RC, Nap J-P. (2001) Genetical genomics: the added value from segregation. Trends Genet., 17:388–391.

Jansen RC, Stam P. (1994) High resolution of quantitative traits into multiple loci via interval mapping. Genetics, 136:1447–1455.

Jensen J, Jørgensen JH. (1975) The barley chromosome 5 linkage map. I. Literature survey and map estimation procedure. Hereditas, 80:5–16.

Jiang C, Zeng Z-B. (1995) Multiple trait analysis of genetic mapping for quantitative trait loci. Genetics, 140:1111–1127.

Jiang C, Zeng Z-B. (1997) Mapping quantitative trait loci with dominant and missing markers in various crosses from two inbred lines. Genetica, 101:47–58.

Jones N, Ougham H, Thomas H. (1997) Markers and mapping: we are all geneticists now. New Phytol., 137:165–177.

Jourjon M-F, Jasson S, Marcel J, Ngom B, Mangin B. (2004) MCQTL: Multi-allelic QTL mapping in multi-cross design. Bioinformatics, August 19 2004, electronic preprint.

Julier B, Flajoulot S, Barre P, Cardinet G, Santoni S, Huguet T, Huyghe C. (2003) Construction of two genetic linkage maps in cultivated tetraploid alfalfa (*Medicago sativa*) using microsatellite and AFLP markers. BMC Plant Biol. 3:9.

Kao C-H, Zeng Z-B. (1999) Multiple interval mapping for quantitative trait loci. Genetics, 152:1203–1216.

Kearsey MJ, Hyne V. (1994) QTL analysis: a simple 'marker regression' approach. Theor. Appl. Genet., 89:698–702.

Knapp SJ, Bridges WC, Liu BH. (1992) Mapping quantitative trait loci using nonsimultaneous and simultaneous estimators and hypothesis tests. Beckmann JS, Osborn TC. (eds.) Plant genomes: methods for genetic and physical mapping. Kluwer Academic Publishers, Dordrecht, Netherlands.

Knott SA, Haley CS. (2000) Multitrait least squares for quantitative trait loci detection. Genetics, 156:899–911.

Korol AB. (2004) MultiQTL: http://esti.haifa.ac.il/~poptheor/MultiQtl/MultiQtl.htm.

Korol AB, Ronin YI, Kirzhner VM. (1995) Interval mapping of quantitative trait loci employing correlated trait complexes. Genetics, 140:1137–1147.

Korol AB, Ronin YI, Nevo E. (1998) Approximate analysis of QTL-environment interaction with no limits on the number of environments. Genetics, 148:2015–2028.

Kruglyak L, Lander ES. (1995) A nonparametric approach for mapping quantitative trait loci. Genetics, 139:1421–1428.

Lander ES, Botstein B. (1989) Mapping Mendelian factors underlying quantitative traits using RFLP linkage maps. Genetics, 121:185–199.

Lander ES, Green P. (1987) Construction of multilocus genetic linkage maps in humans. Proc. Nat. Acad. Sci. USA, 84:2363–2367.

Lander ES, Kruglyak L. (1995) Genetic dissection of complex traits: guidelines for interpreting and reporting linkage results. Nature Genetics, 11:241–247.

Lander ES, Green P, Abrahamson J, Barlow A, Daly MJ, Lincoln SE, Newburg L. (1987) MAPMAKER: an interactive computer package for constructing primary genetic linkage maps of experimental and natural populations. Genomics, 1:174–181.

Lebreton CM, Visscher PM, Haley CS, Semikhodskii A, Quarrie SA. (1998) A nonparametric bootstrap method for testing close linkage vs. pleiotropy of coincident quantitative trait loci. Genetics, 150:931–943.

Lincoln S, Daly M, Lander E. (1992) Mapping genes controlling quantitative traits with MAPMAKER/QTL 1.1. 2nd ed. Whitehead Institute Technical Report, Cambridge, MA.

Liu BH. (1998) Statistical Genomics: Linkage Mapping and QTL Analysis. CRC Press, NY.

Liu BH, Knapp SJ. (1990) GMENDEL: A program for Mendelian segregation and linkage analysis of individual or multiple progeny populations using log-likelihood ratios. J. Hered., 81:407.

Ljungberg, Holmgren S, Carlborg Ö. (2002) Efficient algorithms for quantitative trait loci mapping problems. J. Comput. Biol., 9:793–804.

Ljungberg K, Holmgren S, Carlborg Ö. (2004) Simultaneous search for multiple QTL using the global optimization algorithm DIRECT. Bioinformatics, 20:1887–1895.

Luo ZW, Kearsey MJ. (1989) Maximum likelihood estimation of linkage between a marker gene and a quantitative trait locus. Heredity, 63:401–408.

Lynch M, Walsh B. (1998) Genetics, and Analysis of Quantitative Traits. Sinauer Associates, Inc.

Ma C-X, Wu R, Casella G. (2004) FunMap: functional mapping of complex traits. Bioinformatics, 20:1808–1811.

Maliepaard C, Jansen J, van Ooijen JW. (1997) Linkage analysis in a full-sib family of an outbreeding plant species: overview and consequences for applications. Genet. Res., 67:237–250.

Maliepaard C, Sillanpää MJ, van Ooijen JW, Jansen RC, Arjas E. (2001) Bayesian versus frequentist analysis of multiple quantitative trait loci with an application to an outbred apple cross. Theor. Appl. Genet., 103:1243–1253.

Mangin B, Thoquet P, Grimsley N. (1998) Pleiotropic QTL analysis. Biometrics, 54:88–99.

Manly KF, Olson JM. (1999) Overview of QTL mapping software and introduction to Map Manager QT. Mamm. Genome, 10.

Martínez O, Curnow RN. (1992) Estimating the locations and the sizes of the effects of quantitative trait loci using flanking markers. Theor. Appl. Genet., 85:480–488.

Martínez O, Curnow RN. (1994) Missing markers when estimating quantitative trait loci using regression mapping. Heredity, 73:198–206.

Mester D, Ronin Y, Minkov D, Nevo E, Korol A. (2003) Constructing large-scale genetic maps using an evolutionary strategy algorithm. Genetics, 165:2269–2282.

Moreno-Gonzalez J. (1992a) Estimates of marker-associated QTL effects in Monte Carlo backcross generations using multiple regression. Theor. Appl. Genet., 85:423–434.

Moreno-Gonzalez J. (1992b) Genetic models to estimate additive and non-additive effects of marker-associated QTL using multiple regression techniques. Theor. Appl. Genet., 85:435–444.

Morley M, Molony CM, Weber TM, Devlin JL, Ewens KG, Spielman RS, Cheung VG. (2004) Genetic analysis of genome-wide variation in human gene expression. Nature, 430:743–747.

Nakamichi R. (2003) Sample Software of GA for QTL Mapping. http://lbm.ab.a.u-tokyo.ac.jp/~naka/software.html

Nakamichi R, Ukai Y, Kishino H. (2001) Detection of closely linked multiple quantitative trait loci using a genetic algorithm. Genetics, 158:463–475.

Nelson JC. (1997) QGENE: software for marker-based genomic analysis and breeding. Mol. Breed., 3:239–245.

Newell WR, Mott R, Beck S, Lehrach H. (1995) Construction of genetic maps using distance geometry. Genomics, 30:59–70.

Paterson AH, ed. (1996) Genome Mapping in Plants. R. G. Landes, Austin, Texas.

Piepho H-P. (2001) A quick method for computing approximate thresholds for quantitative trait loci detection. Genetics, 157:425–432.

Rebaï A. (1997) Comparison of methods for regression interval mapping in QTL analysis with non-normal traits. Genet. Res., 69:69–74.

Rebaï A, Goffinet B. (2000) More about quantitative trait locus mapping with diallel designs. Genet. Res., 75:243–247.

Rebaï A, Blanchard P, Perret D, Vincourt P. (1997) Mapping quantitative trait loci controlling silking date in a diallel cross among four lines of maize. Theor. Appl. Genet., 95:451–459.

Ripol MI, Churchill GA, da Silva JAG, Sorrells M. (1999) Statistical aspects of genetic mapping in autopolyploids. Gene, 235:31–41.

Ritter E, Salamini F. (1996) The calculation of recombination frequencies in crosses of allogamous plant species with applications to linkage mapping. Genet. Res., 67:55–65.

Ritter E, Gebhardt C, Salamini F. (1990) Estimation of recombination frequencies and construction of RFLP linkage maps in plants from crosses between heterozygous parents. Genetics, 125:645–654.

Satagopan JM, Yandell BS, Newton MA, Osborn TC. (1996) A Bayesian approach to detect quantitative trait loci using Markov chain Monte Carlo. Genetics, 144:805–816.

Sax K. (1923) The association of size difference with seed-coat pattern and pigmentation in Phaseolus vulgaris. Genetics, 8:552–560.

Schiex T, Gaspin C.(1997) CARTHAGENE: constructing and joining maximum likelihood genetic maps. Proc. Int. Conf. ISMB, 5:258–267.

Seaton G, Haley CS, Knott SA, Kearsey M, Visscher PM. (2002) QTL Express: mapping quantitative trait loci in simple and complex pedigrees. Bioinformatics, 18:339–340.

Sen S, Churchill GA. (2001) A statistical framework for quantitative trait mapping. Genetics, 159:371–387.

Siepel A, Farmer A, Tolopko A, Zhuang M, Mendes P, Beavis W, Sobral B. (2001) ISYS: a decentralized, component-based approach to the integration of heterogeneous bioinformatics resources. Bioinformatics, 17:83–94.

Sillanpää MJ. (1998) Multimapper Reference Manual. http://www.rni.helsinki.fi/~mjs/

Sillanpää MJ, Arjas E. (1998) Bayesian mapping of multiple quantitative trait loci from incomplete data based on line crosses. Genetics, 148:1373–1388.

Sillanpää MJ, Arjas E. (1999) Bayesian mapping of multiple quantitative trait loci from incomplete outbred offspring data.Genetics, 151:1605–1619.

Sillanpää MJ, Corander J. (2002) Model choice in gene mapping: what and why. Trends Genet., 18:301–307.

Simpson SP. (1989) Detection of linkage between quantitative trait loci and restriction fragment length polymorphisms using inbred lines. Theor. Appl. Genet., 77:815–819.

Soller M, Brody T, Genizi A. (1979) The expected distribution of markerlinked quantitative effects in crosses between inbred lines. Heredity, 43:179–190.

Stam P. (1993) Construction of integrated genetic linkage maps by means of a new computer package: JoinMap. Plant J., 8:739–744.

Stam P, van Ooijen JW (1995) JoinMap™ version 2.0: Software for the calculation of genetic linkage maps. CPRO-DLO, Wageningen.

Syed NH, Chen ZJ. (2004) Molecular marker genotypes, heterozygosity and genetic interactions explain heterosis in *Arabidopsis thaliana*. Heredity, electronic preprint.

Threadgill D, Airey DC, Lu L, Manly KF, Williams RW. (2001) Recombinant inbred intercross (RIX) mapping: a new approach extending the power of existing mouse resources. The 15th International Mouse Genome Conference, Braunschweig, Germany. (http://imgs.org/abstracts/2001abstracts/threadgill.shtml)

Tinker NA, Mather DE. (1995) Methods for QTL analysis with progeny replicated in multiple environments. J. Quant. Trait Loci, 1, http://www.cabi-publishing.org/gateways/jag/index.html.

Tinker NA, Mather DE. (1995) MQTL: software for simplified composite interval mapping of QTL in multiple environments J. Quant. Trait Loci, 1, http://www.cabi-publishing.org/gateways/jag/index.html.

Ukai Y. (1997) http://peach.ab. a.u-tokyo.ac.jp/~ukai/

Ukai Y, Ohsawa R, Saito A. (1990) Automatic determination of the order of RFLPs in a linkage group by metric multi-dimensional scaling method. Jpn. J. Breed., 40 Suppl. 2:302–303.

Utz HF, Melchinger AE (1996) PLABQTL: a program for composite interval mapping of QTL. J. Quant. Trait Loci, 2, http://www.cabi-publishing.org/gateways/jag/index.html.

van Berloo R, Kraakman A.. (2002) Quality analysis of linkage maps by means of a new software package: MapInspect. http://www.dpw.wau.nl/pv/pub/MapComp/Mapinspect_poster.pdf

van Ooijen JW. (1999) LOD significance thresholds for QTL analysis in experimental populations of diploid species. Heredity, 83:613–624.

Visscher PM, Thompson R, Haley CS. (1996) Confidence intervals in QTL mapping by bootstrapping. Genetics, 143:1013–1020.

Wang DL, Zhu J, Li ZK, Paterson AH. (1999) Mapping QTLs with epistatic effects and QTL x environment interactions by mixed linear model approaches. Theor. Appl. Genet., 99:1255–1264.

Wang S, Basten CJ, Zeng Z-B. (2004) Windows QTL Cartographer v2.0. http://statgen.ncsu.edu/qtlcart/WQTLCart.htm

Weller JI. (1986) Maximum likelihood techniques for the mapping and analysis of quantitative trait loci with the aid of genetic markers. Biometrics, 42:627–640.

Weller JI, Wiggans GR, VanRaden PM, Ron M. (1996) Application of a canonical transformation to detection of quantitative trait loci with the aid of genetic markers in a multi-trait experiment. Theor. Appl. Genet., 92:998–1002.

Whittaker JC, Thompson R, Visscher PM. (1996) On the mapping of QTL by regression of phenotype on marker-type. Heredity, 77:23–32.

Wu R, Zeng Z-B. (2001) Joint linkage and linkage disequilibrium mapping in natural populations. Genetics, 157:899–909.

Wu KK, Burnquist W, Sorrells ME, Tew TL, Moore PH, Tanksley SD. (1992) The detection and estimation of linkage in polyploids using single-dose restriction fragments. Theor. Appl. Genet., 83:294–300.

Wu W-R, Li W-M, Tang D-Z, Liu H-R, Worland AJ. (1999) Time-related mapping of quantitative trait loci underlying tiller number in rice. Genetics, 151:297–303.

Wu SS, Wu R, Ma C-X, Zeng Z-B, Yang MCK, Casella G. (2001) A multivalent pairing model of linkage analysis in autotetraploids. Genetics, 159:1339–1350.

Wu R, Ma C-X, Casella G. (2002) Joint linkage and linkage disequilibrium mapping of quantitative trait loci in natural populations. Genetics, 160:779–792.

Wu R, Ma C-X, Lin M, Casella G. (2004) A general framework for analyzing the genetic architecture of developmental characteristics. Genetics, 166:1541–1551.

Xie C, Xu S. (2000) Mapping quantitative trait loci in tetraploid populations. Genet. Res., 76:105–115.

Xie C, Gessler DDG, Xu S. (1998) Combining different line crosses for mapping quantitative trait loci using the identical by descent variance component method. Genetics, 49:1139–1146.

Xu S. (1998a) Further investigation on the regression method of mapping quantitative trait loci. Heredity, 80:364–373.

Xu S. (1998b) Mapping quantitative trait loci using multiple families of line crosses. Genetics, 148:517–524.

Xu S, Atchley WR. (1995) A random model approach to interval mapping of quantitative trait loci. Genetics, 141:1189–1197.

Xu S, Atchley WR. (1996) Mapping quantitative trait loci for complex binary diseases using line crosses. Genetics, 143:1417–1424.

Yi N, Xu S. (2002) Mapping quantitative trait loci with epistatic effects. Genet. Res., 79:185–198.

Zeng Z-B. (1994) Precision mapping of quantitative trait loci. Genetics, 136:1457–1468.

Zeng Z-B, Kao CH, Basten CJ. (1999) Estimating the genetic architecture of quantitative traits. Genet. Res., 74:279–289.

Zhuchenko AA, Korol AB, Andryushchenko VK. (1979) Linkage between loci of quantitative characters and marker loci. Genetica, 14:771–778.

Chapter 4 单核苷酸多态性:检测技术和它们在基因型分类和基因组作图中的潜力

4.1 引 言

在基因组中自然发生的多种突变中,单核苷酸交换("点突变",单核苷酸多态性,SNPs,被拼为"snips")是用单纯的数目来反映每个基因组的特点。他们相对低的突变率(如,相对于各种类型的微卫星),它们在基因组中平均分布,它们之间的相互关系容易探测。本质上,SNP 这个名词是用于描述两个或更多个体基因组中单碱基对的位点,群体中的这些个体存在的不同序列的选择(等位基因),作为一个阈值,最少频率的等位基因应该有着 1%的丰度(或更多)。

SNP 在所有物种的个体中是最普遍的序列变异,是序列发生转换和颠换的结果:

个体 A　5′-ATGGATCGCCA-3′　　　个体 A　5′-CGTTACAGGTT-3′
个体 B　5′-ATGGACCGCCA-3′　　　个体 B　5′-CGTTCCAGGTT-3′

转换 SNP　　　　　　　　　　　颠换 SNP

SNPs 是 2 个、3 个、4 个等位基因的多态性。然而,在人类基因组中,2 个等位基因的 SNPs 非常大量存在。较高水平的如 C↔T 转换(G↔A)SNPs 至少部分是与甲基胞嘧啶脱氨的结果,特别是在 CpG 二核苷酸中。

一般地,SNPs 是非常丰富的,在一个物种基因组的不同区域 SNPs 的分布密度有大量的变化,而且在任何物种中的个体基因组之间也有大量变化。例如,人类基因组中每 1 000 个碱基的平均 SNPs 数是 2 到 3 个。然而,在非编码区的 HLA 区域,SNP 密度(如,每单位基因组 DNA 长度的 SNPs 频率,常用每 100 kb 的 SNPs 数来表示)急剧增长(Honton et al. 1998)。相比基因区域,SNP 密度在基因间和内含子区普遍高。在小鼠基因组中,已经发现一组富含 SNP 区段,在这个区段每 10 kb 确定了 40 个 SNPs(与此对比于间断的编码区域,每 10 kb 只有 0.5 个 SNPs)。

在植物中，SNP 研究只是刚刚起步。植物的总 SNP 含量仍然不清楚，尽管在很多栽培作物中存在的丰富序列多态性（如玉米）必然有助于 SNP 的检测，但也只有很少一些研究中严格搜寻了 SNPs。如在小麦中，SNP 密度是每 1 kb 含有 2 个 SNPs，但在编码淀粉合成酶的基因中可能会更高一些（Bhattramakki and Rafalski 2001）。大豆中，在编码区每 1 kb 有 1.64 个 SNPs，而在非编码区每 1 kb 有 4.9 个 SNPs。野生大豆中，不同基因组区域重复测序发现 99 个编码区 SNPs 和 329 个非编码区 SNPs，而在栽培大豆中发现显然有一些的 SNP 被压缩了（编码 SNPs 从 33～59 范围变化，而非编码 SNPs 从 127～214 范围变化，Rafalski 2002）。大量拟南芥 SNPs 可在网上（http://www.arabidopsis.org/cereon/index.html）搜寻到，在这个网页中有着已建立的第一张中等密度 SNP 图（Cho 1999）。在用 SNP 鉴定基因型中，用 12 个细胞核中的和 13 个叶绿体中的 SNP 对不同树的物种进行鉴别，从红（黑松）和白（淡竹；Germano and Klein 1999）中鉴定出黑（云杉）。分析八个玉米自交系中的几百个位点，显示出非常高的 SNPs 的分布（每 83 bp 就有 1 个 SNP），推测这个结果可能是由于这个物种开放授粉而产生（Bhattramakki and Rafalski 2001）。玉米微卫星的两侧翼序列每 40 bp 含有 1 个 SNP，由此带来了每个全基因组中有 62 000 000 个 SNPs（Edwards 和 Mogg 2001）。进一步调查发现，已经有一些有关在植物上使用 SNPs 进行基因型鉴定和遗传作图的零星报道，但是，毫无疑问 SNPs 在植物科学上还没有广泛地被应用。开发 SNPs 花费高昂，尤其是测序任务，相对来说，在植物基因组学研究中，人们更喜欢使用比较经济的标记 SSR，可能也是这个方面的原因之一。

SNPs 分为几类，依据是①基因组中的精确定位，②在编码区或调控区中存在的 SNPs 对编码蛋白或表型的影响。因为大多真核生物基因组 DNA 是非编码的 DNA 和重复的 DNA，所以大量 SNPs 被分到这一类。迷惑地被称为非编码 SNPs（ncSNPs）。在这些 ncSNPs 中，很多是定位于内含子中的（intronic SNPs）。很少量定位于编码区（“coding SNPs”）。例如，在外显子（外显子 SNPs；也是基于基因的 SNPs，或者令人误解地称为，拷贝 SNPs，即 cSNPs）。外显子也呈现在对应的 cDNA 中，而且也称为 cDNA SNPs，或 cSNPs。任何存在于一个基因外显子中的 SNP 都可能影响编码蛋白的功能，因此被称为候选 SNP。还有一些 SNPs 出现在基因组的启动子或调控区域，顺其意就被分别称为调控 SNPs 和启动子 SNPs（pSNPs）。显然，任意启动子 SNP 都可能强烈地影响启动基因的活性。如果一个启动子 SNP（Psnp）阻止转录因子结合到启动子上的识别序列，启动子就会变得部分失去功能。比较起来，内含子 SNP 是多少有些不那么重要。然而，很多研究者看重基因间 SNPs 的相关研究，以及整个基因组的连锁不平衡作图。本章中，一个匿名 SNP 代表任何一个最常出现的 SNPs 对于一个的基因功能的未知效应。在一个基因组的一个特定位点（或者基因组的一部分，如一个 BAC 克隆）的，任意 SNP 在这个基因组的作用是作为一个参考点，定义这个点周围相邻的其他 SNPs，这个任意 SNP 被称为参考 SNP(refSNP,rsSNP,rsID)。一个 RsID 的号码("标签")在它提交到数据库(如,dbSNP,是一个公共数据库保存在国家生物技术信息中心(NCBI);http://www.ncbi.nlm.nih.gov/SNP)。因为越来越多的 SNPs 积累到这个数据库中,它们还被标记了生物来源(如人 SNP)。由于不断开发出急剧增长的基因组序列资源,SNPs 能够通过鉴别表达序列标签(EST)和基因组的数据库,来得到鉴定。并被命名为电子杂交(in silico)或电子 SNP(in silico SNPs, isSNPs,eSNPs)。既然 isSNPs 代表实质上的多态性,在它们发生的区域必须通过重新测序,来验证这些 SNPs。

外显子中出现的 SNP 可能完全是中性的(如,不改变编码区域或蛋白质的氨基酸组成,而由此对基因的功能没有任何影响)。在这种情况,SNP 称为同义 SNP(synSNP)。非同义 SNP(nsSNP)将改变编码氨基酸。nsSNPs 由此可以导致无功能的蛋白质合成,而由此包含在形成疾病(诊断 SNPs)。显然,探测诊断 SNPs 是所有 SNP 发现计划的目标。根本策略是两个方法,一种是整个基因组的连锁方法,即使用一组共用的跨越了整个基因组的均匀间隔分布的 SNPs 作为标准作图面板,通过连锁不平衡(LD),去随机搜寻敏感性等位基因;另一种是用一个更加集中的方法,在这个方法中,只有针对靶标疾病候选基因的 cSNPs 在相关研究中被测试,两种方法都有优缺点。总之,前者较昂贵,如,考虑 1 000 个体(病人)和 500 000 高频率 SNPs 被测试(足够的 SNPs 数量用于发现联系)。这个发现需要 2 亿~4 亿美元。当然后一种方法较便宜,但这个方法排除了编码区外调控区的 SNPs,而这一区域是真正应对疾病的,所以对这一调控区域要比 cSNPs 本身给予更多诊断。

具诊断作用 SNPs 的直接鉴定基本上有两种方法。第一,针对所有 SNPs,通过一系列技术如芯片杂交的手段 (Wang et al. 1998,Cargill et al. 1999,Halushka et al. 1999),变性 HPLC(Giordano et al. 1999),或酶切(Barroso et al. 1999)等,筛选含有鉴定的候选基因的基因组区域,到命名是很少的。第二,SNPs 用电子杂交(in silico)鉴定。目前,具有结果的 isSNPs 的发现正在快速增加(见 http://www.incyte.com/的 Incyte 公司计划),而且可能不久代表新发现的单碱基交换的主要部分。

最后,基因组中所有共同的 SNPs 将被发现,全面的 SNP 图将被建立,这是第一张最有可能正在被完成的人类 SNP 图(Sachidanandam 2001)。对于实际目的,它可能用于较好地来鉴定单倍型。为了在实际的目的,鉴定单倍型可能是较好的方法,在一个染色体片段中相对少数的特殊 SNP 的线性排列(在二倍体中,相应同源染色体的对应片段)。例如如果来自不同个体的靶标序列在重复测序之后进行比较,单倍型的组织结构变的非常明显(也被叫着"阻塞"或"单倍型阻塞")(Daly et al. 2001;Gabriel et al. 2002)。在这些单倍型上 SNP 的等位基因的共遗传性(也被称为靶标单倍型的 SNPs),与一个群体(也称为连锁不平衡,LD)中的等位基因密切相关。研究人类群体中的 LD 水平,结果显示高 LD 值的大部分区域发展到超过 100 kb 或更多(Goldstein 2001)。所以,在目标区域,对一部分仔细选择的 SNPs

进行基因型分析，提供了足够信息来预测这段区域保留 SNPs 的组成。这些选择的 SNPs 被称之谓“标签”SNPs。所以，一个粗略的计算产生了这样一个假设，即在群体中，由 10 000 000 个普通 SNPs 代表了关于遗传变异的大部分信息，这个信息已经只通过基因型分析整个基因组中的 200 000～800 000 个标签 SNPs 来提供。所以，确定跨越一个后选基因区域的单倍型用检测真实的关联对比于测试单个 SNPs 是一个更加直接的方法。因此，对于建立遗传风险图谱，以及预测个体对药物活性化合物的临床反应方面，单倍型分析是一个必需的理所应当的方法。在 lnternational Hap Map Consortium(www. hapmap. org)中的 HapMap 项目中，单倍型分析中的许多内容是捆绑式提供应用。这个项目是以建立人类基因组单倍型图为目标，反映了变异的共同类型，以 SNPs 之间的联系。

SNP 基因型分析过程需要高通量自动化的平台中，芯片技术和基于微珠的技术(Green 2001)是最有前景的，尽管它们经历了类似技术发展的竞争(Green et al. 2001)，还有多种微孔平板技术平台也是可行的。最终，必须直接检测靶标 SNPs，探测已知和未知的 SNPs 各种检测方法已经发展起来，有一些相对简单易行，并且花费低廉，有一些方法虽然做到了大量筛选，但却花费很大。没有一种方法能满足所有需要，所以不同的实验方案可能必须在一单个核心基因型分析实验室中以提供弹性和精确有效的实验方案。主要的基因型分析技术分为五类：①测序；②引物延伸；③等位特异杂交(等位特异寡核苷酸杂交)；④等位特异单核苷酸连接；⑤电子杂交(in silico)SNPs(SNP 探寻)。

测序方法用来发现 SNP 一种可选择的方法，并且基于引物延伸用①荧光发色团引物和未标记终止子；②未标记引物和荧光发色团终止子。反应产物分离用平板电泳或毛细电泳。对单碱基引物延伸而言，目的区域首先被用 PCR 扩增。然后单碱基测序反应进行，使用一条引物在多态性位点精确脱掉一个碱基的退火来完成。可以用一系列检测方法，其中之一是使用标记的引物，并且通过凝胶电泳分离延伸产物。另外也可选择，单碱基延伸产物可被切成小的片段，然后用质谱测量各个片段的质量。目前大多 SNP 计划仍使用荧光发色团标记的双脱氧核苷酸终止子阻止链的延伸。等位特异的寡核苷酸杂交可通过一个碱基来区分两个目的 DNA 之间的不同，荧光发色团标记 PCR 片段被杂交到固定的寡核苷酸上代表 SNP 序列。在严格的杂交和漂洗后，测量每个 SNP 寡核苷酸的荧光强度。对于一个等位特异寡核苷酸连接，基因组目的序列首先被 PCR 扩增。然后，互补到目的序列的等位特异寡核苷酸，在它们的 3′或者 5′，用等位特异的碱基，与多态位点相邻的 DNA 连接。只有在完全匹配的情况下才能连接，错配完全排除。SNP 搜寻(“电子杂交 SNP 分析”(“*in silico SNP*ing”))正在成为一种非常有效的 SNP 发现策略，特别是因为它探索了已经存在的和曾经增加的序列数据库。它依赖有效的生物信息学工具，如碱基清点，清点序列的组装，组装的序列毗连群的编辑，其中有一些工具已经在使用(如,POLYPHRED;Nickerson et al. 1997)。其中,主要的关注点相关于来自基因组未定性区域的序列信息,因为这一区域可能很易包含序列错误,这个错误可能导致虚假 SNPs。可用一些特殊软件处理这些问题(如 POLY-BAYRES;Marth et al. 1999)。目前,大多 SNPs 来自 EST 数据库(Picoult-Newberg et al. 1999; Beutow et al. 1999)。

选择特殊的检测技术依赖于①SNP 数目;②筛选样品的数目;③同时进行 SNP 检测的计划项目数。通常要决定是否其他来源的 SNP 分析比自己作 SNP 分析更经济。自己进行发现 SNP 的检测,需要的仪器设备花费 2.5 万～40 万美元,试剂、平板、塑料器皿每次单个的基因型分析试验花费 0.1～3 美元。例如,100 个 SNP 必须测试 1 000 个体,需要 10 万次基因型分析反应,至少花费 1 万～30 万美元。

下面我们将说明四个选择 SNPs 技术和基因型分析技术,这些技术提供了稳定建立所需要的标准(高通量,自动化,小型化),而且,这些技术已经表现出分析 SNP 的潜力。各个选择虽是严格的,但由于空间有限还不完善。

4.2 选择技术

4.2.1 SNP 分析Ⅰ:Invader 技术

4.2.1.1 引言

Invader 平台是一种基因型分析方法,适合对基因组 DNA 进行用靶标序列扩增或不用靶标序列扩增的直接分析。这是一种精确和特异的检测方法,能检测单碱基改变、插入、删除、基因拷贝数、感染试剂和基因表达等。Invader 反应直接运行基因组 DNA、或者 RNA-、PCR-、RT-PCR 扩增的产物。在一个 Invader 反应中,特异靶标信号被扩增,而不是靶标本身,这项技术是建立在 Cleavase 酶识别和酶切一个特异侵入性核苷酸结构的能力上,这个结构产生于两寡聚核苷酸(oligos)——Invader 寡核苷酸和初始探针——重叠在核酸靶标上。

4.2.1.2 Cleavase 用作裂解的酶

Cleavase 酶是天然或人工改造后产生的嗜热性结构特异 5′内切核酸酶。Invader DNA 检测是用 Cleavase 酶,这个酶产生于副翼(flap)内切核酸酶家族(FEN-1:falp endonuclease),是在嗜热古细菌中典型地被发现(Kaiser 1999)。Invader RNA 格式使用 Cleavase 酶,这个酶是通过对嗜热真细菌 DNA 聚合酶Ⅰ的 5′外切核酸酶结构域进行人工改造后产生的(Lyamichev 1993)。这些核酸酶的最适底物包含了不同上游、下游和模板链,模板链在置换合成中模仿了复制叉的形成,酶切是在下游链的 5′端,位于前两个碱基对之间,除去单链 5′臂或副翼(flap)(Kaiser 1999)。

4.2.1.3 寡核苷酸及其结构

初始探针包含两个区域:3′靶标特异区域(TSR)和 5′端的副翼(flap)。5′副翼的序列独立于靶标区域,并包含一个用于检测的通用序列。当特异靶位点存在时,Invader 寡聚核苷酸的 3′碱基与初始探针的靶标特异区域被称为“位置 1(position 1)”的碱基重叠。如果初始探针的位置 1 互补于靶序列,初始探针和 Invader 寡核苷酸产生一个重叠结构。Cleavase 酶切割初始探针于位置 1 的末端 3′,释放 5′副翼加上位置 1 和 3′TSR。如果位置 1 的碱基不互补于靶序列,形成一个缺刻结构以代替入侵结构。初始探针的位置 1 有效地成为非互补 5′副翼结构的一部分。因为合适的底物没有形成,Cleavase 酶不识别而且也不切割缺刻结构。位置 1 的互补性要求提供了检测单碱基变化的能力。

4.2.1.4 探针循环和信号放大

初始探针的 TSR 设计为有一个解链温度是接近于反应温度,允许在靶标位点交换酶切过和未酶切过的初始探针。在酶切之后,5′副翼和 3′TSR 脱离开靶标序列,而由一个新的、未酶切过的初始探针替代了这个位置。因为初始探针是过量存在的,大量初始探针能够针对每个存在的靶标分子被酶切,结果产生酶切过的 5′副翼分子呈线性积累。5′副翼分子一旦释放,5′副翼分子就可以作为一个 Invader 寡聚核苷酸作用于通用荧光共振能量转移(FRET)寡核苷酸,FRET 寡核苷酸包含一个荧光发色团供体和一个淬灭染色团分别位于酶切位点的两边。Cleavase 酶将荧光发色团供体与淬灭染色团分离,产生一个荧光信号。在一个单个样池中通过用没有重叠荧光发色团的两种不同的 5′副翼分子,和对应的 FRET 寡聚核苷酸,可以检测两个序列。初始探针酶切和 FRET 探针在 DNA 样品模式下,能够同时产生。在以 RNA 为样品的模式下,两个反应是先后进行的。终点荧光信号是用标准的荧光板平板阅读器来检测,这在样品 63℃温育 4 h 后进行。用针对每个样品的分别来自野生型和突变体探针的净信号之间的比率来决定样品信号。野生型/突变体比率变化的范围,能够说明样品是纯合体还是杂合体的基因型。拷贝数是通过比较产生于目的基因的特异信号,和那些组成型表达基因如 β-tubulin 的信号后决定。

4.2.1.5 DNA 模式

在 DNA 模式中,5′副翼分子和 FRET 形成一个瞬时入侵双螺旋。Cleavase 酶识别入侵结构,从 FRET 寡聚核苷酸上酶切 5′荧光发色团。在荧光发色团被释放后,5′副翼分子解离,并能和一个新的、未酶切过的 FRET 寡聚核苷酸形成一个入侵结构。信号放大是由于针对每一个靶标分子有酶切释放的多个 5′副翼分子,以及那些释放的每个 5′副翼分子,驱动酶切释放的多个 FRET 寡聚核苷酸分子相结合的效应而产生。初始探针和 FRET 探针两者的酶切,是在一个接近初始探针的解链温度的单一温度上同时进行的(图 4-1)(de Arruda et al. 2002;Kwiatkowski et al. 1999;Neville et al. 2002)。

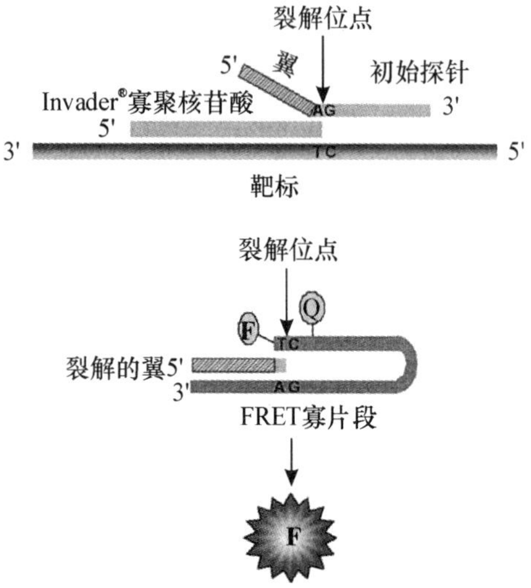

图 4-1 Invader 检测的示意图

4.2.1.6 RNA 模式

用在 DNA 模式中的 FEN 型 Cleavase 酶，并不能识别 RNA 靶位点。所以，RNA 模式使用的是来自 DNA 聚合酶(pol-型)，这个酶能够识别 DNA 和 RNA。用于酶切 FRET 寡聚核苷酸的反应适于于接受少许不同的 pol-型 Cleavase 酶的底物特异性。在 RNA 模式中的两个接连的步骤是初级反应和二级反应。在初始反应中，Invader 寡聚核苷酸和初始探针在 RNA 靶标上形成入侵结构。一个额外的寡核苷酸，也叫垛叠寡核苷酸，与初始探针的 3′端共轴方向垛叠在一起，并允许初始探针在更高的温度下在靶标序列上上下循环结合与脱离，垛叠寡核苷酸增加了检测的敏感度。

在分开的第二级反应中，与 DNA 模式比较，初始反应的酶切产物(酶切过的 5′副翼分子加上 TSR 位置 1)，形成一个有 1-碱基重叠的拥有第二级反应模板(SRT)和一个 FRET 寡核苷酸的结构。FRET 寡核苷酸的酶切将荧光发色团与淬灭分子分离，如同在 DNA 模式描述过的，这样就产生了荧光信号。释放的 5′副翼分子保持信号范围，而 FRET 寡核苷酸在 SRT 上上下循环结合与脱离。每个 5′副翼分子引起多个 FRET 寡核苷酸酶切的结果使得荧光信号呈线性积累。一个捕获者寡核苷酸，它是杂交到 TSR 和未酶切初始探针的 5′副翼分子部分的寡核苷酸，它被加到第二个反应中。这在第二级反应期间，通过阻止未酶切的初始探针而不是 5′副翼分子杂交到 SRT，而产生更强的信号(de Arruda et al. 2002；Eis et al. 2001；Kwiatkowski et al. 1999)。

4.2.1.7 可选择的检测模式

5′副翼分子的组成是独立于靶标分子，而且能够用多种方法来检测(例如，通过大小、序列、电荷或荧光)。这些特征使得 Invader 技术能够被用于许多可选择的检测模式中，包括质谱、毛细管电泳、微流体，通用微阵列芯片，捕获，电子传感器

(eSensor)、荧光极化和时间释放荧光。

ACLARA Biosciences(Mountain View CA)生产小的电泳区分的荧光分子，被称为电子标签(eTag)报告分子，这个能够可像5′副翼分子一样并入初始探针。释放的eTag副翼能够在通用分离条件下，用标准的毛细管DNA测序仪器，进行分解和定量。有了数百个eTag报告分子的开发，用高水平多通道的毛细管电泳技术的检测就成为可能。ACLARA已经证明，已有能力从一个单一的管中识别26个Invader的RNA检测。

4.2.1.8 特异性

通过酶结构识别与序列鉴定相结合，Invader技术已经实现了高度特异性。检测特异性的关键是要求严格的入侵结构，如果在酶切位点的序列不是互补于靶标序列，就不能形成入侵结构，5′副翼分子不能被释放，不能用在第二个反应的检测。针对突变的检测应用，这种分辨能力提供了很高的精确度，就如归类三种可能基因型的能力已被证明(图4-2)。

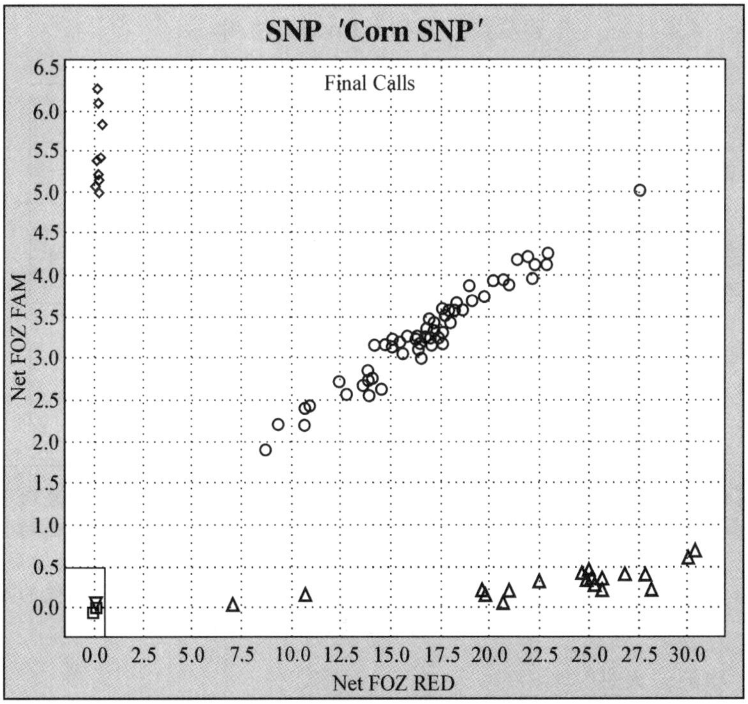

图4-2 来自一个玉米Invader SNP检测的结果。菱形：纯合野生型样品；圆形：杂合子样品；三角形：纯合突变体样品；方形：无任何靶标的对照。数据用Invader Analyzer软件分析(Third Wave Technologies Madison, WI)。

Invader平台的量化方面，可以直接从基因组DNA针对染色体和基因拷贝数的决定。这个分析可以通过对产生自目的基因或染色体的特异信号与来自参考基因如β-tubulin的信号之间的比较完成，β-tubulin是不知道因复制和缺失产生多态性的基因。在基因组内用针对其他区域最小同源性的原则,小心设计比较区域的 Invader 寡聚核苷酸能够更精确地定量需要的靶标序列(图 4-3)。

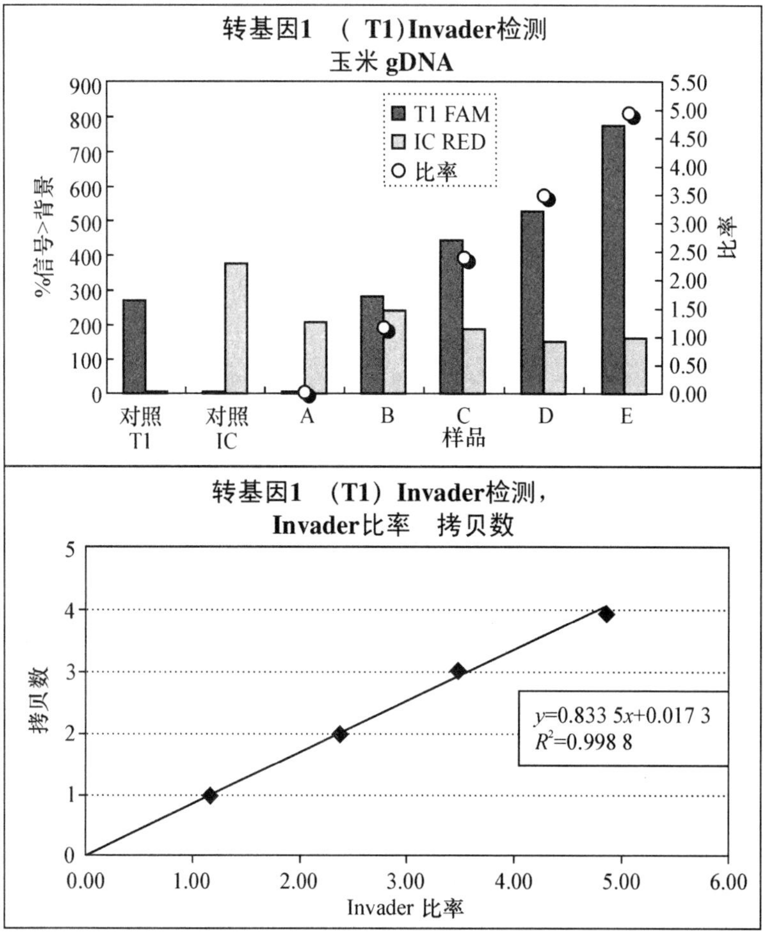

图 4-3 一个玉米 Invader 拷贝数目检测的结果。实线棒代表的信号来自插入玉米 DNA 的转基因,浅色棒代表的信号来自内部 β 微管蛋白对照基因。这个比率由这个公式决定:((转基因信号/非靶标对照信号)－1)/((内部对照信号/非靶标对照信号)－1)。针对一个线性的数字范围画样品比率散点率,鉴定转基因的相关拷贝数。

4.2.1.9 功能强大性

多样品准备方法和样品来源是与 Invader 检测相联系的,用 FTA 处理的纸作为基因组 DNA 的来源,Invader 检测能对植物和动物样品,提供了一个精确的基因型(Kozlowski et al. 2003)。另外,很多家用和商用的样品准备方法也可被用于 Invader 检测。

易于使用,并且具有弹性和能够定量检测是 Invader 平台自动化优点。使用 Invader 平台检测,如完全均匀的,只需要最小工作量的中间环节处理,并可在微孔板中进行。而且检测很容易从人工转换成半自动化和全自动化方式,在超高通量设置检测可以用许多种标准规格的平板来完成。大多自动液体处理系统能够完成检测任务,而只需要步骤不多的移液步骤。不考虑平板的模式(如是 96 孔板或是 384 孔板)或设定(如是手动的或是自动的),平台的稳健性保持不变(de Arruda et al. 2002)。

4.2.1.10 Invader 的应用

Invader 技术的应用包括在下列方面:突变的检测、SNP 评估打分、高通量基因型分析,标记辅助选择,转基因检测和表达定量,拷贝数确定,遗传疾病的测试,和基因表达分析。面对客户的商用检测已经在包括小麦、大麦、橡木、玉米、大豆、棉花、水稻、油菜、番茄、辣椒、莴笋、烟草、牛、鹅、羊、家禽和老鼠等动植物上开发出来。

4.2.1.11 结论

Invader 平台是针对定量检测特定核苷酸序列的,一种建立在均匀等温 DNA 探针基础上的技术检测系统。Invader 检测可直接用 DNA、RNA、PCR 产物或者 RT-PCR 产物完成,基于 Cleavase 酶识别和酶切特异核苷酸结构的能力,Invader 平台是检测 SNPs、插入子、缺失子和基因拷贝数的高度特异方法。其应用过程的弹性、方便性以及性能稳定和功能强大的特点,使其对于需要用小规模和高通量检测的实验室都能适合应用。

4.2.2 SNP 分析Ⅱ:焦磷酸测序法

4.2.2.1 引言

焦磷酸测序技术方法是通过实时合成(Ronaghi et al. 1998)的测序技术。这项技术是在 DNA 链延伸过程中,通过间接检测来自每个脱氧核苷酸(dNTP)释放焦磷酸(PPi)所产生的生物发光来实现的(Ronaghi et al. 1998;Alderborn et al. 2000)。在外切酶缺陷的 Klenow DNA 聚合酶存在的条件下,DNA 模板/引物复合物与 dNTP 共存(图 4-4)。按照预先决定的顺序,四个核苷酸按序加到反应混合物中,如果核苷酸互补到模板碱基,并且与模板结合,PPi 被释放并与腺苷 5′磷酸(APS)一起作为硫酸化酶的底物,反应的结果形成腺苷酸三磷酸(ATP)。荧光素酶转化 ATP,与荧光素一起形成到氧化荧光素、AMP、PPi 和可见光,发出的光可以被照度计或者电荷耦合装置所定量检测,由于所产生的光与加到 DNA 延伸引物链反应混合物中核苷酸数量是成比例的,这样就给焦磷酸测序技术作为真正定量测序方法的独特功用。在加入下一种核苷酸之前,多余的核苷酸已被反应混合物中的腺苷三磷酸双磷酸酶消化。最初的方法通过进一步改进,已经使延伸的或着稳定有效的阅读长度更长了,如通过使用单链 DNA 结合蛋白(SSB)来减少 DNA 模板中的二级结构(Ronaghi et al. 2000)。

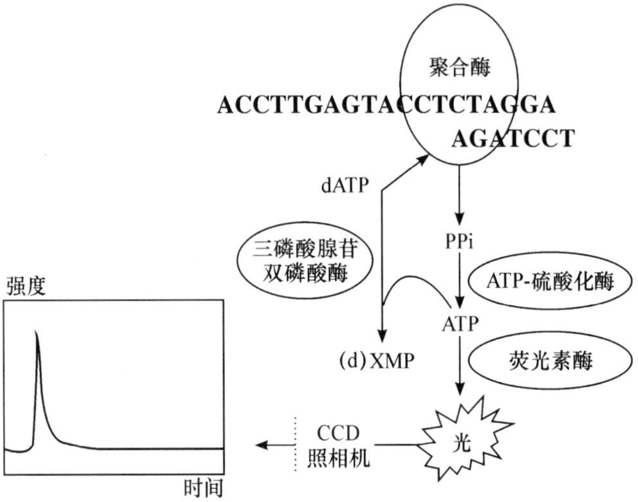

图 4-4　焦磷酸测序技术的原理。由聚合酶介导的在一个模板上由一个引物的延伸，释放焦磷酸(PPi)。PPi 被转换成 ATP，然后通过一个酶的级联反应转换成一个光信号，包括 ATP 硫酸化酶和荧光素酶。光信号由 CCD 照相机检测。在加入下一个核苷酸之前，过量的核苷酸和 ATP 被三磷酸腺苷双磷酸酶降解。

4.2.2.2　用焦磷酸测序技术作 SNP 基因型分析

焦磷酸测序技术已经被瑞士的 Biotage AB 公司(以前叫焦磷酸测序技术 AB)商业化，这个公司提供利用本项技术测序的一系列系统、软件和试剂盒，在固相时可平行处理多达 96 个 PCR 后的样品(http://www.biotage.com)。方法包括了快速样品准备(Dunker et al. 2003)。这个方法也有助于自动化，因为它包括了均匀检测。软件支持在不同模板或位置的多个 SNP 或突变的检测，一个模板的多个 SNPs 探测，插入子和缺失子的分析，等位基因频率的定量和典型 20～40 个碱基短片段的测序。与其他技术比较，焦磷酸测序技术更适于 SNPs 基因型分析(Nordfors 2002)。

这项技术提供在同一检测反应中(多个样品分析)，可选择用相同的引物分析相邻的，或者甚至是接近的 SNPs，以及在不同模板上的 SNPs。另外，引物设置具有弹性，因为 3′端无需与 SNP 并列，这样对高度变化基因组有利，例如有些植物种类，此处的变化或许组成了测序引物的位置。另一方面，特别相关于植物基因组的是这个能力，即能够提供单一检测，释放精确数量化来自基因组的、有高水平倍性的 SNP 基因型分析数据，这里等位基因的比率变化了。焦磷酸测序技术已经应用于诸多研究领域，如人类遗传学，细菌分类，植物遗传学和动物育种(Ronaghi 2001;Berg et al. 2002)。

焦磷酸测序技术的显著应用实例是使用 SNPs 构建的玉米 ESTs 遗传图谱(Ching Rafalski 2002)。来自作图亲本的序列鉴定了三个基因的 SNPs，而焦磷酸测序系统用于分析一个含有 94 个个体的玉米重组自交系群体。对核苷二磷酸激酶两个等位基因的 SNP 基因型分析结果(图 4-5)。测序引物定位于来自 SNP 的两个核苷酸。

热解图结果显示了出现的峰值,峰值反映:正确的核苷酸呈现,并合并,峰值高与核苷酸数目相关。这个方法也提供了已分析过的 SNP 周围序列的信息,这个 SNP 提供了数据的质量评估。在这个例子中,三个位点被成功地作图,每个位点个体基因型分析的成功率都大于 95%。不成功是由于 PCR 产量低所造成的。

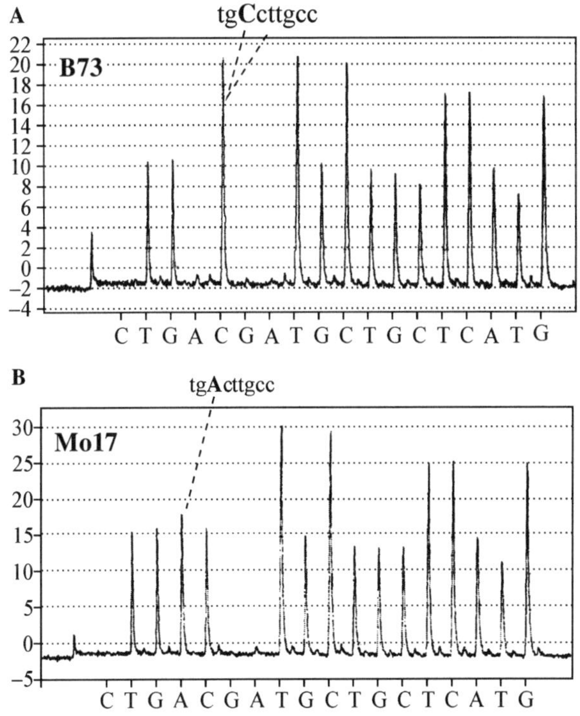

图 4-5 玉米三个基因 SNPs 的焦磷酸分析。用黑体标记多态性的位置。(A)核苷酸二磷酸激酶的 B73 的等位基因。(B)核苷酸二磷酸激酶的 Mo17 的等位基因(Ching and Rafalski 2002;由作者允许)。

4.2.2.3 等位基因频率的定量

在基于 SNP 的绘图中存在三个非常显著的问题,首先是大规模基因型分析本身的花费相当高昂,定量化的精确度,对直接使用(分子)增加预测力的单倍型分析的可能性。针对个体样品的连锁不均衡研究需要高通量基因型分析,这个工作可减少花费。另一个可选择的方法是测量 DNA 池中的 SNP 等位基因频率,这样反过来要求高精确度的数量化基因型分析。焦磷酸测序分析在指出合并碱基数目的相关峰值大小处是定量化的,这就允许对杂合体进行精确检测,甚至在 DNA 池和混合样品中定量出等位基因频率(Neve et al. 2002;Wasson et al. 2002;Gruber et al. 2002)。这在图 4-6 中列出,图中显示了对于在一个 SNP 上纯合的两个个体,在一个混合实验中等位基因频率和热解图峰值高度之间的相互关系(Wasson et al. 2002)。回归线的决定系数 R^2 是 0.996,表现显著性,$P<0.0001$,说明作者能够具

有信心来决定来自 DNA 池中等位基因频率。

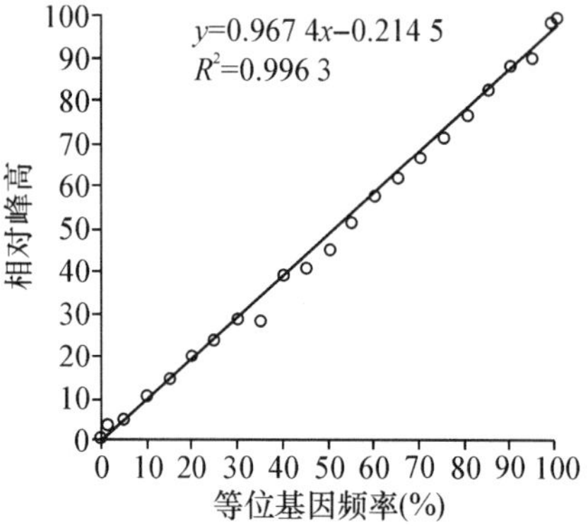

图 4-6 两个特别 SNP 纯合的个体之间，在一个混合实验中等位基因频率和热解图峰值高度之间的回归线。每个点是重复决定的平均值（Wasson et al. 2002；复制已得到作者许可）。

另一个应用定量化焦磷酸测序分析的例子示于图 4-7（来自 Rickert et al. 2002）。在这个例子中，在四倍体马铃薯基因组中，决定了一个 SNP(SNP-44/114)的 5 个可能不同的等位基因组合。精确度能使得所有 5 个可能的等位基因的状态去被正确地鉴定。超过 80%的多态位点能够被成功地进行基因型分析，这样就容易与其他研究进行比较。近期可能发展的焦磷酸测序技术方面，包括改进使用 SSB，软件辅助的引物设计，反应体积的减少，这些措施的改进将在较低花费上得到更高成功率的结果。

4.2.2.4 单倍型分析

基因组作图中 SNP 基因型分析的能力能够延伸到构建单倍型，这样就增加了信息含量。测序方法包括焦磷酸测序技术，特别适于建立分子单倍型，因为分子单倍型促进若干相邻 SNP 等位基因的鉴定（Bhattramakki and Rafalski 2001）。一个单倍型决定的方法，利用了等位基因特异的聚合酶链式反应（AS-PCR：allele-specific polymerase chain reaction）与焦磷酸测序技术结合。例如 DNA 池和等位基因特异的长范围单倍型扩增，已经被用于与基因型分析相结合，用焦磷酸测序技术来直接测量单倍型频率（Inbar et al. 2002）。相似地焦磷酸测序技术已经被用于分析在扩增片段上的多个 SNPs，包括在来自 PCR 引物 3′端的第二碱基引入来极大地改进等位基因的特异性（Pettersson et al. 2003）。在 AS-PCR 之后，杂合体样品的基因型分析，在每个 SNP 都给出了一个典型的单一等位基因类型，这样当前等位基因的鉴定就依靠于等位特异的起始扩增。通过焦磷酸测序技术获得的结果是真正定量化，可以检测任意非特异等位基因的扩增（Pettersson et al. 2003）。

对于多个基因组的单倍型分析，如小麦异源多倍体基因组（AABBDD）具有特别的挑战。用正常的小麦和一个缺对染色体四体系列，Mochida 和他的合作者成功测试了焦磷酸测序技术的应用，针对小麦多重基因组中 Purothionin 基因的多态

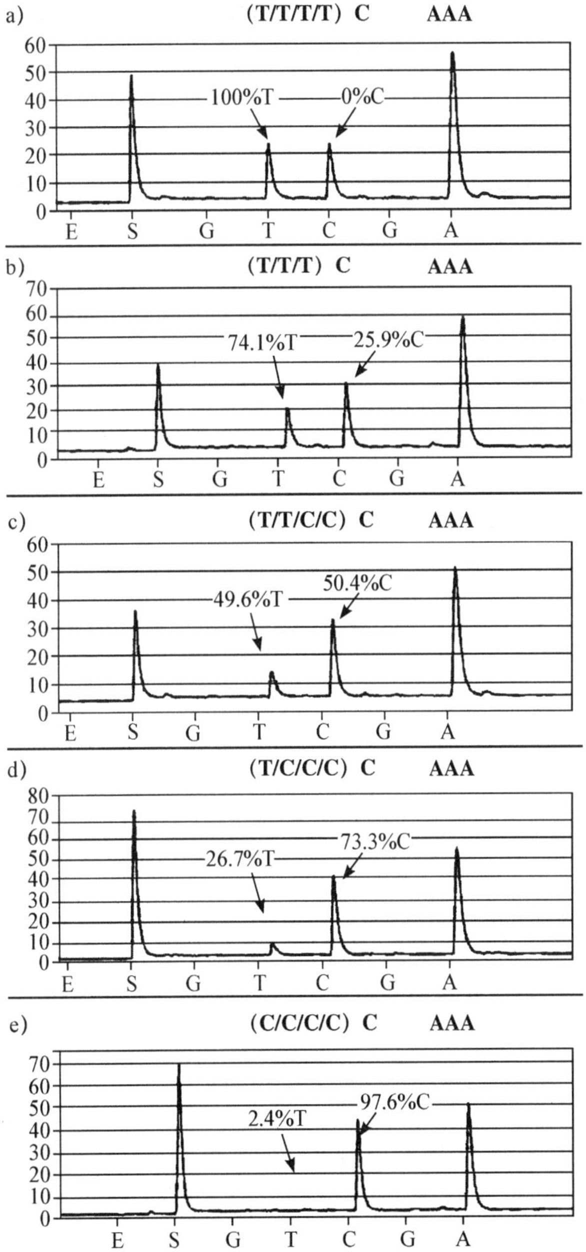

图 4-7 在四倍体马铃薯基因组中,SNP-44/114 的 5 个不同等位基因组合的基因型分析。需要分析的序列是 T/CCAAA。组图(a)和(e)表现两个纯合子,而组图(b-d)表现 3 个杂合的等位基因的状态,结合 T 和 C 等位碱基的百分比分布,就如软件计算的(Rickert et al. 2002; 复制已得到作者许可)。

型区域产生单倍型。针对A、B和D三个基因组，他们的方法包括使用单个测序引物同时决定序列，进而决定等位基因频率。峰值用于计算一个缺对染色体四体系列中的多态核苷酸的比率，使得毗连群（单倍型）归属到它们的同源染色体中。来自焦磷酸测序分析的结果完全一致于以前报道的Purothionin基因的染色体归属。作者发现由于在六倍体背景下提供定量SNP数据的线形反应，以及能够产生促进单倍型和连锁分析的序列数据，焦磷酸测序技术在作物不同品种或者多倍体株系中进行SNP分析的最适合的技术。

针对沿着一个模板的不同位置，进行基因型分析提供方法的焦磷酸测序技术的自然延伸，将为没有使用AS-PCR的直接分子单倍型分析，开发新的方法。对于核酸添加，设计特定检测的顺序，说明焦磷酸测序技术提供了越过多态性位点的引物延伸可能性，使得两个等位基因变成不同状态，而由此提供针对每个单倍型的特定的多个类型（Odeberg et al. 2002）。将来在阅读长度上的进一步改善，预计将进一步突破焦磷酸测序技术用于直接单倍型分析的局限。

总之，焦磷酸测序技术已经证明自身具有广泛的应用领域，并基在于SNP基因型分析的基因作图上，拥有独到的特点非常实用，特别适合于植物复杂基因组。

4.2.3 SNP分析Ⅲ：可规模化的高度复杂的SNP基因分析平台

4.2.3.1 引言

估计大约有超过1 000万SNPs存在于一个群体频率大于1%的人类基因组中（Kruglyak Nickerson 2001）。这些SNPs中一部分，连同环境因子一起，可以将个体的易患病体质将常见普通疾病联系起来，如心血管心脏病、糖尿病和癌症（Goldstein Weale 2001）。为了建立和收集大量遗传疾病相关研究的资源，国际HapMap项目将决定最小分组，大约500 000个标签SNPs，覆盖了含有多个个体的一个多样性的群体，而这些个体将使复杂遗传疾病的全基因组研究成为可能。覆盖许多个体的大量SNPs组，能够用高通量方法决定基因型，这个方面明显存在需要采用一个有效的和产投效率高的方法。Illumina基因型分析平台使通过结合几种技术来进行这些大规模的基因组研究成为可能。这些技术包括一个将完全包含个体信息的阵列板进行阵列板小型化处理（Sentrix Assay Matrix），以及高分辨共聚焦扫描仪（BeadArray Reader）可用这个扫描仪阵列板的扫描阅读，还有高复合化的基因型检测方法（Golden State Assay）。这些技术相结合，使检测工作得到了最大的方便，改进了数据质量，减少了每个数据的费用。下面这部分将提供Illumina平台的总体情况，这个平台已经用于高通量SNP基因型分析研究。

4.2.3.2 Illumina基因型分析平台

Sentrix Assay Matrix由96个小型化的阵列板组成，每个样点的直径1.2 mm，排列形式为8×12矩阵式，这样的方式刚好适合与微孔板的样式相匹配。每个小型化的阵列板包含大约50 000个根光纤束，融合成束排列形成阵列（Michael et al.

1998)。这个阵列板用化学蚀刻在每根光纤维端头都形成样孔，蚀刻的每个样孔直径为 3 μm，每个样孔之间的间距从每个样孔中心测量间距为 5 μm。观察这些大约 50 000 个样孔，就随机地组装形成 3 μm 小微珠，而且这些小微珠已共价结合了寡核苷酸(图 4-8)。在我们通用阵列板的产品中，我们采用了 1624 独特寡核苷酸序列，不同的寡核苷酸序列成为每个小微珠的类型特征，这样每个小微珠都有一个类似地址形式(类型)的序列，而后设计由这个小微珠的特征序列杂交到一个阵列板产品上(图 4-8)。3 μm 样孔的数目在最小化阵列板中超过小微珠的类型，所以平均有 30 个小微珠拥有同一种特征寡聚核苷酸序列(小微珠类型)。这种检测上的冗余，改进了基因型分析检测结果。因为这些小微珠是随机组装形成小型化阵列板，一个通过杂交的解码过程能够在阵列板上进行，以确定阵列板上在各个位置的小微珠的类型。这个解码过程也使每个阵列板各个小微珠的质量控制得到检查。

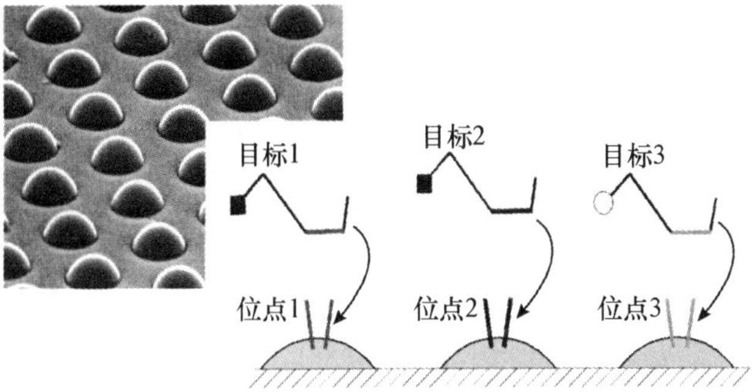

图 4-8　通用阵列

Sentrix Assay Matrix 小型的特征容量使得有必要设计和制作激光共聚焦扫描仪，它具有独有的适合于阅读这些高密度的阵列板。Illumina BeadArray Reader 具有精确至约 0.8 μm 的分辨率(Barker et al. 2003)。这个仪器有两种激发光(532 nm 635 nm)，而且可以同时在两种颜色通道捕获影像。BeadArray Reader 软件在 Sentrix Array Matrix 上获取所有 96 个小型化阵列板的图像，注册这些影像，并提取和保存这些密集的信息，这些信息也通过基因型分析软件被引用，以决定基因型清点。

GoldenGate 检测是被设计来方便用于单个反应中，针对复杂的多个位点检测中，仍然能够去靶标到任何特殊的感兴趣的 SNP。在多个位点的复杂检测开发中，以前的努力多是企图去在等位基因区分之前，扩增感兴趣的目标区域，或者企图在扩增中去进行等位基因的区分，而这些先前的努力其实已经限制了成功，因为在扩增反应中存在特异位点和等位基因区分的诸多问题。我们极大地改进了方法，通过从信号放大中将特异性位点和等位基因区分的过程相分离，能够高水平地成功解决复杂的多位点检测。这些步骤的分离，进一步使我们能够独立于其他步骤而优化每个步骤。我们是在独立于等位基因区分步骤这些条件下，优化检测寡聚核苷酸杂交过程。同样的，我们也能在检测寡聚核苷酸杂交条件或信号放大条件下，独立地优化等位基因区分条件。

GoldenGate 检测中的 DNA，是首先被吸附到磁性颗粒表面，然后作为一个纯化框架，在这个磁珠框架上适宜于多个杂交检测的寡聚核苷酸能够保留在上面(图 4-9)。针对每一个 SNP 位点，三个检测中的寡核苷酸被合成为下列类型：两个等位特异寡聚核苷酸(ASOs：allele-specific oligos)和一个位点特异寡聚核苷酸(LSO：Locus-specific oligo)。两个 ASOs 有 3′区域互补于 SNP 基因组区域，而每个 ASO 有 3′碱基互补两个 SNP 等位序列之一，而 5′区域互补两个通用 PCR 引物之一(P1 和 P2)(图 4-8)。LSO 有 5′区域互补 SNP 基因组区域，中部部分稍后用于靶标 1624 捕获序列中的一个序列，而 3′部分互补于通用 PCR 引物 P3。LSO 在 5′端被磷酸化。GoldenGate 检测在检测多个位点的水平上能够超过 1 536 个 SNP 位点。针对全部 1 536 个 SNP 位点，所有三个检测寡聚核苷酸是被统一混于池中，然后杂交基因组 DNA 的一个样品。杂交过程进行，适宜杂交检测的寡核苷酸被保留下来，而不适宜杂交或非杂交的寡核苷酸就被冲洗掉了。

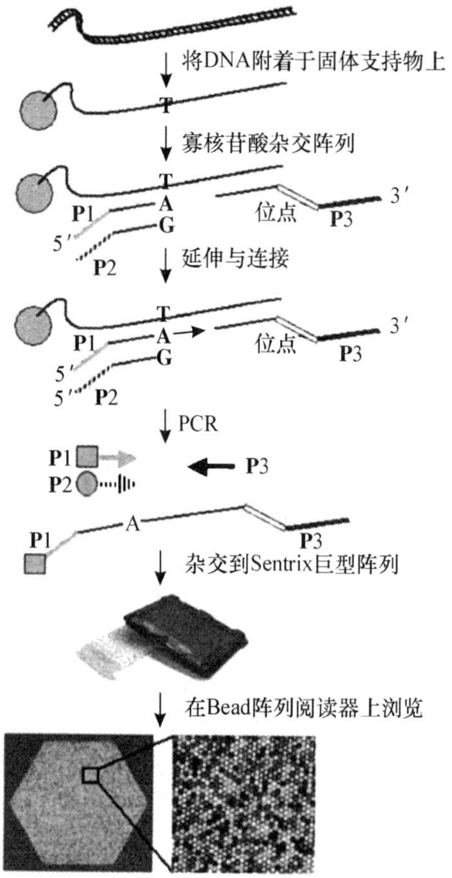

图 4-9 Illumina 基因型平台

DNA 聚合酶被加到杂交检测的寡核苷酸中,而等位基因区分就直接在固相 DNA 上进行。适宜与基因组 DNA 中 SNP 位点碱基配对的 ASOs 的 3′端被延伸到 LSO 的 5′端。然后连接酶被加入,延伸的 ASO 与邻近的 LSO 共同形成 PCR 模板。ASO 必须独立于 LSO 的杂交,以及连接反应要早于延伸反应的进行的两个要求是服务于两个目的,额外的自由度被加到 LSO 的定位中,由此提供更好的杂交靶位点,因为错误杂交寡核苷酸不可能彼此邻近,所以不可能延伸和聚在一起。

PCR 引物 P1,P2 和 P3 加于延伸和连接产物中。P1 和 P2 分别标记荧光标记物 Cy3 和 Cy5,图 4-9 中的例子,P1-A-P3 产物产生出作为已知基因型的 SNP 位点。同样的,如果图中的 SNP 是个杂合体,P1-A-P3 和 P2-G-P3 将产生两种产物。如果图中的 SNP 是个纯合体 G,那么只有 P2-GP3 产物 将被产生。PCR 引物 P1,P2 和 P3 同时放大来自 1 536 个位点的信号。荧光标记了的 PCR 产物被制作为单链,杂交到 Sentrix Assay Matrix 上,对于每个待检测的 SNP 位点,LSO 位置上的地址序列是唯一的,并将杂交到阵列板上小微珠表面吸附的互补的寡核苷酸序列上。为了能够读出结果,在溶液中高度复合的反应被减少复合因素而转移到一个阵列板上。图 4-9 底部的图就是一个单个阵列板的复合图像,被两种颜色扫描。白色小微珠带有 Cy3 信号,黑灰珠带有 Cy5 信号,浅灰珠带有 Cy3 和 Cy5 两种信号。对于每个小微珠,在两个颜色通道的强度信息就决定了,因为每一种小微珠的类型平均有 30 个小微珠,每种颜色通道强度经过整理的平均值是针对每个小微珠的类型来进行计算得到的。

针对 96 个 DNAs 的 1 152 个位点的多个反应,基因型分析数据的四个具有代表性的散点图,显示于图 4-10。每个圆点代表一个单个 DNA 样品的信号强度。这些图的 y 轴代表标准化的强度,x 代表标准化的 θ 角度([$\theta=2/\Pi$]Tan $^{-1}$[Cy5 强度/Cy3 强度])。卵形圈注的样品对于每个基因型聚类簇是两个标准偏差边界。各个基因型的聚类簇彼此间分离很好,在每个聚类簇中样品-样品之间的变异很低。

4.2.3.3 基因型分析数据

在最近的基因型分析研究中,17 280 个人类 SNPs 在 Golden Gate 检测中进行了运行(Fan et al. 2003)。从大约 124 000 个高质量的 SNPs 收集库中,挑选这些 SNPs,这些高质量的 SNPs 中有相对高的次要的等位基因频率,而且每个等位基因至少是通过两个序列阅读被独立地观察到。这些 17 280 个 SNPs 被选择,因为它们是通过检测设计软件被预测出的,因而有较高的成功可能性。这些 SNPs 被分成为 15 个组,每组含 1 152 个位点混合为池,整个 SNPs 由的多个池组成。在两股链上,针对 10×1 152 排列的 SNPs 混合池的检测被开发,而在一股链上,只开发了 5×1 152 排列的 SNPs 混合池的检测,表 4-10 代表了这个研究的结果。当检测被设计在两条链上进行,而且数据来自较好完成的一条链时,检测转换率范围在

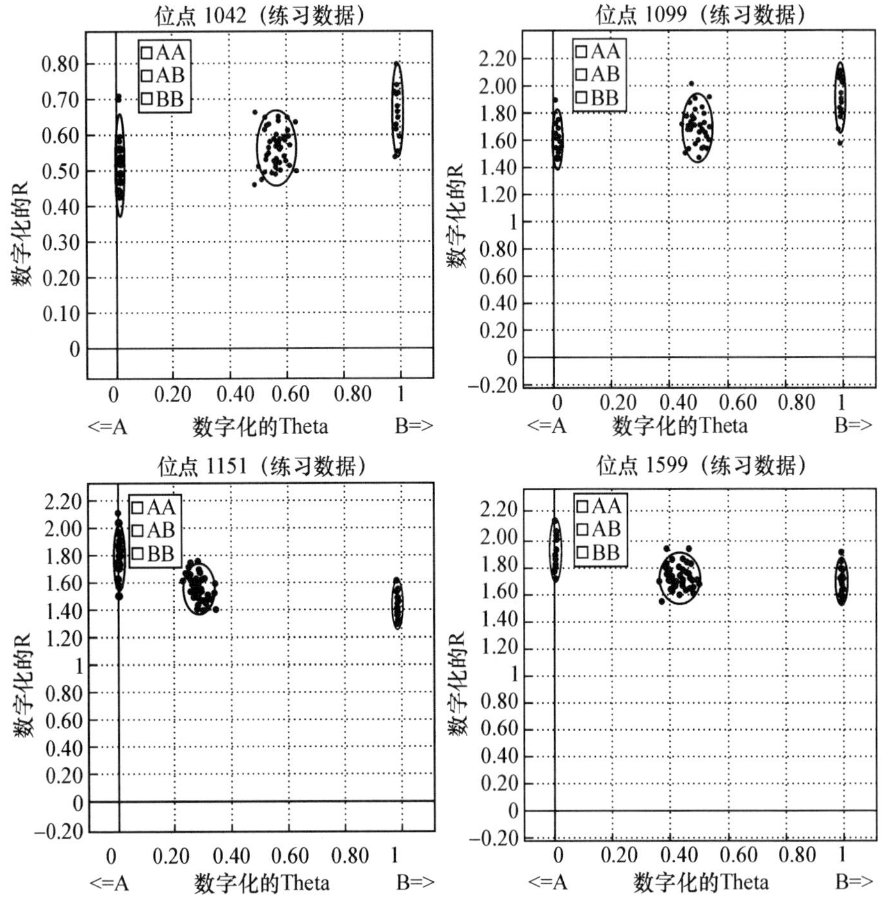

图 4-10 96 个 DNA 样品 1 152 个位点复杂反应的结果

96%～99%之间，而当检测被设计为仅在一条链上进行时，这个检测的转换效率仅往下稍微掉到 94%～96%之间。在这个研究中观察到很高的转换效率，是由于选择了高质量的 SNPs。在另一项研究中，从 SNP 数据库（dbSNP）中随机选择了 SNPs，而且检测被设计为针对两条链，只观察到了 81%的转换率（Fan et al. 2003）。

表 4-1 针对 17 280 个位点的检测开发转换率和基因型分析清点率（修改自 Fan et al. 2003）

束	多元性	成功的检测	转换率（%）	清点的基因型	可能基因型	清点率（%）
DS _ 1	1 152	1 136	99	107 882	107 920	99.96
DS _ 2	1 152	1 129	98	107 232	107 255	99.98
DS _ 3	1 152	1 132	98	107 515	107 540	99.98
DS _ 4	1 152	1 134	98	107 704	107 730	99.98
DS _ 5	1 152	1 121	97	106 464	106 495	99.97

续表 4-1

束	多元性	成功的检测	转换率(%)	清点的基因型	可能基因型	清点率(%)
DS _ 6	1 152	1 112	97	105 619	105 640	99.98
DS _ 7	1 152	1 112	97	105 575	105 640	99.94
DS _ 8	1 152	1 120	97	106 376	106 400	99.98
DS _ 9	1 152	1 114	97	105 794	105 830	99.97
DS _ 10	1 152	1 107	96	105 139	105 165	99.98
SS _ 1	1 152	1 101	96	104 540	104 595	99.95
SS _ 2	1 152	1 107	96	105 111	105 165	99.95
SS _ 3	1 152	1 097	95	104 189	104 215	99.96
SS _ 4	1 152	1 086	94	103 132	103 170	99.96
SS _ 5	1 152	1 084	94	102 947	102 980	99.97
总和	17 280	16 692	97	1 585 219	1 585 740	99.97

4.2.3.4 结论

Illumina 基因型分析平台对于高通量的 SNP 基因型分析是有效、精确，和产投比很高的系统。GoldenGate 检测方法经 Sentrix Assay Matrix 耦联后成为一个具有弹性的平台，这个平台允许大量的覆盖有大批量样品的，可定义 SNPs 的用户，进行基因型分析。检测的高通量和规模性是非常适合于大规模的，以发现复杂遗传疾病遗传基础的相关研究。

4.2.4 SNP 分析Ⅳ:用 MALDI-TOF MS 进行高通量 SNP 分析

4.2.4.1 引言

生物技术的快速扩展促使若干高通量技术的开发，尽管质谱技术已广泛应用在分析领域数十年，但只是在“软化”离子井技术和激光辅助基质去吸附离子井(MALDI:matrix-assisted laser desorption ionization)的去吸附技术以及电喷离子井(ESI:electrspray ionization)等技术被开发出来以后，质谱仪才在生物技术领域建立了更广泛的应用。质谱仪的这些新技术使得分析蛋白质和核酸这些生物大分子成为可能。

MALDI-TOF(time of flight:飞行时间) 质谱仪的核心过程是通过过量共结晶基质物质，激光诱导生物分子去吸附。而基质物质是针对能量吸收光谱(符合选择的激光波长)选择的有机分子。这些基质分子对于待检测的目的分子是化学惰性的。基质吸收激光能量气化到质谱仪的真空容器中，进行与基质共去吸附的分析，以及通过质子转移离子化。然后离子在一个电场中加速，经过一个无场区域漂移后，这些离子的飞行时间就被确定了。飞行时间(TOF)和待分析的分子的质量是成比例的:小质量的分子穿过漂移区较大质量的分子更快。

由基质介导的去吸附过程比其他质谱仪产生更多的完整分析分子(除了 ESI-

TOF)，而且用这种方法对于像核酸和蛋白质等非挥发性物质，具有更适宜的检测敏感性。

通过 MALDI-TOF MS 分析 DNA 具有一些非常明显的优点：待分析物是直接被分析，而不是分析代用品分子标记如荧光标记。获得的待分析分子本身特性的决定和分子质量是更加精确，而且能够将假象和需要的反应产物区别开，分子质量的确定也是独立于结构特征的。所以，由于待分析物的二级结构产生的错误解释，就如在凝胶电泳中被观察到的，是可以避免的。另外，MALDI 过程非常快，今天获得的数据已经能够达到几百毫秒数量级的精度，并且允许实时分析样品。

近年来，MALDI-TOF MS 已经发展成为一个可行的高通量基因型分析研究平台。若干进一步的数量和质量分析已经应用到核酸分析的技术组合中。这些技术组合包括在含有多个样品的 DNA 池中，和多个样品的混合样品中进行遗传信息的相对定量化(Bansal et al. 2002；Buetow et al. 2001；Mohlke et al. 2002；Ross et al. 2000；Werner et al. 2002)，以及重复测序方法可以快速发现 SNPs，也用于筛选突变体或者用于根据特征序列的生物鉴定如病原物鉴定等(Hartmer et al. 2003；Lefmann et al. 2004；Stanssens et al. 2004)，也能够用于相对地和绝对地定量来决定基因表达分析(Ding and Cantor 2003)。拥有了这些应用，MALDI-TOF MS 已发展成熟为功能强大的核酸分析方法了。对此，已有很好综述来总结上述发展(Jurinke et al. 2004)。本书关注 MALDI-TOF MS 在分析 SNPs 上目前的贡献。

4.2.4.2 用 Massarray 平台进行 SNP 分析

均匀 MassEXTEND(hME)检测

在 SNPs 基因型分析或者已知突变体进行最普通的基于质谱的多种检测方法，是利用引物延伸(Braun et al. 1997)。均匀 MassEXTEND 检测(最初版本为 PRimerOligoBaseExtension)是一个引物延伸检测，专门为高通量处理过程开发的(Rodi et al. 2002)。这个过程通常是在 384 孔微孔板上进行的。

图 4-11 描述了 MassEXTEND 方法应用的基本步骤。含有 SNP 的区域内首先用 PCR 反应扩增，没有参与反应的 dNTP 通过虾碱磷酸酶(SAP)处理脱磷酸化。一个序列特异的 hME 引物被直接退火到附近的多态性位点。当三个双脱氧核苷三磷酸(如 ddA，ddC 和 ddG)和一个脱氧核苷酸存在时，hME 引物延伸。脱氧核苷酸的选择被多态性的性质所驱动。dNTP 应该对应 2 多个等位基因之一(在书中描述情形中，dTTP 对应 A 等位基因)。一个 SNP 的分析产生三个可能的质量信号：一个质量信号是针对非延伸引物，一个质量信号对应于一个单个核苷酸的延伸，这个核苷酸延伸特异地针对一个等位基因(等位基因 1)，还有一个质量信号对应一个引物，这个引物被延伸了特异于其他等位基因的(等位基因 2)两个或多个核苷酸。在这个反应中的质量信号至少是在一个单个核苷酸的质量不同(大约 300 Da)。这个质量区别对于现在所用仪器的实际分辨能力要大到大约两个数量级。

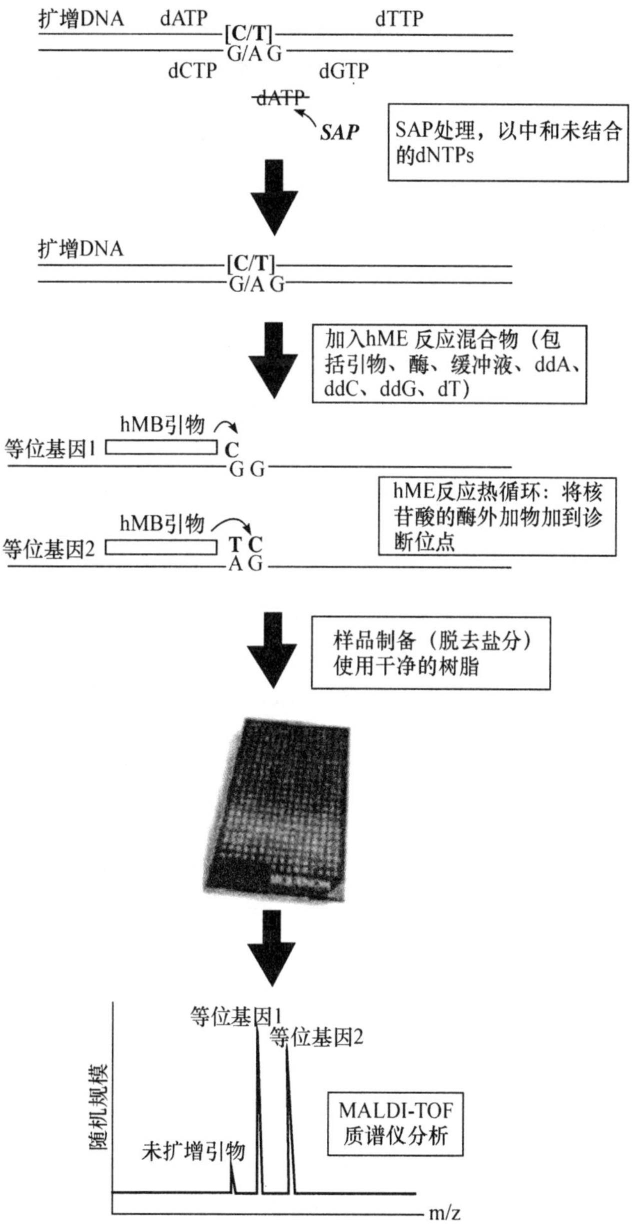

图 4-11 MassEXTEND 过程示意图。SNP 特异的靶标区域由 PCR 扩增。未被结合的 dNTPs 被脱磷酸化。在一个 post-PCR 引物的延伸反应中,产生等位特异的终止产物。样品被转移到一个芯片阵列,并且由 MALDI－TOF MS 自动分析。

当完成循环的引物延伸反应后,将离子交换树脂加到反应容器中,这一步是为了除去核酸反应产物中磷酸骨架上的钠和钾,以满足作为 MALDI-TOF MS 样品的条件。

然后，对于满足了条件的样品被分散到芯片(Spectro CHIP)上。芯片高度精确一致、均匀，已事先用分析的样品处理，仅小容量大约 10 nL 分析的样品需要去分析。样品分散步骤是通过特殊的 Pintool 设备进行的。用小型化的芯片阵列进行的样品测量可以完全自动分配基因型。在测量中，通过算法来估测数据质量，能够达到微秒级精确性决定一个基因型清点是否进行，或者决定是否应该对一个样品点，需要更多的数据。用户以实时的基因型分析结果出现，建立数据库可以观察质谱，以及后获得的数据的处理，如统计工具的应用。

SNP 的快速验证和 DNA 池中全基因组范围的相关研究

如上所述，MALDI-TOF MS 用引物延伸有效地进行基因型分析序列变异，相同的平台也可以对引物延伸产物进行相对定量化(Buetow et al. 2001; Ross et al. 2000)。针对与样品，与基质共结晶并在激光去吸附后，接着去离子化的每个分析样品的比率是与对应质谱信号峰的面积是成比例的。这样就可以对 DNA 分析物相对定量，并由此帮助混合样品和 DNA 池中等位基因相对丰度的估计。技术上，相对定量是通过标准化每个质谱的基线来完成的。然后 Gaussian 拟合被应用到特殊的质谱信号(对应于 hME 反应的目的等位基因)，并且曲线下的区域被整合。引物延伸产物的等位基因频率被估计，为一个等位基因质谱信号的面积，对于所有期望的等位基因的质谱信号的总面积的比值。

通过 MALDI-TOF MS 进行的等位基因频率的估计过程(等位类型分析)，最初是作为一个快速验证 SNPs 方式的工具。在一个样品池中，每个 SNP 标记的分析，提供了一个快速方法从测序错误，或电子杂交挑选过程的假阳性中，来分离真实的 SNPs，并在没有实验负担和个体基因型分析耗费情况下，在所选择的群体中，能够定性等位基因的频率(Buetow et al. 2001)。这个过程的技术特性已在若干个研究中被估测(Bansal et al. 2002; Mohlke et al. 2002; Werner et al. 2002). 使用来自小型化芯片阵列的 MALDI-TOF MS，检测限制值(LOD: limit of detection)被确定在 2%的较小等位基因频率，而数量限制值(LOQ: limit of qauntitation)被确定为 5%～10%的较小等位基因频率。这个过程的精确性(包含样品的归并成池的过程)，在多个 DNA 池中等位基因频率的估测值的标准差在±3.0%。由此误差的大部分是被归到 PCR 扩增中。而在整个过程中，MALDI-TOF MS 只贡献有 1%左右的标准差(SD)。

SEQUENOM 使用等位类型分析来验证超过 400 000 个 SNPs，并产生一个人类基因组以基因为基础的 SNP 图，此图是由超过 100 000 个经过实验验证了等位基因频率的 SNP 标记组成。检测数据库: www. realsnp. com 包含有 400 000 个成功的检测反应数据，并针对多态的 SNPs 有相关频率信息(检测是特异地针对人类基因组)。

尽管已经存在建立完整的SNP检测组合技术,但是要分析样品数目大到足以在连锁研究或相关研究中,提供充分的统计分析的个体基因型分析的大量SNPs的分析,仍然需要大量的金钱和时间耗费。所以若干研究组就提出样品池的使用,而不是个体基因型分析。来自案例的等位基因频率的估测,以及对照的多个DNA样品池,能使实验工作量明显减少,而不更多地减弱统计的效力。比较起来看,对超过两个300个样品的样品池的100 000个SNPs的分析,每个样品池需要200 000个反应,而个体基因型分析需要6×10^7个反应。针对后选基因的方法或者全基因组相关分析,若干研究组已经成功地通过MassARRAY进行等位基因类型分析(Bansal et al. 2002;Mohlke et al. 2002)。图4-12举例说明了通过将样品用MassARRAY系统,进行分池归组,再进行关联测试的原理。在CETR基因中,含有多个个体的一个样品池中,具有很高HDL值的SNP等位基因频率,和具有很低HDL值的SNP等位基因频率之间的明显发生改变。这对于更多的深入分析,就能够使特殊基因组区域区分出优先主次的顺序。

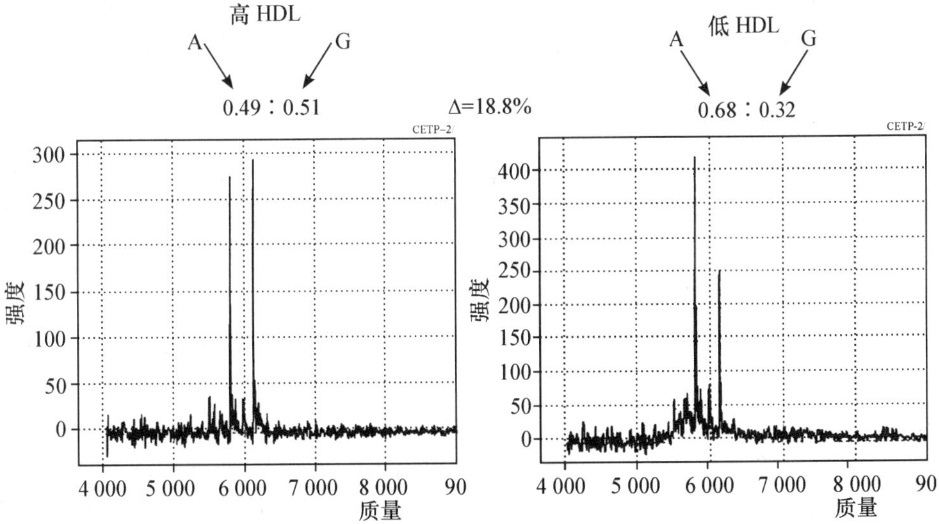

图4-12 分别用高的HDL水平和低的HDL水平,从含有多个个体的DNA池中CETP基因一个SNP的等位基因型分析结果。针对CETP SNP的A和G等位基因,两个主要的质谱信号代表了引物延伸产物。如能被观察到的,两个等位基因的相关峰的强度(峰面积)在两个池之间发生变化。这表明拥有低HDL的G等位基因在个体中较少普遍存在。例子证实DNA分组为池和提供等位基因相对丰度的精确分配相结合,是如何能被用在减少相关研究的费用和工作量上。

复合化的SNP的基因型分析

增加工作量和降低每个基因型的费用的一个简单的方式,是在一个单一反应容器中进行多个PCR/hME反应(或称为复合化)。用于质量分析窗口的引物延伸产物分析的范围在 5 000～9 000 Da 之间(相当与 17～30 个核苷酸产物)。如果被设计了靶标不同 SNPs 或突变的引物，那么非延伸引物的质量和它们对应的延伸产物就重叠，对多个 SNPs 就可以进行非常清晰的基因型分析。

尽管这里不是讨论复合 SNP 基因型分析的所有方面，但还是需要说明几点。复合分析最重要的方面是有效性，而不是多个 SNP 特异目标区域的 PCR 平衡扩增。作为第一个考虑的是，对于交叉位点的扩增，PCR 引物应该被检查，而且如果有充足的基因组序列信息可用，引物序列应该与选择的基因组序列进行 BLAST 比对，以保证每个 PCR 引物对只扩增需要的区域。我们已经发现平衡引物 *Tm* 值(大约 60℃)，平衡 GC 含量，和平衡扩增长度大约 100 bp 等这些参数下，一般提供有好的运行效果。尽管必需调节 dNTP，酶的量，以及引物浓度，但针对扩增两个最关键的因素是 PCR 缓冲液中的离子强度和“自由”Mg^{2+} 最终的浓度。我们发现最终 PCR 缓冲液浓度 1.25×(比较与通常用的 1×)和自由 Mg^{2+} 浓度在 1.3～1.7 mmol/L 之间对有效的复合扩增是最重要的。

复合 hME 反应遵循的考虑相似于 PCR 步骤中的那些方面，hME 引物要求低发卡结构，不能形成引物二聚体。在复合反应中它们应该特异地只针对一个扩增子退火，引物和延伸产物应该以这样一种方式被插入，即这种插入使每个质量信号清晰分配有等位基因。潜在的质量信号和副产物冲突，如被多聚酶或者盐化合物暂停而产生的副产物必须要避免。

以大规模形式，在复合 PCR 设计时，适宜终止反应混合物的选择，检测的有效插入，在一个计算机辅助设计检测程序(如 MassARRAY Assay Design，可从 SEQUENOM 上获得)的帮助下能最好地完成。用这些程序，直到 15 个复合的 MassEXTEND 反应是能够被设计和执行的，并能够用完全自动的方式被分析。利用标准反应条件，当前的 MALDI-MS 复合过程(12 个复合水平)达到了首次通过清点速率 90%的效果(首次通过被定义为检测的运行直接从离体电子杂交设计而来，而没有事前的检测运行知识)基因型数据的精确性(自动清点，首次通过)平均达到 99.7%。除去那些都不需要重复进行 PCR 扩增的检测，将增加清点率到超过 97%，而且平均精确性达到 99.8%。这些是必须考虑了事先没有检测优化的明显数字。

图 4-13 描述一个成功清点 12 个复合反应的质谱。所有预期的信号用点线标记，拥有描述符“P”的信号，是不延伸的引物。拥有描述符“Pausing Peak”的信号标记聚合酶的人造标记(引物延伸反应的非特异终止)。所有终止混合物都被选择，以便暂停产物的质量信号不干涉等位基因清点。

运行小结

下列特征是用 MassARRAY 系统确定的根据 MALDI-TOF MS 运行的 SNP 基因型分析。

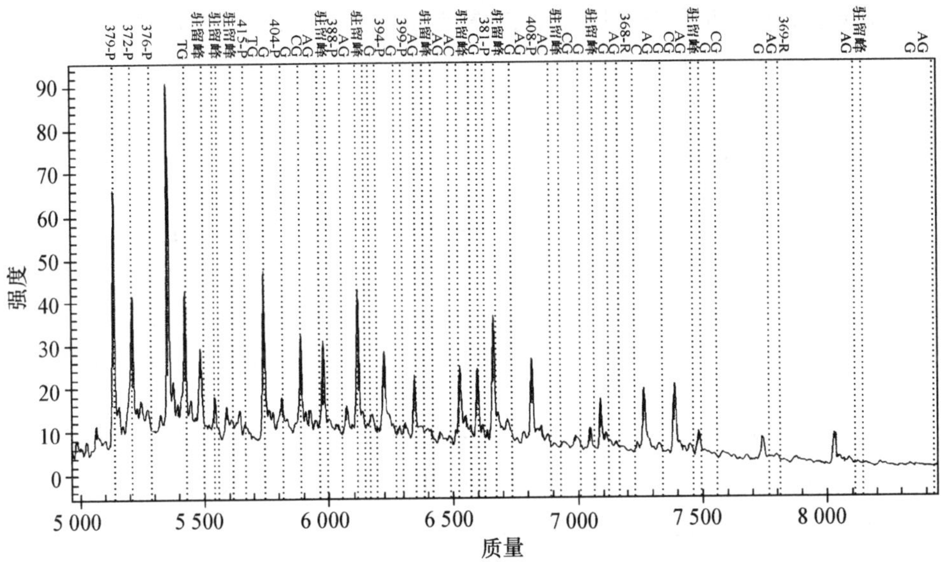

图 4-13 一个 12-丛 MassEXTEND 反应的质谱。点线标记了多元反应的所有可能延伸产物,包括没有延伸的产物、等位基因和潜在的暂停信号。所有质谱信号(由点线标出的)充分地分离以保证每个基因型能够被清楚地分开。

- 有效检测设计能力:MassEXTEND 检测设计的简洁性和 MALDI-MS 阅读器结合,由成百上千个 hME 反应构成的内部经验,产生一个特异软件工具(MassARRAY Assay Design),这个工具符合 MALDI 过程的速度。这个设计包括 PCR 和 hME 引物,决定优化终止子混合,反应平板的验证,引物购买要求,以及可以进行复合反应。使用没有任何修饰的普通寡聚脱氧核苷酸引物,保持这个检测设计快速,简单和低廉。电子杂交设计的复合检测的工具提供首次通过达到 90%的清点率,而没有检测优化。这让在一个研究开始之前,用最简单的实验步骤,对遗传研究的系列 SNP 检测迅速产生。

- 单个检测处理过程能力:复合 MassEXTEND 检测被设计作为只能增加的检测。PCR 和 hME 两者的步骤都被设计为单管反应,这样自动检测组织在标准液体处理设备上,简化了样品的跟踪。

- 自动数据收集和基因型报告功能:当前 MALDI-TOF MS 仪器产生质谱的时间,对于每个芯片阵列元件所需时间小于 1.5 s,这包括从一个芯片转移到另一个芯片中所需的时间。使用最近释放的软件(MassARRAY TYPER),基因型能够在这个 1.5 s 的时间里实时分析出来。

- MassARRAY 的功效:结合这些介绍的多个因子,在一天里用自动检测组织设置和 MassARRAY 系统,能够处理和决定数千个基因型。384 个样点的芯片阵列的获得/实时分析的进行只需用大约 30 min。这样转换就是每分钟 150 个基因型的分析速度(9 000 个基因型每小时)。这样的功效,结合每种基因型的成本少于0.1美元，就使得整个基因组的扫描成为可能，并且能够负担得起成本（见www.sequenom.com）。

4.3 总结和展望

本章所介绍的技术平台，尽管在许多技术中只介绍了四个，但是对10多年间，因为SNP技术时代的出现，而产生的技术进步却是一个见证。对已应用技术的持续努力改进，以及为发现SNP和SNP基因型分析设计出新的方法，将会明显拓展和丰富更多功能的技术。到目前，SNP技术几乎是唯一用在动物，特别是人类基因组学研究上。而且，显然在哺乳动物上将有大的突破。在比较和进化遗传学中的应用，或者在大规模的相关研究中，针对常见的人类疾病，如类型Ⅱ糖尿病、高血压和癌症，应用SNPs来鉴定疾病敏感性基因，表现出明显的技术优势。一旦疾病基因被证实，编码蛋白就能通过新的诊断测试或治疗药物靶标到。针对人类基因组，将有完全的SNP图谱。所有这些技术都已经是小型化了，并被设计为高通量（或者在一些情况是超高通量）设置。所有这些令人兴奋的发展，不知为何都没有在植物基因组学上开启，尽管SNPs的价值得到了很高的赞扬和褒奖，但实际在植物基因组的研究却很少，而且仍然仅局限在强势的育种公司。我们假设SNP分析的费用，对于一般的植物基因组学实验室，当前仍然是一个难以逾越的障碍，然而有了SNP芯片和可负担得起的Lemieux2001技术，SNPs将能够在植物（特别是作物）研究市场中作为一个工具，针对DNA指纹图谱制作，基因组图谱制作，以及连锁分析，至少是能够在更加具有经济价值的重要农作物上应用起来。

致　谢

The authors highly appreciate the significant contributions of many individuals to the development of the portrayed genotyping systems and apologize that space restrictions do not allow us to list the individual names. Günter Kahl's research is supported by BMZ and GTZ (Germany) grant no. 2001.7860.8-001.00.

参考文献

Alderborn, A., Kristofferson, A., Hammerling, U. Determination of single nucleotide polymorphisms by real-time pyrophosphate DNA sequencing Genome Res. 10:1249–1258 (2000).

Bansal A., van den Boom D., Kemmerer S., Honisch C., Adam G., Cantor C. R., Kleyn P., Braun A.: Association testing by DNA pooling: an effective initial screen. Proc. Natl. Acad. Sci. USA 99:16871–16874 (2002).

Barker D. L., Therault G., Che D., Dickinson T., Shen R. and Kain R. Self-assembled random arrays: high-performance imaging and genomics applications on a high-density microarray platform. Proc. SPIE 4966:1 (2003).

Barroso et al., Dominant negative mutations in human PPARg associated with severe insulin resistance, diabetes mellitus and hypertension. Nature 402:880–883 (1999).

Berg, L. M., Sanders, R., Alderborn, A. Pyrosequencing technology and the need for versatile solutions in molecular clinical research. Expert Rev. Mol. Diagn. 2:361–369 (2002).

Beutow K. H., Edmonson M. N., Cassidy A. B. Reliable identification of large numbers of candidate SNPs from public EST data. Nature Genet. 21:323–325 (1999).

Bhattramakki, D. & Rafalski, A. Discovery and application of single nucleotide polymorphism markers in plants. In 'Plant Genotyping: the DNA Fingerprinting of Plants'(ed. R. J. Henry), pp. 179–192. CAB International (2001).

Braun A., Little D. P., Koster H.: Detecting CFTR gene mutations by using primer oligo base extension and mass spectrometry. Clin. Chem. 43:1151–1158 (1997).

Buetow K. H., Edmonson M., MacDonald R., Clifford R., Yip, P., Kelley J., Little D. P., Strausberg R., Koester H., Cantor C. R., et al: High-throughput development and characterization of a genome-wide collection of gene-based single nucleotide polymorphism markers by chip-based matrix-assisted laser desorption/ionization time-of-flight mass spectrometry. Proc. Natl. Acad. Sci. USA 98:581–584 (2001).

Cargill, M., Daley, G. Mining for SNPs: putting the common variants-common disease hypothesis to the test. Pharmacogenomics 1: 27–37 (1999).

Ching, A, Rafalski, A. Rapid genetic mapping of ESTs using SNP Pyrosequencing and indel analysis Cell. Mol. Biol. Lett. 7:803–810 (2002).

Cho R. J., et al. Genome-wide mapping with bialleleic markers in Arabidopsis thaliana. Nature Genet. 23:203–207 (1999).

Daly M. J., Rioux J. D., Schaffner S. F., Hudson T. J., Lander E. S. High-resolution haplotype structure in the human genome. Nature Genet. 29:229–232 (2001).

de Arruda, M., Lyamichev, V. I., Eis, P. S., Iszczyszyn, W., Kwiatkowski, R. W., Law, S. M., Olson, M. C., Rasmussen, E. B. Invader Technology for DNA and RNA analysis: principles and applications. Expert Rev. Mol. Diagn. 2:487–496 (2002).

Ding C., Cantor C. R.: A high-throughput gene expression analysis technique using competitive PCR and matrix-assisted laser desorption ionization time-of-flight MS. Proc. Natl. Acad. Sci. USA, 100:3059–3064 (2003).

Dunker J, Larsson U., Petersson D, Forsell J., Schiller A.-L,. Alderborn A,. Berg, L. M. Parallel DNA template preparation using a vacuum filtration sample transfer device. BioTechniques 34:862–868 (2003).

Edwards K. J., Mogg R. Plant genotyping by analysis of single nucleotide polymorphisms. In: Plant Genotyping: The DNA Fingerprinting of Plants. Ed. H. R. J. Wallingford. CABI Publishing (2001).

Eis, P. S., Olson, M. C., Takova, T., Curtis, M. L., Olson, S. M., Vener, T. I., Ip, H. S., Vedvik, K. L., Bartholomay, C. T., Allawi, H. T., Ma, W.-P., Hall, J. G., Morin, M. D., Rushmore, T. H., Lyamichev, V. I., Kwiatkowski, R. W. An invasive cleavage assay for direct quantitation of specific RNAs. Nat. Biotechnol. 19:673–676 (2001).

Fan, J. B., Oliphant, A., Shen, R., Kermani, B., Garcia, F., Gunderson, K. L., Hansen, M., Steemers, F., Butler, B. L., Deloukas, P., Chee, M. S. Highly parallel SNP genotyping. Cold Spring Harbor Symposium Biology 68: (2003).

Gabriel S. B., Schaffner, S. F., Nguyen H., Moore J. M., Roy J., Blumenstiel B., Higgins J., DeFelice M., Lochner A., Faggart M. The structure of haplotype blocks in the human genome. Science 296:2225–2229 (2002).

Germano J., Klein A. S. Species-specific nuclear and chloroplast single nucleotide polymorphisms to distinguish *Picea glauca, P. mariana* and *P. rubens*. Theor. Appl. Genet. 99:37–49 (1999).

Giordano M. et al., Identification by denaturing high-performance liquid chromatography of numerous polymorphisms in a candidate region for multiple sclerosis susceptibility. Genomics 56:247–253 (1999).

Goldstein D. B. Islands of linkage disequilibrium. Nature Genet. 29:109–111 (2001).

Goldstein D. B. and Weale M. E. Population genomics: Linkage disequilibrium holds the key. Current Biology 11:R576 (2001).

Griffin, T. J., Smith L. M. Single nucleotide polymorphism analysis by MALDI-TOF mass spectrometry. Trends in Biotech. 18:77–84 (2000).

Green C. D., Simons J. F., Taillon B. E., Lewin D. A. Open systems: panoramic views of gene expression. J. Immunol. Methods 250:67–79 (2001).

Gruber, J. D., Colligan, P. B., Wolford, J. K. Estimation of single nucleotide polymorphism allele frequency in DNA pools using Pyrosequencing. Hum Genet. 110:395–401 (2002).

Halushka M. K. et al., Patterns of single nucleotide polymorphisms in candidate genes for blood-pressure homeostasis. Nat. Genet. 22:239–247 (1999).

Hartmer R., Storm N., Boecker S., Rodi C. P., Hillenkamp F., Jurinke C., van den Boom D.: RNase T1 mediated base-specific cleavage and MALDI-TOF MS for high-throughput comparative sequence analysis. Nucleic Acids Res. 31:e47 (2003).

Horton, R., Niblett D., Milne S., Palmer S., Tubby B., Trowsdale J., Beck S. Large-scale sequence comparisons reveal unusually high levels of variation in the HLA-DQB1 locus in the class II region of the human MHC. J. Mol. Biol. 282:71–97 (1998).

Inbar E, Yakir B, Darvasi A. An efficient haplotyping method with DNA pools. Nucleic Acids Res. 1;30(15):e76 (2002).

The International HapMap Consortium. The International HapMap Project. Nature 426: 789–796 (2003).

Jurinke C., Oeth P., Van Den Boom D.: MALDI-TOF mass spectrometry: a versatile tool for high-performance DNA analysis. Mol. Biotechnol. 26:147–164 (2004).

Kaiser, M. W., Lyamicheva, N., Ma, W.-P., Miller, C., Neri, B., Fors, L., Lyamichev, V. I. A comparison of eubacterial and archaeal structure-specific 5'-exonucleases. J. Biol.-Chem. 274:21387–21394 (1999).

Kozlowski, R. G., Donner, A. L., Roeven, R. SNP and transgene analysis directly from sample collection paper using the Invader DNA assay. In: Plant and Animal Genome Conference, San Diego, CA ,USA (2003).

Kruglyak L. and Nickerson D. A. Variation is the spice of life. Nature Genetics 27:234 (2001).

Kwiatkowski, R. W., Lyamichev, V., de Arruda, M., Neri, B. Clinical, genetic, and pharmacogenetic applications of the Invader assay. Mol. Diagn. 4:353–364 (1999).

Lefmann M., Honisch C., Bocker S., Storm N., von Wintzingerode F., Schlotelburg C., Moter A., van den Boom D., Gobel U. B.: A novel mass spectrometry based tool for genotypic dentification of mycobacteria. Journal of Clin. Microbiol. 42:339–346 (2004).

Lemieux B. Plant genotyping based on analysis of single nucleotide polymorphisms using microarrays. In: Plant Genotyping: The DNA Fingerprinting of Plants. Ed. H. R. J. Wallingford. CABI Publishing (2001).

Lyamichev, V., Brow, M. A.D., Dahlberg, J. E. Structure-specific endonucleolytic cleavage of nucleic acids by eubacterial DNA polymerases. Science 260:778–783 (1993).

Marth G. T., Korf I., Yandell M. D., Yeh R. T., Gu Z., Zakeri H., Stitziel N. O., Hillier L., Kwok P. Y., Gish W. R. A general approach to single nucleotide polymorphism discovery. Nature Genet. 23:452–456 (1999).

Michael K. L., Taylor L. C., Schultz S. L., Walt D. R. Randomly ordered addressable high-density optical sensor arrays. Anal. Chem. 70: 1242 (1998).

Mohlke K. L., Erdos M. R., Scott L. J., Fingerlin T. E., Jackson A. U., Silander K., Hollstein, P., Boehnke M., Collins F. S.: High-throughput screening for evidence of association by using mass spectrometry genotyping on DNA pools. Proc. Natl. Acad. Sci. USA 99:16928–16933 (2002).

Neve, B., Froguel, P., Corset, L., Vaillant, E., Vatin, V., Boutin, P., Rapid SNP allele frequency determination in genomic DNA pools by Pyrosequencing. BioTechniques 32:1138–1142 (2002).

Neville, M., Selzer, R., Aizenstein, B., Maguire, M., Hogan, K., Walton, R., Welsh, K., Neri, B., de Arruda, M. Characterization of cytochrome P450 2D6 alleles using the Invader system. BioTechniques 32:S34–S43 (2002).

Nickerson D. A., Tobe V. O., Taylor S. L. PolyPhred: automating the detection and genotyping of single nucleotide substitutions using fluorescence-based resequencing. Nucl. Acids Res. 25:2745–2751 (1997).

Nordfors, L., Jansson, M., Sandberg, G., Lavebratt, C., Sengul, S., Schalling, M., Arner, P., Large-scale genotyping of single nucleotide polymorphisms by Pyrosequencing and validation against the 5'nuclease (TaqMan®) assay. Human Mutation 19:395–401 (2002).

Odeberg J, Holmberg K, Eriksson P, Uhlén M. Molecular haplotyping by Pyrosequencing. BioTechniques 33:1104–1108 (2002).

Pettersson M, Bylund M, Alderborn A. Molecular haplotype determination using allele-specific PCR and Pyrosequencing technology. Genomics 82:390–396 (2003).

Picoult-Newberg L., Ideker R., Pohl M., Taylor S., Addelston M. B., Nickerson D. A., Boyce-Jacino M. Mining single nucleotide polymorphisms (SNPs) from expressed sequence tag (EST) databases. Genome Res. 9:167–174 (1999).

Rafalski A. Applications of single nucleotide polymorphisms in crop genetics. Curr. Opinion Plant Biol. 5:94–100 (2002).

Rickert, A., Premstaller, A., Gemhardt, C., Oefner, P. J. Genotyping of SNPs in a polyploid genome by Pyrosequencing. BioTechniques 32:592–603 (2002).

Rodi C. P., Darnhofer-Patel B., Stanssens P., Zabeau M., van den Boom D.: A strategy for the rapid discovery of disease markers using the MassARRAY system. BioTechniques Suppl: 62–66, 68–69 (2002).

Ronaghi M. Improved performance of Pyrosequencing using single-stranded DNA-binding protein. Anal Biochem. 286:282–288 (2000).

Ronaghi, M. Pyrosequencing sheds light on DNA sequencing. Genome Res. 11: 3-1-1 (2001).

Ronaghi, M., Uhlen, M., Nyrén, P. A sequencing method based on real-time pyrophosphate. Science 281:363–365 (1998).

Ross P., Hall L., Haff L. A. Quantitative approach to single-nucleotide polymorphism analysis using MALDI-TOF mass spectrometry. BioTechniques 29:620–626,628–629 (2000).

Sachidanandam R., Weissmann D., Schmidt S. C., Kakol J. M., Stein L. D., Marth G., Sherry S., Mullikin J. C., Mortimore B. J., Wiiley D. L. A map of human genome sequence variation containing 1.42 million single nucleotide polymorphisms. Nature 409:928–933 (2001).

Stanssens M., Zabeau M., Meersseman G., Remes G., Gansemans Y., Storm N., Hartmer R., Honisch C., Rodi C. P., Bocker S., et al: High-throughput discovery of genomic sequence polymorphisms. Genome Res 14:126–133 (2004).

Wang D. G., et al., Large-scale identification, mapping and genotyping of single nucleotide polymorphisms in the human genome. Science 280:1077–1082 (1998).

Wasson, J., Skolnick, G., Love-Gregory, L., Permutt, M. A. Assessing allele frequencies of single nucleotide polymorphisms in DNA pools by Pyrosequencing Technology. BioTechniques 32:1144–1152 (2002).

Werner M., Sych M., Herbon N., Illig T., Konig I. R., Wjst M.: Large-scale determination of SNP allele frequencies in DNA pools using MALDI-TOF mass spectrometry. Hum. Mutat. 20:57–64 (2002).

Chapter 5

分子设计育种:通过标记辅助选择开发遗传图谱和分子标记

摘　要

在过去的 80 年里,我们已经知道遗传标记、连锁图谱和间接选择在植物育种中的潜在价值。但是直到 20 世纪 80 年代 DNA 标记技术出现,在产生了大量的、足够多的环境非敏感遗传标记后,才可以方便地追踪重要农业性状的遗传。从那时起,DNA 标记技术极大地增加了作物遗传育种的有效性。在过去的十年里,很多育种公司在不同程度上已经开始利用这些分子标记,增加了育种工作中选择的有效性,并且显著地缩短了新品种的开发时间。当今世界,自动化技术的发展催生了新标记辅助育种的新方法,称之为:“设计育种”。如果应用基因组学的发展和大规模标记数据库的完善将会给我们提供可能的工具,以决定所有农艺重要性状的遗传基础。当前,已开发出了能够对重要农艺性状位点等位变异的评估方法。结合这些知识将最终使育种家能够在可控条件下,在控制农艺重要性状的所有遗传位点聚合优异的等位基因,培育出更加优良的品种。观念的不断更新和分子方法的应用,为开发合理与精准的育种目标提供了前所未有的机会,这方面当前的障碍只是如何将有关重要农艺性状位点的图位知识与等位变异之间协调一致,如何建立易于检测的分子标记,并能够按此结果设计出优良品种。根据各种作物产生的时间,控制标记辅助选择的方法,在未来的 5～10 年里应该能够克服这些问题,开发出优良品种。

5.1　引　言

植物育种的目的就是使植物的生长和生产能够适应人类生产和生活的需求,这可以追溯到一万年前,人类对作物的驯化,例如在谷类作物和豆类上的驯化[1]。人类在自然群体里第一次人工选择是阻止种子在成熟期脱落,由此对禾谷类作物穗的非易裂特性进行了选择,长期驯化的结果使得今天的种子类作物必须依赖人类的干预,才能完成作物的繁殖。

在孟德尔遗传规律被重新发现之后,现代植物育种的方法学在针对期望的重组结果,可以通过直接的杂交、筛选的过程得到,由此作物的产量和品质也有了大幅与稳定的增加。作物育种学的进展完全依赖于可以利用的遗传变异。原则上,现代植物育种家们的任务就是充分利用遗传变异。在传统育种工作流程中,育种群体的遗传变异仅仅根据作物的表型表现来评价(和选择),虽然这个过程被证明是非常有效的[2],但如果能有直接在基因型水平进行选择的方法,将应能够大大增加育种工作的效率。这是因为环境因素会影响表型的测定,使得一个个体真实的遗传潜力常以有偏差的非真实结果呈现。而在以基因型为基础的选择前提是首先应该很好的掌握不同基因型之间的相关值,或者最好能够预测这些相关值。

在发现 DNA 分子是作为遗传和传递给后代信息的载体之后[3],接下来的 27 年里,分子标记(RFLP)得到了首次描述,并开发出利用它构建遗传图谱的用途[4]。实际上,各个个体的基因型是可以被描述的,理论上应用这个信息也具有可行性。植物上证实这个可行性的首个分子技术,是 RFLP 技术。1989 年已由 Tanksley et al. 在这方面给了很好的综述[5]。此后,很快地发展了以 PCR 扩增为基础的分子标记技术,如 RAPD[6] 和 AFLP[7],这些技术在适宜的耗费水平下,应用在了植物育种的标记辅助选择中。自从那时,对分子标记检测和筛选方法学的开发就成为了一个挑战,分子标记检测和筛选的方法的要求是,应该有效和经济适用地将基因型的等级与表型表现之间的连锁关系可重复地鉴定出来[8]。在最近的十几年,这个挑战的主要焦点是集中在关键基因的研究上。

下面两部分主要总结了我们在若干标记辅助选择项目的工作实践中产生的知识和经验。关于“设计育种”(5.4 节)这节提供了我们采用的最优技术与方法的最新版本,我们工作的最终目标是要在植物上最大限度地利用遗传变异。而据我们观察,基因型对表型在不同阶段的影响是可以在植物育种中应用分子标记区分出来。

5.2 标记辅助选择

DNA 分子标记是一种可以信赖的选择工具,因为 DNA 分子标记是稳定的,不受环境条件影响,并且检测结果在一个有经验的实验室里是相对容易被评估的。与表型检测比较,DNA 标记在加速品种开发时间方面也具有极大的优势。表现在以下几个方面:

1.增加可靠性:表型测定结果容易受到诸多因素影响,如环境、性状的遗传性、涉及基因的数目以及它们各自影响效果的大小,还有这些遗传位点的相互作用方式等等。因此,根据表型而测定的误差显著较在DNA标记基础上进行的基因型分析的误差大。

2.有效性提高:DNA分子标记能够在幼苗阶段被识别。对于选择一些仅仅在发育后期表达的性状,如花、果实和种子特性等,早期就进行选择的优势将表现的更加突出。通过在幼苗阶段筛选可以节约大量的时间和空间。

3.花费减少:由于在选择表型时涉及许多性状,期间的耗费要远大于PCR检测。如在高通量筛选时,典型的PCR检测一个个体所需的材料和费用不超过2欧元。相比较,一株番茄或辣椒如生长在需要人工辅助加热的温室中,将需要耗费20欧元。如果每种植物在种植之前都经过PCR检测,然后再决定是否继续繁殖,由此筛出不需要繁殖的后代,就可以大大节约费用。

在决定使用DNA分子标记辅助选择方法时,工作的目标和相关成本是需要明确的。育种项目主持人在尝试运用这种新的方法前,一定要对DNA分子标记辅助育种方法进行多方面的尽可详尽的了解。尽量不采用有争议的技术,不利用没任何意义的标记,而且至少应该了解各项标记的意义和采用原则。

就像在田间评价非常复杂的性状一样,对于遗传性低的数量性状,用DNA分子标记进行非定向选择是行之有效的方法。很显然,标记辅助选择检测的发展是针对需要大量进行复杂的和花费较大的性状检测。但是,如果一旦具有了决定目标性状的评价参数的知识,就能建立起来一个很好的实验设计,并能很方便的应用标记辅助选择工具,在很大程度上,减少此后再进行繁重和困难的表型检测。

在分子标记辅助选择中,DNA分子标记最直接的应用包括遗传距离分析、品种鉴定、特殊基因紧密连锁标记的鉴定、标记辅助回交。这些方法的应用在下面章节中将会做详尽的讨论。

5.2.1 遗传距离分析、品种鉴定以及种子纯度分析

DNA标记进行基因型鉴定是在株系和品种鉴定中最可靠方法。因此,DNA指纹方法能够被用于种子纯度的分析。遗传距离分析也为育种家们鉴定不同杂交组合提供了一个强有力的工具,同时增加了发现优良杂交组合的效率。为了确定株系和株系组群之间的遗传距离,每一个株系都要进行标记和指纹分析,并将分析结果列表,在此基础上,计算所有株系组合的相似系数,随后株系之间的相关性能够通过系统树图或系统进化聚类分析图(PCA)表示出来(图5-1)。

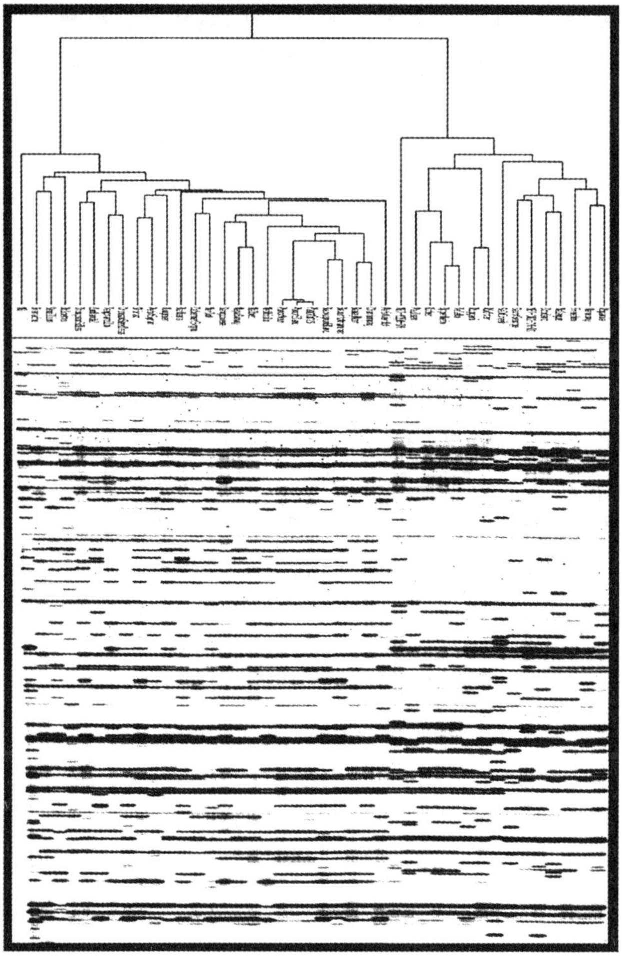

图 5-1 一组葡萄品种和根砧木的 AFLP 指纹图(下)和树状图(上)的结合。以 AFLP 指纹图数据为基础,所有品种的遗传关系都通过树状图决定和显示。其次,所有品种的指纹图根据树状图的顺序进行重排列。

5.2.2 间接选择

在植物育种中间接选择可能是一种非常有效的选择方法,尤其是对于那些表型检测是不可信的和花费昂贵的性状,分子标记可能是最佳的选择。在应用间接选择之前,应该了解目标性状的遗传基础,确定目标基因连锁的标记。下面将介绍确定连锁标记的方法。在许多物种上针对多个性状,AFLP 标记技术已用在了与关键基因连锁的标记鉴定中。一旦确定了连锁标记,AFLP 标记能够转变为简单的 PCR 检测,这样对于在大量植株中筛选目标性状就可用耗费较低的方法了。一个适合的连锁 DNA 分子标记应该可以在大范围的材料中进行表型的预测。在实际育种过程中为了保证所利用标记的可靠性,确定的标记必须典型地定位在距目标性状遗传位点 1～2 cM 内。对于某个目标性状，在育种材料中存在的多个等位基因，通常将使在整个育种的材料中，用于预测表型的单一标记。为了克服这种障碍，可以采用“位点单倍型”的方法（这种方法将在 5.3.5 中介绍）。

5.2.2.1 单基因性状

为了确定与单基因连锁的标记，可以采用不同的方法。用的较多的方法都是用相对多的标记，筛选有限数量的样本。通过这种方式，不用大量的工作，就能筛选到很多位点。如果培育的有目标基因的近等基因系，需要指纹分析的样本数目就可以通过筛选若干组近等基因系决定。在这种方法中候选标记的确定是通过筛选一组具有典型表型特征的育种材料来确定它们之间的连锁，并且决定这些标记在所用育种材料中的预测基因型时的价值。

鉴定连锁标记一个强有力的方法组成了分群分析法（BSA）[9]。为了这种类型的筛选，来源于不同分离群体的个体在它们表型表现的基础上被分成不同组，然后各个组分别进行指纹图谱分析，直到发现有足够多数目的标记。这种方法能够被用在显性和隐性的单基因性状中。对于显性基因来说，*cis* 标记（与目标性状连锁）将会筛选到；但是对于隐性基因来说，要用 *trans* 标记（与相对位点的等位基因连锁）来确定。

对于寡基因控制的性状，这种 BSA 方法在确定与此连锁的标记上也是可用的。其中的例子是用 AFLP 标记来筛选一个西红柿抗病基因，证明这个方法的实用性。针对包含在抗性中的隐性基因，BSA 筛选可产生 *trans* 标记。当从群体中确定个体的 *trans* 标记时，约有 75％个体抗病性能够被预测，而由于重组事件，还有 25％个体的鉴定不能被解释。这个结果说明：对完全抗性，一个额外的（显性的）基因是需要的。通过重新构建剩余 25％个体植物群组，这个额外的涉及抗性的位点也可能被确定。

5.2.2.2 多基因（数量）性状

传统方法鉴定多基因控制的复杂性状位点，是用一组均等分布于整个基因组的标记，筛选分离群体中的大量个体。接下来再应用统计学分析影响这个性状遗传的位点在基因组的哪个区域。这种烦琐费事的方法对通过筛选非常大的群体，以精确定位数量性状位点（QTL）是无法实行的。这样，QTL 就不能被精确定位到图谱上，而且也没有连锁非常紧密的标记，所以对数量性状要防止大范围的应用间接选择。

为了增加与 QTL 连锁的标记数量，可以采用建立在 BSA 原理基础上的新方法。如针对芥子油苷、芥子酸含量两个数量性状，采用一个大约有 2 500 个分离个体的油菜 F_2 群体，在表型鉴定打分的基础上，进行大片段分组，然后用 AFLP 指纹图谱技术，在这些大片段组里，筛选到大约有 2 000 个位点。用在大片段筛选中确定的后选标记，再在 F_2 群体中随机挑选 200 个体进一步分析。用 BSA 筛选方法确定的后选标记的筛选最后证明，芥子油苷含量受 3 个不同位点控制，而有 2 个

QTLs 位点包含在芥子酸含量控制位点中。这个结果后来也被两个独立的研究证明,上述两种物质的遗传调控位点确实与上述确定的位点是在相同的位置[10,11]。这个结果说明,BSA 策略也可用在确定数量性状位点的标记上。

为了有效地提高寡基因遗传图谱中的间隔精度,我们已经提出了一个新的方法叫做反向 QTL 作图(RQM)[12,13]。这种方法能够在非常窄的遗传间隔内,进行精确的 QTL 作图,原理是依靠仅选择那些在 QTL 的图位上产生有信息的植物进行表型和基因型分析。第一步,对一个分离群体(如 200 个 F_2 群体)中的一部分进行传统 QTL 分析,鉴定目标性状的主效 QTL,接下来用主效 QTL 两侧的标记筛选整个群体(如 2 000 个 F_2 群体),以确定 QTL 的近等重组体(QNIRs):即在一个 QTL 区域带有一个重组的植物,而在其他的 QTL 区域产生的是相同的纯合基因型。然后用丰富的标记,对这些 QNIRs 在有重组的 QTL 区域进行基因型分析,以对发生的重组事件进行精确作图。通过种植子代或者 QNIRs 的无性繁殖,就能得到这些植物的高度精密的表型分析数据。通过对比这些 QNIRs 的表型数据(平均的)的分析,将能够在小于一个厘摩的间隔中精确定位 QTL 基因(图 5-2,彩图 5-2)。

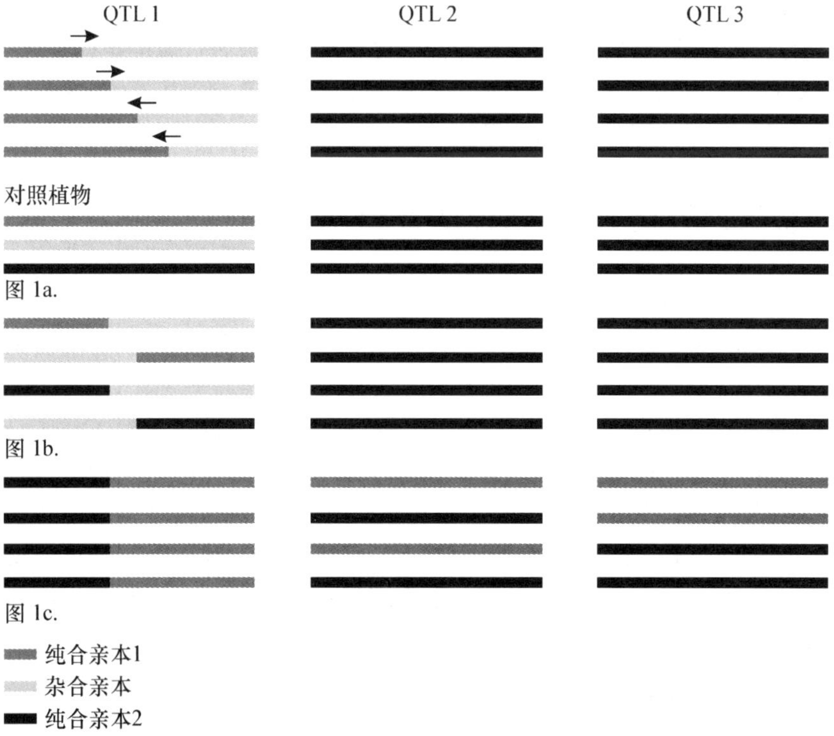

图 5-2 反向 QTL 作图的原理证实了 F_2 群体中三个 QTL 的分离。(a)单一 QTL 近等基因重组个体(QNIR)植物间隔 QTL1 的逐步减弱。基因的位置取决于与相对于对照植物值的重组体的表现型值。(b)针对一个单一 QNIR 组可以发现在 QTL1 存在不同类型的重组体。针对 QTL1 这样的重组体在其他类型纯合体,如在 QTL2 和 QTL3 也存在。(c)同样方式,在 QTL2 和 QTL3 也存在 QNIR 组。

RQM 原理的表明，用来自前述的相同 F_2 群体的 1 000 个个体的亚组群，能够使芥子酸含量遗传位点 QTL 作图的精度达到小于 1 个厘摩的间隔。

在我们实验室 RQM 方法目前已在多个寡基因性状分析上得到了成功应用。相对与其他方法，对于寡基因控制性状的精细作图，RQM 也是花费最少的方法。由于可以获得高分辨率的图谱，所以将会大大推动 QTLs 的图位克隆。

5.2.2.3 分子标记辅助回交

由于使用 DNA 分子标记，使成本降低，分子标记辅助回交（MABC）在现代植物育种中，已经成为一项重要的应用技术。在分子标记辅助回交中，具有两个不同的方面：

1. 选择含有高轮回亲本基因组成分。在这项应用中，每一个回交后代个体都用 DNA 指纹来计算轮回亲本基因组所占的百分比含量，因为标记代表了基因组成分。遗传图谱通过回交（BC）子代获得，可以明确选择具有需要供体片段位置和数目的回交子代。

2. 无连锁拖带选择。当需要渗入转移的目标性状与负性状特征连锁时，分子标记可以用于筛选在目标性状位点周围基因组区域的重组。在这些重组体的表型被测定后，就可以选择到去除了与目标性状位点有连锁拖带区域的个体了。

MABC 已经被成功的应用在许多作物，如：通过应用 MABC，为玉米恢复轮回亲本基因组而进行的回交世代，已经被成功的从 8 代减少到 3 代。

5.3 新品种的培育（标记辅助育种）

在育种过程中，应用 DNA 分子标记，不仅只是改善品质和减少选育新品种的耗费，而且还能够创建更多的价值。通过以创新方式应用分子标记，一些新的性状能够被利用，而这些性状在应用传统育种方法时是不可能得到利用，或者是非常困难才能得到利用。所以育种工作中如果有系统完整的标记作为选育工作工具的一部分，采用标记选育品种就能够显著增强育种家或育种公司的竞争优势。特别是有些育种目标通过传统育种方法是无法实现的，在新品种开发过程中的几乎所有阶段，分子标记都可以在一些范围内使用，这里并不需要增添新的设备和硬件技术，而是需要育种家的想象力和思想。下面就提供一些事例来证明开创性的应用标记方法育种较传统育种具有更加显著的优点。

5.3.1 排除不利连锁

在 1995 年左右，关键基因进入分子标记辅助育种方法中，由此开发出对蚜虫 *Nasonovia ribisnigri* 具有抗性的新生菜品种[15]。蚜虫在欧洲和加利福尼亚地区是一个很大的问题，影响作物生长并导致减产，而且还蔓延病毒病。通过反复回交，从野生型亲缘种 *Lactuca virosa* 上渗入蚜虫抗性基因。但是经过很多轮的回交后,后代生菜的品质却非常差,表现出叶色发黄,而且产量大大降低。分析原因发现,一者可能是抗性基因的多表型效应所产生,二者也可能是所谓的连锁拖带的结果,即负效应性状特征与目标基因正效应性状特征紧密连锁。标记分析的最终结果也表明,回交后代的品质变差确实是由连锁拖带引起。上面这个情况,由于连锁拖带是隐性,只在纯合时能够观察到表型,就给仅进行表型观察的重组选择带来很大困难,所以决定用回交片段两翼的 DNA 标记对回交片段附近的重组的个体进行早选择。用这种方法在 1 000 多株的 F_2 群体中筛选,选择得到在这个基因附近产生了重组或双重组的 100 个个体,而其中只有那些在 F_3 代不仅具有抗性,又没有负性状特征表现的植株才需要进行表型分析。这种方法的目标是要选择一个最终在目标基因两侧都非常接近区域发生了重组事件的个体,从而能够除去连锁拖带的区域。结果表明,连锁拖带(包括隐性的)是定位在抗性基因两侧,而且与目标基因紧密连锁,而如果通过传统的选择方法是很难完成上述目标(图 5-3)。

5.3.2 抗性基因的积累

使用分子标记创造新品种的另一个例子是抗病基因的金字塔式积累。这种方法通过延长新品种的寿命来提高经济效益。

这种方法已用在珍珠粟中回交转移霜霉病抗性[16]。在这项研究中,有限的几个 RFLP 分子标记已经被用作分子标记辅助选择,来提高一个常用杂交品种的两个亲本的抗性。尽管这种方法工作量很大,而且在指定代中群体的局限性,依然取得了良好的进展,而且项目只用了 4 年时间,就完成了田间评估。

抗性基因倾向成簇排列,不同抗性基因的目标等位基因可呈串联状排列,以有差异的序列形式存在。在这种情况,极为重要的是要准确地精细定位不同基因的一个又一个的等位基因。这个目标用 DNA 标记非常容易完成,而且接着还可用连锁的标记来选择很少发生的重组,以将串联排列中的等位基因按需要聚合在一起。

5.3.3 多基因性状的分子标记辅助育种

在育种过程中追溯控制复杂性状的所有基因是非常困难的工作,即使可以开展,也面临巨大的挑战。根据我们的经验,当用一套表型选择的方法,替代分子标记辅助选择时,我们已观察到一些小的 QTL 的丢失,而如果一些分子标记选择方法,能够明显防止这种小 QTL 的丢失。

尽管是基于一些过于简单化的过程,模拟研究的一些结果还是提供了一些有益的参考结果,如对分子育种项目中的群体大小,重复数的最优设置,以及试验区数量的最优的选择等方面[17]。在这些模拟研究中,对于低遗传力的 QTL 性状,标记辅助选择方法也仍然是有效的。

当在分析整个基因组中丰富的分散分布的呈连续性变异性状时,DNA 分子标

图 5-3 标记辅助选择育种培育新品种举例

记也可以分析表现出连续性表型变异性状的遗传基础。如果作图群体足够大，通过使用致密的遗传图谱，在性状值上基因组分离区域的贡献能够被估测。农艺重要性状如营养品质，产量，开花时间和持久抗性，都表现出复杂的、多基因遗传类型，并且多个基因对性状值的贡献只有很小的效应。然而，从各种作物上获得证据的各类株系表明即使很复杂的性状也表现出只由一些主要因子控制[18~21]。

我们由此怀疑的是,这样的复杂分析简单化在对控制这些性状的遗传位点作图时,能否提供一个重要的通向成功的钥匙。目前有以下几种简化的方式:

1. 简化表型:把复杂表型分成它分离的遗传成分。例如产量这样一个非常重要表型是由一系列的性状特征组分所决定的,如根的大小、植株大小,果实数目,果实的大小以及果实的成分含量等。给这些分离成分性状基因作图,使我们能更好理解复杂性状的遗传基础,提高了成功作图的机会。

2. 简化作图:通过产生近等基因系(NILs)或者使用诸多基因渗入株系[22,23]的技术或者 RQM[12,13]来分离 QTL 的效应,以确保更精确地对 QTL 效应进行评估,使 QTL 的作图更加精确和精细。如果要开展标记辅助选择利用 QTL,QTL 的精细作图是一个最基本的步骤。

上述方法对于揭示重要农业性状的复杂性是具有显著的帮助的,针对这些复杂性状长期工作,如果利用分子标记辅助选择将会获得最大的利益。

5.3.4 新性状的引入

为了引入新的来自野生资源材料中由多基因控制的性状,在高代回交育种过程中应用了新方法。这种方法包括从不适应的资源材料中向优良的选育株系中同时发现和转移重要 QTL[24]。高代回交育种策略延迟了 QTL 的作图,至到 BC2 和 BC3 代才进行 QTL 作图。在 BC2 和 BC3 代的群体时,为了使供体的不需要的等位基因片段在回交后代最小化进行负向选择。关注 BC2 和 BC3 群体的优势在于他们一方面对确定 QTL 提供了充分的统计证据,而且另一方面在一个较短的时间跨度里(1～2 年里),针对 QTL 近等基因系(QTL-NILs),对轮回亲本也提供了充分的相似性去选择。通过应用 QTL-NILs,已发现的 QTLs 能够被验证,而且 NILs 也可直接用作改良品种,或者在杂交作物中作为亲本品种。

高代回交的方法已经成功地被用作鉴定对番茄果实的大小、形状、颜色和坚实度以及可溶性固体内含物含量和总体产量等有贡献的 QTL 标记。在这个基础上,QTL 标记的联系可在一代回交后代中得到鉴定,并且可直接应用在 6 个月后的后续的回交代中[25]。

5.3.5 (外源)种质资源的有效利用

由于利用野生种质资源具有复杂性、长期性和不可预测的缺点,特别是在作物品质性状是为重要市场标准的情况下,育种家在育种工作中,习惯上都不喜欢用野生种质资源。其实这是一种缺憾,因为大部分作物栽培用的资源材料代表的仅是这个物种资源丰富的多样特性中的其中一小部分。Tanksley 和他的同事们已很分明地发现番茄目标栽培性状有野生亲缘种基因的贡献,而这些基因一般在这些栽培种中是不存在的[19,26]。现在,分子标记辅助回交已能够使育种家们精确地回交渗入野生或外源中只含有对应目标片段的一小部分,这样就给育种家提供了一个工具，以有效地利用种质资源库中的丰富遗传资源。

以 DNA 分子标记为基础的多样性分析，能在基因库(gene banks)找寻到一些主要基因组成核心库，这个核心库就能对育种工作者提供一个用户友好的进入点，以到达大容量拥有不同材料的种质资源库。在荷兰使用 AFLP 标记已经实施了一个关于整个生菜 CNG 基因库的大规模遗传距离分析。分析涉及了 6 800 个样本，并且在这项研究种中产生了超过 1 350 000 个数据的数据库[27]。

这种类型的分析也极大地帮助了在基因型选择中，拓宽育种群体的遗传基础，以及为培育 F_1 杂交品种，开发异源群体。

通过应用与目标基因紧密连锁的标记，能够进行育种资源材料的相应差异序列株系的位点单倍型分析，以鉴定那些在目标位点产生不同等位基因的样本。它也能够通过鉴定出在单一位点产生不同等位基因的株系和相应差异序列株系，这样这个位点在功能表现上就能够得到进一步的详细评估，使育种工作者能够有效地鉴定新的性状，或者确定已存在性状的更好的更新代，以能够更快地将这些性状渗入转移到选育株系中。这个方法不仅有效地利用了种质资源，也省去了不必要的对所有的相应差异序列株系进行表型鉴定的繁重工作。

5.4 设计育种

上面的例子显示，标记的应用不但可以改善已有选育品种方法的选择过程，而且还可以帮助创制在重要农艺性状具有新特征的新品种。这些能力的拓展，对所有农艺重要性状遗传基础和这些性状位点的所有等位变异的认识，应该能使育种工作者用似于电子定位的规模方法设计出优良的基因型。我们由此称这个概念为“设计育种”。这个目标可以通过下面三步方法来实现。

5.4.1 对所有农艺相关性状的位点作图

为了阐明重要农艺性状的遗传基础，需要这些性状均有分离的作图群体。对相关于一个作物育种的所有性状进行作图，我们强烈推荐使用渗入系(IL)文库。一个渗入系文库是由一系列株系组成，每个株系都含有纯合的供体片段，而且这个片段是经渗入导入具有完全一致栽培习性的材料中的(见[23]综述)(图 5-4，彩图 5-4)。

下面列出了 IL 文库相对于其他作图方法的优点。

1. IL 文库由纯合的“可永久存在的”株系组成，因此能够重复地进行表型分析归类，用于同时对许多性状进行作图。

2. IL 文库包含同质的遗传背景，仅仅存在一个经渗入的供体片段部分不同。这样来自供体亲本的上位效应就被排除了。

3. QTLs 被分解成几个分离的单一遗传成分，这增加了检测表型特征的可靠性。

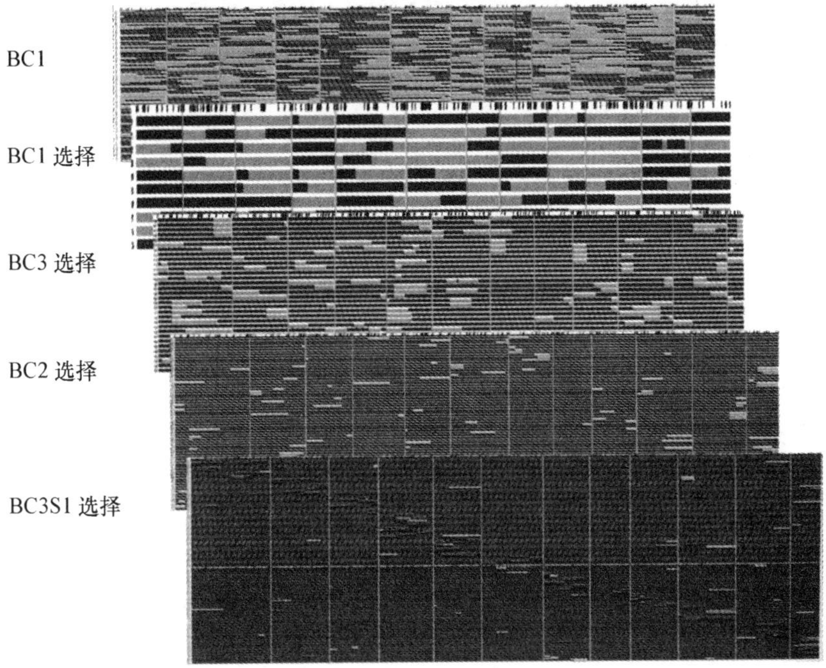

图 5-4 通过标记辅助回交育种构建番茄 IL 文库举例(图中 12 条染色体各被一条灰线分开)。每一个水平柱状图表示一个个体(BC1 的选择效果最好)。红色显示纯合轮回亲本片段,蓝色表示纯合供体片段。绿色代表杂合片段。上面的黑色柱表示通过适合的渗入系得到的相对标记位置。Zamir 广泛地回顾了 IL 文库的构建和使用。

4. IL 文库中所含的目标 QTLs 能够通过回交渗入的方法回交到各种株系中,以便分析相互作用的效应。

5. 虽然对 IL 文库的分辨率有依赖(如,平均回交渗入片段的大小),但很明显 QTLs 是可以在比传统 QTL 作图中更小的间隔中作图的。

6. IL 文库对作图位点的精细作图和产生改良的育种株系提供了最佳的起始材料。

7. IL 文库使用的再一个优点是经常能够在栽培作物的种质资源中发现具有正向效应的,新的"外源"等位基因。

为了研究基因间的相互作用(遗传上位作用),需要构建彼此相反的 IL 文库,这种情况即是用 A 株系回交到 B 株系构建 IL 文库,再相反地,用 B 株系回交到 A 株系构建文库。通过这样做,由 A×B 文库中相互作用位点介导所产生的,原来不能被检测到的表型,就能够在 B×A 文库中作为敲出表型而别测定到。结果,个体渗入系之间,产生相互作用等位基因之一的每一个杂交,能够被用来进行相互作用程度的分析[28]。

为了对杂种优势有贡献的位点进行作图,IL 文库需要与一个测试的亲本杂交。如此创建一个 F_1 代的 IL 文库，在这个文库中，每一个渗入片段都呈现一种杂合状态。然后 F_1 代 IL 文库进行表型分析，以检测有具体某一渗入片段引起的杂种优势（图 5-3）。在过去的 5 年里，在许多不同作物中这种 IL 文库的构建已经取得了相当的进展[23]。为了寻求对所有重要农艺性状位点作图，IL 文库提供了一个强有力的工具。

为了用使用染色体单倍型分析法（见下面内容），鉴定每一个目标位点的等位变异，确定目标位点的精确位置是最基本的要求。IL 文库也为这种目的提供了优良的起始材料：含有一个目标位点的每一个株系都能够回交到轮回亲本（而且，如果有必要，也可以自交），由此产生一个大的分离群体，通过运用回交片段两侧翼的标记，这个群体可用于鉴定回交区段内的重组子。这些重组子的表型分析将能够进行高分辨率的位点作图。

另一个强有力的精细作图的方法，由模式植物丰富的序列信息结合快速发展的基因功能知识来提供，这种知识结合了商业物种并利用基因共线性将两个物种连锁起来。由此开启了发展候选基因作图方法和分子标记的可能性[29,30]。据我们观察候选基因的方法在精细作图或已有 IL 文库粗略作图的位点克隆方面提供一条捷径。

另一个可选择的但还不是很有效的作图方法对目标位点精细作图，是通过连锁不平衡（LD）作图。LD 作图依靠表型和定位在性状位点附近的中性多态性之间的关联来实现[31]。在大范围的种质资源对于目标性状的分子标记预测值，基本是由性状的遗传方式，分子标记和性状遗传位点之间的重组距离以及标记的突变率来决定。基于单一标记的检测已被在同一染色体（单倍型）的连锁分子标记的等位基因能够被用来预测含有若干株系的一组株系的表型特征值。对比于单一标记，多个标记的单倍型有很丰富的信息量。所以，用单倍型增加了预测的能力。应用 AFLP 标记鉴定和预测农艺重要性状遗传位点的不同等位基因，我们已在不同作物上成功地应用了这个方法。

图 5-5 显示了一个假定基因的三个等位变异的例子。在由亲本株系 G1 和 G2 产生的一个分离群体中鉴定了三个紧密连锁的 SNP 标记。但是一旦连锁标记用在一个种质资源材料组中（G1-G6），由于 SNPs 的独立来源，这种不同标记之间（或者是大多数标记之间）的关联就非常典型地消失了。这个例子中，由三个 SNPs 构成的单倍型要求能够鉴别三个不同的等位基因。

由于在复杂性状（精细）作图和等位变异体[32,33]（见第 4 章）的筛选中，单倍型呈现的有效性的结果，使得基于单倍型的 SNPs 分析成为当前集中研究的焦点。因为这个方法的复杂性，以及相关方面的不确定性，我们更推荐用“标签 LD 作图”。一旦知道了一个位点的大致位置，用在这个位点区域的标记或者单倍型（图 5-5，彩图 5-5）就能够进行 LD 作图，由此标记或单倍型的鉴定与调查的表型以及目标位点的精细作图都表现出极强的关联[20]。

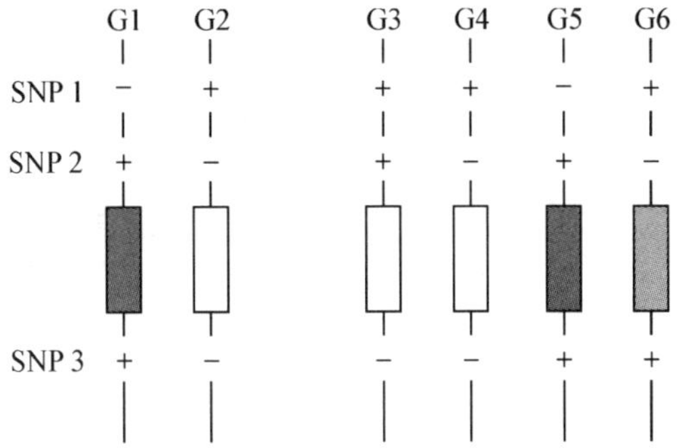

图 5-5 单倍型的预测值。G1 和 G2 代表分离群体的亲本。G3-G6 代表资源株系。三个等位基因是不同的:橙色,白色和绿色。为了说明原因,三个 SNP 标记的基因型用+/一号标记。白色的等位基因显示了两个不同的单倍型,而橙色和红色则与唯一单倍型对应。

5.4.2 对相关于农艺性状的位点上的等位基因的变异评价

虽然在揭示复杂性状的遗传基础中,不同群体结构存在不同的策略,但是这将仍然不可能来预测由那些种质资源中基因产生的表型。这是由于在种质资源的这些位点上存在着等位变异。典型地在分离群体(F_2,BC,RIL,DH,IL library)中,每个位点只有两个等位基因正在分离。对含有期望表型的基因作图将只能够在同一群体内预测这个表型,或者在这个位点由同一等位基因正在分离的群体内预测这个表型。为了获得更广泛的预测能力,在目标位点能够区分所有等位基因,并且将表型值划归到不同的等位基因中是极其重要的。

正如上面所提及的,基因作图和等位变异能够同时进行的潜在捷径可能通过采用单个标记进行 LD 作图来实现[31]。但是在目标位点对等位变异进行评估的更好的方法是采用单倍型。通过在一个候选位点采用一套紧密连锁的标记,在原理上所有标记的综合评分是能够区分所有不同的,在这个位点产生的有一系列相应差异序列株系的等位基因(图 5-5),如生菜,在抗病表型和来源于最大量抗性基因簇的标记单倍型之间被发现有高度相关性[34]。

沿用这项技术到整个基因组,可产生完整染色体的单倍型(图 5-6,彩图 5-6)。如果能够应用高度饱和的标记,这些染色体单倍型就能够确定整个基因组中任何位置的等位变异。在有了农艺重要性状基因的精细图谱后,如通过 IL 文库结合目标 IL 作图,这些染色体单倍型就能够用来评估这些位点的等位变异。

一旦在目标位点确定了等位变异,最根本地是要将各个表型值归类到不同等位基因中。为了达到这个目的,在目标位点产生的不同等位基因的自交系就需要全面地逐一表型分析。对于多基因控制性状,可对那些株系,既为了进行表型分析,在不同位点产生有不同等位基因组合的株系进行早选择。当前我们正在开发能够在株系上把这些数据与表型数据相结合的算法,以确定每个等位基因对表型的贡献值。

图 5-6 一组玉米株系中玉米一条染色体的单倍型。水平线代表了一组株系的相同染色体。标记符号(单倍型)相同的延伸用同一颜色显示。盒状图表明目标基因组的位置。

在我们看来,位点作图,如用结合采用表型分析株系染色体单倍性分析的等位基因评估的简单作图群体,能提供最有效的技术路线,去最优利用一个物种的种质资源。

5.4.3 设计育种

最后,掌握所有目标农艺性状位点的图位知识,以及这些位点上的等位变异,他们对表型的贡献等知识,将使育种工作者能够设计出在所有位点都组合有最需要等位基因的优良基因型。因为所有重要位点都被精确作图,所以就能够用两侧翼的标记准确选择重组事件,以比较一个又一个不同等位基因的组合效应(图 5-7,彩图 5-7)。软件工具将能够确定,通过株系间杂交产生的那些各种各样基因型的最优路线,并用标记去选择那些最终结合了所有等位基因的各个重组个体。因为这是一个精确的确定过程,可以省去表型选择。只是最终获得的优良品种还必须经过田间鉴定过程。

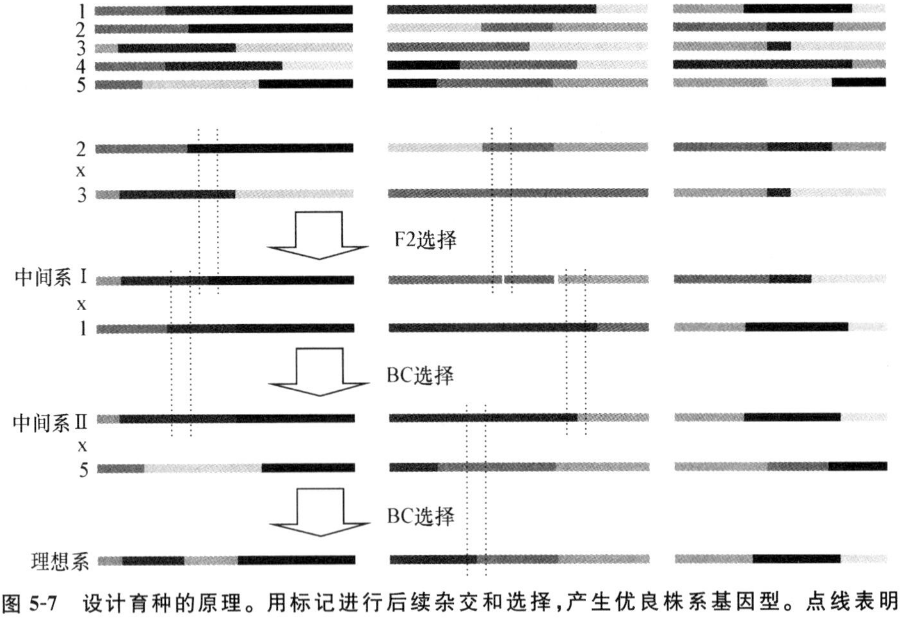

图 5-7 设计育种的原理。用标记进行后续杂交和选择,产生优良株系基因型。点线表明了用来选择期望重组体的标记位置。

上面描述的方法包含许多先决条件需要进一步讨论。首先,必须要有高度饱和的标记图谱才能够产生高分辨率的染色体单倍型。最好是每个LD的窗口都需要一些标记,以保证可靠的高分辨率染色体单倍型。显然,LD的程度强烈地依赖于因子的数目,这些因子包括作物种类,选择的种质资源,目标基因组区域等[31]。就用水稻基因组作为例子,假定水稻中一个LD窗口的平均大小是100 kb,而水稻基因组是450 Mb,这就意味着在一组自交系株系中,10 000～20 000个作图标记需要被鉴定打分。拥有当前可用的自动化工具,这是一个可行的工作。尤其是当用一个多重PCR标记系统时,如AFLP[7,35],这里每个PCR都要产生20～100标记,这种工作量,对于经过很好培训的研究人员,具有很好设备和工作条件,要完成这项工作,合理的时间也需要一年。AFLP标记的高分辨率作图也可以采用物理作图策略来完成,如用HAPPY作图,或者放射性杂交作图[36],以及应用BAC分组策略[37]。

其次,上述方法都需要在作图群体和各个用于染色体单倍型分析和等位基因评估的自交系,对它们的所有农艺性状进行广泛的表型分析。而且,对所有杂种优势所包含的位点进行作图,也需要对来自经过选择的单倍型株系组合之间杂交种进行表型分析,决定成功的最重要因素,是表型分析的精确性。把表型解剖成各个组分,能够帮助客观地鉴定表型,如一个复杂的性状,如口感,就能够被解析为糖,酸和挥发性香料分子等,这些是能够通过生物化学分析设备(如气象色谱仪等)进行分别鉴定。针对所有农艺重要性状扩展这个方法是需要很好的组织技能和巨大努力。在我们看来,表型分析是最关键的,也是完成设计育种目标最具挑战的因子。

5.4.4 设计育种的前景

设计育种包含了技术工具综合与互补的应用,以及当前能用于开发优良品种的材料。在这个过程中,产生了丰富的知识,这些使得育种工作者在未来能够组配更合理和精细的育种策略。技术上新的发展和统计方法的应用已经可以实施这个策略了。最优的利用自然界的遗传资源能够产生无法超越的可能性,来创制新的性状和作物的生产能力。按我们的观点,在需要较少投资和没有公众接受问题的条件下,设计育种将会达到像遗传改良(GMO)策略一样高的作物生产潜力。

致 谢

The authors gratefully acknowledge Dr. Maarten Koornneef (Wageningen University and Research Center), Dr. Jonathan Crouch (ICRISAT), and Dr. Tom Gerats (University of Nijmegen) for their contributions and discussions during the development of this paper. The AFLP technology is covered by patents and/or pa tent applications of Keygene N. V.; AFLP is a registered trademark of Keygene N. V. A trademark registration for Breeding by Design has been filed by Keygene N. V. Figures 5.4–5.7, as well as parts of the section on Breeding by Design by Johan Peleman and Jeroen Rouppe van der Voort, published in TRENDS in Plant Science, Vol. 8, No. 7, pp. 301–352, have been reprinted with permission from Elsevier.

参考文献

[1] Lev-Yadun, S., A. Gopher, and S. Abbo (2000) "The cradle of agriculture." Science 288:1602–1603.

[2] Dekkers, J.C.M. and F. Hospital (2002) "The use of molecular genetics in the improvement of agricultural populations." Nat. Rev. Genetics 3:22–32.

[3] Watson J. and F. Crick (1953) "A structure for Deoxyribose Nucleic Acid." Nature 4356:737–738.

[4] Botstein, D., R. L. White, M. Skonick, and R.W. Davis (1980) "Construction of a genetic linkage map in man using restriction length polymorphisms". Am J. Hum. Genet. 32:314–331.

[5] Tanksley, S.D, N. D. Young, A. H. Paterson, and M.W. Bonierblade (1989) "RFLP mapping in plant breeding: New tools for an old science." BIO/Technology 7:257–264.

[6] Williams, J., A. Kubelik, K. Livak, J. Rafalski, and S. Tingey (1990) "DNA polymorphisms amplified by arbitrary primers are useful as genetic markers." Nucleic Acids Research 18:6531–6535.

[7] Vos, P., R. Hogers, M. Bleeker, M. Reijans, T. Van der Lee, M. Hornes, A. Frijters, J. Pot, J. Peleman, M. Kuiper, and M. Zabeau (1995) "AFLP, a new technique for DNA fingerprinting." Nucleic Acids Research 23:4407–4414.

[8] Young, N. D. (1995) "A cautiously optimistic vision for marker assisted breeding." Molecular breeding 5:505–510.

[9] Michelmore, R.W., I. Paran, and R.V. Kesseli (1991) "Identification of markers linked to disease-resistance genes by bulked segregant analysis: A rapid method to detect markers in specific genomic regions by using segregating populations." Proc. Natl. Acad. Sci. 88:9828–9832.

[10] Toroser, D., C.E. Thormann, T.C. Osborn, and R. Mithen (1995) "RFLP mapping of quantitative trait loci controlling seed aliphatic-glucosinolate content in oilseed rape (*Brassica napus L.*)." Theor. Appl. Genet. 91:802–808.

[11] Jourdren, C., P. Barret, R. Horvais, N. Foisset, R. Delourme, and M. Renard (1996) "Identification of RAPD markers linked to the loci controlling erucic acid level in rapeseed." Molecular Breeding 2: 61–71.

[12] Wye, C., J., Rouppe van der Voort, and J. Peleman (2000) Poster # 538, Plant & Animal Genome Conference VIII, San Diego.

[13] Peleman, J.; C. Wye, J. Zethof, and J. Rouppe van der Voort: in preparation.

[14] Frisch, M., M. Bohn, and A. E. Melchinger (1999) "Comparison of selection strategies for marker-assisted backcrossing of a gene." Crop Sci. 39:1295–301.

[15] Jansen, J. P. (1996) Aphid resistance in composites. International application published under the patent cooperation treaty (PCT) No. WO 97/46080.

[16] Witcombe, J. R., and C.T. Hash (2000) "Resistance gene deployment strategies in cereal hybrids using maker-assisted selection: gene pyramiding, three-way hybrids and synthetic parent populations." Euphytica 112:175–186.

[17] Moreau, L., S. Lemarie, A. Charcosset, and A. Gallais (2000) "Economic efficiency on one cycle of marker-assisted selection." Crop Science 40:329–337.

[18] Young, N. (1996) "QTL mapping and quantitative disease resistance in plants." Rev. Ann. Phytopathol 34:479–501.

[19] Frary, A., T. Clint Nesbitt, S. Grandillo, E. Van der Knaap, B. Cong, J. Liu, J. Meller, R. Elber, K.B. Alpert, and S.D. Tanksley (2000) "A quanititative trait locus key to the evolution of tomato fruit size." Science 289:85–88.

[20] Thornsberry, J.M., M.M. Goodman, J. Doebley, S. Kresovich, D. Nielsen, and E.S. Buckler (2001) "Dwarf8 polymorphisms associate with variation in flowering." Nat. Genet. 28:286–289.

[21] Rouppe van der Voort, J., E. Van der Vossen, E. Bakker, H. Overmars, P. Van Zandvoort, R. Hutten, R. Klein Lankhorst, and J. Bakker (2000) "Two additive QTLs conferring broad-spectrum resistance in potato to *Globodera pallida* are localized on resistance gene clusters." Theor. Appl. Genet. 101:1122–1130.

[22] Eshed, Y., and D. Zamir (1995) "An introgression line population of *Lycopersicon*

pennellii in the cultivated tomato enables the identification and fine mapping of yield-associated QTL." Genetics 141:1147–1162.

[23] Zamir, D. (2001) "Improving plant breeding with exotic genetic libraries." Nature Reviews Genetics 2:983–989.

[24] Tanksley, S. D., and J. C. Nelson (1996) "Advanced backcross QTL analysis: a method for the simultaneous discovery and transfer of valuable QTLs from unadapted germplasm into elite breeding lines." Theor. Appl. Genet. 92:191–203.

[25] Tanksley, S. D., S. Grandillo, T. M. Fulton, D. Zamir, Y. Eshed, V. Petiard, J. Lopez, and T. Beck-Bunn (1996) "Advanced backcross QTL analysis in a cross between an elite processing line of tomato and its wild relative *L. pimpinellifolium*." Theor. Appl. Genet. 92:213–224.

[26] Tanksley, S. D. and S. R. McCouch (1997) "Seed banks and molecular maps: unlocking genetic potential from the wild." Science 277:1063–1066.

[27] Van Hintum, Th. J.L., H. Verbakel, I. W. Boukema, E. C. De Groot, and J. Peleman, submitted.

[28] Eshed, Y. and D. Zamir (1996) "Less than additive epistatic interactions of QTL in tomato." Genetics 143:1807.

[29] Fulton, T. M., R. Van der Hoeven, N. T. Eannetta, and S. D. Tanksley (2002) "Identification, analysis, and utilization of conserved ortholog set markers for comparative genomics in higher plants." The Plant Cell 14:1457–1467.

[30] Oh, K., K. Hardeman, M. G. Ivanchenko, M. Ellard-Ivey, A. Nebenfuhr, T. J. White, and T. L. Lomax (2002) "Fine mapping in tomato using microsynteny with Arabidopsis genome: the Diageotropica (Dgt) locus." Genome Biology 3 (9):0049.I–0049.II.

[31] Weir, S. (1996) "Genetic data analysis II." Genetic Data Analysis Sinauer.

[32] Johnson, G. C.L., L. Esposito, B. J. Barratt, and A. N. Smith, (2001) "Haplotype tagging for the identification of common disease genes." Nat. Genet. 29:233–237.

[33] Cardon, L. R. and G. R. Abecasis (2003) "Using haplotype blocks to map human complex trait loci." Trends Genet. 19:135–140.

[34] Sicard, D., S. S. Woo, R. Arroyo-Garcia, O. Ochoa, D. Nguyen, A. Korol, E. Nevo, and R. Michelmore (1999) "Molecular diversity at the major cluster of disease resistance genes in cultivated and wild *Lactuca* spp." Theor. Appl. Genet. 99:405–418.

[35] Zabeau, M., and P. Vos (1993) Selective restriction fragment amplification: a general method for DNA fingerprinting, European Patent 0 534 858.

[36] Waugh, R., P. H. Dear, W. Powell, and G. C. Machray (2002) "Physical education - new technologies for mapping plant genomes." Trends Plant Sci. 7:521–3.

37 Klein, P. E., R. R. Klein, S. W. Cartinhour, P. E. Ulanch, J. Dong, J. A. Obert, D. T. Morishige, S. D. Schlueter, K. L. Childs, M. Ale, and J. E. Mullet (2000) "A high-throughput AFLP-based method for constructing integrated genetic and physical maps: progress toward a sorghum genome map." Genome Res. 10 (6):789–807.

第二部分

物理作图

Chapter 6

植物染色体的物理作图

6.1 引　言

所有生物都含有 DNA，在高等生物如植物中，DNA 是以染色体的形式存在。随着遗传学研究向着基因组学和蛋白质组学发展，基因间如何进行线性排列，DNA 序列如何组装为染色体，以及不同生物体间的 DNA 序列有何相似与不同的研究显得越来越重要。遗传重组曾用来确定遗传图谱的连锁组中，基因顺序和分子标记的位置，这也就是人们理解的遗传距离（通常用厘摩来表示，主要反应的是遗传标记间的重组频率），而遗传图谱中的遗传距离并没有反映出标记之间有多少碱基的物理距离。物理作图是在依据物理距离作的染色体图谱上确定各遗传因子的位序。物理图谱对我们了解基因组是如何被调控，以及基因组的进化具有越来越重要的作用。物理图谱不仅能确定标记与着丝粒和端粒的相对位置，还能确定染色体上发生的插入、缺失以及移位等。利用物理距离技术可以区分杂交生物中不同物种的染色体片段。随着各种生物基因组测序的加速进行，物理图谱可用来确定测序结果，以及开展已测序基因组和未测序基因组之间比较研究，即比较基因组学研究。

这一章讨论的物理作图，主要是在植物系统中的一些工作。我们首先讨论经典的物理作图方法，接着讨论更加现代的分子物理作图技术，然后我们探讨进行物理作图的原因，分析在物理作图可以在哪些基因组学领域应用。最后我们简要讨论随着更多基因组测序完成物理作图今后的研究方向。

6.2 经典物理作图技术

6.2.1 玉米染色体节状物作图

玉米染色体节状物异染色质代表了一种独特的可用来进行物理图谱分析的染色质结构。染色体节状物染色质在 1929 年首先被 McClintock 发现。她写道“在最小染色体 1/4 处存在一些染色很深的节状物，这些节状物在后来的细胞分裂前期变得更为显著。这种类型的节状物在其他染色体上也存在但并不显著，他们的精确位置还有待于进一步研究”。1930 年，McClintock 用靠染色体端部的节状物对玉米的染色体移位进行作图。节状物可用来区分玉米的 10 条染色体和作为标记确定遗传距离(Mohammed and Shoeib 1965)。节状物的数目、大小、形状和分布在玉米的每个品系中不同，同时这些特性可稳定遗传，因此可用这些性状来区分不同的玉米品种(Chughtai and Steffensen 1987)。此外还观察到在一些细胞学上重要的特征，在特定条件下这些节状物染色体会发生染色质丢失；越大的节状物，节状物染色体的侧翼越易丢失，然而没有节状物的染色体是稳定的(Rhoades and Dempsey 1973)。

节状物还被用来研究玉米的进化，在玉米及其相关物种在驯化和进化过程中节状物被认为起着非常重要的作用。从玉米种植地分离的玉米品系，被认为具有研究起源的价值，如被命名为 Guatemala 和 Mexico 有最多数目的节状物，而在此起源地较远的一些区域，玉米染色体的节状物数目则相对较少(Longley 1952; Moll et al. 1972)。节状物异染色质的大部分包括一个 180 bp 的重复序列；一个 27 bp的区域在玉米及其近缘种墨西哥类蜀黍和摩擦禾属中保守的区域(Chughtai and Steffensen 1987)。此外，在节状物异染色质中还发现一种 350 bp 的 TR-1 重复序列。逆转录转座子的插入可破坏这些串联排列的重复序列，而且有假设认为节状物可能是一种复合大型转座子(Ananiev et al. 1998)。尽管玉米节状物作图可能过时了，会被已经发展起来的分子图谱和其他物理作图技术所取代，但节状物异染色质在细胞分裂和玉米遗传学中的应用，将会被进一步研究。而且在比较遗传学和包括玉米及其近缘种的进化研究中，在未来会起巨大作用。

6.2.2 缺失体/非整倍体/替换系作图

缺失体图谱已在细菌中用来分析基因的突变和确定基因结构。有很多方法来检测和定位基因缺失，包括反向突变缺失的观察、假显性、隐性致死以及染色体准备中缺失环的出现等。在人体上，缺体可用来寻找隐性致癌基因，这种基因在纯合缺体中是不被激活的。在植物中，缺体用于给小麦染色体图谱中排列顺序。

细胞遗传学图谱和以 DNA 为基础的图谱能够通过非整倍体和替换系彼此相联系(Young 2002)。非整倍体指的是生物增加和减少正常的染色体数目。这种染色体数目的变化可以是一条染色体的非常小的一部分(如端体)，或者也可以是多于一条染色体的变化(如缺体-四体染色体)。四倍体和六倍体的小麦非整倍体系已被用来确定基因在染色体的位置，定位基因与着丝粒之间的距离以及鉴定染色体的部分同源性(Joppa 1987)。用一个遗传图谱上已定位的克隆与来自非整倍体的，经酶切后的 DNA 杂交的放射性自显影结果，产生的条带缺失(缺体染色体)或信号的改变，说明这个克隆在染色体的定位(Young 2000)。玉米和燕麦的单体株系以及西红柿的三体株系是应用非整倍体对特定染色体物理定位遗传标记的三个最好的例子(Young1987;Rooney et al. 1994)。这项技术最主要的缺陷就是非整倍体的育性,因为仅有几个物种能够很好地忍耐非整倍体性,所以保持这样的遗传株系很困难。不过非整倍体作图还是广泛地用于植物物理图谱的构建上。一般来说,植物要比动物更能忍耐非整倍体性。

替换系作图类似于缺体图谱,不过替换系图谱用的是在减数分裂过程中产生的重组而不是缺失(Paterson et al. 1990)。在替换系作图中,一个物种的株系替换系指的是这个物种的染色体或染色体臂被另一物种的部分同源染色体片段所取代(Young 2000)。传统上,遗传工程在广泛用于将基因转入植株之前,在植物上替换系常用于培育具有目标性状的品种,如抗病性。最近,这些替换系已用于对遗传标记的物理作图,确定目标基因和 QTL 附近的片段限制长度多态性(RFLP)标记,鉴定携带有 RFLP 的不同染色体片段,而且将这些被鉴定染色体片段拼接的重叠区可由图谱中的遗传标记精确确定(Paterson 1990)。替换系的 DNA 用限制性内切酶酶切后转到膜上与 DNA 克隆杂交,由此有杂交信号的克隆位点对应的在替换系上显示出不同的酶切指纹图谱(RFLP),将这个图谱与其他替换系比较,也确定了这个克隆在替换系的位置(Young 2000;Sharp et al. 1989)。替换系作图的分辨率取决于已有遗传标记的分辨率,因为遗传标记的数目和彼此之间的间隔决定了染色体片段之间,用于确定拼接的重叠区的长度和位置(Paterson 1990)。替换系作图的成功事例是在番茄上, Paterson 等人(1990)利用替代系把番茄的连锁图谱的间隔从 20 cM 缩短到 3 cM,从而可更精确的定位目标 QTLs。

非整倍体、替换系和缺失体代表了三种比较经典的物理作图技术,将这些技术用在植物系统的细胞遗传领域中验证从分子作图项目中的结果。将遗传图谱和物理图谱建立相关,正变为植物作图的关键,特别是随着越来越多的实验室对比较基因组学感兴趣,这种相关研究就显得更加重要。这些技术最大的缺点是分离大量细胞遗传株系很困难,而且由于育性和染色体鉴定的问题,在所有植物种类上并不能都开发出这些细胞遗传株系。

6.2.3 果蝇的多线染色体

多线染色体代表了一种遗传学家进行最早使用的工具来进行染色体的物理作图。果蝇唾腺上首次发现的多线染色体由一个染色体多次复制,而复制产物没有形成多条染色单体所组成的,而由此产生的复制产物仍然呈线形对应排列,成为一束,形成非常有特点的染色体带纹类型,而且在这些区域呈粗大形态。这些染色体的特点带纹是染色体作图的最好的标记,果蝇多线染色体图谱在 20 世纪 30 年代就已逐渐发展起来(Rublin and Lewis 2000)。多线染色体也用在观察染色体的突变发生,如缺失突变。在缺失突变的杂合体的多线染色体上,能观察到染色体呈现膨大的环的构象,也方便了在这个缺失区域的基因和标记的作图。多线染色体特别适合于像 FISH 等物理作图技术,在这些技术中相比于杂交背景,杂交信号非常清晰，在染色体横面上杂交条带的分明清晰线状图像，就像在 FISH 中有丝分裂相中正常观察到的小点一样。

在植物中，多线染色体的利用与昆虫相比具有一些不同。由于染色体浓缩的改变，染色体的带型也没有像果蝇里开发那样好，但是在有些植物中，如菜豆中（http://www.ba.cnr.it/Beanref/polytene.htm），多线染色体还没有用于广泛用于植物染色体的物理作图，主要是由于在植物染色体中得到像果蝇多线染色体一样的带纹还比较困难，而且相比于其他的应用方法，其分辨率也较低。

6.2.4 染色体带型分析

针对单条染色体带型分析类型能够提供染色体的特征指纹图谱，因此分析经用不同染料进行染色体染色后，染色体纵向出现不同的带型，可以对单条染色体或染色体片段进行鉴定，这也是一种经典的染色体鉴定方法。有许多染色体带型分析技术，大多是用在动物研究系统，下面将要介绍这些用于染色体的物理作图的染色体带型分析技术。其中一些也用于植物研究上，但他们在用于植物时需要做一些修订，然而很少能在植物染色体上得到像在动物染色体上一样的分辨率。

C 带是植物上广泛用于物理作图的一种技术。它首先是在动物染色体中应用的（Hsu 1973）。C 型带染的是着丝粒区域和其他组成型的（C）异染色质区域（Knight 2003）。DNA 首先在碱性条件下变性导致 DNA 脱嘌呤化然后 DNA 再复性（Sengbusch 2002）。DNA 复性的程度和所需要的时间表示了染色体上重复度的指数（Sharma and Sharma 1999）。漂洗之后染色体可被 Giemsa 溶液染色，这种染液主要结合在 DNA 重复的区域或异染色质区域，这就是所谓的 C 带。DAPI/偏端霉素，可用来标记一组 C 带的某些区域，确定着丝粒周围断裂点和确定用标准的显带技术太小的染色体（Knight 2003）。C 带已广泛地用在小麦等作物的物理作图中，C 带在小麦的不同品种中具有多态性，因此可在小麦全长染色体的臂上提供细胞学标记。这些带可与遗传标记相结合去构建细胞遗传图谱（Jiang abd Gill 1993）。黑麦重复 DNA 序列的研究显示这些 DNA 序列是一些 480 bp 大小的片段家族主要定位在所有黑麦七对染色体的端粒。后来的研究表明在黑麦中这些重复序列定位在所对应的大多数 C 带所在的区域，表明在植物中异染色质带与重复序列关系紧密（Jiang abd Gill 1993）。

N 带是另一种 Giemsa 染色的方法。C 带染所有异染色质而 N 型带仅仅染多聚嘧啶的序列（Gill 1987）。由于包含（GAA）*m*（GAG）*n* 卫星 DNA 的染色体被染色区域出现的带型，在同一物种的不同差异序列株系的基因组中是保守的（Zoller et al 2001）。N 带型可用来在核仁中区分染色体显示 C 带的着丝粒位点的异染色质区域（Sharma and Sharma 1999）。因为 N 带染色的仅选择在染异染色质上的一部分，在染色体鉴定上 N 带不像 C 带普遍使用，但是 N 带的快速和重现性好，并具有很好的带型分辨率。经改良的 C 带方法可产生 N 带，而改良的 N 带方法也可以产生C带。实际上，N带和C带可用于同一染色体样品中去反映异染色质的异质性(评述，Gill 1987)。

Q带由Caspersson在1971年首先提出。在这项技术中染色体用荧光奎纳克林芥菜染料溶液染色，去确定特殊的染色体和结构重排。大多数染色的DNA是异染色质(Knight 2003)。虽然染料结合在富含DNA的AT和GC区域，但是只在DNA富含AT的区域显示荧光，因这些区域在异染色质中比在常染色质中更加常见(Sengbusch 2002)。

R(反向)带技术是用来寻找染色体端粒中发生的缺失或移位。染色体首先温育在热的磷酸缓冲液中然后用Giemsa染料染色，结果产生黑色的R带或灰色的G带。当染色体在热的缓冲液中变性时，富含AT的区域容易被变性而富含GC的区域仍处于复性中，结果R带着色(Knight 2003)。R带的产生相反与Q带和G带(Sharma and Sharma 1999)。

Hy带型只在植物细胞中被报道应用过，它不像前面描述的几种方法那样应用广泛。在这种技术中，细胞首先用热的盐酸处理然后用洋红进行染色。DNA上结合的蛋白影响染料的结合性能(Sengbusch 2002)。

在植物中，带型分析杂交种中减数分裂时的染色体配对，可显示染色体的异常配对，这是在用传统染色技术无法检测到的，染色体显带也用在植物育种中，检测细胞遗传库的质量，鉴定种间杂交，附加系，替换系和移位系(Gill 1987)。根据物理作图，带型分析常用来确定基因与在染色体上细胞遗传标记的关系(Gill 1987)。

染色体带型技术还可与原位杂交结合起来去确定特定DNA序列在染色体上的位置。在植物中Hutchinson和Seal在1983年首先用同位素原位杂交技术接着结合C带技术确定了一个重复DNA序列在黑麦染色体上的位置(Jiang and Gill 1994c)。在这项技术中C带的分辨率是比较低的，在植物上近10年来，这项技术的应用就没有再报道。当初Jiang和Gill(1993，1994a，1994b)利用修改的N带结合原位技术在小麦中确定了重复DNA序列，以及小麦中基因组间移位染色体的断裂点(Jiang and Gill 1994c)。

最近，Zoller等人开发了一种称之为比较基因组学原位杂交技术的荧光带型技术(cGISH)。将拟南芥基因组DNA用生物素或地高辛进行标记，然后与不同植物的染色体进行杂交，就会发现一些物种特异的带型。这种带型依赖于杂交条件，和相对于拟南芥重复DNA的保守度和组成结构。这些基因组的探针可检测到含有rDNA，端粒和卫星DNA序列区域的信号。在这些保守区域检测到的信号产生的带型，在检测中对每条染色体都有足够的特异性。在黑麦中cGISH产生的带型可对应上C带的一部分条带和N带的大多数条带。这项技术还在染色体上原来没有分子标记的地方产生条带，可作为作图中的新标记。Zoller等人(2001)评论说这项技术在植物更适用，但C带还不是很成功。

6.3 分子的物理作图技术

6.3.1 CHEF 凝胶作图

在作一个基因组的物理图谱时通常需要在琼脂糖胶上将基因组分成 100 kb 或更大的片段。然而标准的凝胶电泳技术仅能分开大约 40 kb 的片段(Sambrook and Russell 2001)。幸运的是脉冲电泳(PFGE)可克服这个困难(Schwatz et al. 1982),脉冲电泳能分离大到 5 Mb 的片段。在脉冲电泳中电泳的方向每隔 0.1～1 000 s 和更长时间就改变一次,使得 DNA 重新定向。小片段比大片段方向改变的迅速更易于随着电场的方向改变,从而可根据片段大小分开(Sambrook and Russell 2001;Carle and Olson 1984;Chu et al. 1986;Smith et al. 1987)。

在物理图谱的构建过程中有很多过程需用 CHEF 胶。当大的 DNA 片段如说 BAC 克隆,用稀有酶切位点的限制性内切酶酶切后,CHEF 胶电泳可帮助确定在物理图谱构建时插到高容量载体中片段的大小。在 CHEF 胶上区分出片段大小的克隆,也可用来确定目标染色体区域插入和丢失片段的大小。CHEF 胶上的 DNA 可转到膜上做 Southern 杂交实验,以便经过和遗传图谱比较,如和 RFLP 图谱比较,可以给出两个分子标记之间估测的物理距离。Sadowski 和 Quiros(1998) 用 PFGE 的方法分析和确定了一个拟南芥基因复杂片段在甘蓝(*Brassica nigra*)基因组中染色体的位置,有力地证明了 PFGE 在构建物理图谱中的重要作用。

6.3.2 放射性杂交作图

放射性杂交作图是对染色体特定区段进行作图的一种工具。这项技术当前用在来对许多哺乳动物染色体片段作图,如马(Chowdhary et el. 2003),鼠(Rowe et al. 2003),犬(Guyon et al. 2003),以及人的染色体片段的图谱(Deloukas et al. 1998; http//www.ncbi.nih.gov.mapview/static/humansearch.html#Radiation-HybridMaps),现在这项技术也开始成为植物物理图谱构建的一种工具(Ananiev et al. 1997; Kynast et al. 2002)。

Cox 等人(1990)首先利用放射性杂交体细胞系进行染色体作图,构建了高分辨率的哺乳动物图谱。在这项技术中,用 X 射线打断目标染色体,使其成为小片段,但这些片段可在另一物种中被恢复。这些片段然后可用来分析是否含有具体的 DNA 某种标记,从而能确定染色体断裂的频率,以及两个分子标记间的遗传距离。一旦确定了标记间的距离,就能确定这些标记在染色体图上的座位顺序。这个方法类似于传统的减数分裂作图,减数分裂作图是利用同一染色体的两个拷贝间多态性来计算标记之间的重组频率(遗传距离)。重组体杂交作图的一个主要优点就是仅仅分析目标染色体的一个拷贝,所以 DNA 标记不需要具有多态性。

Ananiev 等人(1997)年首先在植物中,提出了一种修改的放射性杂交技术作为物理作图工具。已建立了在燕麦背景下除玉米 10 号染色体外的其他各条染色体的二体附加系,可利用单倍体燕麦背景下的 10 号玉米染色体。于是放射性就用来诱导玉米染色质移位进入到燕麦中,产生在燕麦背景下含有玉米染色体片段的放射性杂交株系,这样玉米基因组就被高度重排和重复。DNA 片段从原本背景下转移到外异背景,简化了重复序列的物理作图,也简化了基因家族在染色体上定位,使得可以对重复的基因组进行结构和功能分析(Kynast et al. 2002)。

应牢记放射性杂交作图是一种统计学方法,所以用这个方法得到的最好的图谱也不需要反应标记在染色体上的实际位置。最好这种方法与其他物理作图方法结合使用,如与 CHEF 胶分析相结合,可以验证放射性杂交获得的结果(Coe et al. 1990)。这个系统优于常规的细菌、酵母和噬菌体克隆系统的特点是所有外异染色体都来自一个已知染色体。

6.3.3 大片段插入克隆文库(YACs,BACs,考斯粒)

(这个主题将在第 8 章详细讨论)利用限制性内切酶酶切基因组 DNA,然后将这些片段连入高容量载体中,组成基因组文库,这些基因组文库已成为物理图谱构建中的主要组成成分。利用限制性内切酶酶切大片段插入克隆后,将这个片段与克隆文库片段进行杂交,对这些克隆的末端进行测序,利用计算机软件比对所得序列,由此可按克隆重叠部分排列这些克隆(毗连群)。这些毗连群被广泛地用在植物和动物的测序和物理图谱构建中。每种大片段插入载体都有其各自的优缺点,所以构建物理图谱时通常是将不同克隆类型相结合(Sambrook and Russell 2001),在这里主要讨论三种最常用的载体。选择使用哪种载体要考虑许多因素,包括插入片段的大小,筛选与保存维护文库的难易,恢复已克隆序列的能力和已克隆片段在被选择的载体中的稳定性等(Sambrook and Russell 2001)。

酵母人工染色体(YAC)是通过连接一个 YAC 载体两臂间的大基因组 DNA 片段获得的。这个载体和 DNA 片段然后转化到酵母中进行克隆繁殖。每个 YAC 载体的臂含有选择标记,和有着端粒、着丝粒片段和复制原点作用的 DNA 序列。YACs 在结构上设计为空载体与插入了片段的载体是容易区分开的。YACs 没有包装的限制,所以插入片段的大小主要由连接时使用的基因组 DNA 的质量所决定。一般来说 YAC 克隆包含的片段在 250～400 kb(Sambrook and Russell 2001)。

细菌人工染色体(BAC)载体包含一个抗生素抗性基因,一个来源于细菌 F 元件的复制子,一个在 DNA 复制时需要的 ATP 驱动的螺旋酶(*repE*),以及 *parA*, *parB*, *parC* 等位点用于保证低拷贝质粒准确分配到下一代。目标基因组 DNA 连到 BAC 克隆载体,然后转化 *E. coli*。BAC 载体用 α 互补去筛选含有插入的克隆。像 YACs 一样,BACs 载体也没有包装限制,插入的片段平均在 120～300 kb(Sambrook and Russell 2001)。

考斯粒是一种仍在使用的古老类型的高容量载体。它是含有 1～2 个拷贝的细菌噬菌体 λ DNA 区段的质粒，黏性末端(*cos*)位点，用于保证将病毒 DNA 包装进 λ 细菌噬菌体中。包含有一个 *cos* 序列的限制性片段在各自端部彼此连接，然后再酶切产生一个在端部序列是彼此互补的线状分子。然后将这些分子注射到寄主细菌细胞中，在细菌细胞中这些分子在互补的端部相互又连接，而产生环状的 DNA 分子。这些环状 DNA 分子包括一个大肠杆菌蛋白 E1 质粒复制子和一个选择标记。应用考斯粒的最大缺点是它插入的片段仅有 43～45 kb，而且与 BACs、YACs 比较，复杂的包装和转化步骤也很费事(Sambrook and Russell 2001)。

除了测序基因组以外，通过毗连群组装的物理作图，能够产生最高分辨率的物理图谱。但是毗连群的组装耗费很高，特别是对于像植物这种有着较大基因组的物种，同时这项工作也依靠于构建毗连群的 DNA 大片段插入的质量。在一些多倍体物种或基因组序列重复程度较高的物种，将克隆分类到毗连群中也有技术困难(Cheng et al. 2001)。虽然在植物作图中会采用高容量的质粒，但也应牢记这些克隆的质量必须要用 PFGE 和指纹图谱进行验证分析。毗连群中的克隆顺序也必须经过物理作图技术，如 FISH 来验证，以保证每个毗连群中这些克隆的顺序在染色体上位置的正确性。

6.3.4 荧光原位杂交

1969 年发展的原位杂交(ISH)技术(Gall and Pardue 1969;John et al. 1969)，首先被细胞遗传学家用于基因和 DNA 序列直接在染色体上的定位。在原位杂交中，变性的 DNA 探针与准备在显微载玻片上的变性染色体进行杂交。ISH 也用在植物染色体上，对染色体区段的序列定位，以确定重复序列在染色体上的位置和分布，开发分子核型，对多拷贝的基因家族如 rDNA 的定位。起先在原位杂交中用的是同位素探针，这种探针能检测单拷贝的 DNA 序列，但这种方法的分辨率有一定局限而且也比较耗时。随后发展了非同位素探针，如用生物素耦联的 dUTP 进行标记，这种方法提高了原位杂交技术的灵敏性和分辨率。也有人利用酶学检测方法，将抗体耦联酶报告分子如耦联辣根氧化酶来观察信号。酶检测方法的优点是检测信号不随时间消退，但是在一个给定实验中却只能观察到一种探针的结果(Jiang and Gell 1994c)。

荧光原位杂交(FISH)是将荧光色基耦联到抗体上去检测探针，克服了上述原位杂交的缺点。标记的探针可以有不同荧光色基的耦联，并可以同时在一张载玻片上检测，从而能利用荧光显微镜观察到每个不同颜色信号的探针。只是荧光色素会随时间消退，但是已经开发出了装片剂可以减少这种消退。多种颜色的 FISH 能够用在染色体上进行探针的物理定位，在具体的染色体上对探针定位(Jiang and Gell 1994c)。另外，荧光原位杂交还提高了分辨率，可以检测单拷贝和低拷贝序列在染色体上的位置(Peterson et al. 1999)。荧光原位杂交已用来定位细胞分裂中期染色体上 4 kb 左右的单拷贝 T-DNA 序列,研究矮牵牛中的重组 T-DNA 整合(Hoopen et al. 1996)。随着大片段插入克隆文库在物理图谱构建中的广泛使用,荧光原位杂交提供了一种有力的方法去确定这些克隆在染色体上的位置,以及验证他们在组装的毗连群中的位置,在遗传图谱上各 FISH 标记间的关系(图 6-1,彩图 6-1;Jiang et al. 1995)。

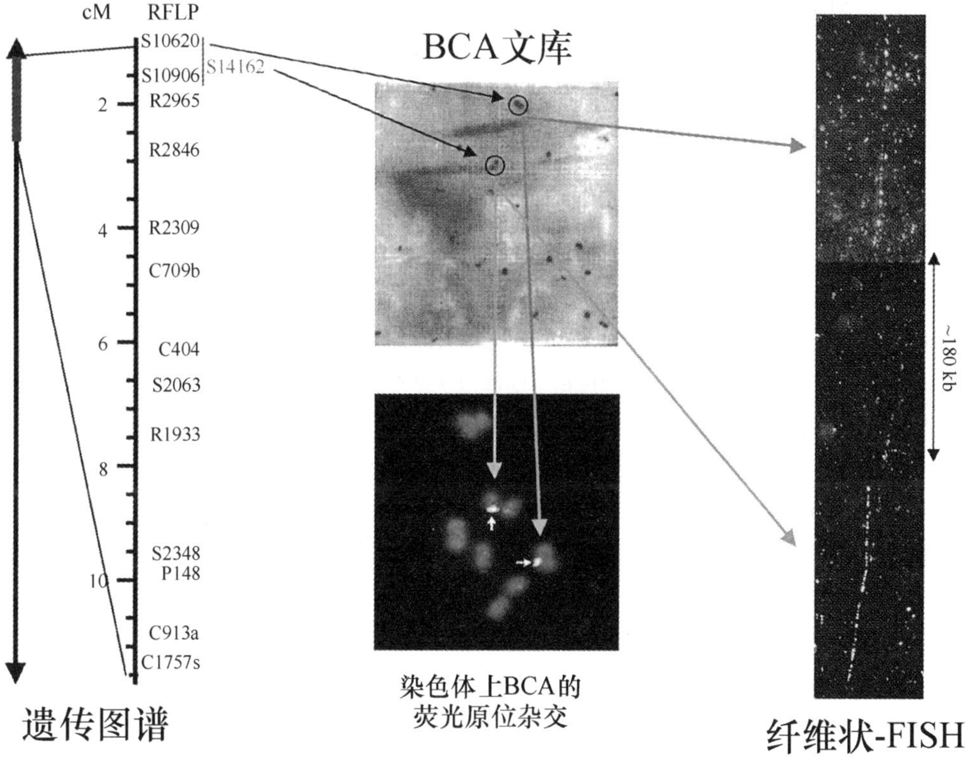

图 6-1 遗传图谱与物理图谱之间的相关性。遗传标记可以被用来筛选大片段构建的文库诸如 BCA 文库。筛选中被鉴定的克隆在 FISH 作图和纤维状-FISH 实验中用作探针来确定遗传标记的物理位点。

FISH 的修改与完善,使其用在了不同的物理作图研究中,基因组原位杂交方法(GISH)就是用基因组 DNA 作为探针的基于 FISH 的技术。GISH 是用在种间杂交后代的若干染色体中,估测外异染色质的数量,探测移位染色体的断裂点。这种方法还可用于分析种间杂交后代中,来自不同基因组的染色质的分布,监测部分同源染色体的配对情况,在异源多倍体中分析染色体结构(Jiang and Gell 1994c)。另一种 FISH 方法修正是染色体涂色,利用染色体特异的探针去标记染色体片段。这种方法曾在动物中广泛使用,现在刚刚开始在植物中应用染色体特异的重复作探针(Lysak et al. 2001)。

科学家不断的改进荧光原位杂交技术,提高这一技术的分辨率,使其能够用于更高精度的物理图谱中。其中的一种方法就是采用粗线期的染色体而不是细胞分裂中期的染色体。处于染色体粗线期的细胞分裂相时，染色体相对浓缩的程度低，这时染色体的长度较细胞分裂中期相染色体的长度要长 10 倍左右，这样将长的染色体更易与探针杂交(Peterson et al. 1999)。Cheng 等人(2001)能够用 BAC 克隆中的 FISH 在染色体粗线期产生水稻 10 号染色体的物理图谱，并将这个图谱和已有的遗传图谱相整合。利用高分辨率粗线期 FISH 的植物物理作图，优于遗传作图在这项研究中非常清楚地得到证明，如 Zhong et al.(1999)所报道的结果。在这项研究中，利用 FISH 定位番茄粗线期染色体抗线虫基因 *Mi-1*，由于这个基因与长臂上的一个遗传标记有紧密的遗传连锁(1 cm)，所以这个基因被认为是在 6 号染色体的长臂上，而 FISH 定位结果在这条染色体的短臂上，因为这个基因距这个在遗传图谱中如此紧密连锁的标记至少有 40 Mb 远。

目前 FISH 的最高分辨率已通过纤维状-荧光原位杂交技术(fiber-FISH)的开发来完成。代替荧光原位技术中采用的中期或粗线期的染色体 DNA，间期的核是裂解开放式的，染色体质纤维可被用盖玻片拖拉到一个玻璃片上。染色质丝大约可伸展到 3.0 kb/μm，这个长度相近于 2.9 kb/μm 的 Watson-Crick DNA 的长度估计(Fransz et al. 1996;Jackson et al. 1998)。纤维状-荧光原位杂交曾用来分析人体中多基因家族的物理作图(Nishio et al. 1996)，定性重复 DNA 序列(Shiels et al. 1997)，并确认这些重复序列的方向、重叠和用于产生物理图谱的 BAC 克隆的大小(Poulsen et al. 2001)。在植物中 Fransz 等人(1996)首先利用纤维状-荧光原位杂交技术验证了拟南芥中考斯粒的顺序，大小以及重叠部分。还检测了番茄中小重复序列的定位，检测精度达到 0.7 kb。纤维状-荧光原位杂交还用在拟南芥物理作图中确定分子毗连群图谱上间隔区域片段的大小(Jackson et al. 1998)。

最近分子生物学家还将荧光原位杂交作为比较基因组学研究的工具。染色体涂色和荧光原位杂交都已应用在人体细胞研究，以决定 DNA 序列的拷贝数目，特别是癌细胞系的 DNA 序列的拷贝数目(Kallioniemi et al. 1994)，以及人类和其他哺乳动物之间染色体内的染色体的重排，染色体共线性和染色体进化(Muller et al. 2000)。在植物中通过 PFGE 分析，接着用印迹和探针杂交，以及在相关物种用相同探针做 FISH，比较作图可以通过测序来自相关物种 DNA 的直线同源区域来完成。就像前面讨论的那样，纤维状-荧光原位杂交为物理图谱构建提供了一个分辨率很高的方法，现在这一方法已应用于拟南芥(Jackson et al. 2000)，水稻，玉米和大豆(Hass and Jackson，未发表数据)的比较基因组学研究中。

6.3.5 基因间隙作图

我们已经讨论了物理图谱如何来帮助克隆基因、基因测序和整个基因组测序。我们也给出事例，说明物理作图技术怎么应用的植物进化，以及去进行基因组之间的比较，这个领域也叫比较基因组学。物理作图也能够在全面分析基因结构。“基因间隔”是一个用在基因组成区域化的名词，在基因组中一个很窄的 GC 范围内，长的基因丰富的区被长的基因空白区域所分割开，这样就自然产生了这样的问题，即关于染色体的不同区域上述间隔是如何分布的(Barakat et al. 1997)。禾本科植物的基因空间检测显示，这个植物家族的基因空间一般分布在一个 0.8%～1.6% GC 比率的区域内，而且仅代表 12%～24%的基因组。基因间隔在禾本科植物外也有发现和研究，如豌豆，但是并不是在所有植物物种中都存在。基因间隔在下列物种就没有发现：拟南芥、番茄或海枣。基因间隔可能与基因组的大小，重复的丰富性，以及转座子在基因组中的转座活性有关(Barakat et al. 1999)。基因间隔的发现有助于关注目标基因组富含基因区域的测序项目，以及原位杂交也能够用在染色体上物理定位基因间隔的位置。

6.4 讨 论

随着新的分子技术的发展和应用，细胞遗传学已经有了一个新兴的发展。特别是 FISH 及其他各种发展的技术，已经用在许多现代基因组学类型的研究中。针对各种细胞学目标，FISH 已用在遗传与物理图谱的整合上(Cheng et al. 2001)。将染色体带纹与序列数据相联系(Jiang and Gill，1994c)，检测序列图中缺口的存在(Jackson et al. 1998)，以及定位复杂基因组中的基因间隔，由此更有效地进行基因克隆和基因组测序(Bakarat et al. 1997)。

物理作图和细胞遗传学在未来预计将有许多更加诱人的研究前景，具有无穷的价值。首先是用染色体和基因组的功能的组织结构整合 DNA 序列的线性排列。众所周知，在真核生物核的染色质的组织结构，与基因的表达调控具有紧密的相关关系(Lusser，2002)。现在研究者开始利用基因组学和基因组序列这些工具开始分析这种相关关系。例如在酵母中，组蛋白 H2B 的普遍存在，最近显示调控组蛋白 H3 的甲基化和基因沉默(Sun and Allis 2002)。在人体上，异染色质介导的基因沉默已经被应用到三联体重复疾病中，如肌强直性萎缩不良和和 Friedreich 的运动性共济失调等(Saveliev 2003)，染色质的修饰，特别是 DNA 甲基化已经联系到肿瘤细胞抑制因子基因和癌症细胞的调控(Plass 2002)。在拟南芥中研究已经发现基因的调控与 DNA 甲基化、组蛋白甲基化，和组蛋白乙酰化/脱乙酰化作用、通过 Swi2/Snf2 蛋白复合体进行的 ATP 依赖的染色质重构有关(Lusser 2002)。

物理作图和细胞遗传学将要被进一步利用的第二个研究领域就是比较和进化基因组学。细胞遗传学利用传统方法如染色体配对研究和染色质显带研究对染色体和基因组进化有着很长的历史研究(Knight 2003；Sengbusch 2002；Gill 1987)。但是应用 FISH 技术和已有的基因序列，以及以 BAC 为基础的物理图谱，研究者现在能够应用新的工具探讨这些最基本的问题。在探索中的一个重要发现就是基因组的克隆能够作为异源探针进行细胞学研究(Jackson et al. 2000;Zwick et al. 1998)。相似于这个发现,遗传作图探针也能用在异源系统中(Melake-Berhan et al. 1993;Devos et al. 1993)。另外,从相关系统整合以 BAC 为基础建立的物理图谱现在证明是一项重要的比较物理作图技术,这项技术产生的基因组进化和 DNA 保守序列的信息,能够用于推测基因和启动子的结构(Thomas et al. 2002;http://rice.genomics.purdue.edu;http://www.omap.org)。目前在基因组学时代的一个挑战是如何能提供一个方便多种生物物理作图应用的工具盒,这些生物既有经济的重要性,而且在生物进化树上也代表了关键的进化分支节点(Massison 2001)。这些工具如 BAC 文库和 DNA 序列等,将是研究者所必需的工具,以便应用比较基因组学来鉴定和克隆重要的 DNA 序列(如基因),以及发展建立更多物种的染色体/基因组进化模型。

参考文献

Ananiev, E. V., O. Riera-Lizarazu, H. W. Rines, and R. L. Phillips (1997) "Oat-maize chromosome addition lines: A new system for mapping the maize genome." *Proc. Natl. Acad. Sci. USA* 94:3524–3529.

Ananiev, E. V., R. L. Phillips, and H. W. Rines (1998) "A knob-associated tandem repeat in maize capable of forming fold-back DNA segments: Are chromosome knobs megatransposons?" *Proc. Natl. Acad. Sci. USA* 95: 10785–10790.

Barakat, A., N. Carels, and G. Bernardi (1997) "The distribution of genes in the genomes of Gramineae." *Proc. Natl. Acad. Sci. USA* 94(13):6857–6861.

Barakat, A., D. Tran Han, A.-A. Benslimane, A. Rode, and G. Bernardi (1999) "The gene distribution in the genomes of pea, tomato and date palm." *FEBS Letters* 463: 139–142.

Carle, G. F. and M. V. Olson (1984) "Separation of chromosomal DNA molecules from yeast by orthogonal-field-alternation gel electrophoresis." *Nucleic Acids Research* 12(14):5647–5664.

Caspersson, T., M. Hulten, J. Lindsten, and L. Zech (1971) *Heredity* 67:147.

Cheng, Z., G. G. Presting, C. R. Buell, R. A. Wing, and J. Jiang (2001) "High-resolution pachytene chromosome mapping of bacterial artificial chromosomes anchored by genetic markers reveals the centromere location and the distribution of genetic recombination along chromosome 10 of rice." *Genetics* 157: 1749–1757.

Chowdhary B. P., T. Raudsepp, S. R. Kata, G. Goh, L. V. Millon, V. Allan, F. Piumi, G. Guerin, J. Swinburne, M. Binns, T. L. Lear, J. Mickelson, J. Murray, D. F. Antczak, J. E. Womack, and L. C. Skow (2003) "The first-generation whole-genome radiation hybrid map in the horse identifies conserved segments in human and mouse genomes." *Genome Research* 13(4):742–51.

hu, G., D. Vollrath, and R. W. Davis (1986) "Separation of large DNA molecules by contour-clamped homogeneous electric fields." *Science* 234:1582–1585.

hughtai, S. R. and D. M. Steffensen (1987) "Heterochromatic knob composition of commercial inbred lines of maize." *Maydica* 32: 171–187.

Cox, D. R., M. Burmeister, E. Roydon Price, S. Kim, and R. M. Myers (1990) "Radiation hybrid mapping: A somatic cell genetic method for constructing high-resolution maps of mammalian chromosomes." *Science* 250:245–250.

Deloukas et al. (1998) "A physical map of 30,000 human genes." *Science* 282:744–746.

Devos, K. M., M. D. Atkinson, C. N. Chinoy, R. L. Harcourt, R. M. D. Koebner, C. J. Liu, P. Masojc, D. X. Xie, and M. D. Gale (1993) *Theor. Appl. Genet.* 85:673–680.

Fransz, P. F., C. Alonso-Blanco, T. B. Liharska, A. J. M. Peeters, P. Zabel, and J. H. de Jong (1996) "High-resolution physical mapping in *Arabidopsis thaliana* and tomato by fluorescence *in situ* hybridization to extended DNA fibers." *The Plant Journal* 9(3):421–430.

Gall, J. G. and M. L. Pardue (1969) "Formation and detection of RNA-DNA hybrid molecules in cytological preparations." *Proc. Natl. Acad. Sci. USA* 63:378–383.

Gill, B. S. (1987) "Chromosome banding methods, standard chromosome band nomenclature, and applications in cytogenetic analysis." In: *Wheat and Wheat Improvement*; 2nd. ed. American Society of Agronomy, Inc., Madison, Wisconsin. pp. 243–254.

Guyon, R., T. D. Lorentzen, C. Hitte, L. Kim , E. Cadieu, H. G. Parker, P. Quignon, J. K. Lowe, C. Renier, B. Gelfenbeyn, F. Vignaux, H. B. DeFrance, S. Gloux, G. G. Mahairas, C. André, F. S. Galibert and E. A. Ostrander (2003) "A 1-Mb Resolution Radiation Hybrid Map of the Canine Genome." *Proc. Natl. Acad. Sci. USA* 100:5286–5291.

Hsu, T. C. (1973) "Longitudinal differentiation of human chromosomes." *Ann. Rev. Genet.* 7: 153–176.

Hutchinson, J. and A. G. Seal (1983) "A sequential in situ hybridization and C-banding technique." *Heredity* 51:507–509.

Jackson, S. J., M. L. Wang, H. M Goodman, and J. Jiang (1998) "Application of fiber-FISH in physical mapping of *Arabidopsis thaliana*." *Genome* 41:566–572.

Jackson, S. J., Z. Cheng, M. L. Wang, H. M. Goodman, and J. Jiang (2000) "Comparative fluorescence *in situ* hybridization mapping of a 431-kb *Arabidopsis thaliana* bacterial artificial chromosome contig reveals the role of chromosomal duplications in the expansion of the *Brassica rapa* genome." *Genetics* 156: 833–838.

Jiang, J. and B. S. Gill (1993) "Sequential chromosome banding and in situ hybridization analysis." *Genome* 36:792–795.

Jiang, J. and B. S. Gill (1994a) "Different species-specific chromosome translocations in *Triticum timopheevii* and *T. turgidum* supports diphyletic origin of polyploid wheats." *Chromosome Research* 2:59–64.

Jiang, J. and B. S. Gill (1994b) "New 18S-26S ribosomal RNA gene loci: chromosomal landmarks for the evolution of polyploidy wheat." *Chromosoma* 103:179–185.

Jiang, J. and B. S. Gill (1994c) "Nonisotopic in situ hybridization and plant genome mapping: the first 10 years." *Genome* 37:717–725.

Jiang, J., B. S. Gill, G. L. Wang, P. C. Ronald, and D. C. Ward (1995) "Metaphase and interphase fluorescence *in situ* hybridization mapping of the rice genome with bacterial artificial chromosomes." *Proc. Natl. Acad. Sci. USA* 92:4487–4491.

John, H. A., M. L. Birnstiel, and K. W. Jones (1969) "RNA-DNA hybrids at the cytological level." *Nature* (London) 223:582–587.

Joppa, L. R. (1987) "Aneuploid analysis in tetraploid wheat." In: *Wheat and Wheat Improvement*; 2nd. ed. American Society of Agronomy, Inc., Madison, Wisconsin. pp. 255–267.

Kallioniemi, A., O.-P. Kallioniemi, J. Piper, M. Tanner, T. Stokke, L. Chen, H. S. Smith, D. Pinkel, J. W. Gray, and F. M. Waldman (1994) "Detection and mapping of amplified DNA sequences in breast cancer by comparative genomic hybridization." *Proc. Natl. Acad. Sci. USA* 91:2156–2160.

Knight, Tim (2003) "Primate Cytogentics Network." Center for Mind, Brain, and Learning, University of Washington, Seattle, Washington, 98195, USA. http://staff.Washington.edu/timk/cyto/text/

Kynast, R. G., R. J. Okagaki, H. Rines, and R. L. Phillips (2002) "Maize individualized chromosome and derived radiation hybrid lines and their use in functional genomics." *Functional & Integrative Genomics* 2(1/2):60–69.

Longley, A. E. (1952) "Chromosome morphology in maize and its relatives." *The Botanical Review* 18(6):399–412.

Lusser, A. (2002) "Acetylated, methylated, remodeled: chromatin states for gene regulation." *Current Opinion in Plant Biology* 5:437–443.

Lysak, M. A., P. F. Fransz, H. B. M. Ali, and I. Schubert (2001) "Chromosome painting in *Arabidopsis thaliana*." *The Plant Journal* 28(6): 689–697.

Maddison, David R. (2001) http://tolweb.org/tree/phylogeny.html

McClintock, B. (1929) "Chromosome morphology in *Zea mays*." *Science* 69:629.

McClintock, B. (1930) "A cytological demonstration of the location of an interchange between two non-homologous chromosomes of *Zea mays*." *Proc. Natl. Acad. Sci. USA* 16: 791–796.

Melake-Berhan, A., S. H. Hulbert, L. G. Butler, and J. L. Bennetzen (1993) *Theor. Appl. Genet.* 86:598–604.

Mohammed, A. H. and E. A. Shoeib (1965) "Inheritance of quantitative characters in *Zea mays*. IV. Relationship between knob frequency and combining ability." *Can. J. Genet. Cytol.* 7:388–393.

Moll, R. H., W. D. Hanson, C. S. Livings, III, and Y. Ohta (1972) "Associations between chromosomal knobs of *Zea mays* L. and agronomic performance." *Crop Sci.* 12:585–589.

Müller, S., R. Stanyon, P. Finelli, N. Archidiacono, and J. Wienberg (2000)"Molecular cytogenetic dissection of human chromosomes 3 and 21 evolution." *Proc. Natl. Acad. Sci.USA* 97(1):206–211.

Nishio, H., M. Heiskanen, A. Palotie, L. Bélanger, and A. Dugaiczyk (1996) "Tandem arrangement of the human serum albumin multigene family in the sub-centromeric region of 4q: Evolution and chromosomal direction of transcription." *J. Mol. Biol.* 259: 113–119.

Paterson, A. H., J. W. DeVerna, B. Lanini, and S. D. Tanksley (1990) "Fine mapping of quantitative trait loci using selected overlapping recombinant chromosomes in an interspecies cross of tomato." *Genetics* 124:735–742.

Peterson, D. G., N. L. V. Lapitan, and S. M. Stack (1999) "Localization of single- and low-copy sequences on tomato synaptonemal complex spreads using fluorescence *in situ* hybridization (FISH)." *Genetics* 152:427–439.

Plass, C. (2002) "Cancer epigenomics." *Human Molecular Genetics* 11(20):2479–2488.

Poulsen, T. S., A. N. Silahtaroglu, C. G. Gisselo, E. Gaarsdal, T. Rasmussen, N. Tommerup, and H. E. Johnsen (2001) "Detection of illegitimate rearrangement within the immunoglobulin locus on 14q32.3 in B-cell malignancies using end-sequenced probes." *Genes, Chromosomes & Cancer* 32:265–274.

Qi, L. L. and B. S. Gill (2001) "High-density physical maps reveal that the dominant male-sterile gene Ms3 is located in a genomic region of low recombination in wheat and is not amenable to map-based cloning." *Theor. Appl. Genet.* 103(6/7):998–1006.

Rhoades, M. M. and E. Dempsey (1973) "Chromatin elimination induced by the B chromosome of maize. I. Mechanism of loss and the pattern of endosperm variegation." *J. Hered.* 64:13–18.

Rooney, W. L., E. N. Jellen, R. L. Phillips, R. W. Rines, and S. F. Kianian (1994) "Identification of homoeologous chromosomes in hexaploid oat (*A. byzantina* cv. Kanota) using monosomics and RFLP analysis." *Theor. Appl. Genet.* 89:329–335.

Rowe L. B., M. E. Barter, J. A. Kelmenson, and J. T. Eppig (2003) "The comprehensive mouse radiation hybrid map densely cross-referenced to the recombination map: A tool to support the sequence assemblies. *Genome Research* 13(1):122–33.

Rubin, G. M. and E. B. Lewis (2000) "A brief history of *Drosophila*'s contributions to genome research." *Science* 287:2216–2218.

Sadowski, J. and C. F. Quiros (1998) "Organization of an *Arabidopsis thaliana* gene cluster on chromosome 4 including the *RPS2* gene in the *Brassica nigra* genome." *Theor. Appl. Genet.* 96:468–474.

Sambrook and Russell (2001) *Molecular Cloning: A Laboratory Manual*; 3rd. ed. Cold Spring Harbor Laboratory Press, Clod Spring Harbor, New York.

Saveliev, A., C. Everett, T. Sharpe, Z. Webster, and R. Festenstein (2003) "DNA triplet repeats mediate heterochromatin-protein-1-sensitive variegated gene silencing." *Nature* 422(6934):909–913.

Schwartz, D. C., W. Saffran, J. Welsh, R. Haas, M. Goldenberg, and C. R. Cantor (1982) *Cold Spring Harbor Symp. Quant. Biol.* 47:198–195.

Sengbusch, P. V. (2002) "Chromosomal Banding Patterns." In: Bergfeld, A., R. Bergmann, and P. V. Sengbusch. *Botany online: The Internet Hypertextbook.* (2003) http://www.biologie.uni-hamburg.de/b-online/ereg/eindexfr.htm

Sharma, A. K. and A. Sharma (1999) *Plant Chromosomes: Analysis, Manipulation and Engineering.* Overseas Publishers Association, Amsterdam, the Netherlands, pp. 119–137.

Sharp, P. J., S. Chao, S. Desai, and M. D. Gale (1989) "The isolation, characterization and application in the Triticeae of a set of wheat RFLP probes identifying each homoeologous chromosome arm." *Theor. Appl. Genet.* 78: 342–348.

Shiels, C., C. Coutell, and C. Huxley (1997) "Analysis of ribosomal and alphoid repetitive DNA by fiber-FISH." *Cytogenet Cell Genet.* 76: 20–22.

Smith, C. L., S. K. Lawrance, G. A Gillespie, C. R. Cantor, S. M Weissman, and F. S. Collins (1987) "Strategies for mapping and cloning macroregions of mammalian genomes." In: *Methods in Enzymology*, vol. 151, Michael M. Gottesman, ed., pp. 461–489.

Sun, Z. W. and C. D. Allis (2002) "Ubiquitination of histone H2B regulates H3 methylation and gene silencing in yeast." *Nature* 417(6893):104–108.

ten Hoopen, R., T. P. Robbins, P. F. Fransz, B. M. Montijn, O. Oud, A. G. M. Gerats, and N. Nanninga (1996) "Localization of T-DNA insertions in petunia by fluorescence in situ hybridization: Physical evidence for suppression of recombination." *The Plant Cell* 8: 832–830.

Thomas, J. W., A. B. Prasad, T. J. Summers, S.-Q. Lee-Lin, V. V. B. Maduro, J. R. Idol, J. F. Ryan, P. J. Thomas, J. C. McDowell, and E. D. Green (2002) "Parallel construction of orthologous sequence-ready clone contig maps in multiple species." *Genome Research* 12:1277–1285.

Young, N. D. (2000) "Constructing a plant genetic linkage map with DNA markers." In: R. L. Phillips and J. K. Vasil, eds. *DNA-Based Markers in Plants.* Kluwer Academic Publishers, Dordrecht, the Netherlands, pp. 31–47.

Young, N. D., J. C. Miller, and S. D. Tanksley (1987) "Rapid chromosomal assignment of multiple genom.

Zhong, X.-B., J. Bodeau, P. F. Fransz, V. M.

Williamson, V. van Kammen, J. H. de Jong, and P. Zabel (1999) "FISH to meiotic pachytene chromosomes of tomato locates the root-knot nematode resistance gene *Mi-1* and the acid phosphatase gene *Aps-1* near the junction of euchromatin and pericentromeric heterochromatin of chromosome arms 6S and 6L, respectively." *Theor. Appl. Genet.* 98: 365–370.

Zoller, J. F., Y. Yang, R. G. Herrmann, and U. Hohmann (2001) "Comparative genomic *in situ* hybridization (cGISH) analysis on plant chromosomes revealed by labeled *Arabidopsis* DNA." *Chromosome Research* 9: 357–375.

Zwick, M. S., M. N. Islam-Faridi, D. G. Czechin, Jr., R. A. Wing, G. E. Hart et al. (1998) "Physical mapping of the *liguleless* linkage group in *Sorghum bicolor* using rice selected RFLP Sorghum BACs." *Genetics* 148: 1983–1992.

Chapter 7

染色体流式分选和物理作图

概　述

染色体分析和分选(流式细胞遗传学)的方法最初源自人类和一些动物这种类上发展起来。对于流式细胞分析在植物上的应用,由于准备适合于流式细胞记数的完整染色体悬浮体系和区分单条染色体类型的困难,一直发展滞后。通过同步化根尖细胞得到染色体悬浮体系和利用细胞遗传家系,以上两个问题已被克服。直到现在,染色体分析和分选技术已报道应用在了17个物种中,它们包括豆类,如鸭嘴豆、蚕豆和豌豆,谷类如大麦、玉米、黑麦和小麦。流式细胞分析通过对染色体相对DNA含量的分析进行分类,对分选结果(流式核型)的分析可定量检测染色体结构和数量的变化。大量的染色体可通过流式分选得到纯化,分选到的组分可用于物理定位,重组DNA文库的构建,分子标记的定位和蛋白分析。本章主要介绍流式细胞遗传学的方法,应用及一些结果。而且,还介绍了其在植物基因组分析中的应用潜力。

摘　要

流式细胞分析是一种定量分析和纯化有丝分裂染色体的一种有效工具。分析过程是高速率的,一般$10^2 \sim 10^3$/s,大量的染色体与DNA结合的荧光染料结合,通过荧光强度来体现它们的相对DNA含量。DNA含量的分流结果叫做流式核型。理想的来说,每一个流式核型的每一条染色体都应该有单个易于区分的峰值。任何可被区分的一条染色体或一组染色体都可以通过分选得到纯化。两条不同的染色体可同时被分选。流式核型分析很适合于染色体特异结构和数目变化的定量检测。被分选的大量染色体被置于显微镜载玻片上,可通过FISH(荧光原位杂交)或者PRINS(引物原位杂交)来制作高分辨率的物理图谱,或者发现稀有的结构变化。通过在反应管中对分选的染色体进行PCR的方法,可以对短的单拷贝的目标基因进行物理定位;通过染色体缺失和易位可以对要定位的序列进行亚染色体定位。分选后的染色体DNA可用于克隆和准备染色体特异DNA文库的构建。短片段插入文库已被用于特定基因组区域对存在的目标分子标记进行定位。希望对于基因组大而复杂的植物基因组来说,通过可容纳大片段插入的染色体和染色体臂特异的 BAC 文库，可大大简化物理基因重叠群作图和基因分离的程序。

7.1 引 言

许多作物拥有比人类大的基因组，且含有很大比例的重复 DNA 序列。已知许多物种来自远古或近代的多倍体，它们的很多基因组区域具有很高的序列同源性。这些特性对于基因定位和分选是很大的障碍。将整个基因组分为单个染色体，使其变成小的且比较确定的基因组组分，对于简化和加速基因组分析和作图具有很大的吸引力。流式细胞分析技术是目前唯一的可以大量分选和纯化染色体的方法 (Dolezel et al. 1994)。

流式细胞分析技术是通过对水悬浮液中，处于有丝分裂期染色体的光散射特性和荧光特性进行分析。含有 DNA 特异结合荧光染料的染色体悬浮液，被注射入流室，这些颗粒在流室中经强行挤压通过单个通道成单列状的一束流出流室，并同时通过狭窄的一束激发光。染色体可引起光的散射，结合在它们上面的荧光分子被激发。染色体被分别测定，且很高效，一般可达 100～1 000/s，因此可在短时间内对大量染色体进行测定，具有不同光散射特性和荧光特性的染色体可被分选鉴定(图 7-1) 任何可据光学特性区分的染色体都可被大量分选。

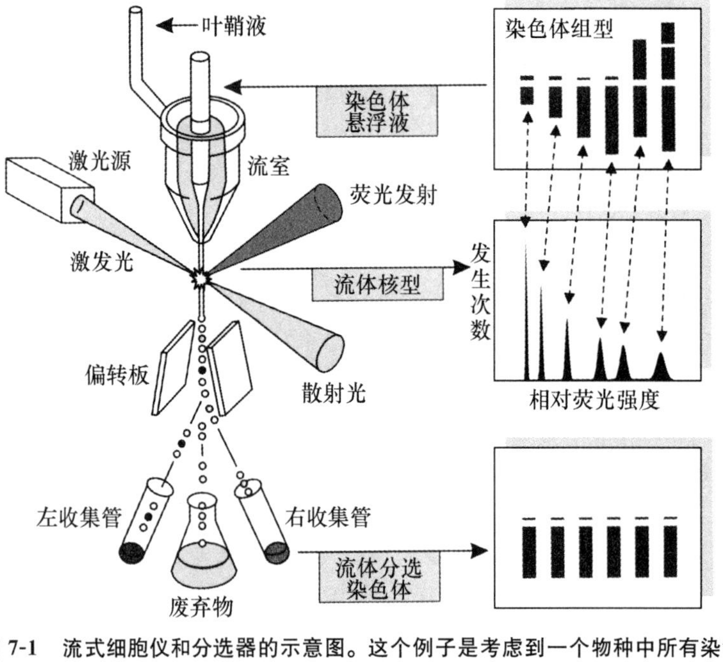

图 7-1 流式细胞仪和分选器的示意图。这个例子是考虑到一个物种中所有染色体在 DNA 内容上不同及每一条染色体分别由流体核型上的单峰表示的分析结果。

对于流式细胞分析和分选的方法，后来称作流式细胞遗传学(Carrano et al. 1983)，首次应用于黑线仓鼠(Gray et al. 1975；Stubblefield et al. 1975)，而后应用于人类(Carrano et al. 1979)和大量的动物物种(Ferguson-Smith 1997)。通过对染色体DNA含量(Young 1990),AT/GC比率(Gray and Cram 1990)和抗原存在与否(Levy et al. 1991)的分析,流式细胞术可对染色体进行分类。得到的染色体频率分布被叫做流式核型。目前用流式核型分析的方法,对人类染色体结构的变化进行常规检测还不是很成功(Boschman et al. 1992),但是通过流式分选染色体来构建染色体特异DNA文库(Van Dilla et al. 1986)在人类基因组作图中具有很重要的作用。分选的人类和动物染色体最普遍的应用是用于染色体特性染色(Pinkel et al. 1998),这项技术已被用于系统发育,进化和遗传学研究,也可作为一种诊断工具(Tian et al. 2004;Langer et al. 2004)。这些成功的应用也促进了植物流式细胞遗传学的发展。

7.2 植物流式细胞遗传学的进展

最初植物研究遇到的困难主要是,很难从拥有坚硬细胞壁的植物细胞中,在非常一致的有丝分裂时期,分选到高质量完整的染色体,以及难于区分单条染色体的类型(Dolezel et al. 1994)。de Laat 和 Blaas(1984)首次报道了区分和分选纤细单冠菊(*Haplopappus gracilis*)($2n=4$)两种类型染色体的成功报道。作者通过对同步悬浮培养细胞在进行原生质体的低渗裂解处理后而得到有丝分裂期染色体的悬浮液。但是最近的研究是通过同步根尖细胞来准备染色体悬浮液(Dolezel et al. 1992,2001)。根尖的分生组织细胞核型稳定,且同步程度高,很容易分选出完整的染色体(Dolezel et al. 1999a,1999b)。

和模式植物纤细单冠菊比较,大多数分选到的植物染色体的流式核型具有多个峰值,分别代表不同的染色体组。由于相对DNA含量的相似性,只有单个和几个染色体可以被单独区分并分选出来(表7-1)。目前,已用多种方法来克服这些缺点,包括分析AT/GC的比率和标记重复DNA序列的荧光(Lucretti and Dolezel 1997;Lee et al. 1997;Pich et al. 1995)。但是,只有使用细胞遗传家系(带有染色体缺失、易位、附加的株系)是最适用的。Lucretti et al.(1993),Dolezel和Lucretti(1995)首次发现,可以通过观察染色体大小的改变来鉴定特异的染色体。此后,各种细胞遗传家系被用于大量的物种,以此来鉴定特异的染色体和染色体臂(Gill et al. 1999;Li et al. 2001;Kubalàkovà et al. 2002,2003a,2003b)。

表7-1 已报道的有丝分裂染色体流式细胞分析的植物种类

物种	n^*	N^{**}	参考文献
燕麦	21	0	Li et al. (2001)
鹰嘴豆	8	5	Vláčilová et al. (2002)
针枝芸香草	2	2	de Laat and Blass(1984)
大麦	7	1[a]	Lysák et al. (1999)
樱桃番茄	12	0	Arumuganathan et al. (1991)
大番茄	12	0	Arumuganathan et al. (1991)
白蝼菜	12	2	Veuskens et al. (1995)
白花丹叶烟草	10	0	Conia et al. (1989)

续表 7-1

物种	n^*	N^{**}	参考文献
矮牵牛	7	1	Conia et al. (1987)
豌豆	7	2[b]	Neumann et al. (1998)
黑麦	7	1[c]	Kubaláková et al. (2003a)
小麦	21	1[d]	Kubaláková et al. (2002)
硬粒小麦	14	0[e]	Kubaláková et al. (2003b)
蚕豆	6	1[f]	Lucretti et al. (1993)
玉米	10	2[g]	Lee et al. (1996)

* 单倍体染色体数目。

** 标准流体核型中可以明确识别的染色体数目。

[a]有三条染色体可以从确定的易位系中得到分选。

[b]有四条染色体可以从确定的易位系中得到分选。

[c]黑麦 2R-7R 染色体可以从小麦-黑麦染色体附加系中识别。

[d]在六倍体小麦中用双端体系可分选到所有染色体臂。

[e]所有染色体臂可以从单个的双端体系分选得到。

[f]六条染色体可以从易位系 EF 中分选到。

[g]玉米 9 号染色体可以从燕麦-玉米附加系中识别(Li et al. 2001)。

7.2.1 流式核型分析的应用

如果一条特异的染色体在流式核型分析时,具有一个可分辨的峰值,那么任何染色体相对频率和大小的改变,都可以通过染色体峰面积和位置的改变来体现。这使流式核型分析可用来定量分析染色体数目和结构的变化。因此,Lee et al. (2000)能够在大麦中检测到 6 号染色体三体的存在。在燕麦-玉米附加系(Li et al. 2001)和小麦-黑麦附加系(Kubalàkovà et al. 2003a)中,检测到了染色体附加系中的异源染色体。流式核型分析表明,在黑麦栽培种中存在 B 染色体,以前从未发现过此现象(Kubalàkovà et al. 2003a)。

在 Lucretti et al. (1993),Dolezel 和 Lucretti(1995)对蚕豆研究之后,利用流式核型分析来检测染色体易位的方法,被应用于豌豆(Neumann et al. 1998)、大麦(Lysàk et al. 1999)、黑麦(Kubalàkovà et al. 2003a)和小麦(Vràna et al. 2000;Kubalàkovà et al. 2002)。同时也发现流式核型分析也有足够灵敏度,对检测小麦(Kubalàkovà et al. 2002)、黑麦(Kubalàkovà et al. 2003a)、玉米(Lee et al. 2002)和大麦(Lee et al. 2000)中,染色体 DNA 含量的多态性。对于某些栽培作物,流式核型的指纹图谱类型特征是可以遗传的。对六倍体面包小麦和四倍体硬粒小麦端体系进行流式核型分析,可以很容易鉴定端体(Gill et al. 1999;Kubalàkovà et al. 2002,2003b)。

7.2.2 流式分选所得染色体的应用

在流式分选染色体的许多用途中,用特异引物进行 PCR,从而构建物理图谱是最为广泛的用途之一。只需几分钟,便可分选到几百条染色体,足以用于 PCR,所以高通量作图是可行的。Macas et al. (1993)第一个用分选的染色体进行 PCR,并定位了蚕豆种子储藏蛋白。易位染色体的分选使基因定位到亚染色体区域,促进了遗传定位和物理定位的结合(Macas et al. 1993;Vaz Patto et al. 1999)。这种方法也被用于其他物种,包括大麦(Lysák et al. 1999)、白石竹(Kejnovský et al. 2001)、鸭嘴豆(Vlàčilovà et al. 2002)和豌豆(Neumann et al. 2002)。

用分选的染色体上存在的已知分子标记,对目标区域进行饱和遗传作图是非常有成效的。因此,Arumuganathan et al. (1994) 以流式分选番茄 2 号染色体构建的短片段插入 DNA 文库为基础,开发出了 11 个 RFLP 分子标记。Macas et al. (1996)和 Koblízková et al. (1998) 利用染色体特异 DNA 文库,开发了以微卫星作为分子标记的一套有效方法。Pozárková et al. (2002) 采用这种方法,在蚕豆 1 号染色体上开发了微卫星分子标记。流式分选染色体应用的另一个好处就是,能够印证新开发分子标记的染色体特异型(Pozárková et al. 2002)。

放于显微镜载玻片上分选的染色体,是荧光原位杂交(FISH)和引物介导原位扩增 DNA 标记(PRINS)的很好材料。它们没有细胞质的污染,适用于构建高分辨率的细胞遗传图谱。成千上万的染色体被置于一个载玻片上,使筛选大量染色体群体变得可能。Kubalàkovà et al. (2002) 充分利用这一优点,分析了小麦 GAA 基因簇在基因组分布中种间的多态性。正如 Kubalàkovà et al. (2003)所示,这种方法对于检测染色体稀有的结构变化,非常具有特点。而且,流式分选染色体可以被伸展成直线,长度可达到未处理前的 100 倍,可用于高分辨率的物理细胞遗传图谱的构建(Valárik et al. 2004)。

染色体特异 DNA 文库是一种针对目标基因组进行分析的非常有价值的工具。第一个染色体特异 DNA 文库的产生,是通过将 10^5 条小麦 4A 染色体直接克隆到质粒载体上(Wang et al. 1992)。为了避免分选大量的染色体,几个研究者采用 DOP-PCR(Telenius et al. 1992)扩增和修饰,只用几百个和几千个染色体来构建染色体特异文库(Arumuganathan et al. 1994;Macas et al. 1996;Pozárková et al. 2002)。和小片段插入 DNA 文库相比,大片段插入文库是基因组作图更为有效的工具。但由于其构建需要微克级且高分子量的 DNA,这使文库的构建存在一定困难。Šimková et al. (2003) 发明了一种从分选的植物染色体中,来分离符合要求的 DNA 的方法,并可用于小麦亚基因组,染色体和染色体臂特异 BAC 文库构建(Šafář et al,准备中;Janda et al. ,准备中)。

植物流式细胞遗传学的应用范围和人类,动物相似,只有一个明显的区别。在人类和动物中,分选的染色体主要用于野生和衍生染色体的涂色探针制作(Langer et al. 2004;Tian et al. 2004),但试图用分选植物染色体制作染色体特异涂色还未成功,很可能是由于分散的重复序列在染色体间同质性分布造成的。虽然如此,植物流式细胞遗传学仍就为植物遗传学家们提供了很多好的方法。

7.3 方法和技术

对植物染色体进行流式细胞分析的步骤,主要概括为以下几点:①细胞周期的同步性，②处于分裂中期细胞的积累，③染色体悬浮液的准备，④流式分析和分选。在本章中，对以上的步骤，流式核型分析和染色体分选的应用，也进行了详细介绍。

7.3.1 细胞周期同步性与有丝分裂中期的积累

通过使用 DNA 合成抑制剂，如羟基脲，蚜肠霉素，可以使培养的细胞和根尖分生组织细胞高效处于细胞周期同步，使分裂的细胞处于 G_1/S 状态(Dolezel et al. 1999a)。去掉抑制剂，可使细胞转变至 S 和 G_2 阶段，而后同步进入有丝分裂(Dolezel et al. 1999a)(图 7-2)。处于有丝分裂中期的细胞积累，可通过利用有丝分裂纺锤体抑制剂来得到，抑制剂包括秋水仙素(De Latt and Blaas 1984；Conia et al. 1987)，以及合成除草剂甲基氨草磷(Dolezel et al. 1992)，除草剂安磺灵(Veuskens et al. 1995)，氟乐灵(Lee et al. 1996)。在同步根尖分生组织中，处于中期的频率大于 50%(Lee et al. 1996，1997；Lysák et al. 1999；Kubaláková et al. 2003a)，这个频率水平对于流式细胞分析的染色体悬浮液的准备是至关重要的(Dolezel et al. 1996b)。

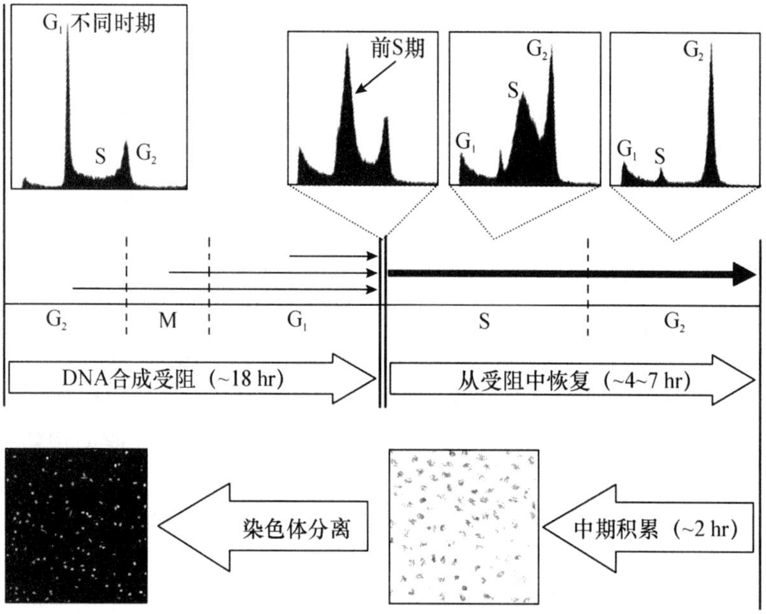

图 7-2 DNA 合成在 G_1/S 期的可逆式受阻同步示意图。障碍移除后，细胞以同步方式进入 S 期和 G_2 期。进入有丝分裂的细胞在中期受到纺锤丝的牵引。在中期的根尖细胞通常用来准备染色体的悬浮水溶液。上面：核 DNA 含量的柱形图显示了生长在不同时期(左侧柱形图)及在此过程(*x* 轴：DNA 含量；*y* 轴：核的数目)中分生组织细胞周期分布图。

7.3.2 染色体分选

目前，从同步植物细胞中，释放染色体的唯一有效方法是，用刀片或匀浆器将甲醛固定的根尖进行机械匀浆(Dolezel et al. 1992；Gualberti et al. 1996)。甲醛的固定可大大提高完整染色体的产量，在30个根尖组织中，可分选到高达1×10^{6}条染色体(Dolezel et al. 1992)。而且，固定可使染色体在分选过程中，对机械剪切力有更大的抗性，可以进行两步分选，从而得到高纯度的染色体(Lucretti et al. 1993)。但也有一些研究人员从未经固定的根中提取染色体(Lee et al. 1996，1997，2000)。染色体分选的缓冲液化学组分，对于保持染色体结构的完整性和保护染色体DNA具有很重要的作用(Dolezel et al. 1994)。最常用的缓冲液是多胺缓冲液LB01(Dolezel et al. 1989)和镁硫缓冲液(Lee et al. 1996)。

7.3.3 染色体分析

在流式细胞分析中，可以结合于DNA的AT丰富区域的DAPI和可以嵌入双链DNA的碘化丙啶，是流式细胞分析中，最常用的两种染色体染色荧光染料。一般每个样品中会有10 000～20 000条染色体被分析，这些结果可通过相对荧光强度(流式核型)的柱形图来表示。对于染色体分析的解释主要通过流式核型模型提供数据，流式核型模型具有可以帮助鉴定单条染色体类型的可能性，这主要通过区分相对DNA含量的不同和染色体峰值变异系数的差异来进行(Lysák et al. 1999；Lee et al. 2002)。电子制表软件和一个专用的计算机程序(Dolezel 1991)，已用于制作理论上的通用流式核型模型。

图7-3a显示了六倍体小麦($2n=6x=42$)理论流式核型(彩图7-3a)，这个模型预测大多数染色体形成混合的峰，只有染色体1D，4D和3B可区分出单独的峰。但是，DAPI染色染色体产生的细胞流式核型分析结果表明，只有染色体3B的流式核型可被分辨(图7-3b，彩图7-3b)。其他的染色体形成了三个混合的峰，代表着几组染色体，不能被单独区分(Vrána et al. 2000；Kubaláková et al. 2002)。在其他物种中，也存在理论与实验结果核型分析的差异，原因可能是由于在染色体中，染色质对DNA荧光染料的亲和力方面，存在一定程度的偏爱或不同。单个峰值的染色体含量，最好将其放于载玻片上，进行显微观察后决定。干燥在载玻片上的染色体，在荧光标记重复DNA序列后，可通过FISH或PRINS来准确鉴定，并显示出典型基因组的分布(Kubaláková et al. 2000；Neumann et al. 2002)(图7-3b，彩图7-3b)。或者分选的染色体通过特异引物PCR的方法来鉴定(Lysák et al. 1999；Vrána et al. 2000)(图7-3c，彩图7-3c)。

7.3.3.1 染色体结构变化的检测

流式细胞分析精确度很高，DNA峰值变异系数低至1.5%也可检测到。所以，即使相对DNA含量的微小差异，也可通过染色体峰值沿着X轴的变换显示出来。比如，对于标准小麦栽培种“春小麦”，混合峰值Ⅰ代表染色体1D，4D和6D。这个峰被分为两部分，在栽培种“Mona”中，由于其DNA含量高出7%，染色体4D可被鉴定出来(Kubaláková et al. 2002)。染色体5B和7B之间均匀的易位造成一个长的具中间着丝粒染色体5BL-7BL，这是在核型分析中最大的一个染色体。通过流式细胞分析，Kubaláková et al. (2002)在几个小麦栽培种中，检测到了这条染色体，而这些之前都未曾报道过(图7-3d，采图7-3d)。流式细胞分析的缺点就是需要昂贵的设备，而且不能检测出染色体 DNA 含量极为相近的染色体核型区别。

7.3.3.2 染色体数目变化的定量检测

当染色体峰值面积可以显示染色体在群体中的相对频率时，流式核型很适合用于染色体数目变化的定量分析。分析的内容包括已知频率的单条染色体峰值面积比较，或者不知道未知频率的单条染色体峰值面积比较。Kubaláková et al.（2003a）在小麦-黑麦染色体附加系中，证明了采用流式核型分析来预测异源黑麦染色体出现频率的适宜性。但是，在对 6R 附加系的染色体峰值面积进行分析时，发现一个稳定（纯合）的易位（图 7-4a，彩图 7-4a），对一个含有黑麦染色体 7R 的株系进行流式核型分析表明，这条染色体只存在于大约 30%的种子中（图 7-4b，彩图 7-4b）。这种方法的优点就是可以对来自大量个体的染色体进行分析，因此可对一类染色体在植物群体中的频率，进行准确的判断。

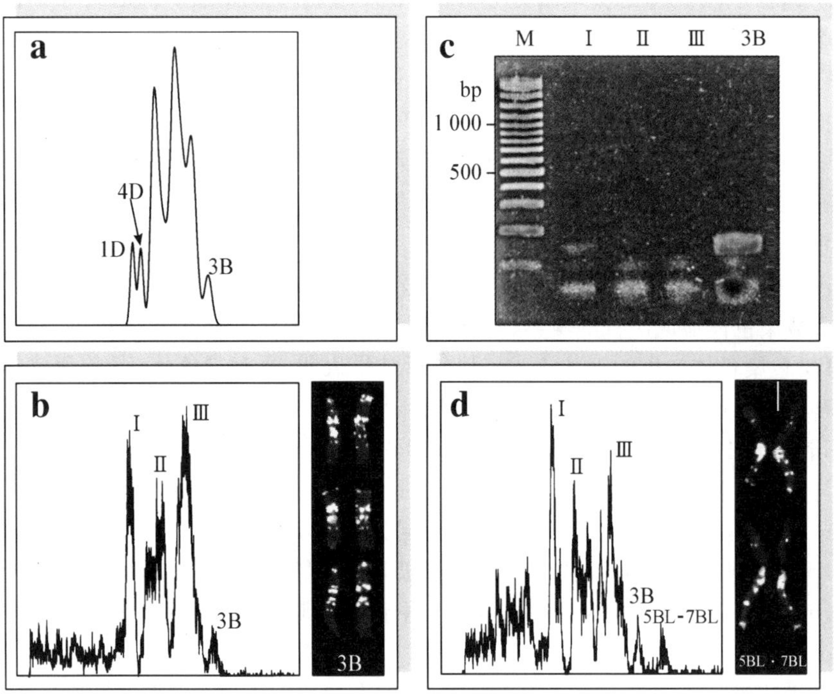

图 7-3 六倍体小麦（$2n=6x=42$）流式细胞仪染色体分析（流式核型）。（a-c）拥有标准核型的栽培种“中国春”。（a）按照发表的染色体长度建立的理论流式核型模型（Gill 等，1991）。同时考虑了 2%染色体峰值变异系数。这个模型预测了大部分染色体形成三个复合峰，只有 1D，4D，3B 染色体可以通过不同的峰值区分出来。（b）实验的流式核型显示了三个复合峰值（Ⅰ-Ⅲ），代表了染色体组和 3B 染色体的峰值。（c）在用一对带有 3B 染色体的微卫星序列的引物进行 PCR 得到的流式核型上，染色体 3B 归于一个峰值。M：100 bpDNA 分子标记；Ⅰ，Ⅱ，Ⅲ，3B：按流式核型上个体峰值分选出的 500 条各种类型的染色体。（d）在栽培种“佛罗里达”中，5BL-7BL 易位系被确定为一个分离峰值。在对 10 000DAPI 浸染的染色体分析之后可以获得流式核型（x 轴：相对 DAPI 荧光强度；y 轴：发生数）。诸多插入表示了分选的染色体，它可以用带有 GAA 微卫星（黄色）探针的 PRINS 确定；染色体用碘化丙啶进行反标记（红色）。

7.3.3.3 染色体分选

由于流式核型分析不能对植物中单类染色体进行区分,所以其分选过程非常复杂。最好的办法就是采用染色体附加系,易位系和缺失系。图 7-5a 显示了一个含有一对具端着丝粒染色体(1BS,代表染色体 1B 的短臂)的六倍体小麦的双端体株系的流式核型(彩图 7-5a)。和其他小麦的染色体相比,1BS 的相对 DNA 含量较低,染色体很容易区分和分选(Kubaláková et al. 2002)。在小麦中,这种方法可用于从 42 个染色体臂中,纯化出 40 个。遗留的两个臂 3BL 和 5BL 可归为等臂染色体(染色体具有遗传学相同的臂,互成镜像关系),如图 7-5b 和彩图 7-5b 所示(Kubaláková et al. 2002)。

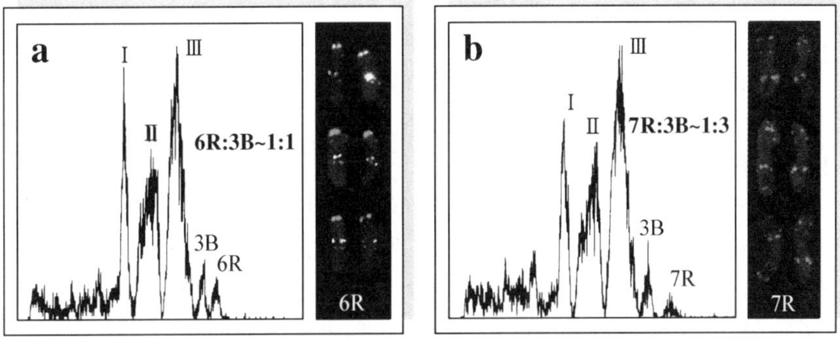

图 7-4 两个小麦-黑麦附加系的流式核型。图(a)和(b)分别代表黑麦 6R,7R 染色体的峰值。染色体峰域的比较(小麦 3B 染色体:黑麦染色体)可以用来评估群体中外源染色体的频率。6R 染色体的峰值比率为 1.0 时,表明它在每一粒种子中都会出现。小于这个峰域则表明 7R 染色体的低传输率。通过分析 10 000 条左右 DAPI 标记染色体可以获得流式核型。*x* 轴:相对 DAPI 荧光强度;*y* 轴:发生数。多个插入显示了分选的染色体,可以通过带有 pSc119.2 重复(红色)和 GAA 微卫星(黄绿色)的探针,经过双 FISH 确定。染色体用 DAPI 进行反标记染色(蓝色)。

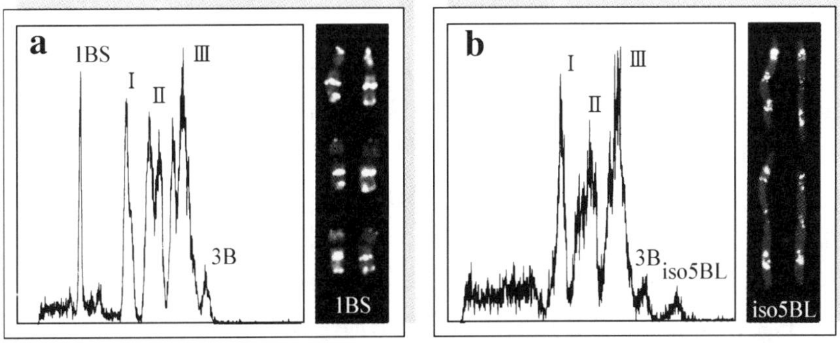

图 7-5 六倍体小麦中单染色体臂的分选。(a)峰值代表双端体系"Pavone"中能分辨出的(1BS)染色体的短臂。这方便了对 1BS 臂的高纯度分选。(b)带有染色体 5BL(iso5BL)的"中国春"小麦的流式核型。在对 10 000~20 000 条 DAPI 标记染色体分析之后可以获得流式核型(*x* 轴:相对 DAPI 荧光强度;*y* 轴:发生数)。多个插入是分选的染色体,它可以用带有 GAA 微卫星(黄色)探针的 PRINS 确定;染色体用碘化丙啶进行反标记染色(红色)。

分选的染色体组分纯化可达到 100%（Vláčilová et al. 2002；Lysák et al. 1999）。但是，这是很少见的，因为分选的组分可能受其他染色体一定程度的污染。污染的程度主要取决于染色体，染色单体，染色体片段以及在染色体分选时含有同样 DNA 含量的混合物（Dolezel et al. 1994，2001）。虽然它们在分选部分里的含量可用 PCR 的方法鉴定，但采用显微分析的方法更好，因为污染的颗粒可被鉴定，其频率也可被定量（Kubaláková et al. 2000）。轻微的污染对于采用 FISH 和 PRINS 进行蛋白定位和物理定位影响不大。但 PCR 法物理定位，标签标记的分选，染色体特异 DNA 文库的构建，需要尽可能没有污染的染色体组分。

7.3.3.4 流式分选染色体的细胞遗传学作图

流式分选使成千上万的染色体，可以聚集于一个小的载玻片上，可对大量没有细胞壁和细胞质残余物污染的染色体进行分析。Kubaláková et al.（2003b）应用硬粒小麦（$2n=4x=28$）流式分选的染色体，构建了一套重复 DNA 序列的基因组分布图，为这种作物创建了一种分子核型（图 7-6a，彩图 7-6a）。我们最近的结果表明，在流式分选的小麦染色体上，通常分布着 1 kb 的单拷贝序列（图 7-6b，彩图 7-6b）。和一般观察到的杂交中期平面频率较低相比，分选的染色体 100%显示 FISH 信号（未发表）。除了需要专业设备外，用分选染色体进行细胞遗传定位的唯一不利方面是，它不能进行完全的细胞分裂中期染色体分析。

流式分选染色体一个很吸引人的方面就是，通过 FISH 检测，寻找染色体结构上很稀有的变化。当变化的频率等于或小于 1%时，工作量相当的大，需要筛选几百个分裂中期染色体，将它们转移到许多载玻片上，而后进行加工，观察。而相应数量的染色体则可很容易地被分选，并且只放在一个载玻片上观察。采用这种方法，Kubaláková et al.（2003a）在黑麦染色体 A 和 B 之间，发现有两个少有的易位，发生的频率大约为 0.5%。传统的染色体分析，至少需要筛选 500 个分裂中期分散相的染色体。

放于载玻片上分选的染色体，可伸长至最初分裂中期长度的 100 倍以上（Valárik et al. 2004）。其步骤包括用蛋白酶 K 消化分选的染色体，而后在载玻片上风干，而后在乙醇∶乙酸（3∶1）溶液中伸长。除了可能检测到短至 1 kb 的序列外，通过对高度伸展的染色体进行有丝分裂染色体 FISH 细胞遗传学定位，空间分辨率可由 70 kb 大大提高到 5～10 Mb（图 7-6d，彩图 7-6d）。应用减数分裂粗线期染色体，也可能得到同样的敏感性和分辨率。但是，以高度伸展染色体作为 FISH 材料，对于含有大量大型染色体的植物物种更加具有吸引力，因为这些染色体在粗线期太长，很难单独鉴定出来。

7.3.3.5 采用 PCR 进行物理作图

通过特异的引物对分选的染色体进行 PCR，是检测特异染色体目标序列的一种有效方法。由于流式分选可从水相中纯化大量染色体，可同时定位大量的序列，所以这种定位方法也得到很大的推广应用。与用 FISH 进行染色体物理定位相比，即使非常短的单拷贝序列也能在常规检测中检测出来，从原理上讲，这种方法使我们可以选择性的定位那些序列差异很小的目标基因（比如，一个基因家族中的一个基因）。分选的缺失和易位染色体可对定位的序列进行亚染色体定位（Macas et al. 1993）。与采用显微解剖方法分选染色体相比，流式分选的组分通常含有其他染色体或其他染色体组分的污染。在我们设计和进行定位实验的过程中，要考虑到这些问题。分选的组分应该通过显微观察来分析其污染程度和污染来源（Kubaláková 2000）。而且，PCR 条件也要调至最高效检测目的基因的程度，避免过度扩增，那样很可能扩增到污染片段而造成假阳性信号。

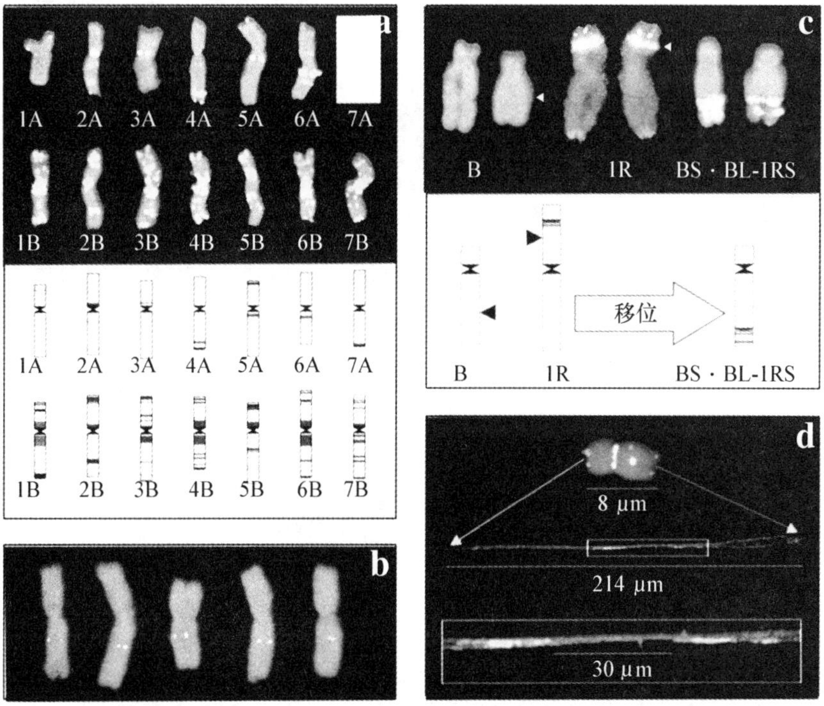

图 7-6 FISH 中进行 DNA 序列物理作图流式分选染色体的应用。(a)分子核型已经应用到硬粒小麦（$2n=4x=28$）。GAA 微卫星（黄绿色）和 pSc119.2 重复（红色）的基因组分布在双 FISH 后即可识别，并方便了核型中每一条染色体的识别。(b)小麦 3B 染色体上单拷贝，1kb DNA 序列的定位。注意两条染色质上非特异标记的缺失和两个染色单体上信号的出现。(c)黑麦 B 染色体上带有 45rDNA（红色）和 55rDNA（黄绿色）的探针双 FISH 确定一条 B 染色体与 1R 染色体的稀有易位。B 染色体上 FISH 信号的出现使得断裂位点（箭头所指）得到确定及定位。(d)大麦 1H 染色体的物理作图在染色体伸展上空间分辨率增加。带有 GAA 微卫星（黄绿色）及端粒重复（蓝色）探针进行的双 FISH。染色体用碘化丙啶进行反标记（红色）。GAA 微卫星的两个基因簇之间的物理图谱从未处理前的 1.3 μm 染色增加到 30 μm，使染色体伸展了 27 倍。

最常见的一个以 PCR 法，对分选的染色体进行定位的例子是 Neumann et al.

(2002),他将豌豆两个遗传连锁群定位到特异的染色体上。尽管豌豆是具有最长遗传学研究历史的生物,对于连锁群Ⅳ和Ⅶ,估计它们对应 4 号染色体和 7 号染色体,但还不是很确定。为了解决这个问题,Neumann et al.(2002) 从豌豆 JI-148 株系中,分选了三种组分,代表易位染色体 2^7,7^2 和所有其他野生型染色体。这些组分用于两个连锁群特异遗传标记的 PCR 检测。用定位于连锁群Ⅶ的引物 I 7 和 Q500 进行 PCR,在分选染色体 7^2 和 2^7 组分中,可分别得到正确长度的产物。这个结果证明,连锁群Ⅶ位于 7 号染色体上。而且,Q500 分子标记定位到 7 号染色体的一部分,这一部分参与了与 2 号染色体的易位(图 7-7)。通过检测两个分子标记(P628 和 L58),它们位于除了染色体 7^2 和 2^7 外的,含有所有野生染色体组分的连锁群Ⅳ上,证明连锁群Ⅳ是位于 4 号染色体上(图 7-7,彩图 7-7)。

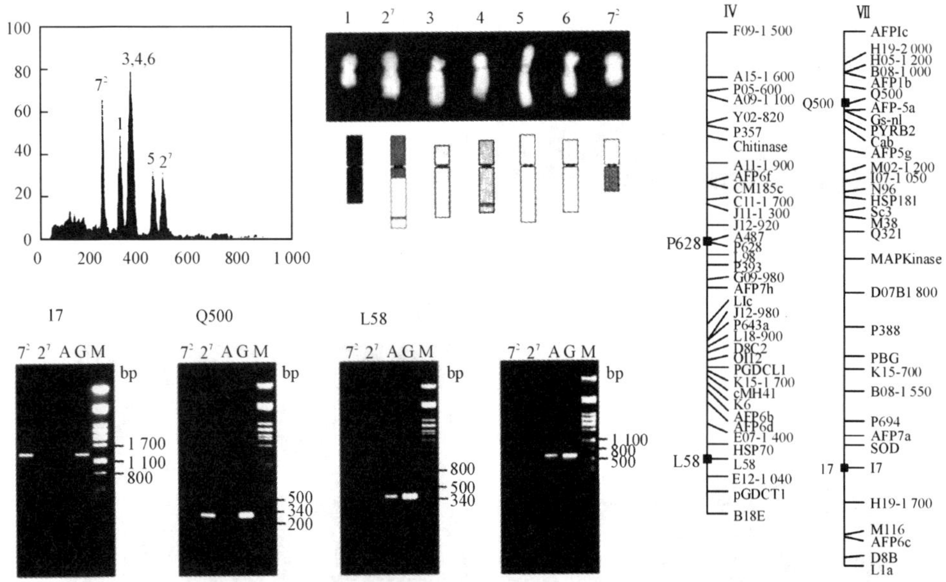

图 7-7 豌豆中遗传标记的 PCR 物理作图(Neumann 等,2002)。在包含 2 号染色体和 7 号染色体之间的 JI-148 株系的相互易位中分选染色体,使得其余的染色体在流式核型分析中区别出来(图左上),在用 Pis TR-B(红色)探针进行 FISH 后,确定了染色体。用染色体 DAPI(蓝色)反标记染色的染色体,图上中显示了易位系(顶中心)。在分选的染色体 2^7、7^2 部分检测到 4 个来自连锁组 IV 和 VII(右)的标记。其余所有剩余的染色体(样道 A)用于 PCR 和琼脂糖凝胶电泳反应产物(左下)。样道 G 带包含着基因组 DNA 酶切反应,样道 M 标记包含一个片段大小的标记(带有 *Pst* I 对照的 lambda 片段)。

7.3.3.6 染色体和染色体臂-特定 DNA 作图

染色体和染色体臂专特异 DNA 文库可以使目标筛选和定位变得方便,这一点对于分析大而复杂的基因组来说,优越性更为明显。用于构建这些文库的克隆策略和构建文库的载体筛选也反映出它们预定的用途,并能被可实际用于克隆的染色体 DNA 数量所限制。比如,通过将 PCR 扩增的几 kb 到几百 kb 的长的片段克隆到质粒载体(小片段插入文库)中能够产生针对分子标记而设计的文库,这中间只需要将几百条染色体分选。而另一方面,含有几十至数百 kb 适合用于大规模定位和图位克隆的大片段插入文库的构建只有通过从 10^5～10^6 条染色体准备的 DNA 中直接克隆的方法。

到现在为止,蚕豆是唯一的整个基因组已被用于构建染色体专一性 DNA 文库的植物物种。这个文库包括七种染色体类型,它们是分别通过对染色体易位系 EF 和 JF 进行流式分选纯化得到的(Macas et al. 1996)。染色体必须经过筛选,以保证这七个文库涵盖蚕豆整个基因组多次。步骤包括 250～1 000 份染色体的分类,按照改进后的 DOP-PCR 方法扩增 DNA,克隆到质粒载体。文库中总的克隆数为 6×10^5～4.5×10^6,平均插入片段的大小为 310～487 kb。文库中含有大量低拷贝基因组序列,大约占 60%的插入。这使得这个文库非常适合用于分子标记的定位。

大片段插入 DNA 文库,如那些已被克隆到 BAC 载体的基因组大片段,已经变成当前基因组学研究的主要资源之一。直到最近,由于需要毫克级数量的高分子量 DNA,从分类的染色体中构建大片段插入文库仍存在一定困难。最近,Šimková et al.(2003)发明了一种方法,能够通过分选的植物染色体上得到所要求的 DNA。第一个染色体特异 BAC 文库的构建来自六倍体小麦的染色体 3B (Šafář et al.,准备中)。这个文库的构建是在基于 2×10^6 条分选的染色体的 DNA,一共由 67 968 个克隆组成,平均插入片段长度 103 kb,涵盖整个染色体 6.2 次。后来,Janda et al.(准备中)进一步证明了通过分选染色体的方法可以构建 BAC 文库。他以小麦的染色体 1D,4D 和 6D 构建了一个亚基因组 BAC 文库,以小麦染色体 1S(1BS)短臂构建了一个染色体臂特异 BAC 文库。通过这些文库,我们可以绘制方便测序用的,单条染色体全部基因的重叠群图谱,并且从富含容易测序的基因的基因组区域分离 BAC 克隆。图 7-8(彩图 7-8)显示了小麦染色体 1D,4D 和 6D 特异的 BAC 文库中分离到的 DNA 克隆的细胞遗传图。这些选择的克隆是针对它们的低度重复性 DNA 含量,而且通过 FISH 来定位,标出了染色体的标记。

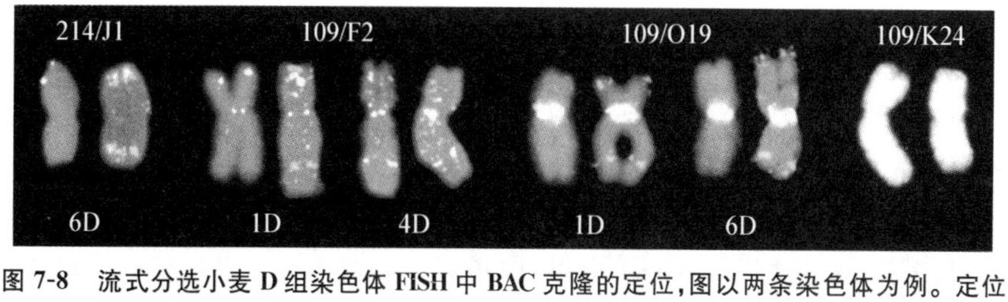

图 7-8　流式分选小麦 D 组染色体 FISH 中 BAC 克隆的定位,图以两条染色体为例。定位信号显示 BAC 克隆 214/JI,109/F2,及 109/O19 在一个或少数几个位点。用碘化丙啶(红色)进行反标记染色的染色体显示了 BAC 克隆的位置(黄色)用 DAPI(蓝色)进行反标记染色的染色体显示用 BAC 克隆(黄绿色)作探针的双 FISH 及 *Afa* 家族重复(红色),这可以方便染色体的定位。BAC 109/k24 克隆显示了小麦染色体(黄色)的分散信号。染色体用碘化丙啶进行反标记染色(红色)。

7.3.3.7　分子标记目标分离

高密度的遗传连锁图谱对于分子标记辅助育种,构建物理图谱,基因图位克隆都是非常重要的。一般来讲，分子标记的分布和它们在基因组中的位置无关，从而使它们随机分布。因此，要想得到目标区域的高密度图谱，只有通过新的分子标记获得整个基因组更加饱和的图谱。但是，来自分选染色体的 DNA 开辟了一种新的针对目标区域的饱和遗传图谱的作图方法，可使具有重要农艺性状的区域的遗传图谱更加饱和。虽然各种不同的分子标记都可能产生，但是在这个领域，分选染色体最成功的应用是微卫星分子标记的发展。它首先由 Macas et al.(1996)发明，且证明由分选染色体构建的短片段插入 DNA 文库是微卫星克隆的一种有用的资源。

当含有微卫星小片段的克隆代表的只是一小部分已克隆的 DNA 片段时，很适合于构建微卫星丰富的文库，这可使筛选更加有效。用目标序列的单链探针杂交，经过一轮或多轮差碱杂交排除负结果后，文库的构建就可以通过扩增这些染色体的 DNA 片段来构建。以化学修饰的寡核苷酸作为杂交探针的改良新方法(Kubaláková 1998)，表明可以产生无人为影响的文库扩增，对于特定的微卫星丰度可达到 100 倍。在这个步骤的基础上，Pozárková et al.(2002)发明了一种更为完善的方法，从选择的蚕豆基因组区域进行微卫星分子标记的再定位。这个步骤包括分选 250 份目标染色体，用 DOP-PCR 对染色体 DNA 进行扩增，富集特异微卫星，多态微卫星的克隆，分离，对分选的染色体通过 PCR 检测染色体特异性，最后整合染色体特异分子标记到遗传图谱中。作者通过在蚕豆 1 号染色体被选区域开发的一些新微卫星分子标记，进一步印证了这种方法。虽然此方法源自蚕豆，但其可用于可进行染色体分选的任意物种。优点是只需很少量的染色体就足以构建丰富的 DNA 文库，在构建遗传图谱前，候选分子标记的染色体特性可通过分选的染色体进行验证。

7.4 讨 论

已发现流式细胞遗传学有很多用途，更加广泛应用的主要限制在需要尖端的设备。但是，因为大多数应用只要求相对数量较少的分选染色体，这可以由专业的实验室提供。第二个限制是要求用适宜的步骤制备完整染色体的悬浮液。虽然目前应用的染色体分选步骤可通过修改应用于其他物种，但是摸索合适的条件工作量很大，且需要很多时间(Dolezel el al. 1999b)。最后一条，对于每一个物种都需要发展一种适宜的区分和分选单条染色体的方法。思考着这些，我们可能会想到，流式细胞遗传学只能用于有限的具有重要经济性状的作物，或者用于解决重要生物学问题的模式生物。

目前，染色体和染色体臂特异性 BAC 文库的构建是最具有吸引力的用途之一。大多数作物已经构建了基因组 BAC 文库。但是这些文库的保存和筛选是相当费力的，而且花销巨大。比如，一个六倍体小麦 BAC 文库，9.3 倍的覆盖率，含

有 1.2×10^6 个克隆,按顺序排列于 3 125 块 384 孔的板上(Allouis et al. 2003)。而一个小麦 1B 染色体短臂特异 BAC 文库,17 倍覆盖率,只有 65 280 个克隆(Janda et al. 准备中)。这样的文库可使复杂的基因组分成小的部分,从而容易操作和分析。唯一的障碍就是需要上百万的染色体,它的分选需要几周时间(Šafář et al. ,准备中)。但是,总的分选时间可通过采用高速分选机而降低,如果可能,或者通过应用双端体株系来同时分选两种不同的染色体臂。

分选染色体技术除了在本章中提到的应用外,其他应用方面前景也十分乐观。第一个包括 ESTs 的高通量作图,或用分选染色体上准备的探针对 DNA 阵列上低拷贝的 DNA 序列进行杂交的方法,进行高通量物理定位。第二个应用包括 HAPPY 定位,这是一种将 DNA 分子标记的顺序和空间位置直接定位于 DNA 分子上的一种体外方法(Thangavelu et al. 2003)。应用染色体臂特异 DNA,这种方法可快速构建物理图谱的框架。第三个应用集中于通过再关联动力学分析,从特异染色体和染色体臂上分离基因序列(Peterson et al. 2002)。

致　谢

This work was supported by research grants 521/03/0595 and 522/03/0354 from the Grant Agency of the Czech Republic, grant QC1336 from the Ministry of Agriculture of the Czech Republic, and grants ME527 and ME528 from the Ministry of Education, Youth, and Sports of the Czech Republic.

参考文献

Allouis, S., G. Moore, A. Bellec, R. Sharp, P. Faivre, K. Mortimer, S. Pateyron, T. N. Foote, S. Griffiths, M. Caboche, and B. Chalhoub (2003) "Construction and characterisation of a hexaploid wheat (Triticum aestivum L.) BAC library from the reference germplasm 'Chinese Spring'." Cereal Res. Communications 31:331–338.

Arumuganathan, K., J. P. Slattery, S. D. Tanksley, and E. D. Earle (1991) "Preparation and flow cytometric analysis of metaphase chromosomes of tomato." Theor. Appl. Genet. 82:101–111.

Arumuganathan, K., G. B. Martin, H. Telenius, S. D. Tanksley, and E. D. Earle (1994) "Chromosome 2-specific DNA clones from flow-sorted chromosomes of tomato." Mol. Gen. Genet. 242:551–558.

Boschman, G. A., E. M. M. Manders, W. Rens, R. Slater, and J. A. Aten (1992) "Semi-automated detection of aberrant chromosomes in bivariate flow karyotypes." Cytometry 13: 469–477.

Carrano, A. V., J. W. Gray, R. G. Langlois, K. J. Burkhart-Schultz, and M. Van Dilla (1979) "Measurement and purification of human chromosomes by flow cytometry and sorting" Proc. Natl. Acad. Sci. USA 76: 1382–1384.

Carrano, A. V., J. W. Gray, R. G. Langlois, and L. C. Yu (1983) "Flow cytogenetics: Methodology and applications." In: Chromosomes and Cancer, J. D. Rowley, and J. E. Ultmann, eds., Academic Press, Inc., pp. 195–209.

Conia, J., C. Bergounioux, C. Perennes, P. Muller, S. Brown, and P. Gadal (1987) "Flow cytometric analysis and sorting of plant chromosomes from *Petunia hybrida* protoplasts." Cytometry 8:500–508.

Conia, J., P. Muller, S. Brown, C. Bergounioux, and P. Gadal (1989) "Monoparametric models of flow cytometric karyotypes with spreadsheet software." Theor. Appl. Genet. 77:295–303.

de Laat, A. M. M., and J. Blaas (1984) "Flow-cytometric characterization and sorting of plant chromosomes." Theor. Appl. Genet. 67: 463–467.

Doležel, J. (1991) "KARYOSTAR: Microcomputer program for modelling of monoparametric flow karyotypes." Biológia 46:1059–1064.

Doležel, J., and S. Lucretti (1995) "High-resolution flow karyotyping and chromosome sorting in *Vicia faba* lines with standard and reconstructed karyotypes." Theor. Appl. Genet. 90:797–802.

Doležel, J., P. Binarová, and S. Lucretti (1989) "Analysis of nuclear DNA content in plant cells by flow cytometry." Biol. Plant. 31: 113–120.

Doležel, J., J. Číhalíková, and S. Lucretti (1992) "A high-yield procedure for isolation of metaphase chromosomes from root tips of *Vicia faba* L." Planta 188:93–98.

Doležel, J., S. Lucretti, and I. Schubert (1994) "Plant chromosome analysis and sorting by flow cytometry." Crit. Rev. Plant Sci. 13: 275–309.

Doležel, J., J. Číhalíková, J. Weiserová, and S. Lucretti (1999a) "Cell cycle synchronization in plant root meristems." Meth. Cell Sci. 21: 95–107.

Doležel, J., J. Macas, and S. Lucretti (1999b) "Flow analysis and sorting of plant chromosomes." In: Current Protocols in Cytometry, J. P. Robinson, Z. Darzynkiewicz, P. N. Dean, L. G. Dressler, A. Orfao, P. S. Rabinovitch, C. C. Stewart, H. J. Tanke, and L. L. Wheeless, eds, John Wiley and Sons, Inc., pp. 5.3.1.–5.3.33.

Doležel J., M. A. Lysák, M. Kubaláková, H. Šimková, J. Macas, and S. Lucretti (2001) "Sorting of Plant Chromosomes." In: Flow Cytometry; 3rd. ed., Part B, Z. Darzynkiewicz, H. A. Crissman HA, and J. P. Robinson, eds., Academic Press, pp. 3–31.

Ferguson-Smith, M. A. (1997) "Genetic analysis by chromosome sorting and painting: phylogenetic and diagnostic applications." Eur. J. Hum. Genet. 5:253–265.

Gill B. S., B. Friebe, and T. R. Endo (1991) "Standard karyotype and nomenclature system for description of chromosome bands and structural-aberrations in wheat (Triticum aestivum)." Genome 34:830–839.

Gill, K. S., K. Arumuganathan, and J. H. Lee (1999) "Isolating individual wheat (*Triticum aestivum*) chromosome arm by flow cytometric analysis of ditelosomic lines." Theor. Appl. Genet. 98:1248–1252.

Gray, J. W., and L. S. Cram (1990) "Flow karyotyping and chromosome sorting." In: Flow Cytometry and Sorting, M. Melamed, T. Lindmo, and M. Mendelssohn, eds., Wiley-Liss, pp. 503–529.

Gray, J. W., A. V. Carrano, D. H. Moore, L. L. Steinmetz, J. Minkler, B. H. Mayall, M. L. Mendelsohn, and M. A. Van Dilla (1975) "High-speed quantitative karyotyping by flow microfluorometry." Clin. Chem. 21:1258–1262.

Gualberti, G., J. Doležel, J. Macas, and S. Lucretti (1996) "Preparation of pea (*Pisum sativum* L.) chromosome and nucleus suspensions from single root tips." Theor. Appl. Genet. 92:744–751.

Ibrahim, S. F., and G. van den Engh (2004) "High-speed chromosome sorting." Chromososme Res. 12:5–14

Kejnovský, E., J. Vrána, S. Matsunaga, P. Souček, J. Široký, J. Doležel, and B. Vyskot (2001) "Localization of male-specifically expressed *MROS* genes of *Silene latifolia* by PCR on flow-sorted sex chromosomes and autosomes." Genetics 158:1269–1277.

Koblížková, A., J. Doležel, and J. Macas (1998) "Subtraction with 3′ modified oligonucleotides eliminates amplification artifacts in DNA libraries enriched for microsatellites." BioTechniques 25:32–38.

Kubaláková, M., M. A. Lysák, J. Vrána, H. Šimková, J. Číhalíková, and J. Doležel (2000) "Rapid identification and determination of purity of flow-sorted plant chromosomes using C-PRINS." Cytometry 41:102–108.

Kubaláková, M., J. Vrána, J. Číhalíková, H. Šimková, and J. Doležel (2002) "Flow karyotyping and chromosome sorting in bread wheat (*Triticum aestivum* L.)." Theor. Appl. Genet. 104:1362–1372.

Kubaláková, M., M. Valárik, J. Bartoš, J. Vrána, J. Číhalíková, M. Molnár-Láng, and J. Doležel (2003a) "Analysis and sorting of rye (*Secale cereale* L.) chromosomes using flow cytometry." Genome 46:893–905.

Kubaláková, M., J. Bartoš, P. Kovářová, J. Číhalíková, N. Watanabe, S. F. Kianian, and J. Doležel (2003b) "Chromosome analysis and sorting in durum wheat and physical mapping of repetitive DNA sequences". In: Proceedings of the Tenth International Wheat Genertics Symposium, Istituto Sperimentale per la Cerealicoltura, Rome, pp. 601–603.

Langer, S., J. Kraus, and M. R. Speicher (2004) "Multicolor chromosome painting in diagnostic and research applications." Chromosome Res. 12:15–23.

Lee, J. H., K. Arumuganathan, S. M. Kaeppler, H. F. Kaeppler, and C. M. Papa (1996) "Cell synchronization and isolation of metaphase chromosomes from maize (*Zea mays* L.) root tips for flow cytometric analysis and sorting." Genome 39:697–703.

Lee, J. H., K. Arumuganathan, Y. Yen, S. Kaeppler, H. Kaeppler, and P. S. Baenziger (1997) "Root tip cell cycle synchronization and metaphase-chromosome isolation suitable for flow sorting in common wheat (*Triticum aestivum* L.)." Genome 40: 633–638.

Lee, J. H., K. Arumuganathan, Y. S. Chung, K. Y. Kim, W. B. Chung, K. S. Bae, D. H. Kim, D. S. Chung, and O. C. Kwon (2000) "Flow cytometric analysis and chromosome sorting of barley (*Hordeum vulgare* L.)." Mol. Cells 10:619–625.

Lee, J. H., K. Arumuganathan, S. M. Kaeppler, S. W. Park, K. Y. Kim, Y. S. Chung, D. H. Kim, and K. Fukui (2002) "Variability of chromosomal DNA contents in maize (*Zea mays* L.) inbred and hybrid lines." Planta 215: 666–671.

Levy, H. P., R. A. Schultz, J. V. Ordónez, and M. M. Cohen (1991) "Anti-kinetochore staining for single laser, bivariate flow sorting of Indian muntjac chromosomes." Cytometry 12:695–700.

Li, L. J., K. Arumuganathan, H. W. Rines, R. L. Phillips, O. Riera-Lizarazu, D. Sandhu, Y. Zhou, and K. S. Gill (2001) "Flow cytometric sorting of maize chromosome 9 from an oat-maize chromosome addition line." Theor. Appl. Genet. 102:658–663.

Lucretti, S., and J. Doležel (1997) "Bivariate flow karyotyping in broad bean (*Vicia faba*)." Cytometry 28:236–242.

Lucretti, S., J. Doležel, I. Schubert, and J. Fuchs (1993) "Flow karyotyping and sorting of *Vicia faba* chromosomes." Theor. Appl. Genet. 85:665–672.

Lysák, M. A., J. Číhalíková, M. Kubaláková, H. Šimková, G. Künzel, and J. Doležel (1999) "Flow karyotyping and sorting of mitotic chromosomes of barley (*Hordeum vulgare*

L.)." Chromosome Res. 7:431–444.

Macas, J., J. Doležel, S. Lucretti, U. Pich, A. Meister, J. Fuchs, and I. Schubert (1993) "Localization of seed protein genes on flow-sorted field bean chromosomes." Chromosome Res. 1:107–115.

Macas, J., G. Gualberti, M. Nouzová, P. Samec, S. Lucretti, and J. Doležel (1996) "Construction of chromosome-specific DNA libraries covering the whole genome of field bean (*Vicia faba* L.)." Chromosome Res. 4:531–539.

Neumann, P., M. Lysák, J. Doležel, and J. Macas (1998) "Isolation of chromosomes from *Pisum sativum* L. hairy root cultures and their analysis by flow cytometry." Plant Sci. 137:205–215.

Neumann, P., D. Požárková, J. Vrána, J. Doležel, and J. Macas (2002) "Chromosome sorting and PCR-based physical mapping in pea (*Pisum sativum* L.)." Chromosome Res. 10:63–71.

Peterson, D. G., S. R. Schulze, E. B. Sciara, S. A. Lee, J. E. Bowers, A. Nagel, N. Jiang, D. C. Tibbitts, S. R. Wessler, and A. H. Paterson (2002) "Integration of Cot analysis, DNA cloning, and high-throughput sequencing facilitates genome characterization and gene discovery." Genome Res. 12: 795–807.

Pich, U., A. Meister, J. Macas, J. Doležel, S. Lucretti, and I. Schubert (1995) "Primed *in situ* labelling facilitates flow sorting of similar sized chromosomes." Plant J. 7:1039–1044.

Pinkel, D., J. Landegent, C. Collins, J. Fuscoe, R. Seagraves, J. Lucas, and J. Gray (1998) "Fluorescence *in situ* hybridization with human chromosome-specific libraries. Detection of trisomy 21 and translocations of chromosome 4." Proc. Natl. Acad. Sci. USA 85:9138–9142.

Požárková, D., A. Koblížková, B. Román, A. M. Torres, S. Lucretti, M. Lysák, J Doležel, and J. Macas (2002) "Development and characterization of microsatellite markers from chromosome 1-specific DNA libraries of *Vicia faba*." Biol. Plant. 45:337–345.

Schubert, I., P. F. Fransz, J. Fuchs, and H. de Jong (2001) "Chromosome painting in plants." Meth. Cell Sci. 23:57–69.

Šimková, H., J. Číhalíková, J. Vrána, M. A. Lysák, and J. Doležel (2003) "Preparation of high molecular weight DNA from plant nuclei and chromosomes isolated from root tips." Biol. Plant. 46:369–373.

Stubblefield, E., S. Cram, and L. Deaven (1975) "Flow microfluorometric analysis of isolated Chinese hamster chromosomes." Exptl. Cell Res. 94:464–468.

Telenius, H., N. P. Carter, C. E. Bebb, M. Nordenskjöld, B. A. J. Ponder, and A. Tunnacliffe (1992) " Degenerate oligonucleotide-primed PCR: general amplification of target DNA by a single degenerate primer." Genomics 13:718–725.

Thangavelu, M., A. B. James, A. Bankier, G. J. Bryan, P. H. Dear, and R. Waugh (2003) "HAPPY mapping in a plant genome: reconstruction and analysis of a high-resolution physical map of a 1.9 Mbp region of Arabidopsis thaliana chromosome 4." Plant Biotechnology Journal 1:23–31.

Tian, Y., W. Nie, J. Wang, M. Ferguson-Smith, and F. Yang (2004) "Chromosome evolution in bears: reconstructing phylogenetic relationships by cross-species chromosome painting." Chromosome Res. 12:55–63.

Valárik, M., J. Bartoš, P. Kovářová, M. Kubaláková, J. H. de Jong, and J. Doležel (2004) "High-resolution FISH on super-stretched flow-sorted plant chromosomes." Plant J. 37: 940–950.

Van Dilla, M. A., L. L. Deaven, K. L. Albright, N. A. Allen, M. R. Aubuchon, M. F. Bartholdi, N. C. Brown, E. W. Campbell, A. V. Carrano, L. M. Clark, L. S. Cram, B. D. Crawford, J. C. Fuscoe, J. W. Gray, C. E. Hildebrand, P. J. Jackson, J. H. Jett, J. L. Longmire, C. R. Lozes, M. L. Luedemann, J. C. Martin, J. S. McNinch, L. J. Meincke, M. L. Mendelsohn, J. Meyne, R. K. Moyzis, A. C. Munk, J. Perlman, D. C. Peters, A. J. Silva, and B. J. Trask (1986) "Human chromosome-specific DNA libraries. Construction and availability." Biotechnology 4:537–552.

Vaz Patto, M. C., A. M. Torres, A. Koblížková, J. Macas, and J. I. Cubero (1999) "Development of a genetic composite map of *Vicia faba* using F_2 populations derived from trisomic plants." Theor. Appl. Genet. 98:736–743.

Veuskens, J., D. Marie, S. C. Brown, M. Jacobs, and I. Negrutiu (1995) "Flow sorting of the Y sex-chromosome in the dioecious plant *Melandrium album*." Cytometry 21:363–373.

Vláčilová, K., D. Ohri, J. Vrána, J. Číhalíková, M. Kubaláková, G. Kahl, and J. Doležel (2002) "Development of flow cytogenetics and physical genome mapping in chickpea (*Cicer ar-*

ietinum L.)." Chromosome Res. 10:695–706.

Vrána, J., M. Kubaláková, H. Šimková, J. Číhalíková, M. A. Lysák, and J. Doležel (2000) "Flow-sorting of mitotic chromosomes in common wheat (*Triticum aestivum* L.)." Genetics 156:2033–2041.

Wang, M. L., A. R. Leitch, T. Schwarzacher, J. S. Heslop-Harrison, and G. Moore. (1992) "Construction of a chromosome-enriched *Hpa*II library from flow-sorted wheat chromosomes." Nucleic Acids Res. 20:1897–1901.

Young, B. D. (1990) "Chromosome analysis and sorting." In: Flow Cytometry, A Practical Approach, M. G. Ormerod, ed., Oxford University press, pp. 145–159.

Chapter 8

基因组DNA文库与物理作图

概　述

基因组DNA大片段插入文库已成为所有生物，尤其是高等生物构建物理图谱或重组基因组时选用的重要基因组资源。在细菌上开发的基因组DNA大片段插入克隆系统不仅成功地用于构建物理图谱，并使基因组学的研究发生了根本改变。目前，已经构建完成了许多基因组DNA大片段插入文库，而且还有许多基因组DNA更大片段插入基因组文库正在构建之中。包括人类、植物和动物，以及在农艺、经济和环境中具有重要意义生物的基因组DNA大片段插入文库也将有待构建。由于采用了基因组DNA大片段插入，使得一个完整基因组DNA文库仅需要少量的克隆就能完成，而且文库中所有的克隆都以阵列排列并保存在微孔板上，这样文库就可方便地分享和用于合作研究。更重要的是，基因组DNA大片段插入文库使得很多原本难以开展的研究成功完成。本章叙述了基因组DNA大片段插入文库的构建及其在基因组物理图谱构建中的应用。介绍和评价常用于基因组物理作图的不同类型基因组DNA文库的优劣，点出了基于细菌的基因组DNA大片段插入文库构建技术的关键，及其如何在基因组物理作图中有效应用，详细介绍了构建基于细菌的基因组DNA大片段插入文库的步骤，并且给出一些它们在物理作图上应用的例子。最后，讨论了基因组DNA文库在物理作图上应用的进一步发展。

摘　要

基于细菌的基因组DNA大片段插入克隆系统，已经成为了基因组物理作图谱中应用最广的克隆系统。主要是因为它具有大的克隆容量，大片段插入的基因组DNA在大肠杆菌中很稳定，容易操作的优点。这项技术的出现主要归于电转导的发展和大肠杆菌菌株DH10B的发现。而文库的质量比如插入片段的大小，克隆基因组的覆盖面，基因组的代表性，以及二价载体等因素，对于构建高质量的基因组物理图谱都有很大的影响。基于细菌的细菌基因组DNA大片段插入文库已经有了许多成功报道，而且构建的基因组DNA大片段插入文库已经广泛地用在了各种克隆方法获得的物理图谱中，包括指纹分析FISH、光学图谱、重复杂交和其他方法。

8.1 引 言

基因组物理定位依据的标记有核苷酸序列、克隆、和其他据碱基对数量多少为距离的若干类型标记。为增加作图分辨率，物理作图运用了包括染色体显带类型物理图谱、荧光原位杂交(FISH)物理图谱、基于放射性杂交的物理图谱、基于克隆的物理图谱和基因组序列图谱。然而，由基因组 DNA 大片段插入文库构建的物理图谱(基于克隆的物理图谱)正在成为基因组学研究的核心。上述图谱的完成不但对于大规模基因组测序和基因组序列图谱的构建是必要的，而且为大规模基因作图、基因克隆、基因组结构与功能研究以及基因组进化分析都提供了经济有效的工作方案。

基因组 DNA 大片段插入文库是基因组物理作图的前提。基因组 DNA 文库的克隆提供了一种方法，可以产生一个基因组中任何区域中的大量容易操作的基因组 DNA。一个完整基因组 DNA 文库的所有克隆代表了整个基因组，基因组文库是体外构建的，即通过在克隆载体上插入外源基因组 DNA 片段，载体上应该含有能够传递和稳定繁殖的外源 DNA 片段等的所有元件，就如质粒、细菌噬菌体或者宿主细胞内的人工染色体。

目前，已经有三个克隆体系被用于基因组 DNA 大片段插入文库的构建和基因组物理作图(见下面)：基于细菌的质粒克隆体系，酵母人工染色体(YAC)克隆体系(Burke et al. 1987)，基于细菌噬菌体 P1 噬菌体克隆体系(P1，Sternberg 1990)。基于质粒的克隆体系包括多种类型的载体，如考斯粒(Collins and Hohn 1978)，弗斯粒(fosmids)(Kim et al，1992)，细菌人工染色体(BACs，Shizuya et al，1992)，噬菌体 P1 产生的人工染色体(PACs Ioannou et al. 1994)，双元 BACs(Hamilton 1997)，传统的基于质粒的克隆载体(PBCs，Tao and zhang 1998)，以及具转化能力的人工染色体(TACs，Liu et al. 1999)。

酵母人工染色体克隆体系是 1987 年(Burke et al. 1987)创建的，由于具有能够克隆大于 1 000 kb 的 DNA 片段的能力，导致大片段基因组研究发生了根本性的改变。已经构建许多物种的酵母人工染色体，并用在物理作图中，如人类(Chumakov et al. 1995)，老鼠(Nusbaum et al. 1999)，水稻(Kurata et al，1997；Saji et al. 2001；Wu et al. 2002)，拟南芥(Canilleri et al. 1998；Hwang et al. 1991；Matallana et al. 1992；Schmidt et al. 1995；Zachgo et al. 1996)等。然而由于存在以下几个缺点，它们不宜再作为主要的克隆体系广泛用于基因组研究和物理作图。第一，酵母人工染色体含有相对较高百分比的嵌合克隆，虽然大多数的 YAC 克隆含有单个的 YAC，但是用于 YAC 克隆的遗传选择却不能防止多个独立的 YACs 共同转入一个相同的细胞内。据估计，像这样多个 YAC 在同一个细胞内的克隆在不同类型文库中占有 10%～30%。再者，嵌合插入通过连接过程也会发生在两个或者更多不相关的基因组 DNA 片段中。第二，YACs 在宿主细胞中的不稳定性也是一个严重问题，天然的酵母染色体可以以极其高的保真度来分离，然而酵母人工染色体稳定性相对较差，特别是较短的线性 YACs，细胞分裂时在宿主细胞内较容易丢失。第三，YAC 插入 DNA 的分离很费事，并且分离的 DNA 也较易被酵母染色体 DNA 污染。克隆到 YAC 中的 DNA 按照标准的化学技术方法不易从宿主

DNA 中分离出，而必须要先提纯分离总的完整的酵母染色体 DNA 然后再从酵母染色体 DNA 中分离出 YAC 中的 DNA。基于物理作图的需要，总的酵母 DNA 的分离方法是，先将细胞包埋到琼脂糖柱或琼脂糖细珠中进行酶解而去掉细胞壁，然后进行酶解细胞，再通过充分漂洗。最后 YAC 的 DNA 通过脉冲凝胶电泳分离出来。

基于噬菌体 P1 的细菌噬菌体克隆体系是由 Sternberg 于 1990 年建立的。利用了细菌噬菌体 P1 的大基因组 P1 来加倍基于 λ 噬菌体载体的克隆容量，可以克隆 DNA 片段的长度高达 100 kb。与那些基于细菌的大片段插入克隆体系相比，这个克隆体系克隆的 DNA 片段仍然较小，本体系没有广泛用于基因组 DNA 文库的构建和大的复杂基因组的物理作图。

以细菌为基础的大片段插入克隆体系（BACs）于 1992（Shizuya et al. 1992）报道。由于其 DNA 克隆片段可达到 300 kb，以及克服了 YAC 体系的缺点，BAC 体系迅速成为基因组 DNA 大片段插入文库构建和物理作图的首要选择。对于这个体系的发展来说，最重要的两个因素是电转化方法的建立和发现了大肠杆菌菌株 DH10B。电转化技术能够将插入了大片段 DNA 的质粒和考斯粒等插入有大片段 DNA 的质粒转入宿主细胞中，而且其转化效率比以前的化学和噬菌体粒子转化方法高，操作也简单。大肠杆菌菌株 DH10B 及其改造菌株能够稳定保存，并且能够利用它繁殖几乎所有的质粒载体及其衍生载体（Tao and Zhang 1998）。到目前为止几乎所有的基于细菌的基因组 DNA 大片段插入文库都是在宿主 DH10B 及其改造菌株中构建的。这个宿主的主要特征包括了突变，此突变可以阻止重组（*recA1*），即通过内源核酸限制性内切酶（*hsd*/*RMS*）对外源 DNA 的酶切以阻止重组，以及对含有甲基化 DNA 的酶切以阻止重组（*mcr*A，*mcr*B，*mcr*C 和 *mrr*）。

很明显，基于细菌的大片段插入克隆体系在很多方面优于 YAC 和细菌噬菌体 P1 克隆体系。由于 YAC 和细菌噬菌体 P1 克隆体系在目前的基因组研究中利用的限制，本章仅详细介绍和讨论基于细菌的基因组 DNA 大片段插入文库。

8.2 方法与技术

8.2.1 以细菌为基础的大片段插入 DNA 克隆

基于细菌的大片段插入克隆体系，代表了最先进的基因组 DNA 大片段插入文库的构建技术。在细菌载体上，大片段插入克隆了解最为多的可能是 BACs，PACs，BIBACs 和 TACs。然而，用于克隆这些人工染色体的载体是经过修饰的质粒，并且克隆以大片段插入在质粒中保持在细菌宿主中，没有任何载体成分是来自于细菌染色体。Tao 和 Zhang(1998)发现了传统上在早期用于不同的研究中的基于质粒克隆(PBC)的载体，包括质粒和考斯粒，在电转化技术应用于细菌菌株 DH10B 的转化后，其与人工染色体有同样的容量。因此，BACs、PACs、BIBACs、PBCs 和 TACs 在这里，被统称为基于细菌的大片段插入克隆。图 8-1 表示 BACs，PACs，BIBACs，PBCs 和 TACs 的典型载体；图 8-2 表示基于细菌的大片段插入克隆克隆在 BACs 和 BIBACs 载体中，并通过脉冲电泳分析。

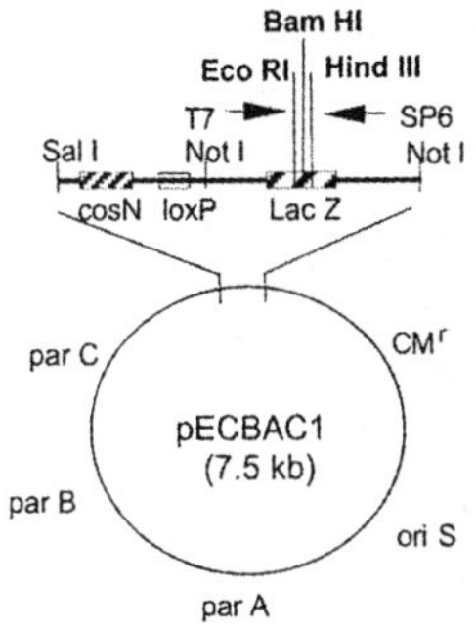

细菌人工染色体 (BAC)

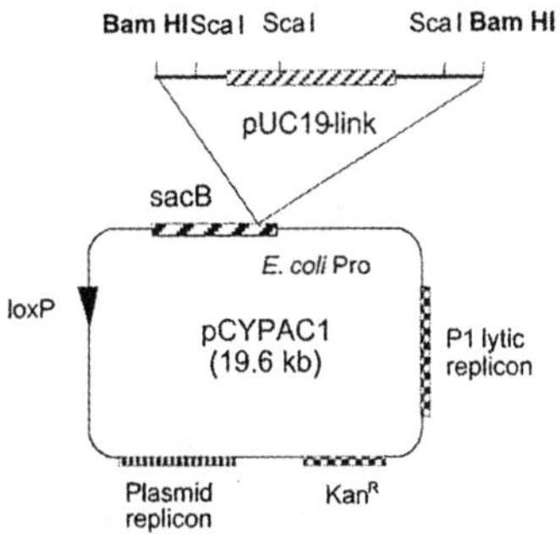

噬菌体 P1 衍生人工染色体(PAC)

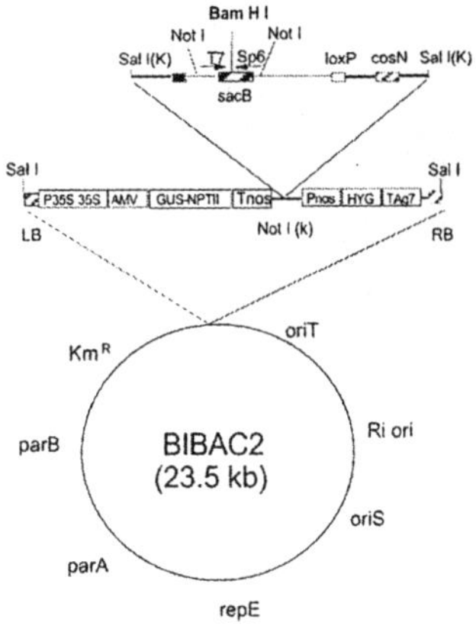

双元 BAC (BIBAC)

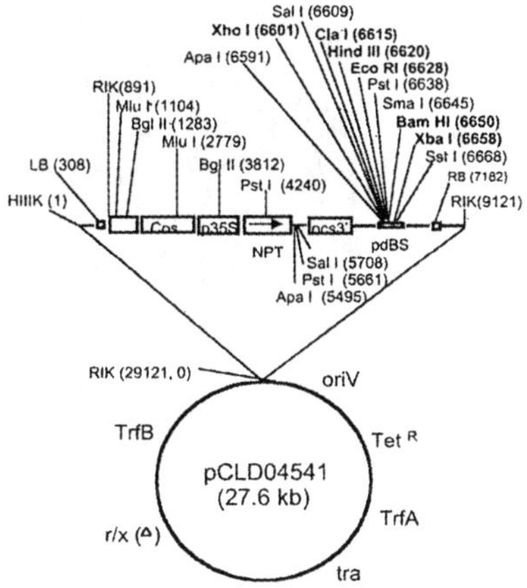

质粒克隆载体 (PBC): 双黏粒

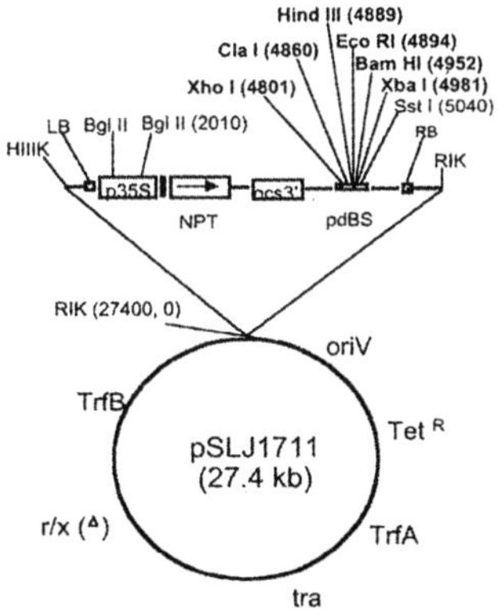

质粒克隆载体 (PBC): 双元质粒

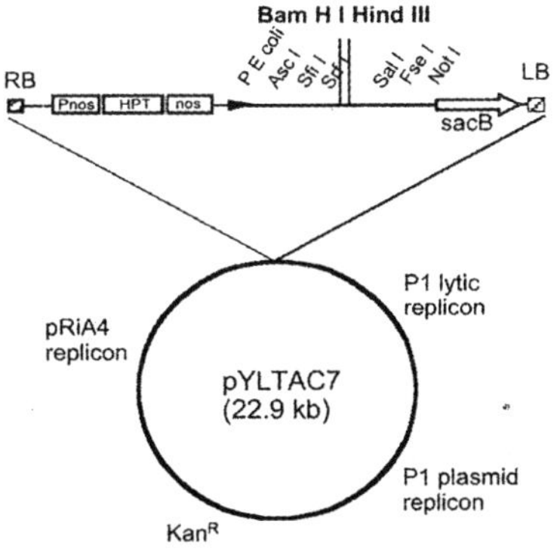

可转化人工染色体 (TAC)

图 8-1 用于构建基于细菌的基因组大片段插入文库的载体。粗线为限制酶克隆位点。BAC 和 PAC 仅用在构建文库，而 BIBAC、双元载体 PBC 和 TAC 不仅用于文库构建，也用作农杆菌植物转化。

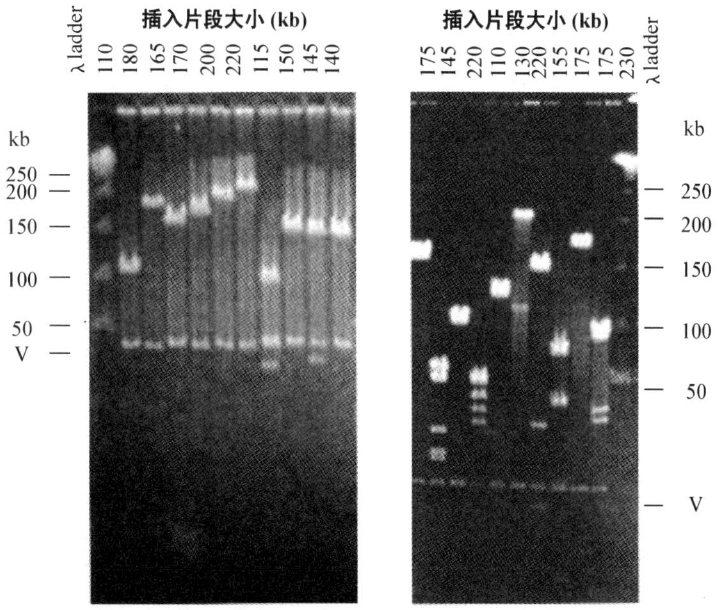

A:BIBACs克隆于BIBAC2　　B:BACs克隆于pECBAC1

图 8-2　具有转化能力的拟南齐 BIBACs(Chang et al. 2003)和小麦 BACs 的转化。分离 DNA,用 *Not* Ⅰ 酶切克隆载体(V)、释放插入片段,跑脉冲电泳胶,EB 染色照相,每个插入片段的大小可以通过将克隆的所有片段加起来来估算。

8.2.1.1　BAC

BAC 载体是在大肠杆菌育性(F-因子)质粒的基础上发展起来的(Shizuya et al. 1992)。F-因子质粒是自然发生的 100 kb 的环形 DNA 分子,因为质粒在大肠杆菌中的复制是严格控制,所以常常保持很低的拷贝数(每个细胞中一个或两个拷贝)。第一个 BAC 克隆质粒载体 pBAC108L 由 Shizuya(1992)报道,它是在自然的 F-因子质粒上通过去掉一些不必要的片段和增加一些标记基因而构建的。pBAC108L 在大肠杆菌中能够克隆并且稳定保持大于 300 kb 的 DNA 片段,但是它缺少一个作为重组克隆所需要的选择基因。pBAC108L 中的重组克隆必须借助于菌落杂交来鉴定,然而菌落杂交并不适合文库的构建。因此,*lacZ* 基因作为重组筛选标记导入 pBAC108L 中,得到 BAC 载体 pBeloBAC11(Kim et al. 1996)。pBeloBAC11 有两个克隆位点,*Hin*d Ⅲ和 *Bam*HⅠ。为了便于由 *Eco*RⅠ产生的大片段 DNA 的克隆,通过破坏 pBeloBAC11 中的基因 CM^r 的 *Eco*R Ⅰ位点,将 pBeloBAC11 修改成为 pECBAC Ⅰ(Frijters et al. 1997)。因而,pECBAC Ⅰ具有能够克隆由 *Eco*RⅠ产生的 DNA 片段,另外还有由 *Hin*d Ⅲ和 *Bam*H Ⅰ所产生的 DNA 片段。pBeloBAC11 和 pECBAC1 已经广泛用于 BAC 文库的构建中。

pECBAC1 的分子结构如图 8-1 所示。它含有自主复制所需要的最小序列和 F-因子质粒拷贝数控制(*ori*S,*par*A,和 *par*B)。*oriS* 基因介导 F-因子的单方向复制，而 *par*A，*par*B，*par*C 保持每个 *E. coli* 细胞中质粒拷贝数在 1～2 个水平。pECBAC1 有三个限制酶切位点，*Hind* Ⅲ，*Bam*H Ⅰ和 *Eco*R Ⅰ，以能够在 *lacZ* 基因中进行克隆。当因插入了 DNA 片段而破坏了 *lacZ* 基因的重组的 BACs 克隆，在含有组织化学的底物 X-gal 和诱导物 IPTG 的培养基上培养时，重组 BACs 表现为白色菌落，而非重组的，无插入克隆表现为蓝色菌落。质粒上还含有一个作为转化体进行选择的标记基因即氯霉素抗性基因，在多克隆位点侧翼两个 *Not* Ⅰ位点可以使插入片段从载体上切除掉。多克隆位点两侧翼所含的噬菌体 T7 和 SP6 启动子序列，可以通过 RNA 离体转录或者 PCR 方法，分别从这两个启动子序列开始得到克隆序列末段的序列以用作探针制备，验证克隆序列的真实性和正确性。质粒上其他的功能结构是噬菌体上的 λ*cos*N 位点和 P1 *lox*P 位点。

8.2.1.2　PAC

如上面讨论的，第一个 BAC 载体 pBAC108L 缺少一个重组的筛选标记基因，并且不利于基因组 DNA 文库的大规模构建。为了克服这些缺点，Ioannou et al. (1994)结合噬菌体 P1 和 F-因子质粒的特点构建了一个新的载体 pCYPAC-1，将其命名为 PAC。它是通过将 P1 载体 pAd10SacBⅡ上的腺病毒填充片段去掉，并在 *Bam*HⅠ克隆位点上插入一个修饰后的 PUC19 质粒而得到的。

PAC 具有 BAC 的大部分特征，并且如果关注的是抗生素的筛选（卡那霉素用于 PACs，而氯霉素用于 BACs）和克隆位点（如 *Bam*H Ⅰ用在 PAC 载体 pCYPAC1），在文库构建方面，PAC 可以和 BACs 在很大程度上互换。然而，PAC 的分子结构在以下几个方面却不同于 BAC（图 8-1）。第一，常用的 BAC 载体，除 pBAC108L 外，都含有 *lacZ* 基因作为重组体的选择，而 PAC 载体上含有来自于噬菌体 P1 的 *SacB* 基因作为重组体的筛选。当根癌农杆菌和大肠杆菌培养在含有 5%的蔗糖的琼脂培养基上时，*SacB* 基因对大肠杆菌是致死的。因此，含有重组体载体（有一个外源 DNA 片段插入到克隆位点 *Bam*H Ⅰ）的宿主细胞能够成活并在 5%的蔗糖的培养基上生长，形成白色的菌落，而非重组体细胞在 5%的蔗糖上不能够成活。第二，PACs 像噬菌体 P1 一样，由于它们的复制子和分割体系，在单个细胞内经常维持单个拷贝，但是它们也含有一个 IPTG 可诱导的高拷贝数的复制起始点（P1 溶酶复制子），这可以用于在宿主细胞内大量扩增和繁殖 PAC DNA（Ioannou et al. 1994）。另外，PACs 在连接的“pUC 19-link”上含有另一个高拷贝数的 DNA 复制起始点，其经常用于载体繁殖，而在后续步骤的文库构建中，用 *Bam*H Ⅰ来酶切而去掉。

8.2.1.3　BIBACs

在植物界中，很多性状都是由物理距离很近的成簇连锁基因（比如植物的抗病基因）控制的。这类成簇基因在植物中的转化需要一个载体，其能够克隆大的 DNA 片段，并且能够通过农杆菌介导法将克隆的 DNA 转化到植物中。这种载体在植物中可用于一系列的图位克隆，基因的基因工程和 QTL 定位。因此，双元载体BAC(BIBAC)及相关的大的DNA片段转化体系正是为了满足上面的需求而相继建立起来(Hamilton et al. 1996;Hamilton 1997)。

BIBAC载体是通过连接BAC质粒pBAC108L和农杆菌Ri质粒而形成的,因此,在大肠杆菌和农杆菌中都是单拷贝复制的。图8-1所示载体BIBAC2的分子结构(Hamilton 1997)。像BAC一样,BIBAC也含有自主复制所需要的小序列和可以控制拷贝数的F-因子质粒(*ori*S,*rep*E,*par*A和*par*B)。来自pBAC108L的λ*cos*N和P1 *lox*P位点和来自噬菌体的T7、Sp6启动子也合并到BIBAC中。BIBAC载体的重组筛选标记是来自噬菌体P1的载体pAd10sacBⅡ里的*SacB*基因,其中pAd10sacBⅡ里的插入克隆位点*Bam*H Ⅰ是确定的。BIBAC里的抗性筛选标记是Km^R基因,它对抗生素卡那霉素起抗性作用,植物筛选标记是GUS-NPTⅡ,其位于插入DNA片段的左边界,为检测T-DNA有效转入到植物中提供方便。GUS-NPT Ⅱ是具有GUS和新霉素磷酸转移酶NPT Ⅱ和GUS的双功能融合肽。NPT Ⅱ可以抗卡那霉素,而GUS可较容易分析出蛋白的表达水平。BIBAC2还有一个植物筛选标记HYG,可以编码潮霉素磷酸转移酶并对潮霉素具有抗性。BIBAC2有一个来自Ri质粒的复制起点,可以维持农杆菌宿主细胞里的质粒在单拷贝水平。BIBAC2还有一个接合转移起始点(*ori*T)。当通过一个帮助质粒,*trans*位点提供所有的转移功能时,*ori*T能使任何共价连锁的DNA进行接合转移。因此,BIBAC克隆可通过电转化技术或三亲交配法导入到农杆菌中。BIBAC2的其他结构还包括P35S 35S(来自CaMV的串联35S启动子),Tnos(胭脂碱合成酶终止子),Pnos(胭脂碱合成酶启动子),TAg7(农杆菌基因7终止子)和AMV(苜蓿花叶病毒增强子)。

BIBAC体系具有农杆菌在帮助质粒的帮助下转化植物的天然能力的优点。为了提高大片段T-DNA转入植物染色体中的效率,通过增加农杆菌致毒基因(vir)的转录激活子*virG*和*virE*的剂量,而设计了帮助质粒pCH 30和pCH 32。关于帮助质粒的更多信息可以查看Hamilton(1997)。

8.2.1.4 PBC

前面介绍的载体主要是针对克隆基因组大片段插入的。然而,Tao和Zhang(1998)发现通过电转化技术也可以将含有大片段DNA的基于质粒的传统载体导入到宿主细胞中,这些传统载体即能够克隆,也可以稳定保持与BACs,PACs,BIBACs一样的大DNA片段。这些结果表明,即使不是所有的,也存在有很多基于质粒的载体,包括用于转化植物和动物细胞的转化载体,和用于表达的双元载体,借助电转化技术都可以直接用于非常大的DNA片段的克隆。利用传统双元载体pSLJ1711和传统双元考斯粒载体pCLD4541的试验表明,这两个载体都可以克隆长度超过300 kb的外源DNA片段,并且在宿主大肠杆菌菌株DH10B里至少可以稳定保持4～5个拷贝的克隆。Tao和Zhang命名这些传统的基于质粒的大片段插入的克隆为PBCs。

天然的 P1 质粒(不同于细菌噬菌体 P1)RK2 的大小为 56 kb,有较宽的宿主范围(包括大肠杆菌和根癌农杆菌),并能在一个宿主细胞内保持 5～8 个拷贝(Figurski and Helinski 1979)。质粒 pRK290 是通过去掉 RK2 中的不必要的序列得到的,其大小为 20 kb(Ditta et al. 1980),双元质粒载体 pSLJ1711 是通过将 Bluescript 的多重连接子(polylinker)插入到 pRK290 中得到的(Jones et al. 1992),而考斯粒载体 pCLD04541 是通过插入一个 *cos* 位点到 pSLJ1711 中而得到的(Jones et al. 1992)。图 8-1 给出 pSLJ1711 和 pCLD04541 这两个载体的结构图。这两个载体都是利用四环素抗性基因 *TetR* 作为转化筛选,*LacZ* 基因作为重组筛选,由 P35S 启动子驱动的 *NPT* 基因(编码新霉素磷酸转移酶,并对应卡那霉素抗性)作为植物筛选,还有一个黑色的 Bluescript (dBS)的多重连接子(polylinker),在 T-DNA 的左右边界之间(中间是 *LacZ* 基因)作为克隆位点。*oriV*, *TrfA* 和 *TrfB* 等区域对 DNA 的复制起作用,*rlx* 和 *tra* 作用在于接合转化,ocs3,表明章鱼碱合成酶基因的 3′端。

双元载体 pCLD4541 和 pSLJ1711 对于基因组 DNA 大片段插入文库的开发来说还有一些优点。第一,每个细胞内通常有 5～8 个拷贝,便于克隆的 DNA 的产量提高,并且易于纯化。第二,这两个考斯粒和质粒载体都有如下克隆位点:*Xho* Ⅰ,*Cla* Ⅰ,*Hind*Ⅲ,*Eco*R Ⅰ和 *Bam*H Ⅰ等多克隆位点,这些多克隆位点对于基因组 DNA 大片段插入文库的构建比 BAC,BIBAC2,PAC 和 TAC 就有了更多可选择的限制性内切酶。第三,pCLD4541 和 pSLJ1711 有 *LacZ* 基因作为重组克隆的选择标记,而 BIBAC 载体是用 *SacB* 基因重组体的筛选标记。在我们的经验,*SacB* 基因作为重组体的筛选没有 *LacZ* 基因可靠,因为通过 *SacB* 基因筛选到的克隆有较高频率(约 10%)的假重组体(Hamilton et al. 1999;Chang et al. 2003)。虽然 BACs 具有 *LacZ* 基因重组筛选标记,但是载体菌落的颜色却不像 pCLD4541 和 pSLJ1711 那样强。另外,BAC 仅仅用于大片段插入 DNA 文库的构建,而作为双元载体的 pCLD4541 和 pSLJ1711 还可以直接将大片段插入克隆用农杆菌方法遗传转化植物。

8.2.1.5 TAC

起源于噬菌体 P1 的双元载体 pYLTAC7 是由 Liu et al(1999)设计完成的,这是一个具有转化能力的人工染色体(TAC)。这个载体在大肠杆菌和根癌农杆菌中都适合大的基因组 DNA 片段的稳定保持,并且借助农杆菌介导法能够将大的克隆的插入 DNA 转入到植物基因组中。TAC 载体是各种质粒以其尽可能小的片段组成(图 8-1)。它带有:细菌噬菌体 P1 的复制子和质粒 Ri 的复制子,以保持在大肠杆菌和根癌农杆菌中的单拷贝水平;有 IPTG 诱导的负责克隆 DNA 高产量的 P1 溶解酶复制子;有在宿主细胞中负责重组筛选的 *SacB* 基因;有在培养基上负责植物潮霉素抗性筛选的 HPT(潮霉素磷酸转移酶)基因;有在大肠杆菌中负责转化体筛选的卡那霉素抗性的标记基因 Km^R。TAC 载体的唯一的克隆位点是位于

*SacB*基因中的*Hind*Ⅲ和*Bam*HⅠ位点。TACs 的重组体通过电转化转入大肠杆菌和根癌农杆菌中，转化的大肠杆菌细胞培养在含有 5%蔗糖的培养基上。需要指出的是仅有一个 *Not*Ⅰ位点在克隆位点的两侧翼。因此，当利用 *Not*Ⅰ酶切来检测克隆插入 DNA 的大小时，载体分子不能够从插入 DNA 上切除，插入 DNA 的大小必须是从总的 DNA 大小上减去载体的大小(23 kb)。

8.2.2 基因组 DNA 文库的质量和基因组物理图谱

高质量的基因组 DNA 大片段插入文库对于基因组物理作图来说是至关重要的。与 YAC 文库相比，已经证明插入到基于细菌的大片段插入文库中的外源 DNA 插入片段，在细菌繁殖许多代后也是稳定的，只有极少的嵌合 DNA 片段。即使对于 PBC 载体来说，在单个的细胞中也仅有 5～8 个拷贝的重组克隆(Tao and Zhang 1998;Zhang et al. 1996)。另外，用于基因组物理作图的高质量的基因组 DNA 文库应该有大的插入片段，令人满意的基因组覆盖率和能够代表整个基因组。当准备一个文库时，还要考虑文库的长期使用，而且文库应具有多功能性，能够满足不同研究项目使用，能够直接用于植物转化。因此，下面的讨论将重点放在插入片段大小、基因组覆盖率、基因组的代表性，以及基于细菌的基因组 DNA 大片段插入文库的植物转化能力等多个方面，对整个基因组物理作图的影响。

8.2.2.1 插入片段的大小

基因组 DNA 文库的克隆插入大小很大程度上依靠于转化方法的不同。在电转化技术方法应用之前，质粒转入细菌宿主细胞中是借助 $CaCl_2$ 处理的感受态细胞吸收 DNA 来进行，考斯粒和细菌噬菌体 P1 质粒的转化是通过细菌噬菌体颗粒体外头部包装完成。这两种方法在将大的片段(小于 100 kb)转入到细菌细胞中都有局限。电转化技术在转化中的应用明显增强了将大的 DNA 片段转入到细菌细胞中转化能力，不仅对于大的 DNA 片段克隆载体如 BAC，PAC，BIBAC 和 TAC 具有这样的功效，即使对于很多早期开发的用于不同生物研究目的的，基于质粒的传统载体(PBC)也有同样功效。已经证明，所有的载体，不管是人工染色体还是传统的基于质粒的载体，都能够克隆，并在细菌中稳定保持 300 kb 以上的外源 DNA 片段。

基因组 DNA 文库的平均插入片段大小，是基因组物理作图最重要的标准之一。很明显，对于一个特定大小的基因组，文库的克隆插入片段越大，代表整个基因组序列所需要的克隆数量越少，在物理图谱中所需要的横跨两个基因组克隆序列的毗连群数量越少。对于一个特定基因组的覆盖度或代表性，具有较少毗连群的物理图谱，将产生较少基因组间隙，以及更高质量的图谱。然而，还不是很清楚，构建文库的克隆插入片段的大小如何显著影响横跨作图基因组毗连群的数量和大小。

Soderlund et al(2000)用含有不同 DNA 插入片段大小的 BAC 文库，研究了文库中克隆的 DNA 插入片段大小，对基因组物理作图所必需的 BAC 毗连群构建的影响(图 8-3)。这个 BAC 文库构建了相当于一个 110 Mb 大小的基因组的 20×的覆盖率，毗连群是利用计算机程序 FPC(FingerPrinted Contig)构建的。当文库中的平均插入片段大小从 100 kb 增加到 165 kb 时，毗连群的数量减少，并且当毗连群的平均大小增大到 5.8 倍(212/38)。然而，当文库中的平均插入片段大小从 165 kb 增加到 200 kb 时，毗连群的数量和平均大小仅仅增加 1.4 倍(38/26)。因此，基因组含有平均插入片段大于 150～160 kb 的基因组 DNA 文库有利于理想物理图谱的构建。

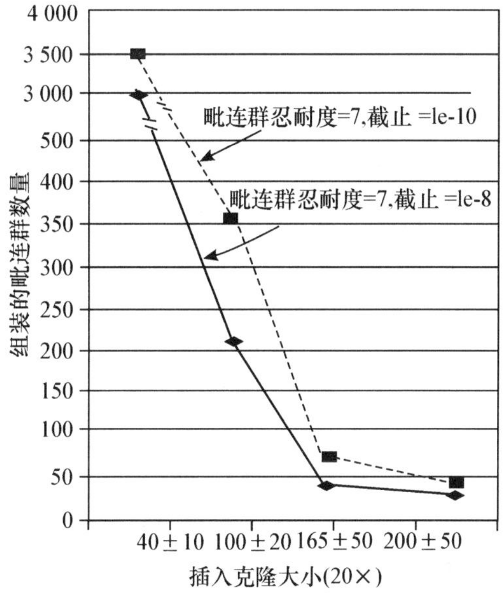

图 8-3 克隆的插入片段大小对指纹物理图谱毗连群的数量和大小的影响，毗连群根据由覆盖 20×的基因组克隆的指纹图谱来组装。针对 100 Mb 的基因组序列，基因组克隆有不同大小的插入片段。毗连群的组装顺序由程序 FingerPrinted Contig(FPC)V4.7 完成(数据引自 Soderlund et al. 1997)。

8.2.2.2 克隆基因组的覆盖率

在基因组 DNA 文库中的克隆的 DNA 插入片段，能够覆盖整个基因组，对于物理作图也是非常重要的。理论上，一个特定基因组序列在文库中存在的概率，可以根据下面的公式估计出：$P=1-e^{-n}$。公式中 n 代表文库中同等基因组的数量，它是由单倍体基因组大小除以总克隆的数量和平均插入片段大小后的结果。

用相当于基因组覆盖率从 7.0×到 20.0×之间的 BAC 文库，开发下列物种整个基因组的基于 BAC 的物理和遗传综合图谱，拟南芥(Marra et al. 1999；Chang et al. 2001)、籼稻(Tao et al. 2001)、人类(IHGMC 2001)、粳稻(Chen et al. 2002；Li et al. 2003)和小鼠(Gregory et al. 2002)。对于能够经济有效的构建高质量基因组物理图谱的最佳最小基因组覆盖率是多少，有着着不同的看法。为了回答这个问题，开展了计算机模拟研究工作，即通过模仿不同指纹图谱方法来汇集来自拟南芥 2

和4号染色体，人体22号染色体，和三个结合在一起的染色体的已知序列的毗连群(Xu et al. 2003，2004)。结果表明(图8-4)，随着基因组覆盖率从5×增加到10×，横跨染色体的毗连群的数量迅速减少。然而，当基因组覆盖率从10×增加到15×时，横跨染色体的毗连群的数量仅以很小的幅度减少，甚至有增加的趋势(图8-4)，说明了毗连群的数量并不是总是负相关与用于基因组物理作图的基因组覆盖率。这些结果说明，大约10×的基因组覆盖率的克隆数量，对于基于细菌的大片段插入克隆的，整个基因组物理作图是最有效的。

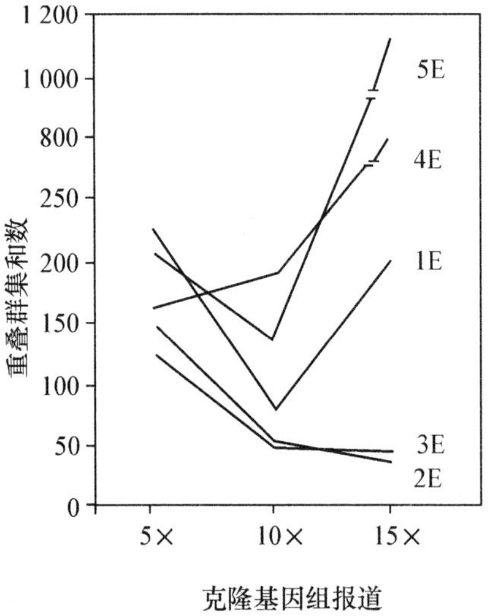

图 8-4　克隆基因组覆盖对指纹物理作图毗连群组装片段数目和大小的影响(基于计算机模拟)。拟南芥染色体2,4及人类22号染色体的71.9 Mb基因组序列产生插入片段大小范围在有120～180 kb[(150±30)kb]的BACs克隆，分别用琼脂糖凝胶，一个酶的方法得到指纹图谱(1E)(Marra et al. 1997)，人工测序凝胶，双酶法(2E)(Zhang and Wing 1997)，毛细管测序，三酶法(3E)(Xu et al. 2003)，自动测序凝胶，四酶法(4E)(Ding et al. 1999)，毛细管测序，五酶(Snapshot)法(5E)(Xu et al. 2003)。用FPC Ⅴ6.0(Soderlund et al. 2000)通过降低截止值直到没有问题的克隆产生(Xu et al. 2004)来组装毗连群。

8.2.2.3　基因组的代表性

研究表明，理论概率(由8.2.2.2部分的公式估计的)或者由单个限制性酶构建的基因组DNA大片段插入文库的基因组代表性比由文库筛选(Tao et al. 2001)估计的基因组代表性低15%。这说明了当用随机DNA标记来筛选文库时，仅有85%的标记在一个或多个阳性克隆中呈现，而剩下的15%的标记在文库中不呈现。研究还表明文库的基因组覆盖率并不能仅靠简单地增加文库的克隆数量得到显著地增加。观测结果至少归结为两个原因。第一，用于文库构建的限制内切酶的酶切位点并不总是沿着基因组均匀一致地分布。因此，含有特定酶太多或太少限制酶切位点的基因组区域就很少能够被克隆到，因为由部分酶切产生的小的(小于50 kb)和大的(大于400 kb)的DNA片段在DNA大片段插入文库构建筛选片段大小时已被去掉。所以,应用在酶切位点具有不同核苷酸含量(AT丰富型和GC丰富型)类型的单个限制酶构建物理图谱时,建议准备至少这两个不同类型酶切的文库。物理作图的实践经验还说明了,这种方法将缩小克隆沿着基因组分布的偏爱,而且两个文库相互之间互补,因而能够达到高基因组代表性,相似与机械剪切的鸟枪法文库。用不同的限制酶构建的两个或更多基因组DNA大片段插入文库已经成功地应用于几个物种的整个基因组物理作图中,例如拟南芥(Chang et al. 2001),籼稻(Tao et al. 2001),人类(IHGMC 2001),小鼠(Gregory et al. 2002),粳稻(Chen et al. 2002;Li et al. 2003),大豆(Wu et al. 2004)和鸡(Ren et al. 2003;Lee et al. 2003)。

具有大基因组的物种,如普通小麦(15 600 Mbp/1C),特别需要几个互补的基因组DNA文库。针对这样大的基因组,为了得到一个高基因组代表性,只通过利用单个限制酶而简单增加文库克隆覆盖率,将会增加文库的生产、储存和操作中的工作量和耗费。因此,通过互补的DNA文库,基因组的代表性得到了有效提高,比较经济地获得了基因组研究中所需的物理图谱。

虽然具有4.7×基因组覆盖率的DNA文库相当于根据前面公式计算得到的99%的文库,但是用两个或更多的限制酶,构建平均插入片段大小在150 kb或更大的,并代表大约10×单倍体基因组的全体克隆数量,对于大部分的基因组研究是足够的,包括全部基因组物理作图和基因组测序(Xu et al. 2004)。这个结论也进一步得到了下列生物的整个基因组鸟枪法测序的证明:流感嗜血杆菌(*Haemophilus influenzas*),生殖支原菌(*Mycoplasma genitalium*)和冈比亚疟蚊菌(*Anopheles gambiae*),而且果蝇(*D. melanogaster*)的常染色质的部分基因组,即相当于6~10×的单倍体基因组的克隆数量也得到了分析验证。

基因组DNA文库代表整个基因组的实际值和理论值之间存在差异的第二个原因是一些基因组区域可能是致死的,极少可能得到克隆,或在特定的宿主体系中以数量很低的拷贝存在或繁殖。为了克隆到这些DNA序列,需要一个特殊的载体或宿主体系。如,少数几个基因组文库的构建可能要用载体:基于质粒的F(BAC或BIBAC),基于质粒的P1(PBC-pCLD04541)和基于细菌噬菌体的P1(PAC或TAC)等载体。YAC克隆体系可能作为对基于细菌的大片段插入文库的一个补充克隆系统,因为克隆常被宿主在单细胞真核有机体酵母中,它不同于基于细菌的大片段插入克隆体系。如,在用*Hind*Ⅲ,*EcoR*Ⅰ和*Bam*HⅠ限制酶产生的BAC和PAC文库,构建了人类物理图谱,但图谱中的一些毗连群间隙是用YACs来填补的(IHGMC 2001)。

8.2.2.4 双元载体在植物物理作图中的重要性

与插入小片段的克隆不一样,插入大片段克隆的整个插入片段很难亚克隆到具有转化能力的双元载体上,进行功能分析,或者通过遗传转化进行插入片段的遗传工程分析。也很难找到一个酶的酶切位点正好在载体克隆位点的两侧翼，并且在大片段插入克隆中也不存在这个酶的识别点。虽然，限制性内切酶 *Not* Ⅰ有着稀有的 8 bp 的切端，用于亚克隆，很明显一个基因组中每 65 536 bp 存在一个平均频率，这个远小于大片段插入的 DNA 文库中平均 150 kb 的插入片段大小。研究还表明 *Not* Ⅰ酶切位点在单子叶植物物种基因组中的频率远远高于在双子叶植物物种基因组中的频率。虽然亚克隆大片段插入的一部分并不难，但是要亚克隆许多大片段插入克隆的所有插入大片段，就非常费时费力。因此，就期望能够将大片段插入 DNA 文库构建在双元载体上，这样既能稳定克隆和保持插入的大片段 DNA，也能够直接将插入的 DNA 大片段转入到植物中。如果大片段插入双元载体文库用于整个基因组物理作图和测序中，双元载体能够直接用于转化植物的能力，将明显方便后续的一系列的基因组序列的功能分析，在物理作图中使用，并且通过遗传转化测序结果也能够用在植物育种中。所以，建议植物物理作图项目（或者针对其他的基因组研究）至少一个大片段插入 DNA 文库应该用双元载体构建。

已经证明 BIBAC2 载体可将人类的 150 kb 的 DNA 片段（Hamilton et al. 1996，1999）转入烟草和番茄，pYLTAC7 将约 100 kb 的 DNA 片段转入了拟南芥（Liu et al. 1999）。然而，双元载体有一个（BIBAC2）或两个（pYLTAC7）克隆位点，且 *sacB* 基因可作为重组体的筛选基因。一些研究中发现，筛选的约 10%的克隆是假的重组体（Hamilton et al. 1999；Chang et al. 2003；T. Uhm and H. B. Zhang，未发表数据）。这些限制影响了 BIBAC2 和 pYLTAC7 载体作为大片段插入双元克隆文库构建中的应用。可选择的是，PBC 的双元载体 pCLD04541 和 pSLJ1711 或其他双元载体可选择作为载体用于此项目的的研究，因为它们有多克隆位点、较高的 DNA 产量和 *LacZ* 可作为重组体筛选基因。在拟南芥（Chang et al. 2001）、大豆（Wu et al. 2004）和粳稻（Li et al. 2003）的每个物理作图项目中，其中一个文库的构建要利用双元载体 pCLD04541。这些物理图谱已经用于经遗传转化后插入 DNA 遗传工程以及功能分析中。

8.2.3 以细菌为基础的基因组 DNA 大片段插入文库的构建

用不同载体构建基于细菌的大片段插入文库用相同的程序，除了由于不同载体在选择限制酶、转化体筛选的抗生素和重组体筛选的细胞培养时需要进行一些修改外。下面介绍的程序已经成功地应用于利用载体 BAC，BIBAC，PAC，TAC 和 PBC（Zhang 2000）。对植物、动物、昆虫和微生物等很多物种，进行基于细菌的基因组 DNA 文库大片段插入的构建中。程序也可以从 GENE*finder* 基因组资源的网站上下载（http://hbz. tamu. edu-Analysis Tools-BAC Tools）。

8.2.3.1 百万量级的大量核 DNA 的准备

高分子量（HMW）的 DNA（＞600 kb）对于基因组 DNA 大片段插入文库构建来说是必不可少的。和传统大小（＜150 kb）DNA 的准备不一样，高分子量的

DNA 在准备过程中必须避免物理剪切。因此，先将原生质体（植物和真菌类）、整个细胞（动物和微生物）、核（植物、动物和昆虫），包埋在低熔点琼脂糖（LMP）胶栓中或微珠上，然后细胞裂解，DNA 纯化和后续操作都是胶栓中或微珠上进行。因为高分子量 DNA 的准备是直接来自细胞核，所以细胞质 DNA 污染率是很低的，这种方法在大量植物和动物物种（Zhang et al. 1995）的应用证明对于高分子量 DNA 的准备来说是经济可行的，而且这种细胞核的方法很快成为首选，并广泛用于植物的高分子量 DNA 的准备中。这种细胞核方法的进一步发展也使高质量高分子量的 DNA 的准备，以及构建基于细菌的基因组 DNA 大片段插入文库在不同植物物种上应用成功。这里我们介绍 Zhang et al. (1995)的关于最近植物的高分子量 DNA 的准备方法。

植物材料

不同物种的植物幼叶或整个植物秧苗，包括草类、豆类、蔬菜和树类，都可作为材料，用此方法进行高分子量 DNA 的准备（Zhang et al. 1995）。组织材料在用前既可以用液氮速冻后存放在－80℃的冰箱里，也可以放在冰上以保持新鲜。

试剂

- 10×匀浆缓冲（HB）母液：0.1 mol/L Trizma base，0.8 mol/L KCl，0.1 mol/L EDTA，10 mmol/L 亚精胺和 10 mmol/L 精胺。溶液的 pH 值用 NaOH 调在 9.4～9.5。母液放在 4℃备用。
- 1×HB：适量的蔗糖和合适体积的 10×HB 混合，最终浓度：蔗糖是 0.5 mol/L，HB 是 1×。配好的 1×HB 放在 4℃。
- 细胞核提取和冲洗缓冲液（1×HB＋0.5％Triton X-100 和 0.15％的巯基乙醇）：缓冲液是 1×HB 和 20％的 Triton X-100 混合而成，最终浓度是 0.5％Triton X-100。巯基乙醇是用前现加终浓度是 0.15％。
- 裂解缓冲液：0.5 mol/L EDTA，pH 9.0～9.3，1％月桂酰基肌氨酸钠和根据植物物种而确定量的 0.2～1.0 mg/mL 蛋白酶 K，蛋白酶 K 粉末只是在用前加入即可。

完整细胞核的准备

1. 将 50 g 组织在大研钵和杵中用大量液氮磨成细粉末后（约 1 h），立即将组织细粉末转到盛有预冷的 800～1 000 mL 细胞核提取和冲洗缓冲液的预冷的 1 000 mL 大烧杯中。

2. 在冰上用磁力搅拌棒轻轻搅拌样品约 10 min，然后用两层粗棉布和一层 Miracloth 辅助用，戴有手套后用手挤压过滤到 6 个预冷的 250 mL 离心瓶里。

3. 以固定角度转动离心，3 000 *g*，4℃，离心 20 min。

4. 去掉上清液，每个瓶子里加入约 1 mL 预冷的细胞核提取和冲洗缓冲液。

5. 借助小刷子浸入到预冷的细胞核提取和冲洗缓冲液中来轻轻重悬沉淀，将所有重悬的细胞核提取液和冲洗缓冲液合并到 40 mL 的离心管中，并用预冷的细胞核提取和冲洗缓冲液将离心管加满。如果有悬浮液中仍有散粒物质，则用两层 Miracloth 在重力作用下过滤重悬细胞核液到 40 mL 的离心管中。

6. 用摇摆桶转子式离心机，在 3 000 g 下，4℃离心，沉淀细胞核 15 min。

7. 用重悬的方法将沉淀在细胞核提取和冲洗缓冲液中冲洗 1 到 3 次(直到上清液不再呈现绿色为止)，然后，3 000 g，4℃，离心 15 min。注意：对于减少细胞质和线粒体细胞器的污染，这一步是必须的。

8. 清洗完毕后，用少量的 1×HB(约 1 mL)重悬细胞核沉淀，如果可能的话，可以在显微镜下计算细胞核的数量，每毫升约 5×10^7 个核(基因组大小约 1 000 Mb/1C 为一个物种)，外加 1×HB，然后放在冰上。细胞核的浓度也可用经验的方法来估计，在光下表现为透明的细胞核的浓度估计为每毫升有$(5\sim10)\times10^7$ 个细胞核。依据不同物种的基因组大小，细胞核的浓度是不一样的。总的来说，每 100 μL 的胶栓液有 5～10 μg 的 DNA，是最适合于基因组 DNA 大片段插入文库的克隆。

将细胞核包埋在低熔点琼脂糖栓条中

拟分离的细胞核可以包埋到低熔点琼脂糖胶栓条或微珠中(Zhang et al. 1995；Zhang 2000)。因为栓条与微珠相比，比较容易准备和操作，并且利用下面的步骤，包埋在栓条中的 DNA 可以进行酶切，低熔点琼脂糖栓条法用于高分子量 DNA 的准备越来越受欢迎。因此，这里我们仅介绍低熔点琼脂糖栓条法用于高分子量 DNA 的准备过程。

1. 用 1×HB 配制 1%的低熔点琼脂糖 10 mL，冷却到 45℃，在用前放在 45℃水浴中加热。

2. 将细胞核放在 45℃水浴锅中加热 5 min，轻轻混匀，用剪掉尖端的吸液管加等体积的预加热的 1%的低熔点琼脂糖。

3. 用同样的吸液管尖端将混合液加入到预冷的栓条模具(Bio-Rad)中，每个栓条 100 μL。当琼脂糖完全凝固时，将栓条放到有 5～10 体积的溶解缓冲液中。

4. 将琼脂糖栓条在 50℃溶解缓冲液培养温育 24～48 h，并不间断轻轻地摇动。

5. 在冰上用 0.05 mol/L EDTA，清洗栓条 1 h，pH 8.0，并在 0.05 mol/L EDTA，pH 8.0，4℃保存。本步可将 DNA 在 4℃条件下保存一年，并且没有明显的降解。如果立即用 DNA，栓条可以直接从溶解缓冲液转移到预冷的 TE(10 mmol/L Tris-HCl，1 mmol/L EDTA，pH 8.0)中。用 TE 清洗 2 次后，然后栓条用于冷的 TE 加上 PMSF 清洗。

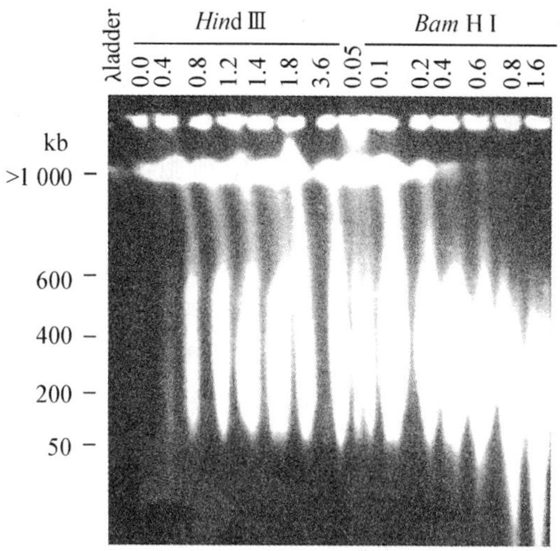

图 8-5 根据 Zhang et al. (1995)的方法从小麦核中分离百万碱基对大小的 DNA。DNA 分别用一系列不同量的 *Hind* Ⅲ和 *Bam* H Ⅰ 在 37℃ 下 8 min 部分酶切,停止,在脉冲凝胶上分析检测。

8.2.3.2 载体准备

DNA 克隆载体的准备是 DNA 大片段克隆的最关键步骤之一。要用到的载体 DNA 必须非常纯,被完全酶切(但是不要过酶切),并且完全脱磷酸化(在连接测试中应有 95%的重组克隆)。这里所列举的载体是在我们实验室广泛应用的,如 pBeloBAC11,pECBAC1,pCLD04541,pSLJ1711,BIBAC2 和 pYLTAC7(Zhang 2000;http://hbz. tamu. edu-Analysis Tools-BAC Tools)。制备的载体已经成功地用来构建了 100 多个基于细菌的基因组 DNA 大片段插入文库。

载体 DNA 的分离和纯化

1. 将含有克隆载体的储存细胞在 LB 琼脂外加适量抗生素的平板上划线接种,37℃过夜培养以获得单克隆。对于载体细胞以呈现蓝白斑(*LacZ*)筛选的载体如 pBeloBAC11, pECBAC1,pCLD04541 和 pSLJ1711,用含有适量抗生素、X-gal 和 IPTG 的 LB 琼脂平板培养;对于载体细胞如 BIBAC2 和 pYLTAC7 等用 SacB 筛选的,用加有适量抗生素和加与不加 5%的蔗糖的 LB 琼脂平板培养。

2. 选择单个蓝色克隆(*LacZ*)或克隆(*SacB*),培养在不含有蔗糖的培养基上,而不是含有 5%蔗糖的培养基上,然后接种在容量为 250 mL 的玻璃三角瓶内,瓶中有 50~100 mL 的 LB 或者 TB(Terrific broth)含有适量抗生素的液体培养基。另一种方法是将来自于单个克隆的冷冻储存的细胞直接接种在液体培养基中培养,每升培养基加入 1 μL 的冷冻细胞。在 37℃下,250 r/min 摇菌过夜培养。

3. 取 10 mL 的过夜培养的培养液,接种到 1 L 外加适量抗生素的 LB 或 TB 培养基中,然后在 37℃,250 r/min 的条件下摇菌 16~20 h。要得到大量的载体

DNA，对于含有多拷贝的载体 pCLD04541 和 pSLJ1711，需要培养 0.5～1.0 L 的菌液；对于含有单拷贝的载体 pBeloBAC11，pECBAC1，BIBAC2 和 pYLTAC7，需要培养 1.5～2.0 L 菌液。

4. 在 250 mL 的离心瓶子里收集菌液中细胞，6 000 r/min，4℃ 条件下离心 15 min。

5. 去掉上清液，在每个离心瓶中（原本的 200 mL 细菌培养液）重悬细菌细胞颗粒于 10 mL 的溶液 Ⅰ 中（50 mmol/L 葡萄糖，10 mmol/L EDTA，25 mmol/L Tris-HCl，pH 8.0），加 1 mL 浓度为 10 mg/mL 的溶菌酶溶液于 10 mmol/L Tris-HCl，pH 8.0，室温下酶解细胞壁 5～10 min。注意：溶菌酶溶液的 pH 值如果小于 8.0 时就不能起有效反应。

6. 每瓶中加入 20 mL 新鲜的溶液 Ⅱ（0.2 mol/L NaOH，1% SDS），混匀。清澈的溶液立即变成黏性的，放在冰上温育 5～10 min。

7. 加入 15 mL 预冷的溶液 Ⅲ（5 mol/L KOAc，pH 4.8～5.3）。温柔地上下颠倒来混匀反应混合物。白色的沉淀物立即出现，在冰上温育 5～10 min，沉淀物是染色体 DNA、高分子量的 RNA 和钾/SDS/蛋白/膜的混合物。

8. 离心细菌溶解产物，5 000 r/min，4℃，离心 10 min，然后通过 4 层粗棉布过滤所有瓶子的上清液到一个干净的广口瓶里，收集余下的沉淀物。

9. 将上清液转移到干净的离心瓶子里，加 0.6 倍体积的异丙醇，混匀，室温下放置 10 min。

10. 室温下，10 000 r/min，离心 10 min 重新获得 DNA。

11. 轻轻倒出上清液，颠倒瓶子使液体流出。室温下用 70% 的乙醇冲洗沉淀和瓶子，除尽乙醇后室温下将瓶子倒扣在纸上 15～20 min，便于乙醇蒸发干净。

12. 将 DNA 沉淀溶解在 8 mL 的 TE 中。

13. 将 DNA 溶液转移到已知重量的圆柱形容量管中，测量 DNA 溶液的体积。每升 DNA 溶液，加入 1 g 的固体 CsCl，轻轻混合溶液，直到 CsCl 完全溶解。

14. 每 10 mL 的 DNA/CsCl 溶液加浓度为 10 mg/mL 的 EB 母液 0.8 mL，混匀混合物，用容量小瓶测量一下 DNA/CsCl/EB 的重量，然后调整溶液浓度到 1.50～1.60 g/mL。

15. 如果需要，可将溶液在室温下 8 000 r/min 离心 5 min。漂浮在上面的毛皮的浮渣是 EB 和细菌蛋白的复合物。

16. 把干净的红色的溶液，用移液枪转移到合适大小的管子中，以做后续的超速离心，根据厂家说明，平衡管重，最后将管密封好后进行超速离心。

17. 进行密度梯度离心：45 000 r/min，16 h（VTi65 转子）；45 000 r/min，48 h（Ti50 转子）；60 000 r/min，24 h（Ti65 转子）；60 000 r/min，24 h（Ti70.1 转子），20℃。在普通光下应该看到置于梯度中间的 DNA 的两条带。上面的 DNA 带的物质很少，仅有线状的细菌染色体 DNA 和有缺刻的环状质粒 DNA 组成，而下面的 DNA 带则是由紧密的环状质粒 DNA 组成。管子底部深红色的颗粒是 EB/RNA 的复合物。如果看不到 DNA 条带,可用 TE 继续稀释 DNA,用上面的方法重复密度梯度离心一次。

18. 在管子顶部插入 21-标准尺寸针管,以便让空气进入,用 18-标准尺寸针管来收集底部环状的质粒 DNA 条带。如有需要,重复步骤 16～18。

19. 用相同体积的水饱和异戊醇抽提质粒 DNA 溶液 4～5 次,直到溶液中完全没有 EB 存在(质粒溶液为无色)。

20. 用 3～4 倍体积的水来稀释 DNA/CsCl,然后通过加入一倍体积的异丙醇或 2 倍体积的乙醇来沉淀 DNA,在 4℃下温育培养 15 min,最后 10 000 r/min,4℃下离心 15 min。

21. 去掉上清液,用 70%乙醇漂洗 DNA 沉淀 2 次,空气干燥,将 DNA 溶解在 0.5 mL 的 TE 中,最后测量 DNA 的浓度。

载体 DNA 的酶解

1. 酶切体系如下,37℃温育培养 2 h。

H_2O	238 μL
载体 DNA	100 μL (5～10 μg)
10×反应缓冲液	40 μL
40 mmol/L 亚精胺(Spd)	20 μL
10 U/μL *Bam* HⅠ, *Hind*Ⅲ, 或 *Eco* RⅠ	2 μL
总体积	400 μL

2. 另加入 1 μL(10 U)的限制酶到酶切反应液中,37℃温育再培养 1 h。

3. 把反应体系转移到冰上,用 1%的琼脂糖凝胶电泳检测酶切的是否彻底(图 8-6)。

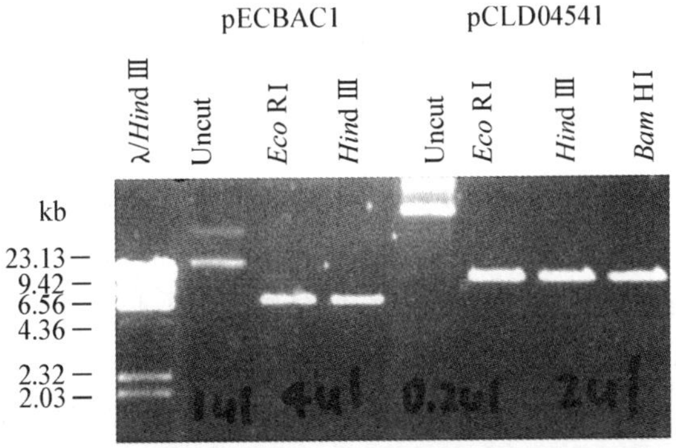

图 8-6 载体准备。CsCl 梯度纯化载体 DNA 被完全酶解,在 1%琼脂糖凝胶上跑胶,染色,照相。

4.用等体积的饱和酚和氯仿(1∶1)来抽提酶切产物,室温下,10 000 r/min 条件下离心 5 min。注意:用开口不到 1 周的新鲜饱和酚来纯化载体 DNA。

5.加入 1/10 体积的 3 mol/L NaAc,pH 5.2,和 1 倍体积的异丙醇,在−80℃温育 10 min,来沉淀 DNA,然后 10 000 r/min 离心 15 min。

6.去掉上清液,用 70%乙醇小心地漂洗沉淀,空气干燥,溶解在 100 μL 的水中,用已知浓度大小的一系列已知浓度的 λ DNA 在 1%的琼脂糖凝胶电泳上对比检测 DNA 的浓度大小。

线性载体 DNA 的脱磷酸化

1.脱磷酸化的反应体系如下,在 37℃温育 30 min。

H_2O	256 μL
酶切的载体 DNA	100 μL
10×CIAP 反应缓冲液	40 μL
1 U/μL CIAP(BRL Gibco)*	3.89 μL
总体积	400 μL

(注意:对于 pBeloBAC11 或 pECBAC1,加 3.89 U CIAP/10 μg DNA;对于 IBAC2 和 pYLTAC7,加 1.23 U CIAP/10 μg DNA;对于 pCLD 04541 和 pSLJ1711,加 1.0 U CIAP/10 μg DNA)。

2.停止这个反应,可立刻加 4 μL 的 0.5 mol/L EDTA,pH 8.0;20 μL 的 10% SDS 和 40 μL 的加了 1 mg/mL 蛋白酶 K 的预冷的 TE 中,56℃温育保存30 min。

3.冷却到室温,用新鲜的等体积的饱和酚再抽提一次,然后再用饱和酚/氯仿/异戊醇(25∶24∶1)再抽提一次。

4.加入 1/10 体积的 3 mol/L NaAc,pH 7.0 和一倍体积的异丙醇,在−80℃温育保存 10 min 来沉淀 DNA,然后 10 000 r/min 离心 15 min。

5.去掉上清液,用 70%乙醇小心地漂洗沉淀,空气干燥,溶解在 200 μL 的水中,用已知浓度大小的 λ DNA 在 1%的琼脂糖凝胶电泳上对比检测 DNA 的浓度大小。

6.对于 pBeloBAC11 或 pECBAC1,将 DNA 的浓度调整到 10 ng/μL;对于 BIBAC2、pYLTAC7、pCLD04541 或 pSLJ1711,将 DNA 的浓度调整到 40 ng/μL。将 DNA 等分分装在 1.5 mL 的离心管,保存到−20℃的冰箱中。储存在−20℃冰箱的载体 DNA 可以保存至少 6 个月不变性。

7.可选择的:利用传统的连接试验来检测载体的脱磷酸化作用。当载体 DNA 与连接的酶切的 λ DNA 的摩尔浓度比为 3∶1 时,用电转化方法将其转化到大肠杆菌 DH10 的细胞中。这样得到的重组克隆(白色)的百分比可达 95%以上。

8.2.3.3 文库构建

下面介绍的是关于基于细菌的基因组DNA大片段插入文库构建的过程，主要是在Zhang(2000)(http://hbz. tamu. edu-Analysis Tools-BAC Tools)的基础上，然后根据Chang et al(2003)和Tao et al(2002)的最新修改总结得到的(图8-7)。

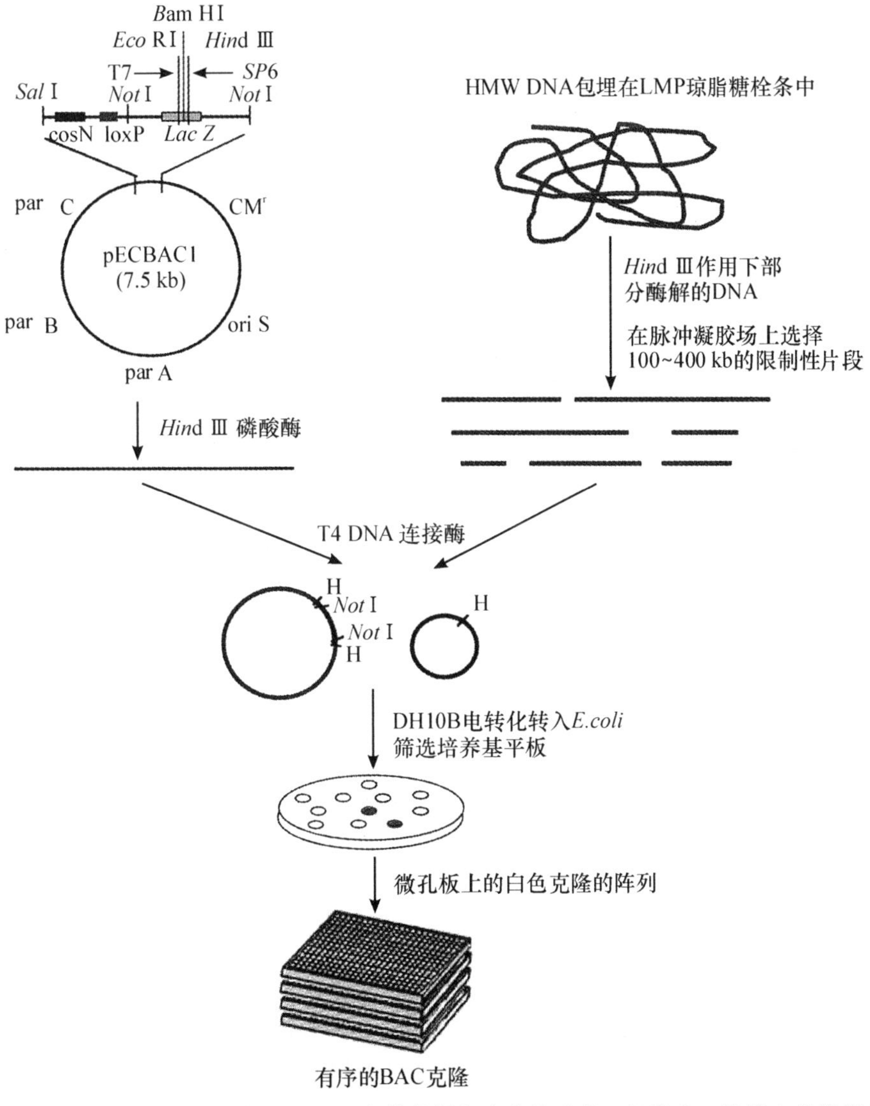

图8-7 基于细菌的基因组DNA大片段插入文库构建的一般程序。尽管大片段插入BAC文库的构建在此展示，实际上，这个程序已经应用于构建所有基于细菌的大片段插入基因组文库，包括BAC，PAC，BIBAC，PBC和TAC文库。

包被到低熔点(LMP)琼脂糖栓条中的高分子量(HMW) DNA 的部分酶解

产生和获得能够克隆并有部分重叠的 DNA 大片段对于基因组 DNA 大片段插入文库构建来说是必不可少的一步。这种 DNA 大片段通常是通过能够在一个基因组上相对切割频率较高的限制性酶对百万碱基对级(Megabase DNA)的大数量级的 DNA 部分酶切产生的。为了得到这种令人满意的部分酶切的基因组 DNA 用于文库构建，可以用至少有四种方法：①改变限制性酶的浓度；②改变酶切的时间；③改变限制性酶辅因子的浓度(如 Mg^{2+})；④改变限制性酶与对应甲基化酶的比率。在此过程中，我们将通过改变限制性酶的浓度来确定其最佳的浓度，即能够产生基因组 DNA 大片段插入文库构建所需要的，可以克隆并具重叠的 DNA 片段。

预纯化包被在琼脂糖栓条中的 Megabase DNA

1. 漂洗储存在 0.05 mol/L EDTA，pH 8.0 的含有 HMW DNA 的琼脂糖栓条，或者直接从裂解液中用 10～20 倍体积的，预冷的 TE 漂洗 2 次，每次洗 30 min，然后在 10～20 倍体积的加有 0.1 mmol/L PMSF 的，预冷好的 TE 中洗 3 次，每次洗 1 h。

2. 将栓条进一步用 10～20 倍体积的预冷好的 TE 洗 3 次，每次 1 h。

3. 用前将栓条条放在 4℃的 TE 中，在此步中可将栓条条储存几个月而不会表现出明显的降解。

部分酶解检测

在大规模部分酶切之前，一系列小量样品的初步酶切通常是用于决定限制内切酶的最优浓度范围，以产生的 DNA 片段，能够符合文库构建要求。

1. 用玻璃盖玻片将 2～3 个 100 μL 体积的栓条，每条平均切成 9 个均等的切片，每个反应需要 3 个切片。

2. 在下面的平衡缓冲液中将 DNA 切片平衡 1 h，其间 30 s 换一次缓冲液。

H_2O	867×6=5 202 μL
Megabase DNA	30(3/9 plug)×6=180 μL(18 slices)
10×酶缓冲液	100×6=600 μL
1 mol/L 亚精胺	2×6=12 μL
1 mol/L DTT	1×6=6 μL
总体积	1 000×6=6 000 μL

3. 在每个 1.5 mL Eppendorf 管中的酶解缓冲液体系如下：

H_2O	137 μL
10×酶缓冲液	17 μL

1 mol/L 亚精胺	0.34 μL
1 mol/L DTT	0.17 μL
10 mg/mL BSA	10 μL
总体积	164.5 μL

4. 在每个管子中转入 3 个栓条切片，加入不等浓度（从 0 到 10 单位）的限制性酶（如每管中加 0，0.3，0.6，1.2，2.4，4.8 单位），每管中加 2～10 μL 的量。在冰上温育存放 60～120 min，便于酶充分进入琼脂糖栓条切片中的 DNA，时间要根据 HMW DNA 的栓条的孔的情况而定。在冰上温育存放的时间越长，酶活力下降得越多，但是部分酶解的效果越好。

5. 将酶切反应混合物转到 37℃ 的水浴中温育存放 8 min，立即将反应体系转移到冰上，加入 1/10 的 0.5 mol/L EDTA pH 8.0，于冰上来终止反应。

6. 把栓条切片加到脉冲电泳（PFGE）上来检测部分酶解情况，反应条件如下：用 0.5 mol/L TBE 配置的 1% 琼脂糖凝胶，12.5℃（冷却设置），80（泵设置），120°角，6 V/cm，开始脉冲时间为 50 s，最后脉冲时间为 50 s，电泳 18 h。

7. 染色并拍照（图 8-5）。胶上大部分的片段大小为 100～400 kb 之间，酶的浓度可用于大规模的部分酶解。

大规模的部分酶解

大规模部分酶解的条件应该与前面初步部分酶解试验的条件一致。大规模部分酶解用到的 100 μL 栓条的数量要根据每个栓条中 DNA 的浓度来定。一般情况下，对于大部分物种来说，6～10 个 100 μL 的栓条对基于细菌的基因组 DNA 大片段插入文库的构建是足够的。

1. 根据前面列举的比率配制 2×18 000 μL 的平衡缓冲液用作 18 个反应体系。

2. 取 6 个 100 μL 的 HMW DNA 栓条，每个切成 9 个切片，在 18 000 μL 的平衡缓冲液中温育平衡 1 h，其间 30 s 换一次缓冲液。

3. 制备 20×170 μL＝3 400 μL 的前述试验中同样的酶切缓冲液，再用这个缓冲液来稀释前述初步部分酶切实验中用到的限制性酶，然后将含有在初步部分酶切试验中得到的最佳酶浓度经稀释的酶液 2～10 μL 加到每个微量管中（见第 5 步）。

4. 把栓条切片装到 18 个 1.5 mL 的 Eppendorf 离心管中，每管中装 3 片，再在每管中加 164.5 μL 的酶切缓冲液。

5. 每管中加上 2～10 μL 的经稀释到经前述初步实验验证的为最佳浓度的限制性酶液。

6. 将其温育存放在冰上与前述的初步试验中此步一样长的时间（即 60～120 min），然后转移到 37℃ 的水浴上温育存放 8 min，立即拿出放在冰上，加入1/10 体积的 0.5 mol/L EDTA pH 8.0 来终止反应，此过程在冰上进行操作。

DNA 片段大小的选择

部分酶切后，必须进行选择适宜大小的 DNA 片段，适宜大小的 DNA 片段在一个需要的大小范围以用于文库构建，并去掉较小的片段，因为这些小片段与载体末端在连接反应中的更有效。片段大小的选择是通过 PFGE 进行 1 次或者 2 次(图 8-8)。

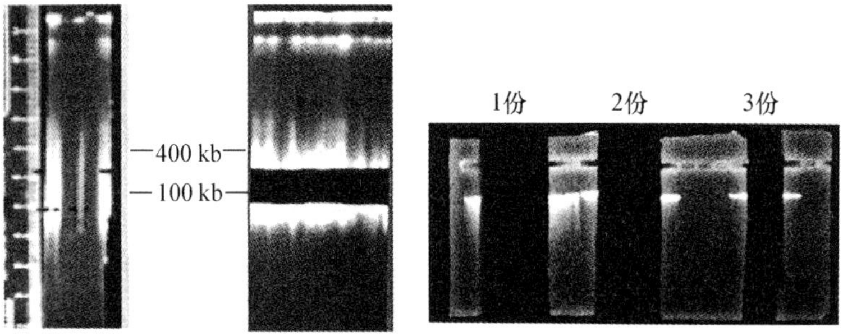

A：第一次大小筛选之后　　B：第二次大小筛选之后

图 8-8　为构建大片段插入克隆文库在脉冲场凝胶上选择最佳的部分酶切 DNA 片段。1 份来自 100～200 kb 区段，2 份来自 200～300 kb 区段，3 份来自 300～400 kb 区段。通常 2 份可得到理想插入片段大小的克隆，产生目标文库。

第一次 DNA 大小选择

1. 用 0.5×TBE(45 mmol/L Tris，45 mmol/L 硼酸，1 mmol/L EDTA，pH 8.3)配制 1%的琼脂糖凝胶，用作上部样品槽的凝胶；配制 2 L 的 0.5×TBE 的跑胶缓冲液，在电泳槽中预冷缓冲液到 11℃。

2. 将含有部分酶切 DNA 的栓条切片转到样品槽内，在槽的两侧的样道里加上大小已知的标记(λ 或酵母染色体 DNA)。用保持在 65℃的水浴中的熔化的 1%的琼脂糖密封样品槽和标记样道。用 CHEF DRⅢ系统来跑 PFGE 胶，条件是：6.0 V/cm，11℃，120°角，开始和最后的脉冲次数是：在 0.5×TBE 里，90 s 转换，电泳 16 h。

3. 用干净的刀片将胶边缘切掉，但要保证标记 marker 和 DNA 样品边缘外 0.5 cm 的存在，然后将盛有切掉边缘的胶中央部分的胶盒放在冰上。

4. 染色并拍照含有样品的，相邻与分子标记的沿着标记走向的胶块部分，不要染色胶的中央的大部分样品。

5. 将上步的照片作为参考，确定保持在冰上的胶的中央部分，含有 DNA 片段大小在 100～400 kb 范围的胶的区域，将这部分胶切下来，然后水平地切成三部分，100～200 kb，200～300 kb 和 300～400 kb，每部分的宽度为 0.5～0.6 cm(图 8-8A)。注意：胶的宽度可以用来调整电洗堤 DNA 溶液的体积。如果切下来的胶太宽，很难将切下的胶块插入到透析管中，如果胶太小，加到渗析管中的缓冲液就太多，而导致 DNA 的浓度低。

6. 把上步切下的含有目的片段 DNA 的胶块插入渗析管中（直径为 1/4 英寸，分子质量排除限制为 12 000～14 000 u 内的），渗析管要用 0.5×TBE 预清洗，用管塞堵住管的一端，将渗析管装满 0.5×TBE，去掉渗析管中所有的泡沫，用第二管塞堵住管的另一端。在 0.5×TBE 缓冲液中，利用 CHEF DRⅢ：6 V/cm，11℃，35 s 转换时间，电泳 4 h，通过电洗涤透析出经过大小选择的 DNA，接着在 CHEF 仪器里转动渗析管 180°，然后在 0.5×TBE 里继续电泳 60 s，从而使 DNA 从渗析管壁里释放出来。洗涤得到的 DNA 片段经过 0.5×TE 透析（见下步），可用来连接和文库构建，也可小心地用宽孔的吸液管将 DNA 从渗析管转移到小的离心管中，来做第二次的大小筛选。

第二次 DNA 大小选择

1. 在脉冲电泳上部胶的胶槽里，用 0.5×TBE 配制 1%的琼脂糖 PFGE 胶，用作上部样品槽的凝胶；配制 2 L 的 0.5×TBE 的跑胶缓冲液，在电泳槽里预冷缓冲液到 11℃。

2. 在样品槽的两侧加 λ 分子大小标记，用 1%的融化好的琼脂糖凝胶密封好（与前面一样），将它们放在盛有 0.5×TBE 缓冲液的电泳槽中。

3. 将上样缓冲液与第一次大小选择洗堤得到的三部分 DNA 片段混合，轻轻地上下颠倒管子，然后上样到样品槽里。电泳条件是：4 V/cm，11℃，5 s 转换时间，在 0.5×TBE 里，电泳 6～8 h。

4. 像前述一样，将胶切割，保留 marker 标记和 DNA 样品及周边 0.5 cm 部分。EB 溶液染色，在胶染上色的部分，标记出含有压缩 DNA 片段的位置（图 8-8B），在此过程中，像前面一样，含有大部分 DNA 样品的胶应该保留在冰上。

5. 用胶上染色部分的标记定出压缩在胶上的 DNA 样品位置，切下大于 100 kb 的 DNA 片段，同上面一样电洗提胶中的 DNA。

6. 在同样的透析管中透析从胶中电洗提出的 DNA 片段，渗析管里有 1 L 的 0.5×TE，4℃条件下存放至少 3 h，其间每 1 h 换一次 0.5×TE 缓冲液。

7. 小心地用宽孔的吸液管将 DNA 从透析管转移到 1.5 mL 的离心管中，透析后的 DNA 直接连接到载体上用于文库构建，常常可以产生更好的结果。

大的 DNA 片段在克隆载体上的连接

1. 在 1%的普通小琼脂糖凝胶上，用已知浓度的 λ DNA 为标准来估计插入 DNA 的浓度。

2. 根据下面的标准来设立连接混合物：载体和插入 DNA 的摩尔浓度比率为（4～10）：1；连接混合物中插入 DNA 的最终浓度为 1～2 ng/μL；T4 DNA 的连接酶的量为每 50 μL 的连接反应需要 1 单位的连接酶。为了控制转化体中重组体和非重组体的比率，载体和插入 DNA 的摩尔浓度比率可以调节，以很小的比率可以得到较高比率的重组体和非重组体克隆。然而，这样可能得到总数较少的重组体克隆。

3. 连接反应放在16℃温育6～10 h。这时连接反应可以立即用来转化或者等分保存在－20℃的冰箱里，一般能够保存几个月时间内而不会有明显的降解。虽然连接DNA的保存可能有些降低转化效率，但是并不显著影响克隆插入片段的大小。

重组DNA载体（连接物）转化到大肠杆菌宿主细胞内

如前言部分介绍，本转化用到电转化方法和大肠杆菌菌株DH10B。

1. 将1～2 μL的连接反应混合物与20 μL有电转化感受态的大肠杆菌菌株DH10B细胞混合。

2. 按照下面的步骤利用电转化方法来进行转化：

样品池		电压调压盘	
电压	375 V	电阻	4 kΩ
电容	330 μF		
阻抗	低欧姆		
放电速率	快		

3. 立即将电转后的细胞转入1 mL的SOC液体培养基中37℃下，250 r/min摇动培养1 h，以便抗生素基因得到充分表达。

4. 将转化后细胞转移到含有适量抗生素的LB琼脂糖培养基板上，或者对转化体和重组体筛选做了改善的板上。

5. 对于用 *LacZ* 基因来筛选重组体的载体pBeloBAC11、pECBAC1和pCLD04541，在37℃下培养36 h，以便菌落颜色（蓝色）能够充分扩散；用 *SacB* 基因来筛选重组体的载体BIBAC2和pYLTAC7，在37℃下培养20 h。对于构建含有 *LacZ* 基因的载体，无色（白色）的菌落被期望含有插入片段（即重组体）（图8-9，彩图8-9）；而生长在筛选培养基上的构建含有 *SacB* 基因的载体，我们期望所有的克隆含有插入片段。

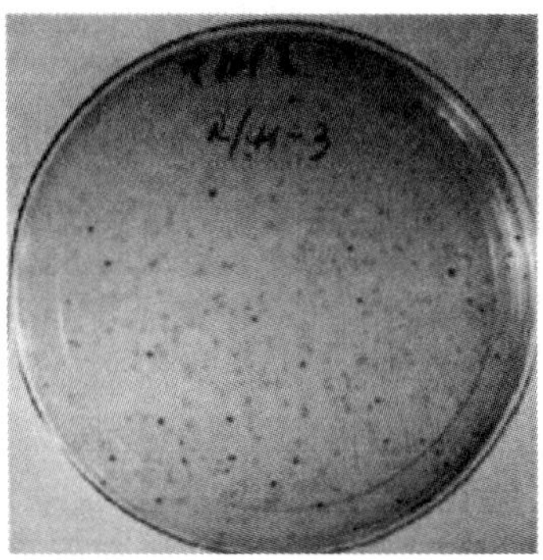

图8-9 在PBC载体pCLD04541克隆的具有转化植物能力的载体BIBACs。蓝色菌落代表没有插入片段（非重组体）的克隆，无色菌落代表有插入片段（重组体）的克隆。

基于细菌的基因组 DNA 大片段插入文库的特性

在进行大规模转化和文库组装汇集之前，对于又特别连接反应产生的克隆的分析是必不可少的。用于此目的的参数包括平均插入片段大小、插入片段大小的分布和空克隆的百分比。一般地，符合基因组研究的基因组 DNA 大片段插入文库要求的应该具有较大的平均插入片段（≥150 kb）、较低的空克隆百分比（≤5%）和合理的插入克隆大小的分布（提供较好的基因组覆盖率）。因此，应该从每个连接反应中随机选择至少 100 个克隆来分析。图 8-2 是一张可以查看小麦文库中插入片段大小的 PFGE 图片。

1. 将重组体克隆培养在 5 mL 的含有适量抗生素的 LB 液体培养基里，37℃，以 250 r/min 的速率摇菌过夜。

2. 用传统分离质粒 DNA 的碱裂解方法来分离质粒 DNA。

3. 用稀有切点的酶 *Not* Ⅰ来酶切 DNA。

4. 在 1% 的脉冲电泳胶上进行电泳，脉冲条件是 0.5×TBE 的缓冲液，6 V/cm，11℃，初转换时间为 5 s，终转换时间为 15 s。线性缓斜坡下电泳 16 h。λ DNA 是经常用的片段大小标记。

5. 用 EB 染色并拍照，通过加入来自插入克隆的所有 DNA 条带来估计每个克隆的插入片段大小。计算没有插入的克隆数量。

保存基于细菌的基因组 DNA 大片段插入文库

1. 选择能够产生最大插入片段、最少空插入克隆和最高转化效率的连接用于大规模的转化和文库组装汇集。

2. 将重组体克隆排列在含有 50 μL 冷冻培养基（LB 培养基＋1×冷冻缓冲液［36 mmol/L K_2HPO_4，13.2 mmol/L KH_2PO_4，1.7 mmol/L 柠檬酸盐，0.4 mmol/L $MgSO_4$，6.8 mmol/L $(NH_4)_2SO_4$，4.4%（*V*/*V*）甘油］）的 384 孔的微量滴定板上的每个微孔中，其中的培养基中含有适量的抗生素，37℃过夜培养后，放于－80℃下可长期保存，没有明显变化的情况下可保存 5 年。

3. 通常情况下，文库应有三个拷贝，分别放在－80℃的冰箱里保存，以防无法预料的不测。这三个拷贝分别命名为工作拷贝、储存拷贝和备份拷贝。

8.2.4 以细菌为基础的大片段插入基因组 DNA 文库在基因组物理作图中的应用

基因组文库，特别是基于细菌的基因组 DNA 大片段插入文库，正在一些具有重要经济价值的植物、动物和昆虫物种中逐步发展起来。大部分的文库都是可以公开利用的，下面的一些网站可以登录：

- Texas A&M University GENEfinder Genomic Resources：http://hbz.tamu.edu

- Caltech Genome Research Laboratory：http://www.tree.caltech.edu
- Children's Hospital Oakland Research Institute：http://bacpac.chori.org
- Invitrogen Life Technologies：http://mp.invitrogen.com

基因组文库，特别是基于细菌的大片段插入克隆文库物理图谱构建中是必不可少的。另外，在很多方面，对于基因组学、遗传和分子生物的研究来说也是至关重要的工具，包括基因的发现和克隆，比较基因组学和功能基因组学的研究，基因转化和表达分析等等。本章主要给出了一些基因组 DNA 大片段插入文库在基因组物理作图中的应用实例。值得我们注意的是，为了获得高质量的图谱，我们常常将不同类型文库和不同技术相结合应用于物理图谱构建工作中。如下列物理作图中，拟南芥（Marra et al. 1999；Chang et al. 2001），水稻（Tao et al. 2001；Chen et al. 2002；Li et al. 2003），大豆（Wu et al. 2004），人类（IHGMC 2001），小鼠（Gregory et al. 2002），鸡（Ren et al. 2003）等，除随机克隆指纹图谱和毗连群组装外，还利用了大量的遗传标记来检验图谱毗连群的精确性，并且在遗传连锁图谱上锚定物理图谱毗连群，将物理图谱毗连群合并成更大的毗连群。克隆末端序列通过序列比对一系列相关基因组序列（IHGMC 2001；Chen et al. 2002；Gregory et al. 2002；Li et al. 2003）也被用来合并图谱毗连群。另外，YAC 克隆有时也用来连接由 BAC 或 PAC 克隆（IHGMC 2001）产生的图谱毗连群的缺口。

8.2.4.1 指纹分析物理作图

基于克隆的物理图谱是由连续重叠的基因组 DNA 克隆组成，依照邻近克隆的重叠，这些克隆按照原本在染色体上的排列位序定位排列。已经有几种方法用基因组 DNA 大片段插入文库来构建整个基因组的物理图谱。最普遍用的方法是指纹分析。

基因组 DNA 克隆的指纹图谱是克隆的唯一的限制性内切酶图谱（带型）。它是通过用一个或多个限制内切酶来酶切克隆的 DNA，然后通过凝胶电泳或毛细管电泳来区分酶切的克隆 DNA 片段而得到的。因为来自基因组的克隆 DNA 与基因组的相同区域拥有相似的限制酶酶切类型。所以，用计算机程序进行的克隆的指纹图谱分析，能按照各个克隆的指纹图谱相似性，使有重叠的克隆在一个基因组区域里组装成毗连群或克隆组。基于细菌的基因组 DNA 大片段插入文库的产生，为克隆指纹图谱分析策略在大而复杂基因组的物理图谱发展上的应用提供了方便。为了促进基于细菌的基因组 DNA 大片段插入文库在基因组物理作图上的应用，已有若干个指纹图谱方法已经建立起来，这些方法在第 6 章已经讨论过。几个植物和动物物种的全基因组范围的物理图谱已经借助基于细菌的大片段插入克隆的指纹图谱分析方法发展起来（表 8-1）。

表 8-1 基于细菌的大片段插入克隆指纹图谱分析得到的高等生物全基因组物理图谱统计表

物种	基因组大小(Mb)	指纹克隆的覆盖	参考文献
拟南芥	130	18×	Marra et al. 1999
拟南芥	130	7.2×	Chang et al. 2001
鸡	1 140	7.9×	Ren et al. 2003
人	3 200	17×	IHGMC 2001
籼稻	430	6.9×	Tao et al. 2001
粳稻	430	25.6×	Chen et al. 2002
粳稻	430	7.2×	Li et al. 2003
鼠	2 800	NA×	Gregory et al. 2002
豌豆	1 100	9.6×	Wu et al. 2004

8.2.4.2 荧光原位杂交物理作图

(这部分内容在前面的第 6 章详细介绍过)用特定核苷酸序列组成的探针杂交到染色体的原位杂交技术在 30 年前就已经开发出来(Pardue and Gall 1969;John et al. 1969),而且在 20 世纪 80 年代早期(Bauman et al. 1980)还发展了荧光原位杂交(FISH)。FISH 实验中要用到大范围的探针,包括特定物种的全基因组 DNA 和特定染色体的 DNA、串联重复(α 卫星,β 卫星和端粒探针)、散布的重复序列、文库克隆、cDNA 和 RNA 探针。小于几千个碱基对的探针用 FISH 技术中很难探测到,而从基因组 DNA 克隆得到的大 DNA 片段探针可产生很好的结果。由于 DNA 不容易分离及其不稳定性,YACs 不能用作 FISH 的探针。然而,基于细菌的大片段插入 DNA 克隆已经很广泛地用作 FISH 的探针,来进行各种项目研究。

BAC 克隆已经用于连接细胞遗传标记和 DNA 序列。一些人类的遗传疾病是由染色体重排(异常性)造成的,并已经在细胞遗传水平上标记在染色体上。标记区域的序列对于疾病的进一步研究非常重要。目前,人类基因组序列工程的 BAC 资源工作组(2001)正致力于开展,借助 BAC-FISH 方法,通过 BAC 克隆将细胞遗传标记图谱与序列图谱连接起来的工作。用于原位杂交的 BAC 探针含有一个或多个唯一的序列标签,这个标签能够将每个 BAC 克隆定位到人类基因组序列图谱上。在 2001 年,超过 8 000 个 BAC 克隆定位到了人类 24 条染色体中的 23 条上,结果是平均每百万个 DNA 碱基上至少有一个克隆(BAC Resource Consortium 2001;Korenberg et al. 1999)。这个整合的 BAC-FISH 序列图谱,现在被用来迅速鉴定由染色体重排影响的基因突变基因,而这也是遗传疾病和癌症中常见的。

8.2.4.3 光学物理作图

随机克隆中的限制性内切酶识别位点,也可以通过在显微镜下通过直接观察限制性内切的DNA分子来获得，这项技术被称为光学作图。自从光学作图开发以来(Schwartz et al. 1993)，目前这项技术已得到了完善并实现了自动化(Jing et al. 1998)。分离克隆的大片段插入DNA分子，放在经化学处理过的玻璃载片表面，DNA分子在上面伸展开，通过流体固定将其变成线性的光纤维。固定的DNA经一定的限制性酶来酶切，然后荧光染料染色，限制性酶切位点在线性DNA上产生缺口，缺口在荧光灯显微镜下可以观察到。图像可用数码相机收集。各个克隆产生的限制性酶切位点和产生的各种长度的片段都是唯一的，通过对克隆的限制性片段长度分析，克隆之间明显的重叠表明是相邻克隆，而由此构建重叠克隆的毗连群。

作为物理作图的工具，光学作图优于指纹图谱方法的主要特点，是提供了一个克隆的所有经过限制性内切酶酶切的片段长度，以及这些片段在线性DNA分子排列顺序的信息。然而，这项技术在物理作图中的应用并没有限制性指纹图谱方法普遍，特别是高等生物的全基因组物理作图方面。光学作图的主要应用是将构建的物理图谱作为一个框架，以精确比对序列毗连群，使得序列的间隙能够被弥合，或者序列图谱能够被验证。如，由光学作图得到的物理图谱能够在人类染色体11、12(Cai et al. 1998)和Y(Giacalone et al. 2000)的BAC文库的基础上构建，并用于人类基因组测序。而对于具有小基因组的微生物，光学作图可直接用由鸟枪法从活细胞上切断的DNA片段来构建，而没有必要构建基因组DNA文库。对人类病原细菌(Zhou et al. 2002)、大肠杆菌(Lim et al. 2001)和其他微生物进行的物理图谱构建，已经在这些生物的基因组测序中发挥着重要作用。

8.2.4.4 重复杂交的物理作图

重复杂交是由Hoheisel et al(1993)首先开发的，并用于产生高分辨率的基于考斯粒克隆-和基于P1克隆的裂殖酵母(*Schizosaccharomyces pombede*)的物理图谱。Mozo et al(1998,1999)报道了在拟南芥的物理作图中进一步应用重复杂交。利用这种方法，一批随机选择的BAC克隆(如100个克隆)用作杂交探针，与点在膜上的整个BAC文库杂交，阳性克隆可确定位置。从第一轮杂交中没有探测到的克隆中来随机选择第二批克隆，用作第二轮杂交整个基因组DNA BAC文库的探针。后面的杂交继续以同样的方式进行，直到整个文库中99.5%的克隆被击中。然后用计算机程序比较了探针-探针的杂交频率，将克隆毗连群汇集起来。然而，这种方法的成功应用明显受到基因组中重复序列丰度的影响(Marra et al. 1999)，说明利用这种方法很难得到具有大而复杂基因组物种的全基因组的物理图谱(Chumakov et al. 1995)。

8.2.4.5 其他技术的物理作图

染色体的步查

染色体步查是作为物理图谱中的克隆毗连群构建而设计的首个方法，用一个已经定位的DNA片段为探针或者根据特定序列设计的引物对的PCR产物为探针，筛选基因组 DNA 文库，分离到一组阳性克隆，这是染色体步查的第一步。然后，将第一轮得到的阳性克隆根据重叠序列进行排序，将其中最外层克隆插入末端分离出并用作探针，再与文库杂交进行文库的第二轮筛选，接着分离出第二轮的阳性克隆，这样一直进行下去，直到横跨全基因组区域的克隆都分离出，并排出了顺序。染色体步查主要用于构建从 DNA 标记到目的基因的重叠克隆毗连群，以及通过图位克隆分离基因。染色体步查的主要缺点是如果探针上含有重复序列，它将杂交定位于不同基因组区域的克隆。为了解决这个问题，文库筛选中仅用具有单拷贝的 DNA 片段作为探针。因此，染色体步查是很费力的，不可能用于构建具有大而复杂基因组的较广区域内的毗连群。

基于 DNA 标记的染色体登陆

基于 DNA 标记的染色体登陆，是一种通过杂交或是基于 PCR 策略，在遗传连锁图谱上登陆克隆或毗连群，或用遗传连锁图谱整合物理图谱的技术。DNA 标记是从分子遗传连锁图谱上选择出的，并作为探针或 PCR 引物来筛选基因组 DNA 大片段插入文库。有重叠的克隆可被组装成毗连群，毗连群根据遗传图谱上 DNA 标记的位置排列并锚定到遗传连锁图谱上。这种物理作图策略首先应用在开发人类的基于大片段插入 YAC 的物理图谱上(Chumakov et al. 1995)，也已经广泛应用于开发拟南芥、水稻、小鼠、鸡和果蝇基因组常染色质部分的 YAC 或 BAC 的物理图谱。

为了用大量探针快速有效地筛选文库，常常需要采用分组策略(Chang et al. 2001；Tao et al. 2001)。如果用基于 PCR 的标记进行 PCR 筛选的话，如序列标签位点(STSs)和简单序列重复(SSRs)，基因组 DNA 文库的克隆要制作到克隆样池中，包括多平板超级样池、单平板样池、单列型样池和单行形样池(三维样池)。也可以，如用 PCR 产物(如 STSs 和 SSRs)作探针或限制片段长度多态性(RFLPs)的探针或小的插入 DNA 克隆作探针进行杂交筛选时，标记探针可以先分组后，再来筛选被定格在高密度的菌落滤纸上的文库克隆(Chang et al. 2001；Tao et al. 2001)。

用于杂交筛选的探针也可以根据生物信息学工具获得的探针已知序列，设计的重叠寡核苷酸(overgos)探针。每种 overgo 探针是由 22～24 个核苷酸中一对寡核苷酸组成，针对 8 个碱基相互间有一个互补的 3′端。因此，各对寡核苷酸的总长度跨越含有 36～40 个碱基。这对寡核苷酸是经过 Klenow 补平反应过程标记有放射性标记物，可产生 36～40 个双链 DNA 片段，来用作探针筛选文库克隆。Overgo 探针筛选比克隆探针筛选有很多优点，最重要的优点是，这对寡核苷酸探针是基因组中的单拷贝序列，因为它是根据标记序列信息设计的，这样可以很大程度上缩小重复序列的影响。第二，overgo 探针具有有较高的杂交特异性，是因为它们是单拷贝的且有完善的杂交特性，所以提高了精确性。再者，因为 overgo 探针的放射性标记是通过 Klenow 补平反应完成的，所以显示出很强的杂交信号和较弱的背景。最后，由于这些较短的探针(36～40 个碱基)很容易从文库克隆滤膜上洗脱下来，所以膜可以在没有增加背景的情况下重复利用多次。然而，overgo 探针的合成费用较高，需要仔细考虑。

用于物理图谱的基于 DNA 标记的染色体登陆的一个重要优点，在于物理图谱与连锁遗传图谱是同时发展并结合起来的。物理图谱与遗传图谱的相结合使物理图谱的大片段插入克隆，与克隆在遗传图谱上的有用基因或性状联系起来，这将加速通过图位克隆分离基因。然而，这首先需要有一个高密度的均匀分布 DNA 标记的遗传图谱。虽然高密度的 DNA 标记图谱在人类和少数几个模式物种的基因组上已经开发出来，但是对于很多有重要经济价值的植物和动物物种还没有得到这样的图谱。

促进基因组测序

基因组测序是大规模发现基因和破解密码的强大工具。基于细菌的大片段插入克隆的出现，成倍地加速了庞大而复杂基因组的大规模测序的过程，如对拟南芥、果蝇、人类、水稻和其他有重要经济价值的动植物的测序。基因组测序有两种策略：即逐个克隆的鸟枪法测序，和全基因组鸟枪法测序。显然，基于细菌的大片段插入克隆对于两种方法来说是不可缺少的(Zhang and Wu 2001)。

如果逐个克隆鸟枪法测序策略，要首先构建好基于克隆的物理图谱。从物理图谱中选择完全能够覆盖基因组的最小重叠(也称为铺瓷砖方式)克隆，并用作鸟枪测序的底物，一次一个克隆。鸟枪克隆的测序数据组装在每个大片段插入克隆的序列中，然后再用于组装整个基因组的序列。植物中一个典型的例子是拟南芥基因组测序工程。从 1996 年开始，2000 年底结束(Arabidopsis Genome Initiative 2000)。在这项工作中，对基因组的 5 条染色体分别构建了基于 BAC-、考斯粒-、TAC-和 P1 克隆的物理图谱，构建过程是借助 DNA 标记登陆的随机克隆指纹图谱方法构建的。铺瓷砖过程中的克隆被选作测序底物。经过组装后，我们得到了可覆盖整个基因组 92%的，精确度达 99.99%的，含有 115 bp，409 bp，949 bp 的序列图谱。利用同样的方法，也测序出了人类基因组(IHGMC 2001)。

在整个基因组鸟枪测序中，需要提纯出高质量的基因组 DNA，经过机械剪切或局部酶切，然后将不同大小片段克隆到质粒载体上，包括基于细菌的基因组 DNA 大片段插入克隆。小片段插入(1.0～2.1 kb)的鸟枪文库克隆用作粗略序列产生和组装序列毗连群。序列毗连群的进一步排列，以及将连锁的毗连群组装成框架需要大片段插入克隆作为连接器。通常情况下，测序选择的每个大片段插入克隆的两端，而且克隆端部测序的数据，通过匹配与序列毗连群比对。按照这种方法，相邻的序列毗连群可以合并进入较大的毗连群，而不连续的毗连群能够被构建到框架中。缺口可连接起来。在 2002 年，两个栽培水稻亚，籼稻和粳稻的草图就是利用整个基因组鸟枪策略测序完成的，并且产生了许多序列毗连群和框架。序列图谱的进一步工作是填补毗连群之间的间隔。

8.3 讨 论

从基因组学、遗传学和分子生物学等多方面来说，基于细菌的基因组DNA大片段插入文库已经是不可缺少的研究资源和工具，而且也将在进一步的研究中发挥更加显著的作用。对于整个基因组物理作图，已经证明，用两个或多个对不同G/C或A/T含量具有不同识别位点位点的限制性内切酶，构建的基因组DNA大片段插入文库，将有利于构建高质量毗连群的物理图谱。这是因为这种文库代表全基因组更加均匀一些。双元载体如BIBAC2、pYLTAC7和pCLD04541，不仅像BAC和PAC载体一样能够克隆大的DNA片段，而且能够进行植物的直接转化。后者的特性将有利于测序后的后基因组时代的基因组序列的功能分析和植物的分子育种。因此，将双元载体中构建的克隆合并到物理图谱载体中，将增加对物理图谱的利用，尤其是在基因克隆与功能分析和基因组序列操作方面。

具有大片段插入的基因组DNA文库是基因组物理图谱和测序的更有效的工具。目前，尽管已经证明这种克隆体系能够克隆并稳定保持DNA片段的长度至少高达350 kb，但是基于细菌的大片段插入克隆体系只能够产生具有插入片段平均为100～200 kb的基因组DNA文库。平均插入片段大于150 kb的文库构建世界范围内也只能在几个不多的实验室内完成。因此，进一步改进在细菌中克隆大片段DNA的技术，对进行全面基因组研究具有重要的意义。电转化技术将传统的基于质粒的克隆载体克隆能力从20 kb提高到350 kb。所以，如果能够进一步再提高电转化技术的转化效能，或者能开发出新的转化方法，基于细菌的插入大片段克隆体系的，基因组DNA文库的插入片段大小，将能够进一步增长。由此，整个基因组的高质量物理图谱的发展将得到极大的推进。

根据一些早期报道，关于大片段DNA克隆在细菌中的情况(Kim et al. 1992；Shizuya et al. 1992；Ioannou et al. 1994；Hamilton 1997；Liu et al. 1999)，似乎在宿主细胞内大片段插入克隆的稳定保持需要单拷贝状态。然而，Tao和Zhang(1998)报道，多个拷贝(5～8)的大片段插入克隆于传统的双元载体(pSLJ1711)和双元考斯粒(pCLD04541)中，在细菌菌株DH10B中，与单拷贝的BACs、PACs和BIBACs一样稳定。Ioannou et al. (1994)也发现在细菌菌株DH10B中大片段插入的PACs经过诱导成多拷贝(5～8)后仍然是稳定的。此外，为了进行遗传转化，当将BIBACs(Hamilton 1997；Song et al. 2003)和TACs(Liu et al. 1999；Song et al. 2002)转化到不同农杆菌菌株中(尽管在农杆菌细胞里是被严格控制为单拷贝水平)，结果在一些菌株中表现稳定而在另一些菌株中表现不稳定。当将多拷贝的大片段插入的pCLD04541克隆载体转化到不同农杆菌菌株(Wu et al. 2000；Men et al. 2001)中时，也得到了相似的结果。这些结果与理论上大片段插入克隆的稳定性依据细菌宿主细胞内的单拷贝状态相冲突。因此，需要进一步的研究来确定影响大片段克隆在宿主细胞内稳定性的关键因素。通过比较,单个宿主细胞内有几个拷贝的载体比单拷贝载体在克隆 DNA 分离上占优势,而由此极大提高全基因组物理图谱构建和基因组测序所需要的克隆 DNA 大规模分析的效率。

致 谢

This article was supported in part by the USDA/CSREES National Research Initia tive (award numbers 99-35205-8566 and 2001-52100-11225), the National Science Foundation Plant Genome Program (award numbers 9872635 and 0077766), the USDA/BARD (award number US-3034-98R), and the Texas Agricultural Experi ment Station (Acc. #8536-203104).

参考文献

Arabidopsis Genome Initiative (2000) Analysis of the genome sequence of the flowering plant *Arabidopsis thaliana. Nature* 408: 796–815.

BAC Resource Consortium (2001) Integration of cytogenetic landmarks into the draft sequence of the human genome. *Nature.* 409: 953–958.

Bauman, J. G. J., J. Wiegant, P. Borst and P. van Duijn (1980) A new method for fluorescence microscopical localization of specific DNA sequences by *in situ* hybridization of fluorochrome labeled RNA. *Exp. Cell Res.* 138:485–490.

Burke, D. T., G. F. Carle and M. V. Olson (1987) Cloning of large segments of exogenous DNA into yeast by means of artificial chromosome vectors. *Science* 236:806–812.

Cai, W., J. Jing, B. Irvin, L. Ohler, E. Rose et al. (1998) High-resolution restriction maps of bacterial artificial chromosomes constructed by optical mapping. *Proc. Natl. Acad. Sci. USA* 95:3390–3395.

Canilleri, C., J. Lafleuriel, C. Macadre, F. Varoquaux, Y. Parmentier, G. Picard, M. Caboche and D. Bouchez (1998) A YAC contig map of *Arabidopsis thaliana* chromosome 3. *Plant J.* 14:633–42.

Chang, Y. L., Q. Tao, C. Scheuring, K. Ding, K. Meksem and H.-B. Zhang (2001) An integrated map of *Arabidopsis thaliana* for functional analysis of its genome sequence. *Genetics* 159:1231–1242.

Chang, Y. L., X. Henriquez, D. Preuss, G. P. Copenhaver and H.-B. Zhang (2003) A plant transformation-competent binary BAC (BIBAC) library from the *Arabidopsis thaliana* Landsberg ecotype for functional and comparative genomics. *Theor. Appl. Genet.* 106: 269–276.

Chen, M., G. Presting, W. G. Barbazuk, J. L. Goicoechea, B. Blackmon et al. (2002) An integrated physical and genetic map of the rice genome. *Plant Cell* 14:537–545.

Chumakov, I. M., P. Rigault, I. Le Gall, C. Bellanne-Chantelot, A. Billault et al. (1995) *Nature* 377:157–298.

Collins, J. and B. Hohn (1978) Cosmids: a type of plasmid gene-cloning vector that is packageable *in vitro* in bacteriophage λ heads. *Proc. Natl. Acad. Sci.* 75:4242–4246.

Ding, Y., M. D. Johnson, R. Colayco, Y. J. Chen, J. Melnyk, H. Schmitt and H. Shizuya (1999) Contig assembly of bacterial artificial chromosome clones through multiplexed fluorescence-labeled fingerprinting. *Genomics* 56:237–246.

Ditta, G., S. Stanfield, D. Corbin and D. R. Helinski (1980) Broad host range DNA cloning system for Gram-negative bacteria: Construction of a gene bank of *Rhizobium meliloti. Proc. Natl. Acad. Sci. USA* 77:7347–7351.

Figurski, D. H. and D. R. Helinski (1979) Replication of an origin-containing derivative of plasmid RK2 dependent on a plasmid function provided *in trans. Proc. Natl. Acad. Sci. USA* 76:1648–1652.

Frijters, A. C.J., Z. Zhang, M. van Damme, G. L. Wang, P. C. Ronald and R. W. Michelmore (1997) Construction of a bacterial artificial chromosome library containing large *Eco*RI and *Hind* III genomic fragments of lettuce. *Theor. Appl. Genet.* 94:390–399.

Giacalone, J., S. Delobette, V. Gibaja, L. Ni, Y. Skiadas et al. (2000) Optical mapping of BAC clones from the human Y chromosome DAZ locus. *Genome Res.* 10:1421–1429.

Green, E. D., P. Hieter and F. A. Spencer (1999) Yeast artificial chromosomes. *In: Genome Analysis–A Laboratory Manual (eds Birren, B.,E. D. Green, S. Klapholz, R. M. Myers, H. Riethman and J. Roskams), Cold Spring Harbor Laboratory Press. Vol. 3*, pp. 297–565.

Gregory, S. G., M. Sekhon, J. Schein, S. Zhao, K. Osoegawa et al. (2002) A physical map of the mouse genome. *Nature* 418:743–750.

Hamilton, C. M. (1997) A binary-BAC system for plant transformation with high-molecular-weight DNA. *Gene* 200:107–116.

Hamilton, C. M., A. Frary, C. Lewis and S. D. Tanksley (1996) Stable transfer of intact high molecular weight DNA into plant chromosomes. *Proc. Natl. Acad. Sci. USA* 93:9975–9979.

Hamilton, C. M., A. Frary, Y. Xu, S. D. Tanksley and H.-B. Zhang (1999) Construction of tomato genomic DNA libraries in a binary-BAC (BIBAC) vector. *Plant J.* 18:223–229.

Hanahan, D., J. Jersee and F. R. Bloom (1991) Plasmid transformation of *Escherichia coli* and other bacteria. *Methods Enzymol.* 204:53–113.

Hoheisel, J. D., E. Maier, R. Mott, L. McCarthy, A. V. Grigoriev, L. C. Schalkwyk, D. Nizetic, F. Francis and H. Lehrach (1993) High resolution cosmid and P1 maps spanning the 14 Mb genome of the fission yeast *S. pombe. Cell* 73:109–120

Hwang, I., T. Kohchi, B. M. Hauge and J. M. Goodman (1991) Identification and map position of YAC clones comprising one-third of the *Arabidopsis* genome. *Plant J.* 1:367–374.

(IHGMC) International Human Genome Mapping Consortium (2001) A physical map of the human genome. *Nature* 409:934–941.

Ioannou, P. A., C. T. Amemiya, J. Garnes, P. M. Kroisel, H. Shizuya, C. Chen, M. A. Batzer and P. J. de Jong (1994) A new bacteriophage P1-derived vector for the propagation of large human DNA fragments. *Nature Genet.* 6:84–89.

Jing, J., J. Reed, J. Huang, X. Hu, V. Clarke et al. (1998) High resolution optical mapping using arrayed, fluid-fixed DNA molecules. *Proc. Natl. Acad. Sci. USA* 95:8046–8051.

John, H., M. Birnstiel and K. Jones (1969) RNA-DNA hybrids at the cytological level. *Nature* 223:582–587.

Jones, J. D.G., L. Shlumukov, F. Carland, J. English, S. R. Scofield, G. J. Bishop and K. Harrison (1992) Effective vectors for transformation, expression of heterologous genes, and assaying transposon excision in transgenic plants. *Transgenic Research* 1:285–297.

Kim, U. J., H. Shizuya, P. J. de Jong, B. Birren and M. I. Simon (1992) *Nucleic Acids Res.* 20:1083–1085.

Kim, U. J., B. Birren, T. Slepak, V. Mancino, C. Boysen, H. L. Kang, M. I. Simon and H. Shizuya (1996) Construction and characterization of a human bacterial artificial chromosome library. *Genomics* 34:213–218.

Korenberg, J. R., X. N. Chen, Z. Sun, Z. Y. Shi, S. Ma et al. (1999) Human genome anatomy: BACs integrating the genetic and cytogenetic maps for bridging genome and biomedicine. *Genome Res.* 10:994–1001.

Kurata, N., Y. Umehara, H. Tanoue and T. Sasaki (1997) Physical mapping of the rice genome with YAC clones.

Plant Mol. Biol. 35:101–113.

Lee, M.-K., C. Ren, B. Yan, K. Ding, B. Cox, H.-B. Zhang, M. N. Romanov, F. G. Sizemore, S. P. Suchyta, E. Peters and J. B. Dodgson (2003) Construction and characterization of three complementary BAC libraries for analysis of the chicken genome. *Animal Genet.* 34:146–160.

Li, Y., T. Uhm, T. S. Santos, C. Ren, M.-K. Lee, B. Yan, F. Santos, A. Zhang, D. Liu and H.-B. Zhang (2003) A plant-transformation-complement BIBAC-based integrated physical map of japonica rice for functional analysis of the rice genome sequence. *In: International Plant, Animal & Microbe Genomes 11 Conference (PAG-XI), San Diego, CA, USA. P342.*

Lim, A., E. T. Dimalanta, K. D. Potamousis, G. Yen, J. Apodoca et al. (2001) Shotgun optical maps of the whole *Escherichia coli* O157:H7 genome. *Genome Res.* 11:1584–1593.

Liu, Y. G., Y. Shirano, H. Fukaki, Y. Yanai, M. Tasaka, S. Tabata, and D. Shibata (1999) Complementation of plant mutants with large genomic DNA fragments by a transformation-competent artificial chromosome vector accelerates positional cloning. *Proc. Natl. Acad. Sci. USA* 96:6535–6540.

Marra, M., T. Kucaba, N. L. Dietrich, E. D. Green, B. Brownstein et al. (1997) High throughput fingerprint analysis of large-insert clones. *Genome Res.* 7:1072–1084.

Marra, M., T. Kucaba, M. Sekhon, L. D. Hillier, R. Martienssen et al. (1999) A map for sequence analysis of the *Arabidopsis thaliana* genome. *Nature Genetics* 22:265–270.

Matallana, E., C. J. Bell, P. J. Dunn, M. Lu and J. R. Ecker (1992) Genetic and physical linkage of the *Arabidopsis* genome: methods for anchoring yeast artificial chromosomes. *In: Methods in Arabidopsis Research (eds Koncz, C., N. H. Chua and J. Schell), World Scientific Publishing Co., Singapore,* pp. 144–169.

Men, A., K. Meksem, M. A. Kassem, D. Lohar, J. Stiller, D. Lightfoot and P. M. Gresshoff (2001) A bacterial artificial chromosome library of *Lotus japonicus* constructed in an *Agrobacterium tumefaciens*- transformable vector. *Mol. Plant Microbe Interact.* 14:422–425.

Mozo, T., S. Fischer, S. Meier-Ewert, H. Lehrach and T. Altmann (1998) Use of the IGF BAC library for physical mapping of the *Arabidopsis thaliana* genome. *Plant J.* 16:377–384.

Mozo, T., K. Dewar, P. Dunn, J. R. Ecker, S. Fischer et al. (1999) A complete BAC-based physical map of the *Arabidopsis thaliana* genome. *Nature Genet.* 22:271–275.

Nusbaum, C., D. K. Slonim, K. L. Harris, B. W. Birren, R. G. Steen et al. (1999) A YAC-based physical map of the mouse genome. *Nature Genet.* 22:388–393.

Pardue, M. L. and J. G. Gall (1969) Molecular hybridization of radioactive DNA to the DNA of cytological preparations. *Proc. Natl. Acad. Sci. USA* 64:600–604.

Ren, C., M.-K. Lee, B. Yan, K. Ding, B. Cox, M. N. Romanov, J. A. Price, J. B. Dodgson and H.-B. Zhang (2003) BAC-based physical mapping of chicken genome. *Genome Res.* 13:2754–2758.

Saji, S., Y. Umehara, B. A. Antonio, H. Yamane, H. Tanoue et al. (2001) A physical map with yeast artificial chromosome (YAC) clones covering 63% of the 12 rice chromosomes. *Genome* 44:32–37.

Schmidt, R., J. West, K. Love, Z. Lenehan, C. Lister, H. Y. Thompson, D. Bouchez and C. Dean (1995) Physical map and organization of *Arabidopsis thaliana* chromosome 4. *Science* 270:480–483.

Schwartz, D. C., X. Li, L. I. Hernandez, S. P. Ramnarain, E. J. Huff and Y. K. Wang (1993) Ordered restriction maps of *Saccharomyces cerevisiae* chromosomes constructed by optical mapping. *Science* 262:110–114.

Shizuya, H., B. Birren, U.-J. Kim, V. Mancino, T. Slepak, Y. Tachiri and M. Simon (1992) Cloning and stable maintenance of 300-kilobase-pair fragments of human DNA in *Echerichia coli* using an F-factor-based vector. *Proc. Natl. Acad. Sci. USA* 89:8794–8797

Soderlund, C., L. Longden and R. Mott (1997) FPC: a system for building contigs from restriction fingerprinted clones. *CABIOS* 13:523–535.

Soderlund, C., S. Humphray, A. Dunham and L. French (2000) Contigs built with fingerprints, markers, and FPC V4.7. *Genome Res.* 10:1772–1787.

Song, J., J. M. Bradeen, S. K. Naess, J. P. Helgeson and J. Jiang (2002) BIBAC and TAC clones containing potato genomic DNA fragments larger than 100kb are not stable in Agrobacterium. *Theor. Appl. Genet.* 107:958–964.

Sternberg, N. (1990) Bacteriophage P1 cloning system for the isolation, amplification, and recovery of DNA fragments as large as 100 kilobase pairs. *Proc. Natl. Acad. Sci. USA* 87:103–107.

Tao, Q. and H.-B. Zhang (1998) Cloning and stable maintenance of DNA fragments over 300 kb in *Escherichia coli* with conventional plasmid-based vectors. *Nucleic Acids Res. 1998,* 26:4901–4909.

Tao, Q., Y. L. Chang, J. Wang, H. Chen, M. N. Islam-Faridi, C. Scheuring, B. Wang, D. M. Stelly and H.-B. Zhang (2001) Bacterial artificial chromosome-based physical map of the rice genome constructed by restriction fingerprint analysis. *Genetics* 158:1711–1724.

Tao, Q., A. Wang and H.-B. Zhang (2002) One large-insert plant-transformation-competent BIBAC library and three BAC libraries of Japonica rice for genome research in rice and other grasses, *Theor. Appl. Genet.* 105:1058–1066.

Wu, C., S. Sun, P. Nimmakayala, F. A. Santos, K. Meksem, R. Springman, D. Ding, D. A. Lightfoot and H.-B. Zhang (2004) A BAC- and BIBAC-based physical map of the soybean genome. *Genome Res.* 14:319–26.

Wu, J., T. Maehara, T. Shimokawa, S. Yamamoto, C. Harada et al. (2002) A comprehensive rice transcript map containing 6591 expressed sequence tag sites. *Plant Cell* 14:525–535.

Wu, Y., L. Tulsieram, Q. Tao, H.-B. Zhang and S. J. Rothstein (2000) A binary vector-based large insert library for *Brassica napus* and identification of clones linked to a fertility restorer locus for *Ogura* cytoplasmic male sterility (CMS). *Genome* 43:102–109.

Xu, Z., Y. L. Chang, K. Ding, L. Covaleda, S. Sun, C. Wu and H.-B. Zhang (2003) Automation of the procedure for whole-genome physical mapping from large-insert random BACs and BIBACs. *In: Internationa Plant, Animal & Microbe Genomes 11 Conference (PAG-XI), San Diego, CA, USA. P123.*

Xu, Z., S. Sun, L. Covaleda, K. Ding, A. Zhang C. Wu, C. Scheuring and H.-B. Zhang (2004 Genome physical mapping with large-insert bacterial clones by fingerprint analysis: methodologies, source clone genome coverage and contig map quality (submitted).

Zachgo, E. A., M. L. Wang, J. Dewdney, D. Bouchez, C. Camilleri, S. Belmonte, L. Huang, M. Dolan and H. M. Goodman (1996) A physical map of chromosome 2 of *Arabidopsis thaliana*. *Genome Res.* 6:19–25.

Zhang, H.-B. (2000) *Manual: Construction and Manipulation of Large-Insert Bacterial Clone Libraries, Texas A & M University, Texas, USA.*

Zhang, H.-B. and R. A. Wing (1997) Physical mapping of the rice genome with BACs. *Plant Mol. Biol.* 35:115–127.

Zhang, H.-B. and C. Wu (2001) BAC as tool for genome sequencing. *Plant Physiol. Biochem.* 39:195–209.

Zhang, H.-B., X. P. Zhao, X. L. Ding, A. H. Paterson and R. A. Wing (1995) Preparation of megabase-size DNA from plant nuclei. *Plant J.* 7:175–184.

Zhang, H.-B., S. S. Woo and R. A. Wing (1996) BAC, YAC and cosmid library construction. *In: Plant Gene Isolation: Principles and Practice (eds Foster, GD andD. Twell), John Wiley & Sons Ltd, New York*, pp. 75–99.

Zhou, S., W. Deng, T. S. Anantharaman, A. Lim, E. T. Dimalanta et al. (2002) A whole-genome shotgun optical map of *Yersinia pestis* strain KIM. *Appl. Environ. Microbiol.* 68:6321–6331.

Chapter 9

物理作图与遗传作图的综合

9.1 引 言

在过去10年里,人们越来越需要将物理图谱和遗传图谱整合到一起。这些图谱在基因克隆中非常有用,在后来的一些全基因组和特定区域DNA测序的起始工作中也起到了重要的帮助作用。人们已经或正在构建包括模式植物拟南芥(Marra et al. 1999),以及高粱(Klein et al. 2000)、玉米(Coe et al. 2002)和豌豆(Wu et al. 2004)在内的植物全基因组物理-遗传综合图谱。

为了开发植物基因组综合遗传和物理图谱的资源平台,需要全面掌握一些方法,特别是几个关键因素。第一,要有高分辨率的DNA标记图谱,这个图谱提供了物理图谱秩序的最基本的遗传锚定位点,而且可利用比较来自其他基因组的信息;第二,DNA大片段插入文库,由毗连群组成的拥有经排序的DNA大片段插入克隆,这些毗连群有时可被组装进物理图谱;要有一组生物信息工具,它们能用来整合几个数据库的数据,并对数据库进行储存、搜索、分析并显示整个物理遗传图谱。

用遗传作图中的探针和DNA标记序列来锚定含有大片段DNA插入的克隆(如BAC)和毗连群,一般用以下两种策略:①基于PCR技术用DNA标记整合含有DNA大片段插入的克隆群(池);②用DNA探针杂交含有大片段DNA插入的滤膜。为了用基于PCR技术的筛选,DNA经常从大片段DNA插入文库中分离出来,用一个六维框架来分组和归并(Klein et al. 2000),以利于筛选。当构建一个完整的物理-遗传图谱时,必须跟踪各个大片段插入DNA克隆,毗连群和它们的DNA锚定,以及与每个锚定点相联系的DNA标记的序列信息。这个任务若用人工来做是很困难的,需要花费很多人力和时间。因此,急切需要通过一个便宜、快捷而且更加精确的系统来自动跟踪,并能更便宜、快捷和准确地查找。少数计算机工具能够帮助视图和整合用于作图的物理遗传的必要数据,将序列资料并入图中适宜的基因组位点,而且将上述结果放到因特网上供所有人查看。

9.2 用菌落杂交技术将 DNA 序列整合到物理图谱中

大片段插入文库中的克隆通常以双筛格 3×3 的方式用自动阵列机器手印记到杂交膜上(Hybond N^+),待准备好后,按照 Kanazin 等(1996)发表的,将膜与代表目标序列克隆的探针结合。选择作探针克隆的插入片段需要纯化,用随机引物进行探针标记,然后杂交到含有高密度克隆的膜上。一旦鉴定了每个探针杂交的阳性克隆,则将阳性克隆重新排列在 384 孔板上。

用自动阵列机器手准备含有高密度菌落的杂交膜 Hybond N^+ 尼龙滤膜(Amersham Pharmacia Biotech Inc. ,Pisctaway,MD),384 孔板上取得的每个菌落的克隆点到杂交滤膜上,每个克隆点两个拷贝。一张 20 cm×20 cm 大小的滤膜上可以点到 50 000 个克隆。包含了克隆的滤膜平摊在含了相应抗生素的 LB(Luria-Bertani)与琼脂糖混合的培养基平板(Fisher Scientific, Pittsburgh,PA)上,在 37℃ 下培养。当克隆长到直径 1～2 mm 时,滤膜准备好用于杂交(Meksem et al. 2000)。

含有很多菌落的膜铺在一层滤纸上,在盛有下列溶液的浅平盘中浸泡饱和:

盘序号	用于饱和滤纸的溶液	浸泡培养时间
1	10%(*W/V*)SDS	10 min
2	变性溶液	10 min
3	中性化溶液	10 min
4	2×SSC,0.1%(*W/V*)SDS	10 min
5	0.4 mol/L NaOH	20 min
6	5×SSC,0.1%(*W/V*)SDS	20 min
7	2×SSC,0.1%(*W/V*)SDS	20 min

中性化溶液	变性溶液
500 mL 1 mol/L Tris-HCl,pH 8.0	125 mL 400 mmol/L NaOH
300 mL 5 mol/L NaCl	300 mL 5 mol/L NaCl
2 mL 0.5 mol/L EDTA,pH 8.0	575 mL ddH_2O
198 mL ddH_2O	
1 000 mL	1 000 mL

将膜置于 80℃烘箱中烘 2 h,去掉所有多余的液体。然后,滤膜放进杂交缓冲液(5×SSC [20×SSC 母液:3.0 mol/L 氯化钠,0.3 mol/L 柠檬酸钠,pH 8.0,

0.5 mol/L EDTA]，5 × Denhardt's 试剂[50 × Denhardt's 试剂：1%（W/V）Ficoll 400，1%（W/V）polyvinylpyrrolidone，1%（W/V）小牛血清]，0.5%（W/V）SDS)在 65℃下 2 h。将 20 μL DNA 探针(50～100 ng)和 25 μL 水混合，置于 95℃加热器中加热 5 min。待混合物冷却至室温，5 μL 的 3 000 Ci/mmol/L α-^{32}P dCTP 加到混合物中，然后，转入到 Ready-To-Go DNA 标记 微小珠的管子(Amersham Pharmacia Biotech Inc.，Piscataway，MD)。探针混合物在室温下温育 30 min，再在 95℃下加热 5 min。将此混合物经过一个 MicroSpin S-200HR 柱子(Amersham Pharmacia Biotech Inc.，Piscataway，MD)过滤，以 400 g 的转速离心过滤柱子 2 min。过滤后的带放射性的探针溶液转移到盛有预杂交缓冲液并带有滤膜的管子里。滤膜在 65℃ 下温育 16 h 后，用含有 0.1%(W/V)SDS 的 150 mL 2×(W/V)SSC 洗 2 次，10 min 洗 1 次，然后再用含有 150 mL 0.1%(W/V)SDS 的 0.1×(W/V)SSC 洗 2 次，10 min 洗 1 次。用塑料保鲜膜将滤膜包裹，然后将滤膜暴露在 BioMax-MR X-ray 胶片(Kodak，Rochester，NY)上曝光 16 h。之后冲洗胶片并加以分析(图 9-1)。

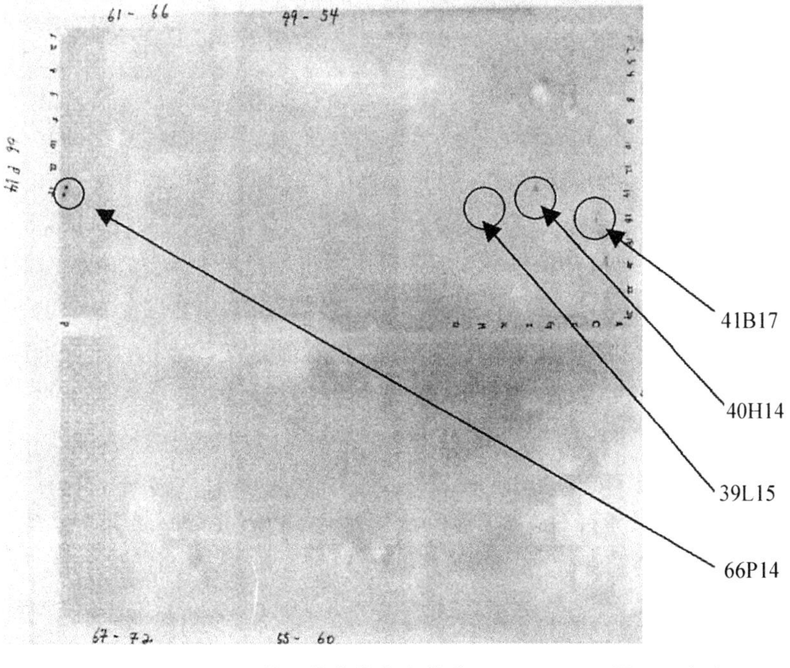

图 9-1 用大豆 *Hs 1*(*pro 1*)基因的菌落杂交筛选 Forrest *Hind* Ⅲ BAC 文库的杂交菌落筛选。

9.3 通过 overgo 杂交将富含基因的序列整合到物理图谱

在一些作图方案中发现，利用 overgo 探针杂交策略能很成功的将 EST 序列定位在物理图谱上。这个信息，当被归并到 FPC 软件(FingerprintContig)中，将导致物理图谱中全部毗连群数目的明显减少。Overgo杂交是用显著区别的40 bp序列高特异性地整合遗传和物理图谱的一种方法（图9-2）。

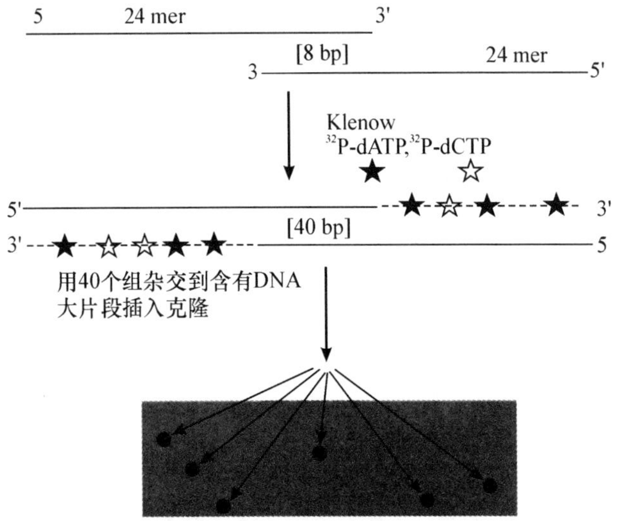

图9-2 overgos:重叠寡聚核苷酸探针示意图

在一组序列(基因或EST序列)靶标到物理图谱后,正在锚定的序列被鉴定。OvergoMaker 40 overgo探针设计软件,这个软件是由美国St. Louis的华盛顿大学医学院John D. Mcpherson开发的,这个软件以fasta输入文件,用以设计特异的有重叠的寡聚核苷酸探针。Overgos探针应尽可能选择含有约50%的碱基分布有GC含量。OvergoMaker 40设计两段24mers,在它们3′端含有8个碱基的重叠。退火后,它们将形成一个总长在40个碱基,中间部分有8碱基的重叠,两端各有16碱基的空悬的overgo探针,两端16碱基的空悬能够通过DNA聚合酶Ⅰ的Klenow片段以补平方式被标记。阳性对照的DNA(已知序列质粒)按独特的模式点好,然后被用来与滤膜对照比对。含有576个探针的overgo探针模式,被组装排列成一个24×24的矩阵,按照下面列出的程序,能够被杂交到含有高密度的大片段DNA插入的滤膜上。

9.3.1 重叠的寡核苷酸标记

混合有寡核苷酸的母液(10 pmol/μL)在80℃下加热5 min,然后在37℃温育10 min后,最后置于冰上。

标记反应(10 μL):

寡核苷酸	10 pmol (每种)
BSA(2 mg/mL)	0.5 μL
OLB(-A,C,-N6)	2.0 μL

^{32}P-dATP*	0.5 μL
^{32}P-dCTP*	0.5 μL
H_2O	到 10 μL
Klenow 片段	1 μL(2 U/μL)

标记着的反应试管在室温下温育。1 h 后，未结合的核苷酸用 Sephades G50 柱除去，杂交前探针被变性。

OLB(-A,-C,-N6)=A∶B∶C (1∶2.5∶1.5)，−20℃储存

溶液 O	溶液 A	溶液 B
1.25 mol/L Tris-HCl，pH 8.0	1 mL 溶液 O	2 mol/L HEPES-NaOH，pH 6.6
1.25 mmol/L $MgCl_2$	18 μL	溶液 C
	5 μL 0.1 mol/L dTTP	3 mmol/L Tris-HCl，pH 7.4
	5 μL 0.1 mol/L dGTP	0.2 mmol/L EDTA

9.3.2 杂交

针对 overgos 探针的 GC 含量在 40%～60%之间，杂交通常在温度 58℃进行。如果用 AT 含量丰富的 overgos 探针，则杂交的温度可能需要降低。50 mL 预热的杂交溶液加入到一个 30 cm×4 cm 规格的杂交瓶子中。杂交滤膜在预热的 2×SSC 中先浸湿，并预杂交 4 h。预杂交后，从每个瓶子中取出 10 mL 杂交缓冲液混合在一起，而标记的寡核苷酸探针在 90℃下变性 10 min。然后用移液枪将它们加入上面取出的杂交液中混合。每个瓶子加入已混合有探针的杂交液 10 mL，作为转移探针。再继续杂交，通常允许探针过夜杂交，但是也可以杂交 2 d，以增强杂交信号。

杂交溶液：

杂交混合液(1 000 mL)	
1%BSA(分装或 Sigma)	10 g
1 mmol/L EDTA	2 mL 0.5 mol/L EDTA(pH 8.0)
7%SDS(用纯度 99.9%的 SDS)	70 g
0.5 mol/L 磷酸钠	500 mL 1 mol/L 磷酸钠

(1 mol/L 磷酸钠：134 g $Na_2HPO_4.7H_2O$，加 4 mL 85% H_3PO_4，加水到 1 000 mL)

9.3.3 洗膜

倒掉杂交溶液后，滤膜在室温下用 2×SSC，0.1%SDS 洗，然后转移到一个旋转平台上的更大的管中，并在 58℃下用 2 L 1.5×SSC，0.1% SDS 洗 30 min，在 58℃下用 2 L 0.5×SSC，0.1% SDS 洗 30 min。

9.3.4 放射性自显影

将滤膜密封在塑料袋里，在−80℃下用 XAR5 Kodak 胶片曝光过夜；对于放

置时间长的滤膜，曝光时间可以适当延长。然后冲洗胶片，胶片上的阳性信号的方位根据原覆盖的模板和特定文库上复制下来的滤膜信息来确定，用于特定杂交的探针可注释在胶片上，同时标注杂交的日期和曝光的时间等。

9.4 将DNA序列整合到物理图谱的分组策略

9.4.1 DNA分组

大片段插入文库经常需要划分成组，以便于将DNA序列有效地整合进物理图谱，并减少为目标序列从文库中鉴定克隆所需的人力和费用。Klein et al. (2000) 报道的一个方法后来作为分组大片段插入克隆的一个公共标准，在这个标准里，一个含有81 408个克隆的BAC文库能被分到287组群中。

含有81 408个克隆的大片段插入文库可被组织秩序化，储存在212个独立的384孔板里。组成这个文库的各个384孔板可排列到含有53层的垛叠中，其中每层包含4个板。每层的4个板将被排列成2×2的方式。因为每个384孔的板是按行16孔，列24孔安排的，这样2×2方式排列的板，每层板就共包含了32行，48列的孔阵列(1 536孔/每层)。这个384孔板组成的垛叠中的每个孔，都有自己的唯一的地址，即有它相对于这个垛叠轴的 x，y，z 坐标决定每个孔的坐标。由384孔板组成的这个垛叠将被用6种不同的方式来取样，以产生大片段插入DNA的分组(图9.3)。每个组代表了一个平面的与垛叠的交集(用这个平面穿过孔)。相交与垛叠的平面平行于三个相互垂直的表面，决定了三种不同的分组方式。以层来分组(LPs)是将垛叠的每层组合到一组。行分组(RPs)是将相同的行所有孔组合到一组，列分组(CPs)将从所有层的相同列的所有孔组合到一组。三种对角线分组——层对角线分组(LDPs)，行对角线分组(RDPs)，列对角线分组(CDPs)——将按图9-3中显示制成。为了保持相同的对角线组里的孔数不变，将它们如图9-3所示包裹起来。总共将产生287个组。表9-1概括了所有的组数和这六种分组方法里每个组的大片段插入DNA克隆的数目。212个384孔的板含有81 408个大

表9-1 产生具有53×32×48维的集合的每种类型大片段插入文库的集合的概括统计

组类型	组数目	组大小	克隆数目	克隆总数
层分组	53	32×48	1 536	81 408
行分组	32	48×53	2 544	81 408
列分组	48	32×53	1 696	81 408
层对角线分组	48	32×53	1 696	81 408
行对角线分组	53	32×48	1 536	81 408
列对角线分组	53	32×48	1 536	81 408
合计	287			

片段插入 DNA 克隆,被组织成一个包括 53 层的三维垛叠平板,每层有含有 32 行,48 列的四个板。这个垛叠将被沿着 6 个特定的描述坐标,能产生总共 287 个 DNA 组。

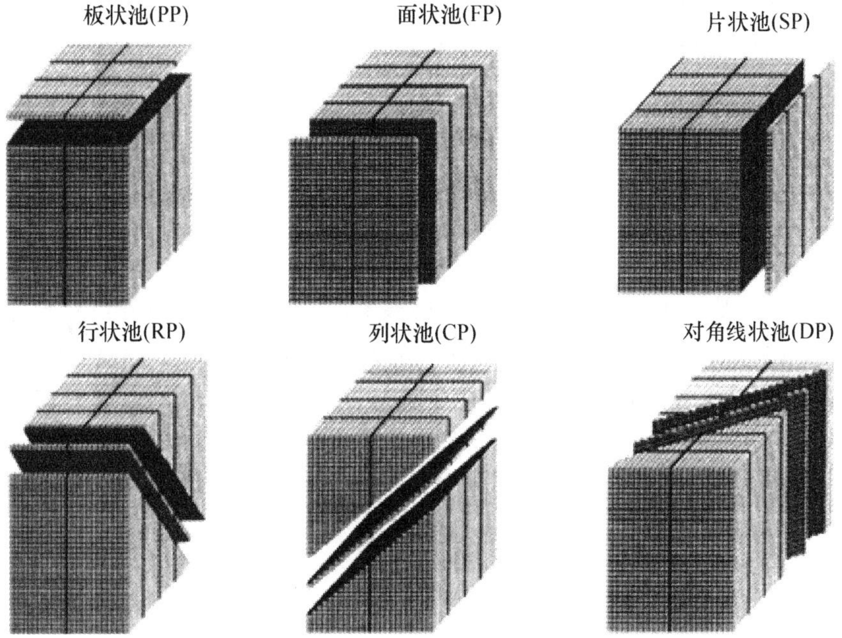

图 9-3 大量插入 DNA 分池策略的六种方式

9.4.2 多元 PCR 技术

多元 PCR 技术可以在单一的 PCR 反应里检测多达 10 对的 PCR 引物,这项技术用作筛选文库。针对目标 DNA 序列的特异引物对用总基因组 DNA 检测,而这个 DNA 是源于构建文库的基因组,决定着扩增片段大小。具有产生大小区别明显的扩增片段的一些引物对,能够被选用进行多重 PCR。计算机程序(Klein et al. 2000)能够用来分辨包括在分组中的 DNA 目标序列的候选克隆。所有被初步分辨的候选克隆都要用特异引物对进行针对单个克隆的检测以作确认。

9.4.3 从大片段插入克隆池中分离 DNA

根据 Klein et al(2000)的描述的方法,并做了一些小的修改,从分组中的插入 DNA 大片段的克隆分离 DNA 的方法如下:组成一个文库的含有 DNA 克隆的每块 384 孔板,将被复制到一个孔较深的,384 孔细胞培养板中,这块新板各孔加有含有相应抗生素的 100 μL LB 培养基。一个有 384 个针的工具(机器手或 384 道移液枪)用于从对应的 384 孔母板中,给新的深孔 384 孔细胞培养板,接种克隆。已接种好的拟复制克隆的新板，放置在37℃下在静止培养20～24 h。然后所有复制的板被排列为前节讲解的垛叠设计式样，按照前节讲到的6种具有区别的方式之一进行分组并样，产生一个特殊的分组类型。每个孔移出90 μL细菌培养物，进行分组归并，分组混合的细菌培养物被转移入一个250 mL的离心管中，在冰上温育15 min，然后在4℃，4 400 g条件离心15 min来收集细胞。弃上清，然后将细胞沉淀在2.4 mL含有50 mmol/L葡萄糖，10 mmol/L EDTA，25 m mol/L Tris-HCl(pH 8.0)的溶液里涡旋重悬。重悬后的细胞再转移进一个装有4.8 mL新鲜配置的细胞裂解液的离心管里，裂解液中含有0.2 mol/L NaOH和1% SDS。样品经轻柔的上下颠倒混合10～12次，并在室温下培养10 min。然后，加入3.6 mL 3 mol/L的醋酸钾(pH 5.2)，再将混合物轻柔的上下颠倒混合12次。然后，将样品在冰上培养20 min，在20℃，31 000 g条件下离心20 min。上清移入到一个含有10 mL异丙醇的新管里，将管颠倒几次后，在－20℃下培养过夜。样品在4℃下13 800 g条件下离心30 min，弃上清。沉淀的DNA用80%乙醇洗2次，吹干，在TE缓冲液中溶解，并检测DNA含量的浓度。

		列								
		1	2	3	4	5	6	7	8	9
行	1	2	3	4	5	6	7	8	9	1
	2	3	4	5	6	7	8	9	1	2
	3	4	5	6	7	8	9	1	2	3
	4	5	6	7	8	9	1	2	3	4
	5	6	7	8	9	1	2	3	4	5
	6	7	8	9	1	2	3	4	5	6

分组孔的原编号

图 9-4 对角线分组中的样品孔的打包归组。图为6×9维的样孔矩阵排列，被分样到九个组中，每个组有六个样孔。

9.5 正向和反向整合物理-遗传作图：目标DNA标记作图

自从基于BAC的整合图谱的构建成为物理作图的标准以来(Coulson et al. 1986；Marraet al. 1997；Luo et al. 2003)，已经开发了几种新的BAC指纹图谱技术。为了用计算机程序编辑的指纹图谱，更好更可靠地组装BAC毗连群，这些方法大多数都是关注于单个BAC的指纹图谱中含有更多的信息含量(Soderlund et al. 2000)。BAC指纹产生后，在能进一步比较验证的数据组释放之前，随后组装BAC毗连群，和确证各个单独的毗连群仍然是件非常烦琐的任务。在大多数BAC指纹图谱的数据表里，大部分组装的BAC毗连群不能连锁到遗传图谱中的位置，而且通常有大量单独的 BACs 无法组装进任何毗连群。对于大量无法连锁的毗连群存在的主要原因，是由于大多数遗传图谱只有相对较低的标记密度，以及大多数已组装的 BAC 毗连群相对小的物理跨距。在理想的数据表里，BAC 毗连群的物理覆盖度应该能够将大多数毗连群定位到他们对应的遗传图谱的位置上。但是，如在一个 350 Mb(约 36 000 个克隆)基因组的，有 12×BAC 文库的标准指纹图谱的组装中，将产生至少 10%的单个 BACs 克隆，和一个重要的包含有 2～25 个 BACs 的较小的毗连群组。所以，拥有平均每 50 kb 就有一个标记的高密度遗传图谱，对定位所有由计算机组装的 BAC 毗连群是非常必要的。

一个定位 BAC 毗连群到遗传图谱上的直接方法，是将图谱中的探针杂交到高密度 BAC 滤膜上(RFLPs，STSs，ESTs，etc.)。杂交过程中 overgo 探针的分组有利于提高单个 BACs 克隆和 BAC 毗连群的鉴定效率。将遗传图谱上的 AFLP 标记与 BACs 克隆和 BAC 毗连群连锁的方法是非常好的(Klein et al. 2000)，六维 BAC 克隆分组的策略，相结合于 AFLP 的筛选，针对每个 AFLP 引物的组合，能将 40 个以上的遗传图谱位置与 BAC 毗连群连锁起来(Klein et al. 2000)。

9.5.1 整合的 AFLP 作图

另一个方法是通过在单个 BAC 的 DNA 上应用 AFLP 方法，而排除在扩增步骤中引物的可选择性碱基对，产生所有单个 BACs 克隆的高信息量的指纹图谱。如，用 *Hind*Ⅲ +0/*Mse*Ⅰ +0 引物的一个扩增步骤，在一个单个的 BAC DNA 上生成平均 50～60 个片段，这些片段能使 BAC 毗连群组装的分辨率相似于其他高信息量方法所完成的水平(Jess et al.，未发表)。下一步是用相同的 AFLP 酶组合 *Hind*Ⅲ/*Mse*Ⅰ筛选 BAC 分组，但是仍然包括在 *Hind*Ⅲ引物上加上选择性碱基对即+2，在 *Mse*Ⅰ引物上+3。这个选择性碱基对的延伸结果应该与用于构建遗传图谱的延伸结果相同。结果，*Hind*Ⅲ +2/*Mse*Ⅰ +3 AFLP 片段能够以电子杂交方式连锁到显示阳性的克隆池中的单个 BAC 克隆指纹图谱中存在的对应的 *Hind*Ⅲ +0/*Mse*Ⅰ +0片段。由此，这个单个的 BAC 克隆能直接连锁到对应的遗传图谱位置。总之，这个方法的关键——叫做“KeyMaps”——是遗传作图中的 $+K/+L$ AFLP 片段与一个单个 BAC 克隆指纹图谱的 $+M/+N$ AFLP 连接起来，其中，K、L、M 和 N 代表引物延伸，可以能是 0～10 之间任何一个整数。一般地，$K=2$ 或 3，$L=3$，$M=0$，$N=0$。应用于遗传图谱构建的 $+K/+L$ 引物组合，也用于筛选含有包括 0.05～0.25 基因组相等量的 BAC 克隆池。这个方法的优点是一种指纹图谱技术(AFLP)可用在两个地方。第一步，BAC 指纹图谱由 AFLP 产生，第二步 AFLP 标记被用来将遗传标记分配到 BAC 毗连群上。图 9-5 中，表明了 Keymap 概念的可行性。

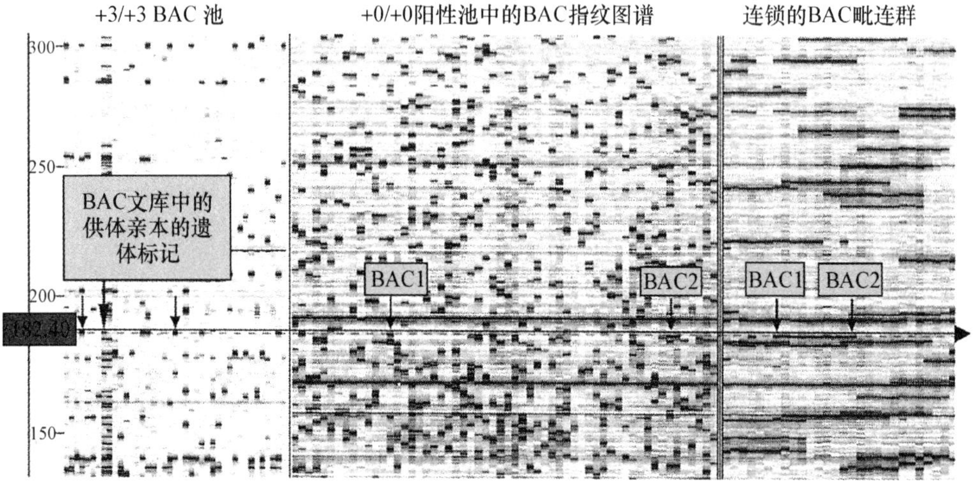

图 9-5 电子杂交匹配中。连锁+3/+3 和+0/+0 AFLP 片段。遗传标记和少量阳性 BAC 池通过箭头显示。对应于阳性池中的单个 BACs 的 *Hind* Ⅲ+0/*Mse*Ⅰ+0 指纹图谱。

除了构建一个非常有效的整合图谱，KeyMaps 方法也为遗传和物理整合图谱产生和添加新的 AFLP 标记提供了方便。每个 *Hind*Ⅲ +2/*Mse* Ⅰ +3 片段都能在组装毗连群的数据表中，被分配到一个 BAC 毗连群中（图 9-6）。如果一个特殊的 BAC 毗连群已经连锁到遗传图谱上，那么分配到这个毗连群的第二个、第三个标记，将接着被重新定位到第一个标记的位置。最后，当在 BAC 克隆的分组中筛选到足够的 AFLP 引物组合，在亚基因组 BAC 克隆分组中的这些标记的共同保持的频率能重新产生遗传图谱，类似于 HAPPY 作图和放射性杂交作图方法（Thangavelu et al. 2003）。

9.5.2 目标 SSR 作图

虽然用 DNA 标记整合到一个物理图谱是最普遍的，但在基因组里或目标基因组区域中，添加额外的 DNA 标记也是需要的，而 DNA 大片段插入克隆就可以用来产生 DNA 标记。最普遍也最容易的方法是开发 SSR 标记（Cregan et al. 1999，Meksem et al. 2000）。

目标 SSR 作图依赖于将 DNA 大片段插入克隆亚克隆到小片段 DNA 插入克隆中，在亚克隆内用设计以鉴定重复的 DNA 探针，鉴定串联重复序列，序列分析阳性克隆，以及引物设计用来确定多态性重复。

9.5.2.1 大片段 DNA 插入克隆的亚克隆

通常情况下，从文库和克隆载体里（pBluescriptⅡ）得到的 40 ng 的 DNA 大片段插入克隆用 10 个单位的 *Eco*RⅠ限制性内切酶在 37℃下完全酶切需要 2 h。消化后的 DNA 用 0.6 倍体积的异丙醇沉淀，并在 10 621 g 下离心 20 min。沉淀用

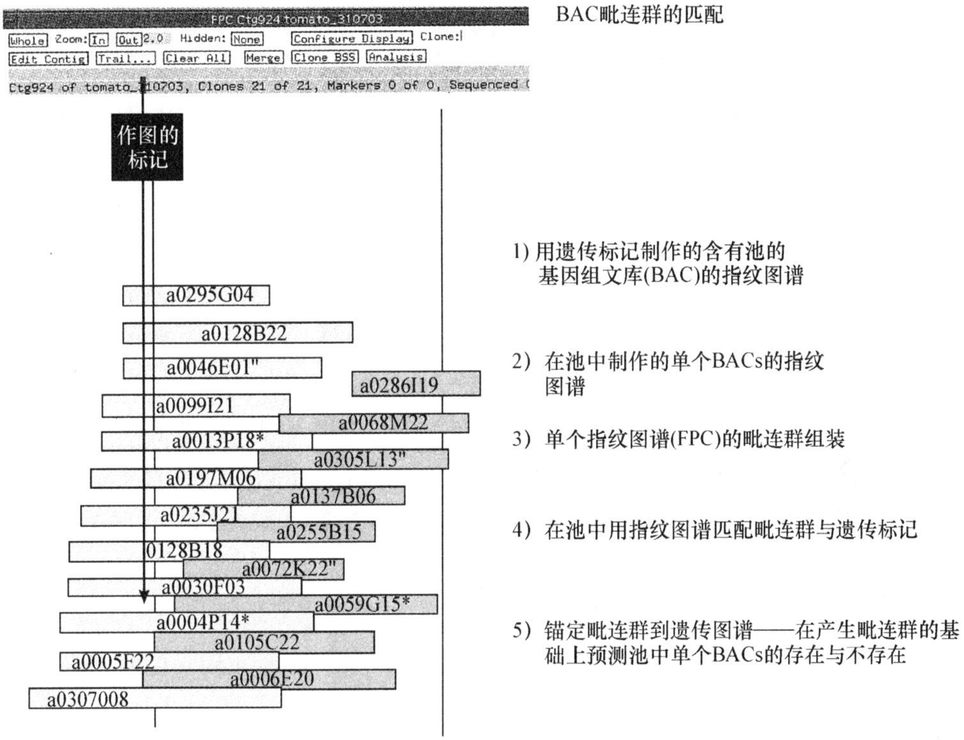

图 9-6 相当于 *Hind* Ⅲ+0/*Mse* Ⅰ+0 的 BACs 克隆毗连群匹配定于遗传图谱中

70%乙醇洗 2 次，用一个 CentriVAp Concentrtor(LABCONCO Corporation, Kansas City, MO) 吹干。每个小管中加入 13.5 μL 双蒸水，再加入 3 个单位的 T4 DNA 连接酶和 1.5 μL 的 10×T4 DNA 连接酶缓冲液。接着，将小管置于 16℃下过夜。第二天，将 1 μL 连接 DNA 的溶液用电转化方法转化 20 μL 的 DH10B 电转化感受态细胞，接着将电转化的细胞液加入 500 μL 的 SOC 培养基(Gibco BRL Life Technologies, Rockville, MD)中，37℃下，210 r/min 摇床上(New Brunswick Scientific, Edison, NJ)培养 50 min。然后，将 30 mL 培养物涂于加有相应抗生素(40 g 的 LB 琼脂糖混合有 12.5 μg/mL 氯霉素，60 μg/mL 的 X-gal，200 μg/mL 的 IPTG)。平板置于 37℃培养 16 h。挑出重组克隆，接种于装有 LB 的 384 孔板，LB 中含有 60 μg/mL 的氨苄青霉素和可冷冻培养基(360 mmol/L K_2HPO_4，132 mmol/L KH_2PO_4，17 mmol/L 柠檬酸钠，4 mmol/L $MgSO_4 \cdot 7H_2O$，68 mmol/L $(NH_4)_2SO_4$，44%(*W*/*V*)的甘油配的灭菌水)，再在 37℃下培养 16 h。最后 384 孔板置于 −80℃下保存。

9.5.2.2 菌落杂交

亚克隆是用一个 384 根针的复制器接种到一张 Hybond N^+ 的转移膜上(Amersham Pharmacia Biotech Inc. ,Piscataway,MD)。复制器浸在 100%(*W*/*V*)乙醇里,经火焰灭菌处理。一旦复制器经几秒冷却之后,将它浸在 384 孔板中,然后再点到,已放置在 LB 琼脂板中的膜上。平板中的 LB 含有(60 μg/mL 的氨苄青霉素,60 μL/mL 的 X-gal,200 μL/mL 的 IPTG)。细胞菌落在 37℃下培养,直到菌落的直径长到 0.5～1.0 mm。

大约 100 ng 的各个寡聚重复引物,如$(AT)_{10}$,$(ATT)_{10}$,$(CG)_{10}$,$(CC)_{10}$,$(CT)_{10}$和$(CTT)_{10}$(Research Genetics, Huntsville, AL),用 3 μL 的 3 000 Ci/mmol/L γ^{33}P dATP(Fisher Scientific,Pittsburgh,PA),通过磷酸化这些引物的 5′端,和 10 个单位的 T4-DNA 激酶(Amersham Pharmacia Biotech Inc. ,Piscataway,MD),在 37℃下温育 1 h,来标记这些引物。之后酶在 70℃下加热 10 min 使之失活。滤膜在 39℃的预杂交缓冲液中(5×SSC,0.5%[*W*/*V*]SDS,和 5×的 Denhardt's 试剂)温育 2 h,然后在 39℃的预杂交缓冲液中与标记的探针杂交过夜。杂交完后,膜在 37℃下的 2×SSC/0.2%(*W*/*V*)SDS 洗 2 次,共计 20 min,然后在 37℃下 1×SSC/0.1%(*W*/*V*)SDS 洗 2 次,共计 1 h。将塑料保鲜膜包被在杂交膜外面,然后将膜曝光到 BioMax-MR X 射线胶片(Kodak,Rochester,NY)16 h。然后冲洗胶卷分析。一旦假定的重复亚克隆被确定,将用 ABI 公司的大染色循环测序 Kit 和一个 ABI377 自动 DNA 测序仪(Perkin Elmer,Foster City,CA),用双脱氧终止法测序这些亚克隆。序列分析可以鉴定这些串联重复(图 9-6)。简单序列重复(SSR)标记的引物在被确定的重复序列的上下游各 100 bp 处挑选,并且假定的 SSR 标记定位在适当的群体中(图 9-7)。

9.6 整合物理-遗传图谱的生物信息工具:基因组浏览器

与物理图谱有特定关系的信息经常用一个叫做遗传基因组浏览器(GBrowse)的公共标准信息工具来保存(Stein et al. 2002)。

9.6.1 G 浏览器

GB 浏览器模块可以在 http://www.gmod.org 上下载,这个网站提供了在整合物理遗传图谱进程中保持和更新的工具。入门的途径是由"遗传标记"(如:SSR,RFLP,AFLP,杂交探针等)是提供的,用"遗传标记"进入的用户通过在文本区域里键入一个登录的标记名称而进入 G 浏览器。登陆标记可以是 DNA 标记,基因名称,克隆名称,登录号(accession number),或其他由管理者设定的身份记号。一旦一个区域被选中,将展示一个详细的画面,其中包括注释和其他基因组的特征。一个概览面板和一个导航条提供给拥护,使用户能从一个地方转移到另一个地方。

ACGTATCCACCAATACGGATATTTTATAATTGGAACGTACTCTTGGC
ATTATATTTATATATGTATAAAGTCATAGATTAGATAGGCACACTG
ATTTTGACCCCTTGTTTCCTCCAACCACAACTCCAATCTATGTCC**CAT**
TACAGCGGATGGAACAAAAAACATATATAGAACTGATTCTTGAAAAG
TGAAAGCAAATTGGAATTTTGATTCTCAGCCACGTGTAATAATATA
TGATGTGTTAGCTGGTTGGGCCTTTCTT **TATATATATATATATATATATA**
GGATTGGTGGCTATATGCAAAAGAAGAAATGGGATAAAGGTTTTTT
TTTTAAAAAAAAAAGGAATGTTATGTTATATTTTAAGTTCTATATT
ATATTTTGACTTATT**CGGACAAATCTAGACTCTCAC**TATTCTC

图 9-7 来自含有假定 SSR 标记的大豆 BAC 上的质粒克隆的序列。串联重复的位置用粗黑体字和下划线标记。用于检验多态性的 SIUC-SAT040 反向引物的位置也是用黑体字标记的。

如用户在基因组里发现一个感兴趣的区域,用户能用多种方式浏览它。“Web link”能够展示特殊的连锁组的遗传图谱,在这个连锁组中选择一个标记,当另外的连接产生与这个标记有联系的 DNA 序列时,用克隆平板的地址展示由这个标记所确定的毗连群。用与毗连群有联系的序列可以作为第二条进入物理图谱的线路。第三条进入物理图谱的线路,是由能用于查看单个 BAC 指纹图谱的克隆的平板地址来提供。用户可以在概览面板里点击而从一个区域,快速跳跃到另一个区域,在显示有整个染色体(或者是未完成的基因组,一个连锁群),和许多标记特征包括熟悉的遗传标记、细胞遗传的染色体带型、或序列框等图像的顶部,有一个示意指示。G 浏览器提供了多个可选择配置的图像可收缩与放大的功能,以及两种画面滚动速度(图 9-8)。如要更精细的调节,用户还可以在显示详细画面顶部,到使显示区域到中心期间的点去点击大小变换来调节,或者也可以选择“+”和“”按钮,在放缩水平上做精细调节。

9.6.2 iMap

iMap 可以查看模拟的遗传图谱和已经分配到他们对应的遗传位点上的相关 BAC 毗连群。iMap 软件是基于水稻基因组研究计划开发的 GIOT 软件基础上开发而来的。iMap 是一个基于网络的浏览器,可以使遗传图谱数据储存在,用产生于物理图谱数据 FPC 中重新得到的数据库里。展示的特征是一边查看遗传图谱一边同时可以查看对应的相关物理图谱(图 9-9)。数据库查找可以方便到在搜寻结果时,在图上位点、探针和序列登录号和毗连群号码处直接报告信息。对于每个位点,关于遗传标记类型和毗连群的信息能以弹出窗口的方式显示出来。遗传标记的详情可以通过与其他数据库连接而重新找到。iMap 图像包括以下的组成部分:标题,选择,遗传图谱,标记类型,物理对象,物理图谱和弹出窗口。

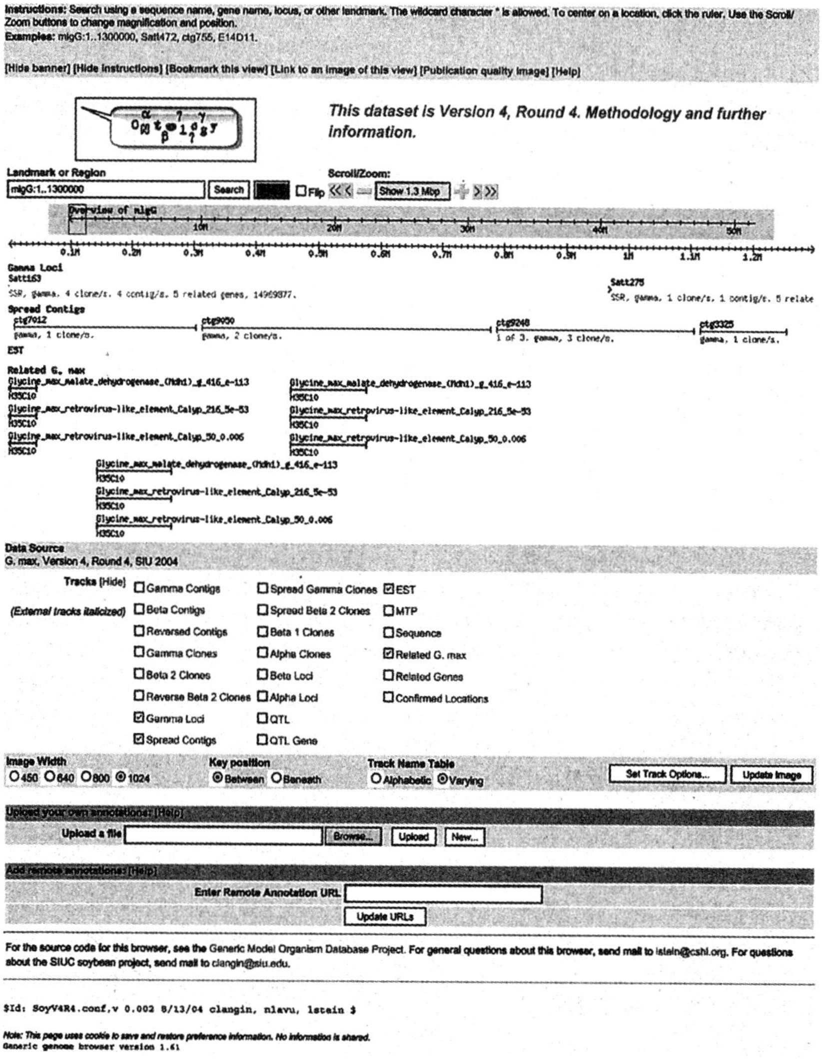

图 9-8　G max, Version 4, Round 4, SIU 2004 显示了 mlgG 中 1.3 Mbp，位置为从 1 到1 300 000

9.7　讨　论

当一个探针或一个 PCR DNA 标记找到一个大片段 DNA 插入的克隆时，如果这个克隆是一个组装的毗连群的一部分，这个毗连群然后就被分配到一个特定的遗传位点。但是，这个概念在实践中并不像听起来那么容易；诸如基因组的重复和复杂性等因素可能使毗连群的锚定在工作中非常具有挑战性。使用单拷贝探针是一个将物理图谱锚定到遗传图谱上的理想策略，在遗传图谱上，毗连群能以很高可

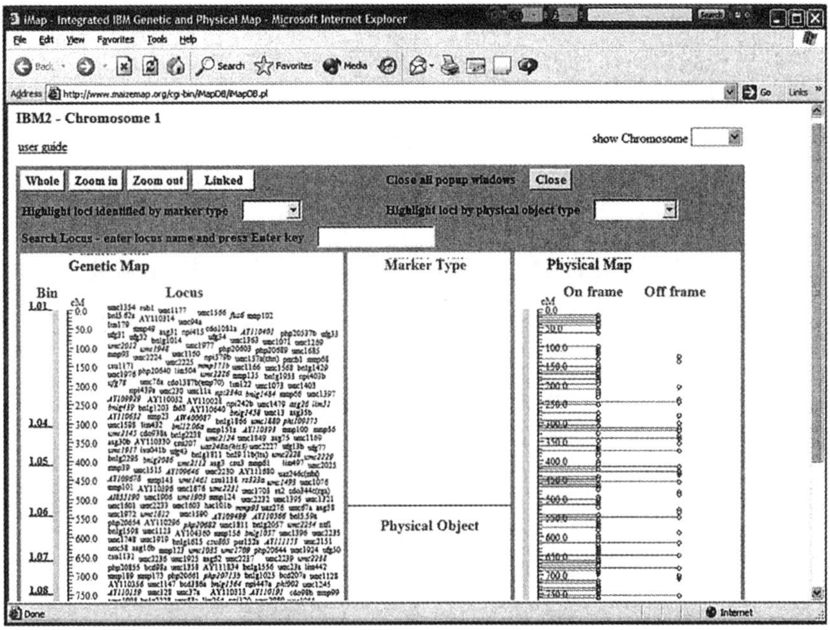

图 9-9 iMap:玉米的整合物理-遗传图谱的查看图

信度分配到一个单个的遗传图谱位点上。不幸的是,从 FPC 毗连群组装(可看第 12 章)获得的,[探针-大片段 DNA 插入克隆-毗连群]相联系的模式,可以揭示可能存在的矛盾。有时,对应于不同遗传位点的两个探针与同一个单个毗连群相关;这可能归因于 BAC 地址的确定,遗传定位,毗连群组装或电子确定图谱中的标记身份。在这种情况下,验证杂交筛选和分组分析的结果,检查遗传作图工作和人工校正毗连群,以检测是否存在嵌和的毗连群的可能性,通过这些措施可以解决这个矛盾。也可以采用来自于相同的杂交探针的引物进行 PCR,检测这些分组中的 DNA,而那些杂交探针是用在基于杂交方法,筛选 DNA 大片段插入的滤膜的。

基于杂交的筛选方法,多用于鉴定由记录判断错误或虚假杂交引起的,大片段 DNA 插入克隆的假阳性。比较起来,PCR 确认实验表明,假阳性即使不是不存在,也是很少发生。所以,在杂交筛选实验过程中,建议在高严格条件下洗杂交膜,并采用严格的判断记录标准,即要求有多个阳性杂交信号(如,每一个双点喷涂的 DNA 大片段插入克隆必须与多个由二或三维分组得到的探针杂交上)。

由于 overgo 探针的序列很短(40 bp),overgo 探针杂交方式有几个优势,这包括杂交的背景很低,假阳性率也很低,高的生产效率,以及与传统克隆探针相比,易于操作。特别重要的是,它的挑选标准具有唯一性,是非常严格的。所以,对重复数据库的筛选对于 overgo 探针杂交选择方法选择而言并不够;针对 GenBank 里的 BLAST 搜索,应该是 overgo 选择标准中的一个整体组成部分。

FPC4.7 是最常应用的一个软件,使遗传标记可以用在毗连群中(Soderlund et

al. 2000;本书的第 12 章)。已有几个服务能够用来通过网络查看整合的物理-遗传图谱。FPC 网络提供一个的有限物理图谱的查看,相似于 FPC 图谱,如水稻,玉米,高粱和拟南芥(http://www. genome. arizona. edu/software/fpc/)。另外一些站点,如 Ensembl(http://www. ensembl. org/)和 NCBI(http://www. ncbi. nlm. gov/mapview/)也提供了查看整合了序列和其他信息的 BAC 图谱。

公众预测对软件包的需求,是能够一个查看系统,能够充分满足大多数研究者,希望浏览来自他们自己的数据和图谱,而没有更多的要求,不需要大量的下载和刷新数据库。已经设计出了基于 Java 的应用系统,叫做 iCE(Internet Contig Explorer),可提供物理图谱和相关数据的查看,在 iCE 上使用者能搜索和显示单个克隆、毗连群、克隆的指纹图谱,克隆插入大小和标记(Fjell et al. 2003)。为了重新得到和显示整合图谱的数据,iMAP(Cone et al. 2002)提供了一个一边查看遗传图谱,一边查看相关毗连群,而且这个毗连群在数据库中还是可搜寻的通过 DNA 标记和遗传位点。GB 浏览器,是一个基于网络的可变换的应用方法(Stein et al. 2002),正在成为研究团体中的标准方法,用来显示基因组注释和其他相关于物理图谱的一些特征。

参考文献

Coe E, Cone K, McMullen M, Chen SS, Davis G, Gardiner J, Liscum E, Polacco M, Paterson A, Sanchez-Villeda H, Soderlund C, Wing R.(2002) Access to the maize genome: an integrated physical and genetic map. *Plant Physiol.* 128(1):9–12.

Cone KC, McMullen MD, Bi IV, Davis GL, Yim YS, Gardiner JM, Polacco ML, Sanchez-Villeda H, Fang Z, Schroeder SG, Havermann SA, Bowers JE, Paterson AH, Soderlund CA, Engler FW, Wing RA, Coe EH Jr.(2002) Genetic, physical, and informatics resources for maize. On the road to an integrated map *Plant Physiol.* (4):1598–605.

Coulson A, Sulston J, Brenner S, Karn J (1986) Toward a physical map of the genome of the nematode *Caenorhabditis elegans. Proc Natl Acad Sci USA* 83:7821–7825.

Cregan, P. B., J. Mudge, E. W. Fickus, L. F. Marek, D. Danesh, R. Denny, R. C. Shoemaker, B. F. Mattews, T. Jarvik, N. D. Young. (1999). Target isolation of simple sequence marker through the use of bacterial artificial chromosomes. *Theor Appl Genet* 98:919–928.

Fjell CD, Bosdet I, Schein JE, Jones SJ, Marra MA. (2003) Internet Contig Explorer (iCE)–a tool for visualizing clone fingerprint maps. *Genome Res.*(6A):1244–9.

Kanazin V, Marek LF, Shoemaker RC (1996) Resistance gene analogs are conserved and clustered in soybean. *Proc Natl Acad Sci U S A.* 93(21):11746–50.

Klein, P. E., R. R. Klein, S. W. Cartinhour, P. E. Ulanch, J. Dong, J. A. Obert, D. T. Morishige, S. D. Schlueter, K. L. Childs, M. Ale, and J. E. Mullet. 2000. A high-throughput AFLP-based method for constructing integrated genetic and physical maps: progress toward a sorghum genome Map. *Genome Res.* 10:789–807.

Luo MC, Thomas C, You FM, Hsiao J, Ouyang S, Buell CR, Malandro M, McGuire PE, Anderson OD, Dvorak J.(2003) High-throughput fingerprinting of bacterial artificial chromosomes using the snapshot labeling kit and sizing of restriction fragments by capillary electrophoresis. *Genomics.* 82(3):378–89.

Marra MA, Kucaba TA, Dietrich NL, Green ED, Brownstein B, Wilson RK, McDonald KM, Hillier LW, McPherson JD, Waterston RH.(1997) High throughput fingerprint analysis of large-insert clones. *Genome Res.* 7(11):1072–84.

Marra M, Kucaba T, Sekhon M, Hillier L, Martienssen R, Chinwalla A, Crockett J, Fedele J, Grover H, Gund C, McCombie WR, McDonald K, McPherson J, Mudd N, Parnell L, Schein J, Seim R, Shelby P, Waterston R, Wilson R. (1999) A map for sequence analysis of the *Arabidopsis thaliana* genome *Nature Genet* 22(3):265–70.

Meksem K, Zobrist K., Ruben E., Hyten D., Quanzhou T., Zhang H-B, D. A. Lightfoot (2000) Two large insert soybean genomic libraries constructed in a binary vector: Applications in chromosome walking and genome wide physical mapping. *Theor Appl Genet* 101 5/6: 747–755.

Soderlund C, Humphray S, Dunham A, French L.(2000) Contigs built with fingerprints, markers, and FPC V4.7. *Genome Res.* (11):1772–87.

Stein LD, Mungall C, Shu S, Caudy M, Mangone M, Day A, Nickerson E, Stajich JE, Harris TW, Arva A, Lewis S. (2002) The generic genome browser: a building block for a model organism system database. *Genome Res.* (10):1599–610.

Thangavelu M, James AB, Bankier A, Bryan GJ, Dear PH, Waugh R (2003) HAPPY mapping in a plant genome: reconstruction and analysis of a high-resolution physical map of a 1.9 Mbp region of *Arabidopsis thaliana* chromosome 4. *Plant Biotechnology Journal* (1):23–31.

Wu C, Sun S, Nimmakayala P, Santos FA, Meksem K, Springman R, Ding K, Lightfoot DA, Zhang HB (2004) A BAC- and BIBAC-based physical map of the soybean genome *Genome Research.* 14(2):319–26.

Chapter 10

植物发育基因的位置克隆

概　述

基于位置或图谱的克隆，是一种分离负责改变发育或代谢表型性质的 DNA 序列的实验方法。与其他分离基因方法相比，图位克隆优点是，通过一种直接的结构关系（DNA 序列）和功能（突变体表型）能产生新的知识。图位克隆依靠一套技术，可以在基因组中通过基因的位置而分离未知基因。分子标记作图（“定位”）在应用孟德尔遗传法则控制表型的邻近位点上，然后用来分离大的 DNA 分子，通常以细菌人工染色体（BACs）形式出现，然后通过测序得到候选基因序列。功能基因的验证，通常是通过将候选基因 DNA 序列，转化到突变体或野生型背景（根据突变等位基因的显性或隐性性质选择）中来确定，或通过相同位点上复等位基因的重复测序，以及在 DNA 分子变化和突变表型之间建立的重要联系来确定。这种方法已经成功地应用于模式植物拟南芥中，已分离得到了大量控制发育和激素反应的基因。近来，成功地发现了豆类家族成员（如豌豆、与草本植物相关的三叶草和苜蓿属植物）的发育基因，在这些豆类家族成员中的一些控制根瘤和固氮合成的基因已经被分离和定性。豆类作物有很广的农业应用价值，因为它们产生的种子中富含植物油和蛋白，及诸如抗氧化剂、植物雌激素（大豆异黄酮）和皂角苷等有药效的重要产物。豆类还具有一种主要的生态功能，即能产生氮素而进入生物圈，而且它们是通常在营养缺乏的土壤上优先生长的先锋物种。随着全基因组 DNA 测序的进步和 DNA 片段物理图谱的发展，图位克隆的方法与基因插入一起，在发现更多的植物发育遗传元件中起到重要作用。

摘　要

尽管有两种植物基因组（拟南芥和水稻）的全序列 DNA 的知识和其他植物的表达序列（EST）数据的扩充，基因图位克隆的技术依然对仅通过它们的遗传，突变体表型和遗传图谱位点发现植物基因的最有效方法之一。最初,图位克隆基因是拟南芥、马铃薯和水稻成功应用后,目前在大豆上也迅速取得成功。近来,在模式物种豆类百脉根和蒺藜苜蓿中,以及在相对顽固的豆科作物大豆中,控制根瘤菌合成的生瘤因子和之后细胞繁殖系统调控的关键基因被克隆。截获脂-寡糖根瘤因子(即 *NFR*1 和 *NFR*5 及 *LYK*3)的关键基因编码跨膜受体激酶,其特征是 LysM 结构域已知与其他寡糖和肽聚糖二元复合体在其他状况下的相互作用。

图位克隆也分离了 *NORK/SYMRK* 基因,这个基因在根瘤因子起始信号转导级联的早期起作用,但是与 *NFR*1/ *NFR*5/*LYK*3 不同,作为失去功能突变体,既不能与根瘤菌建立共生关系,也不能与菌根真菌建立共生。同样地,克隆出了基因如依靠钙调素的蛋白激酶(*MtDMI*3)、核孔蛋白(*LjSYM*3)、钾离子通道(*MtDMI*1/*LjCASTOR*)、莲花共生转运子,及新的茎控制的超瘤基因(*LjDISTAN*)。控制根瘤自主调控的主要基因(*AON*),首次是在豌豆的超瘤突变体中发现的主要基因,已经被图位克隆,并且发现这个基因的特性是编码一种富含亮氨酸重复的受体激酶,命名为 NARK(节自主调控受体激酶),与拟南芥的 CLAVATA(AtCLV1)有关。缺失功能突变体或快中子诱导缺失表现出超瘤或大瘤表型,特征是具有很多的瘤,结瘤的根的比例增加,所结的瘤对忍耐其他硝酸盐抑制剂的水平提高。由于大豆这个物种的 4 倍体祖先和它难以进行有效转化,克隆豌豆里的 NARK 基因遇到非常大的困难。与 CLAVATA1 相关的激酶的发现为寻找长距离信号传导打开了大门,是在叶片中,而不是在根中,因为由于 AON 功能的调控,即根瘤的自主调控是通过叶片,而非根里的功能进行调控的。相反,AtCLV1 在顶端分生组织中起作用,可以控制细胞的生长和细胞的命运。既然 AtCLV1 直接或间接地与肽键配基相互作用,那就存在一种可能性,即根瘤的自主调控是通过长距离肽信号或与形态相关的分子调控的。通过比较基因组学,模式系统里的发现的基因,可以从其他豆类物种中发现相同基因,如豌豆(*Pisum sativum*),但这是在较大的基因组和较低转化效率条件下很难得到的。把可靠的高通量标记技术、高密度分子图谱、很好鉴定的突变体表型、已测序的人工染色体、物理图谱和遗传互补技术等相结合起来,能继续促进我们程序化地观察,植物发育和植物对环境反应的复杂生物网络。

10.1 引 言

生物学研究的基本目的是建立结构和功能之间的联系。为了达到这个目的,我们提出些问题,如"端粒作用是怎样工作的?植物激素是如何被识别的?细胞是如何恶化形成癌细胞的?"解决这些问题需要的基础知识需要我们了解关于分子的、分子之间的相互作用及不同结构和位点之间交流的信息。直观而言,可以设想,我们对生化和化学过程的直接分析可以得到这些信息。但是,活体系统在化学性质上是非常复杂的，而且由于在相同的混合物（在豆类中估计存在 200 000 多种代谢物）里存在，有太多的化合物；更重要的是，这是一种“Gemisch”，需要从不同细胞类型或细胞间位置提取出，这就可能造成不同的反应，并有可能提取出的是人造样品。因此，需要特别的分析工具将结构与功能相连接起来。在将来，有可能直接在最佳的实时研究平台上监视细胞之间发生的代谢变化。一些小分子代谢物在早期动态变化在植物的发育中起着重要作用，而它们的动态变化似乎被研究工具和相互之间的瞬间作用时间所限制。但是现在，来自遗传学领域，尤其是分子遗传学与功能基因组学领域的大多数工具，都能够将基因的结构与生物学功能耦联起来，而由此，找到在体现这些生物功能中的基因以及基因产生的 RNA 和蛋白质序列在生物功能中的作用。

植物发育包括协调基因表达的过程，诱导新的分生组织，或者不断在新的分生组织的分化，决定发育的方向。植物是双极生物，包括两个胚胎分生组织生长中心，这两个中心以干细胞方式繁殖产生新细胞，用以维持干细胞系和新的定向细胞的分化。对比动物细胞分化，植物分化主要是在胚后阶段，即成株发育阶段的内外因子的作用。因此，植物需要有能够对这类信号进行精密识别的系统，而这项功能部分是由植物基因组中（与动物基因组相比，在果蝇、人类和线虫类中只发现大约 50 个）许多编码类似受体激酶的基因（在拟南芥基因组中发现 610 个，其中 206 个是 LRR-RLKs）来承担的。分化的细胞成为了器官结构的新的成分，诸如侧根、花和根瘤等，这些新的器官结构通常是在顶端分生组织处（或者器官结构的轴向原基发育重复处），以及形成层（在茎中）和中柱鞘（在根中）起始发育，形成层是保持在整个植物体中的一个令人感兴趣的圆柱状的具有多项功能的植物体内干细胞。这些组织拥有非常强的再生潜力，如像可看到的植物创伤愈合、嫁接、愈伤组织的诱导、器官发生和胚胎发生能力等。事实上，好像很有必要提出一个遗传的抑制系统，用以抑制发育中这些有着上述潜力的细胞的不可控制的繁殖。所以，一些过程豆科作物能固氮的根瘤形成的过程可能被视为一个诱导的重复过程，而且是有丝分裂解除抑制的过程。在控制开花上由调控开花的诱导子和抑制子（Beveridge et al. 2003）这种重复性，而豆类结瘤的诱导处，需要寡聚多糖结瘤因子来诱导结瘤（Spaink 2000；Oldroyd 2001），与此同时，来自周围细胞的一个独立回路抑制细胞繁殖，似乎在“自发”结瘤因子处突变了，即需要被钝化才解除抑制（Caetano-Anolles et al. 1991a）。

植物发育基因的发现，使得发育基因与器官发育、环境、营养、病害反应等路径有关的基因构建了功能基因网络。在过去的二十多年里，分子生物学工具的广泛应用（就像曾经生物化学的广泛应用一样），已经揭示了在这些反应和细胞分化情况下，差异表达的数千个基因序列（图 10-1，彩图 10-1）。这些反应基因通常不同于控制发育信号传递级联的那些基因，这些发育信号传递贯穿于发育信号的诱导、分化、生长，最后到器官发育反应。发育响应基因通常是大量表达的，而调控基因的表达一般都较低，这样引起发育突变的调控基因，如果只是通过生物化学方法，是难于发现的。

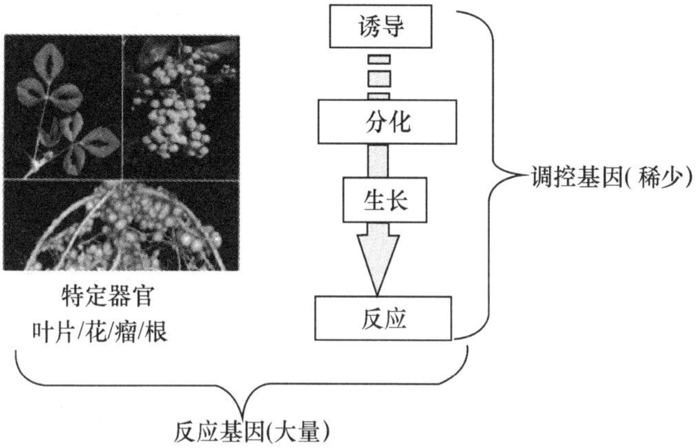

图 10-1 发育事件中基因的调控和反应。差异性显示、微阵列分析等多种分子遗传方法检测基因表达变化都随着反应的变化而变化，这通常是大量且显著的。而且，这些反应不是组织特异的，而是在组织上加重。调控基因管理器官在不同阶段预定的发育，基因数量少且表达水平低。调控基因常为转录因子或受体激酶(如：*NARK*，*ETR1*，*ASTRAY*，*NIN1*)。上图显示的是地下三叶草的叶子和轴芽，澳大利亚金合欢树花(一种豆类)和 NARK 缺乏的大豆根和瘤系统。

考察发育基因的一个很好的例子是用 mRNA(或来自于 mRNA 的 cDNA)作探针的微整列 EST 文库。Maguire et al (2002) 将 4 000 个特异的豌豆 EST 排列在玻璃载玻片上，比较了豌豆的根和茎组织中的量。大量基因差异表达，有一些基因在一种组织里与其他组织里表达量相差达 300 多倍。这种差异可以通过 Northern 杂交或定量 RT-PCR 来验证。RT-PCR 与芯片表达水平之间有着很强的相关性。尽管有了这些发现，但是包含在根与茎分化中的调控基因的表达情况却知之甚少。微整列方法是一种很好的检测方法，但这种方法最好是能连同突变体材料的比较分析，或者是结合用反向遗传学方法如 RNA 干扰的方法(RNAi；Smith et al. 2000)，来开发一种在基因与功能之间的结合起来的方法。

通过筛选根瘤共生的在早晚阶段差异表达基因文库，详细考察了豆类结瘤区域基因表达的类型(cf. Appel et al. 1999；Maguire et al. 2002)。一些结瘤因子已被详细研究，其中一些典型基因是包括在氮代谢过程中(谷氨酸盐合酶和尿酸酶)，氧的运输(豆血红蛋白)，运输(水孔蛋白，如大豆中的 NODULIN26)、结构(ENOD2，一种富含羟基脯氨酸的细胞壁蛋白)或感染反应(ENOD2)(Mylona et al. 1995)。这些基因的功能已阐明了我们对共生固氮的理解，但还不能告诉我们哪个基因能够调控共生关系。还有一些没有确定功能的结瘤蛋白因子，如可能编码两个肽的 ENOD40，或调控型 RNA，或两者一起，它们都可能代表了调控功能。许多这样的

“发育分子标记”基因代表的是未知功能，尽管有这些基因启动子的一些知识，基因表达的位点，基于电脑分配的一些可能的功能，它们直接的作用，以及这些基因存在的实际必要性等，这些在发整个育步骤中依然未被证明。尽管由于基因的冗余或生化互补，可能会使发育基因功能研究的结果无法得到很清楚的解释，但是近来的一些新技术，如 RNAi(RNAi；见 Smith et al. 2000)等，是可以帮助揭示一些功能的。

至今，仍然还没有发现一种单纯的分子生物学方法（对比于分子遗传的方法）能够将差异表达的基因与共生过程中（Kawaguchi et al. 2002；Szczyglowski et al. 1998；Carrollet al. 1985a，1985b）已知的表型改变联系起来。实验方法更加复杂，由于事实上并不了解大多数“组织特异”的蛋白/基因/RNAs。大多数结瘤因子也在根中和花器官中表达，可能说明了在这些基因功能上的一些要求（库，细胞类型分化）。ENOD40 基因就是其中一个例子；更精确地说，它的功能应该是定义为“增强结瘤”(Charon et al. 1997)。相似地，已知特异地在光合作用发挥功能的基因，在完全暴露在黑暗条件下的大豆根部（Maquire et al. 2002），呈现出很低的表达水平（相对于茎对照的 0.3%）。而富含羟基脯氨酸的细胞壁蛋白在根中比在茎中表达量高出 300 倍。在这种情况中，经典的 Northern 分析显示出一个完全“是-非”的结果，说明“特异性”是针对于分析方法的敏感性的（cf. Edwards and Coruzzi [1990]）。

另外，通常的 RNA 表达是在组织中观察的，但是在这些组织中，实际上显然没有用那个观察到的“RNA”；因此，与原核生物系统相比，转录调控可能不是真核生物功能的一种主要调控子。对这个现象的最好说明，是来自拟南芥的 *CLAVATA1* 基因的观察，它的突变体在顶端分生组织上有明显的发育表型，导致簇生（融合或扩大的多个分生组织；Fletcher，2002）。然而，*AtCLV1* 基因在所有组织中都表达，包括叶片和根（P. Schenk，未发表的数据），但在其他显著突变的突变体中却没有明显的根和叶子上的表型。相似的结果也表现在豌豆的自我调控受体激酶基因 *GmNARK* 中（D. Buzas，未发表数据）。

所以，很显然只通过基因表达差异分析技术，对植物发育（实际上是所有多细胞生物的发育），或者只通过生化功能互补方式，对低等真核生物如酵母或衣藻等发育中所包含基因的功能鉴定，是无法轻易完成的。因为这些生物中通常所研究的基因是没有差异表达过程的，或者基因在完成功能中的精确生化变化，目前还不为人们所知。

10.2 通过插入突变发现基因

插入一段已知 DNA 进入未知基因区域，将造成其失去功能，随后进行插入区域两侧翼区域 DNA 的分析（称之为“插入突变”），这种方法有很好的效果，并已经大量地用在植物、果蝇、线虫、酵母和细菌基因的发现中，但在这一章并不讲述这些内容。在植物里的很多实验方法主要是基于农杆菌里的 T-DNA 元件的插入或基因组中(Schauser et al. 1999)一个适宜跳跃点的转座子元件(例如玉米中的 Ac 或 Ds,或烟草中的 TnT)的转座。一些植物,尤其是拟南芥,通过花侵染法来转化,具有很高的转化效率。因此,数万 T-DNA 插入株系已经产生,现在用作发现基因功能的资源。自然的或诱导产生的表型能够与插入株系相匹配,侧翼 DNA 能被确定,突变候选基因的功能可以通过突变条件下的转化和互补实验而验证。这种方法工作的完善,也是所有发育生物学家"梦想"的一种方法:即一组完全通过插入产生的突变种子而且是在一个完整的基因组中。现在,这种方法只可能在拟南芥中进行,而且也是可行的,因为它的基因组分析已经近于结束,对于模型豆类作物百脉根和苜蓿在不久的未来也将可行。

在这部分工作中,要注意的是高效率 T-DNA 插入技术在这个过程中极为重要。一些模式豆类作物也是可转化的(Handberg and Stougaard 1992;Nolan and Rose,1997;Jiang and Gresshoff 1997),但它们都需要经过很费事的细胞培养步骤(Lohar et al,2001;Stiller et al. 1997)。近来有报道苜蓿的花侵染转化方法,虽然是成功的,但明显地还不易重复。我们对百脉根生态型 Gifu 的种子或花侵染方法,用农杆菌菌株 AGL1 进行转化,农杆菌携带着 GUS 内含子的报告基因载体,转化结果在正在生长的幼苗上,检测到 GUS 表达的阳性部分,但是在转化对象的后代上却完全检测不到目的转化基因 GUS 的信号。所以,我们对豆类作物的转化了解的并不多,是否是种子本身对转化存在障碍,还是像花结构这样简单的问题,可能阻止了花侵染方式的转化。拟南芥是在某些方面特殊的,即株孔是开放的,允许农杆菌在适当的时候侵入。

转座子元件的引入,如玉米的 Ac 或 Ds 元件的引入也能够揭示通过插入方式所产生的表型。Schauser et al. (1999)是第一个在豆类作物中利用这种方法的,并检测到根瘤发生缺陷(NIN)的表型和对应突变基因。NIN 表现为一个转录因子,这个基因的失活造成根瘤菌侵染过程的终止,导致无法结瘤。由于插入的不稳定性,生物化学分子这个突变材料变得非常复杂。NIN 突变体通常通过切除这个元件而恢复为野生型。所以,发育研究是可行的,但是生化分析通过可能的嵌合现象变的复杂。

至今还没有豆类作物的大片段 T-DNA 插入文库,几乎没有开启这项工作:Martirani et al. (1999) 利用百脉根作为转化对象,将转移大的携带有无启动子的 GUS 基因的 T-DNA。这种方法是类似于拟南芥上开发的方法(Koncz et al. 1989;Kertbundit et al. 1991)。最初的转化株通过在节结处、节原基和根的 GUS 染色来筛选。筛选到一些株系,根据转化植株 GUS 染色表现出着色的一些特点被命名,如"Machinegun(机枪)"(由多个染色点呈现在所有内部侧根原基处而定性)、"Arrowhead(箭头)"(仅在出现的根分生组织包括根尖分生组织(RAM)中表达)、"Hyaena(鬣狗)"(有"着色点"在根部代表根瘤原基的位置)、"Cheetach(猎豹)"(在一直有的根分生组织和逐渐出现的节分生组织等两部分都表达 GUS)、“Fata morgana(一种传说中的妖精)”(在节起始部位的周边和节的内部表达)、“Vasco(瓦斯科)”(只在节的维管束中表达)和“Timpa”(延长节的内部 GUS 表达)(见 Buzas et al. 2005)。令人失望的是，许多最初的转基因株系是不育的(50%)，大多数可能是在细胞组织培养和选择过程中间接伤害所造成的。这些伤害可以通过优化转化程序来减轻，包括使用 BASTA(有效成分为 phosphinotricin(PPT))(草胺膦除草剂)选择和缩短细胞培养时间来实现(Lohar et al. 2001)。对三个株系进行了详细的分析：Vasco、Fata morgana 和 Cheetah。在每种情况下，T-DNA 插入看起来是发生在“正常”基因或编码序列的外部。对这个材料的详细分析正在进展中，而真正的任务是大量的转基因株系需要进行筛选，而且不是所有被 T-DNA 标签到的株系都是能用于基因分析而得到基因功能。但是，越来越清楚的是，标签到的株系针对发育过程是有用的细胞学标记，而且是可以用作标准因子的检测株系。Webb et al. (2000) 在百脉根中应用同样的方法分离到一个编码钙结合蛋白的基因。

有人断定还有其他分离植物发育基因的方法(Feldman. 1991)，并且得到了证明可用，但它们中很多仅局限于特殊的生物或被局限于某个具体的生物学问题。

与基于转化或分子生物学的发现基因的技术相比，另一个遗传学方法，称为图位克隆或基于图谱的克隆证明是很有用。本章的剩余部分将着重介绍关于这个看起来很费事的，但却很容易获得进展的方法。

10.3 图位克隆的技术要求

图位克隆的所有策略都依靠能够对一些生物的、遗传的和技术部分的成功结合和完成(表 10-1)。在任何一个水平上的缺陷都将增加工作量和减少成功的机会。有一个清晰的和稳定存在的突变表型，对于目标基因是必须的。多个等位基因，最好是它们能够产生不同的表型，这非常有利于后续的调查研究。克隆一个单基因隐性遗传的基因比较容易，因为纯合体的分离后代很容易确定。显性突变体等位基因需要进一步的加代来核实显性纯合体。尝试克隆部分数量性状基因，甚至主效基因对于验证功能也是相当困难的。这种情况主要发生在抗病基因上，以及在控制环境反应性状(如干旱、盐分和热等)的基因上，这些基因倾向于在基因网络中起互补作用。

表 10-1a 植物中图位克隆的步骤：遗传学阶段

1. 寻找一个清晰的突变体表型(最好是在用于创建分子图谱的亲本中)
2. 确定遗传(稳定的，偏离的，单基因的，隐性的?)
3. 将突变体与遗传上不同的野生型杂交(最好是第二个亲本被用来构建一个已经存在的分子图谱)
4. 创建 F_2 代个体并且评价表型(最少需要大 300～500 个个体)

续表 10-1a

5. 针对均匀间隔的分子标记评价相同的 F_2 个体
6. 建立位点控制表型和分子标记的共分离
7. 建立相关的其他相邻分子标记的图谱位置和顺序
8. 在分群分析法中任意标记来筛选进一步的标记

表 10-1b　植物中图位克隆的步骤:基因组学阶段

9. 通过膜杂交或 PCR 筛选用紧密连锁的分子探针来分离 BAC 克隆
10. 发现候选 BAC 并且分离末端克隆
11. 确定末端克隆的多态性,并在 F_2 代作图群体中定位作图
12. 用末端克隆再一次来分离来自膜或分组克隆中的相邻的 BACs
13. 在这个区域中构建毗连群
14. 通过候选 BAC 的测序来确定潜在的编码区
15. 选择假定的候选基因
16. 测序比较针对突变等位基因的后选基因和野生型基因
17. 检测与突变位点共分离的等位特异引物
18. 用野生型等位基因进行突变位点的遗传互补
19. 归纳出候选基因在调控和功能上的特点

(a) 遗传阶段:探测一个稳定的表型,检测遗传特性。与此同时,分子图谱被用于提供分子标记,标记之间的间隔大概在 30 cM。表现有表型的突变体与分子图谱群体中较远的一方杂交,这样就得到了含有约 200～300 个个体家族的 F_2 代作图群体。通过表型观察选择纯合隐型个体。如果关注的是一个显性位点的话,那么就需要创建 F_3 代群体来检测纯合显性,根据这个群体如果缺少隐性表型的分离,可判定原亲本是显性纯合。通过连锁不均衡探测的突变位点两翼的分子标记,用来指导进一步检测与突变位点紧密连锁的标记。如果在期望的区域内标记的密度太低,或许可通过 AFLP 或 DAF 技术,可以得到一些额外的标记。

(b) 分子阶段:紧密连锁标记被用来当作探针探测高分子量的 DNA 克隆(通常是 BAC 或 TAC)。在两个作图亲本间分离末端克隆并检测多态性。末端克隆被作图而且必须与突变位点共分离。在用鸟枪法测序后 BAC 克隆被鉴定。选择候选基因,并在野生型和突变体基因组用高质量测序比对。探测到的多态性在相同的位点上是通过对不同等位基因的测序进行进一步的校验。突变体表型的互补是通过转化,得到的稳定的转基因或"发状根"组织。

突变个体与遗传上有差异的亲缘种进行杂交。如,在克隆豌豆(*Glycine max*)基因方面,我们用商业的豌豆(*Glycine max*)与它的相关的隐性突变位点(Glycine soja)即一个天然存在的野生亲本(Landau-Ellis et al. 1991)杂交。根据在重组中缺少标记的情况和标记与目标基因相互之间干扰情况,作图亲本的遗传多样性问题是需要考虑的。在用于构建分子图谱的一种基因型上,分离原始的突变,和在当前图位克隆群体中,利用原始的作图材料是非常方便的。通过这个杂交,再经过得到 F_2 或 F_3 代,再来筛选预期的突变体和野生型的表型分离。通过表型观察得到纯合体,并被用来确定与已存在图谱中已知分子标记的共分离。下面将详细讨论可以采用的不同方法。分子标记与目标位点之间的联系将采用图谱在更广范围内得到校准,或通过搜寻新的分子标记,可以采用多种方法,如像分群分析法(BSA)的任意标记技术(Kolchinsky et al. 1997)。

目标是将在分子标记和控制与"基因有关"表型的位点之间建立密切连锁(或

联系)。但是我们称呼这个“密切连锁”什么呢? 对此并没有任何武断的引导,因为遗传连锁是在重组频率的基础上建立起的衍生价值。理论上,在两个标记间的遗传距离(以厘摩为单位测量)(cM);在伟大的果蝇遗传学家摩尔根之后用这个为单位)是与物理距离变化相反的。但实际表现中,重组存在热点和冷点。着丝粒和相关的异染色质是已知的限制性重组,遗传图谱上的大量分子标记证实了这个事实。同样地,也有重组热点。从大小确定的 BAC 染色体多态性末端的作图上显示,番茄上的 1 cM 可以跨越实际 DNA 上的 40～4 000 kb。如果克隆群体通过较远的亲缘种再建立,如在一个亲缘关系处于中间的种杂交获得,那么由于倒置和转位将产生抑制重组(Sandal et al. 2002)。因此,选择正确的亲本是作图方法成功的根本。

通常情况下,在转录活跃区域,平均物理距离每厘摩在基因上是 200 kb 左右范围内变化的。这个最初显示在豌豆分子连锁组 H 上一组 RFLP 定义位点的物理图谱中(MLG H;Funke et al. 1993)。高分子量 DNA 用稀有酶切位点的酶如用 NotI 酶切,然后用脉冲凝胶电泳(CHEF-PFGE)进行分离;胶的样品道用限制性核酸酶进行消化,而且已知用此核酸酶消化后将可释放出已知大小的多态性片段。然后胶的样品道垂直放在一个普通琼脂糖凝胶上跑电泳、印迹,然后用合适探针去杂交。最初的 Not Ⅰ 片段的物理大小以及杂交信号的结合说明:在豌豆基因组的这个区域上,每个厘摩相当于 330 kb。有趣的是,如果整个豌豆基因组的大小(1 100 Mb 每个染色单倍体基因组)被整个图谱大小除(平均压缩和扩展)的话,针对整个遗传图谱的相同转换因子是可以被计算出来。

因此,问题即“什么是接近,什么是足够地接近?”的答案依赖于染色体区域和侧翼标记的分离质量。从预期比率的推演结果说明:重组的变化是染色体的原因。通常,定位距离最好的努力是在 0.1～1.0 cM 之间,这使染色体步移变得可行。当然,最佳的想法是直接“击中”,也就是标记结果就是想要分离的基因。

就像由 EST 定义的增加功能基因的定位也能够进行基因分离。源自像 EST 标签的单核苷酸多态性(SNPs)是有价值的,并正在开始丰富遗传图谱,这个图是优先以无定义的标记,如随机 RFLP 克隆上(见 Landau-Ellis et al. 1991)和微卫星标记(SSRs;Cregan and Quigley 1997)、和任意标记如 AFLPs、DAFs 或 RAPDs (Vos et al. 1995;Caetano-Anolles et al. 1991;Bassam et al. 1991;Hayashi et al. 2001;Sandal et al. 2002)。日益进步地,随着测序的成本逐渐降低,RFLP 探针正在被测序。如,许多数据库(如 TIGR;www. tigr. org)为探索耦联 DNA 序列信息的深度、图谱位点和重组距离等提供了方便的工具。

用两个最近的侧翼分子标记分离通常以细菌人工染色体(BACs;原始的 BAC 文献在 1992,见 Men et al. 2001)形式存在的高分子量(HMW)DNA 克隆。许多 BACs 是具有转化能力的染色体(TACs),其上结合有农杆菌 T-DNA 的元件,并且在它们的克隆载体上有正常复制功能(Meksem et al. 2002)。在当这些性质表现出能够促进潜在基因克隆时,以及能够通过隐性突变体互补进行文库筛选时,它们以这种方式的应用就有局限了。由于酵母人工染色体(YAC)作为一种克隆载体，能携带大片段 DNA 插入(Pillai et al. 1996;Zhu et al. 1996)。但是,YACs 在它们的构建和保持上都存在着一些问题。酵母的同源重组系统也倾向产生不需要的缺失,酵母转化也是可变的,因为它更喜欢转化较小的插入。

BAC 文库现在已经在大量植物种类中构建,而且在研究工作中已不再是一个限制步骤(Tomkins et al. 1999;Meksem et al. 2000;Men et al. 2001)。检索近期会议文献摘要,如在圣地亚哥召开的植物和动物基因组(PAG)会议上,报道的通用方法和共同的 BAC 文库特性。BAC 的平均大小约是 100 kb,有着均匀分散的重复的和编码 DNA。叶绿体 DNA 插入通常是很少量的。HMW DNA 通常是从细胞核中提取,而细胞核是从黑暗处理几天后除去了淀粉的植物叶片中分离的。部分消化的 DNA(由 CHEF 脉冲凝胶电泳确定)连接到一个如 pBACBeLo11 或 V41(图 10-2)的双元载体,之后双元载体再转入到大肠杆菌中。在 TAC 文库中,所有克隆一同通过三亲交配法转入到农杆菌中(Men et al. 2001)。BAC/TAC 克隆依然保持稳定,由大小和存在的标记验证。BAC 文库多盘保存,以分组形式保存,并且进行多维度的超级分组。通过将标记的探针杂交到点制有 BACs 的尼龙膜的方法(图 10-3A,彩图 10-3A)或用 PCR 筛选 BAC 分组和超级分组的方法,检测和分离候选的 BAC 克隆。

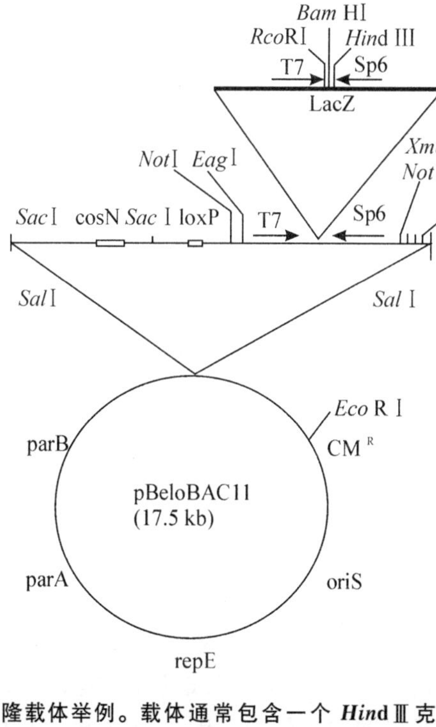

图 10-2 BAC 克隆载体举例。载体通常包含一个 *Hind* Ⅲ 克隆位点用来插入部分片段 DNA。通常情况,克隆位点在 *E. coli LacZ* 基因位点内,允许简单的蓝白斑筛选插入克隆。选择标记与复制起点以及农杆菌小-Ti 质粒等成分也在这里呈现。

在一些生物上如豌豆和百脉根，已逐渐建立了物理文库。这些文库是建立在BAC指纹图谱、末端克隆测序和末端克隆定位的基础上(图10-3B，彩图10-3B)。获得物理图谱将会加快基于图谱的基因克隆的速度。

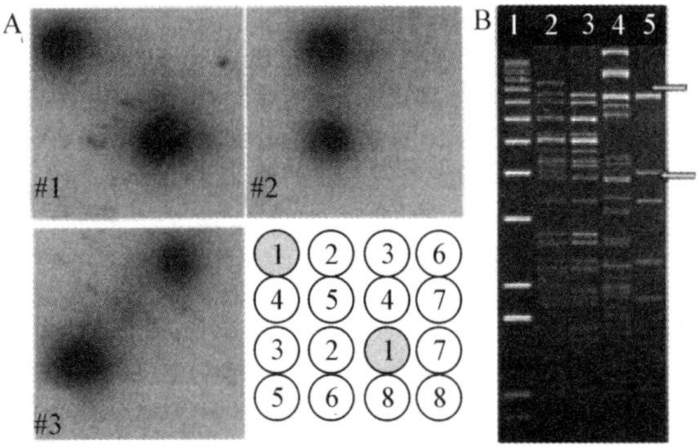

图10-3 BAC克隆检测。a滤膜点制文库，BAC文库可以用间隙明显的双点方式机械点制在尼龙膜上。接着用标记探针杂交后，X射线显影和phosphoimaging仪器等方法测定来检测两点。点的排列可以帮助选择候选BAC克隆。高密度信号通常表示直接击中。然而，应该注意多基因拷贝和假基因。b用PCR进行分组筛选。来自多层板的BCA克隆通过*X-Y-Z*三维框架分组在一个库内。通过PCR筛选高级分组库。阳性的分组重叠进一步用下一级更详细的分组来检测，到最终找到单克隆。

一旦候选BAC在其位点上通过测序和随后的定位多态性末端克隆被检测和确定，BAC是通过鸟枪法测序以确定其编码内容。在很多植物物种里，都存在重复的，这样你可以发现候选的BAC代表着另一个基因组区域。所以在这一阶段需要非常小心。如，在澳大利亚的布里斯班，我们与澳大利亚基因组研究中心合作，测序出了豌豆BAC17 107上135 kb(Searle et al. 2003)；在大小为1 kb的900多个雾化产生的多个片段中，包含了总共2 300个可读区(A. Men；个人通讯)；这个BAC包括大量重复元件，或其中的部分，都是从转座子和逆转录转座子中得到的。注解揭示许多假定基因，这些基因被发现与拟南芥、百脉根和苜蓿具有共线性。

然后，候选BAC的DNA序列被注解为候选基因。如豌豆BAC17107包括11个高度可信值的基因，由EST、蛋白和基因组数据支持。当在候选基因组里去寻找正确基因时，经常会出现偏差，因为研究者倾向于更“喜欢”包含有调控功能的基因(如转录因子、受体和激酶)。平常的一些如rRNA基因、核糖体蛋白基因或代谢酶基因通常在这个早期阶段被忽视。可能的候选基因利用多个测序反应进行仔细的测序；突变体等位基因也被测序用以确定SNP与目的表型是否相关。候选的等位基因通过利用特异等位基因的PCR扩增，对SNP的作图来验证。在所有突变体后裔中期望获得完全的共分离。如果SNPs共定位，并能对改变蛋白质结构产生的表型提供解释，候选基因状况的验证是通过野生型对突变体等位基因的互补来完成。这也可以通过多种不同标准和努力程度的方法来完成。图位克隆的、显性

Pst1 抗病基因是通过基因枪方法转化瞬时表达基因而互补的。已知编码 LysM 结构域受体激酶(Limpens et al. 2003)的早期侵染基因 LYK3,与发根农杆菌发状根生长互补,代表了在模式豆类作物苜蓿上的首次第一个图位克隆;这是可接受的,因为表型是根调控的。许多研究者担心在结瘤研究中对发状根的应用,因为转基因转基因组织在它的植物激素平衡上总被改变。如果这仅在少数几个豆类作物上研究表现出结瘤类型,瘤的数目以及对自主调控的反应能力等仍然保持在根发状的根中,这个情况看起来是微不足道的结果(Beach and Gresshoff 1988;Martirani et al. 1999;Stiller et al. 1997;Bond et al. 1996)。另外,与结节相关的基因表达(ENOD40 和豆血红蛋白 LbhA 被检测)是与非转基因根一样,被以相同的细胞特异方法保存(Martiraniet al. 1999)。这个与发状根有关的唯一不经常见的表型是在豌豆 Bragg 材料上用菌株 K 599 转化的根上观察到的,豌豆转化根能正常的长根瘤,但是在 5%～15%的转基因根上能发育出胡萝卜形状的根瘤(J. Bond and P. Gresshoff, 未发表的数据)。这可能在根上有 Ri-T-DNA 的更多拷贝数,导致决定根瘤细胞繁殖终止的发育程序被改变,而产生分生的瘤。编码 LRR 受体激酶(Nishimura et al. 2002a)的超级根瘤基因 *Har1*(见 Wopereis et al. 2000),在百脉根中用农杆菌进行的稳定转化得到了互补。这是需要的,因为 Har1 控制的表型(超级根瘤)是被茎控制的(Jiang and Gresshoff 2002;Krusell et al. 2002)。

10.4 对豆科植物结瘤基因里成功图位克隆

10.4.1 结瘤生物学

根瘤的结瘤过程包含植物发育的多种特性,所以它的分析对许多植物发育过程提供了实际的和理论性背景(图 10-4)。如,侧根的形成与根瘤形成就有很多共同的特性,如中柱鞘的形成。相反,也有许多特性是有区别的,如由乙烯引起的反向调节(Lohar et al. 2005;Penmetsa et al. 2003)。豆类作物的根瘤在调控下从木质部一极对面的皮层和中柱鞘中长出。根瘤是由土壤里的细菌诱导的,即广泛知道的根瘤菌诱导。根瘤菌基因组含有约 50 个与结瘤相关的基因,这些基因都是被属于黄酮/异黄酮家族的根的分泌液的物质进行转录激活。结瘤基因相互协作来合成一组叫做"结瘤(Nod)因子"的新的植物生长调节剂。这些因子是由 3～5 个 *β*-(1,4)连接的 N-乙酰基-*D*-葡(萄)糖胺单元组成的寡聚糖,其中 *β*-(1,4)连接N-乙酰基-*D*-葡(萄)糖胺的修饰在 C2 位置的非还原末端糖的长脂肪酸和少数几个由硫酸盐、醋酸盐和海藻糖的细微修饰上(Oldroys 2001)。如百脉根的主要结瘤因子是五单元带着顺式十八碳烯酸和在非还原末端残基的一个羰基基团在还原末端残基结合 4-O-乙酰基海藻糖的 N-乙酰氨基葡萄糖(Niwa et al. 2001)。正如此,结瘤因子与角素相联系,通常在昆虫外骨骼和真菌的细胞壁上能看见。修饰的作用似乎是降解中(假定来自几丁质酶中)的运输和残留。不同的根瘤菌产生不同的修饰,由此可提供了一种宿主特异性。一些根瘤菌(如菌株 NGR234)能产生了大量混合的各种因子,而能够在多个宿主结瘤。

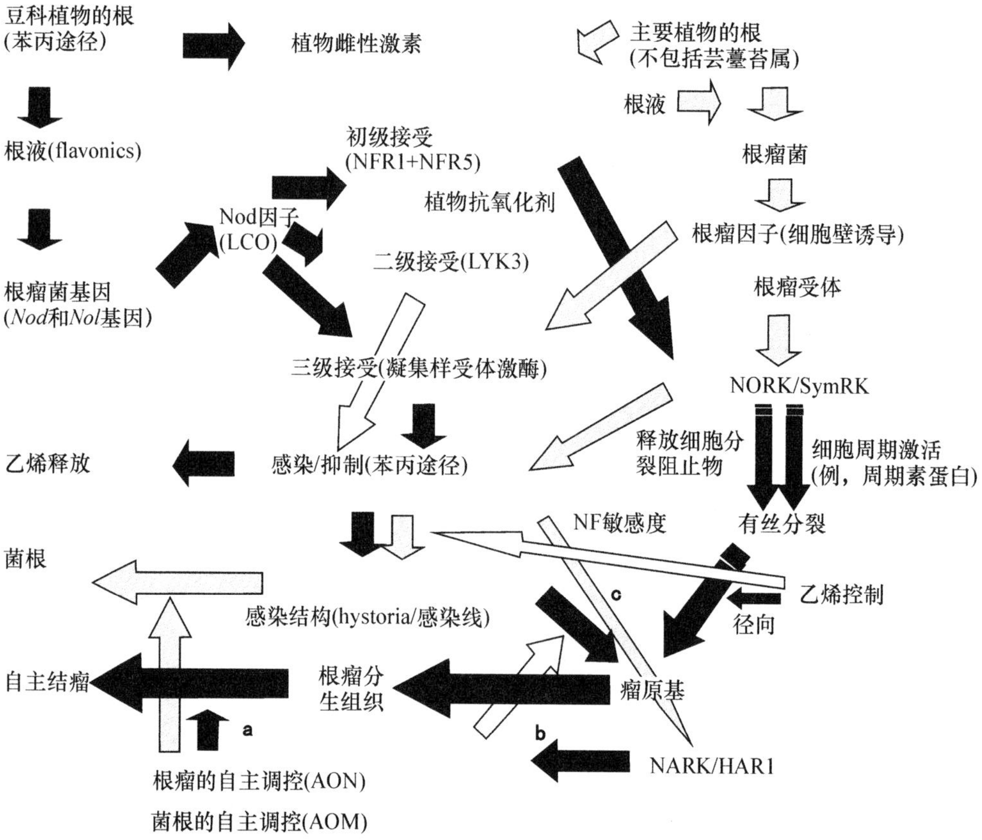

图 10-4　共生根瘤菌与菌根基因的发育网络关系图。灰色箭头表示菌根的发育途径。黑色箭头表示根瘤的发育途径。目前,调控机制尚不清楚,或许在豆科植物间不同,或许调控程度不同。例如,在苜蓿中,b 比 a 活跃,而在大豆中,a 比 b 活跃,是否原基到自主结瘤的转变需要原基成功的"菌落化"还不清楚。菌根的自主调控及其依赖于 GmNARK 最近已经得到证实(Vierheilig 和 gresshoff,未发表数据)。NARK/HAR1 感应什么信号,目前还不清楚,箭头 c 是基于普通相关特征感染的假设。尽管根瘤和根瘤菌信号之间部分由共同的级联感应,交叉调控发生仍然是有区别的,无论是菌根或其他的真菌(或许通过三级感应子识别角素样诱导子)都不能诱导细胞分裂,产生根瘤。乙烯调控结瘤是通过根对 *Nod* 因子的敏感度及阻止皮质及中柱鞘细胞分裂靠近韧皮部来完成(Lohar et al. 2004)。

植物感受根瘤因子是通过一个特异的识别机制,这个机制最近由针对非结瘤表型的对照,用图位克隆得到的基因给予了解释。一些豆类突变体(如 *Ljsym*1 和 *Ljsym* 5)是专一性缺乏对根瘤菌的反应能力,而其他的(如 *Ljsym2*, *Mtdmi2*, *MsMN*1007)显示出同样无根瘤表型的突变体也缺少形成与菌根真菌共生的能力。

因此，根瘤菌和菌根共生享用共同的一些组分，这反映了远古真菌共生针对更加现代根瘤共生的进化改良。真菌共生的原始信号现在仍然不知道是怎样产生的，但是很可能是真菌释放出结瘤因子等类似物，或许相似于其他来自已知的植物病原性的真菌诱导子(Kosata et al. 2003)。由于无法进行无菌的真菌培养，而且也缺乏对菌根遗传学的知识阻碍了这个领域的进展。

10.4.2 非结瘤基因

图位克隆揭示了许多结瘤中的关键基因(表 10-2)。通常分离出的基因用于在相关物种中，发现直线同源基因，列举出的这些豆类作物研究能有助于植物生物学。第一个用图位克隆分离出的基因是非结瘤基因，是最初是由 Barnes 从苜蓿(*Medicago sativa*)突变体 MN1008 中分离得到的。这个突变体非常特别，因为苜蓿是四倍体。通过不朽的努力，匈牙利的 Kiss 和他的同事们进行了杂交，将这个突变转到了二倍体中。接着，利用 RAPD 标记(并不是最好的或高通量的)，他们成功地找到了突变基因，并将它们标记为 *NORK*(根瘤受体激酶；Endre et al. 2002)。这种激酶包括 LRR 结构域和一个核苷酸结合位点(NBS)。有趣的是，MN1008 突变体是已知的形成自发根瘤(即是在没有根瘤菌接种下生长的根瘤)，所以突变必须发生在 NORK 基因作用的下游。同时，英国的 M. Parniske 的小组利用百脉根并从 *Ljsym2* 突变体中分离到 NORK 直线同源基因(Stracke et al. 2002)。基因 *Lotus* 被标记为 *SYMRK*(共生受体激酶)，反映了它在根瘤菌和菌根真菌共生中的作用(图 10-4)。遗传学预测 *LjSym1* 和 *LjSym5* 是作用于 *Ljsym2* 的上游。

表 10-2 植物基因图位克隆的例子

基因名字	生物	生物化学功能	方法	参考文献
NORK	苜蓿	NBS-LRR-受体激酶	MBC	Endré et al. 2002
SymRK	百麦根	NBS-LRR-受体激酶	MBC	Stracke et al. 2002
NARK	大豆	LRR 受体激酶	MBC	Searle et al. 2002，2003
NARK	大豆	LRR 受体激酶	homology	Nishimura et al. 2002a
HAR1	百麦根	LRR 受体激酶	MBC	Krusell et al. 2002
HAR1	百麦根	LRR 受体激酶	MBC	Nishimura et al. 2002a
NFR1	百麦根	LysM 受体激酶	MBC	Radutoiu et al. 2002a
NFR5	百麦根	LysM 受体激酶	MBC	Madsen et al. 2003
LYK3	苜蓿	LysM 受体激酶	MBC	Limpens et al. 2003
ASTRAY	百麦根	转录因子，Hy5	homology	Nishimura et al. 2002b
Nin	百麦根	转录因子	insertion	Schauser et al. 1999

MBC＝基于图谱的克隆；homology＝通常是基于一个拟南芥基因的；insertion＝利用 Ac/Ds 系统。

丹麦的 J. Stougaard 小组于 2003 年底成功地克隆了假定 Nod 因子受体，开启了一个重要的探索路径(Radutoiu et al. 2003；Madsen et al. 2003)。*LjSym1* 和 *LjSym5* 编码两个相关于 LysM 结构域的受体激酶，分别命名为 NFR1 和 NFR5。

LysM结构域在一些具有寡糖或肽聚糖结合活性的基因产物上早就为大家所知。这两个蛋白在细胞质膜上相互作用形成一个异源二聚体，而这个异源二聚体又反过来直接或间接地与 LjSYMRK/NORK 蛋白相互作用。NFR5 是豌豆基因 Pssym10 的直线同源基因，但缺少一个激活环，表明它缺少激酶活性。假定，异源二聚体是通过共享受体和激酶活性起作用。直接的 NOD 因子的结合 LjNFR1/5 的数据尚未存在，虽然证明突变体影响细胞内钙的大量形成，是对 Nod 因子应用的一个直接反应。2003 年的两篇文章报道了用图位克隆将 NOD 因子受体基因结合到它们的细胞表型，也就是这个突变体不能通过细胞膜去极化和细胞外碱性化而对 NOD 因子发生反应。

一个相似于 *LysM* 结构域基因由荷兰的 T. Bisseling 带领的小组从苜蓿中分离出来(Limpens et al. 2003)，他最初发现一个来自 Afahanistan 的，一个天然新类型(登录号)的寄主特异的无瘤表型。这个突变体，虽然已有很好的定性，但缺少野生型做对照。因此，Limpens 等(2003)发现了与 *Pssym2* 基因紧密连锁的分子标记，然后从苜蓿中在微观共线性的基础上分离到了 BAC。对苜蓿 BAC 进行了测序，在一个小得多基因簇中包括了七个不同的 LysM 型受体激酶基因(NB：因为豆类结瘤因子似乎迅速进化，在紧密相关的豆类中，以显著的结构需求作证据。这可能是 *LysM* 基因簇能通过基因内重组，在多样性的产生中起作用，可能是与免疫球蛋白或植物感病基因进化相似)。等位基因测序对于发现候选基因是一种不可行的方法，因为在豌豆里没有野生型，在苜蓿中没有突变体。因此，针对多个候选基因，Limpens 等(2003)用 RNAi 构件转化，获得了发状根的转基因植株；其中两个转基因植株明显地降低了根瘤的生长或使根瘤完全消失了，这表明它们就是候选基因。在苜蓿中发现的 *LYK3* 基因，虽然与在百麦根中发现的 *NFR*1 或 *NFR*5 基因有关，但不相同。事实上，突变体的表型是不相同的，如 *Pssym2* 允许通过侵染线形成而后来被中断，但是 *NFR*1/5 突变体却是在侵染线形成时就被完全阻断。这表明在侵染过程中和信号的进退循环时有许多"看家基因"存在。利用以上的信息以及一些更多的定位数据，我们确定了豌豆的 *rj*1/*nod*49 位点是在 *NFR*1 基因上发生了突变(Indrasumunar et al. 在准备中)。两个等位基因已经可靠地被测序，并证明突变是阅读框架移码突变，而由此导致在蛋白结构上(提前终止)发生了改变的严重结果。有趣的是，在很高的细胞密度时，*nod*40 突变体确实对根瘤菌的接种有反应，表现出假性侵染(在亚表皮细胞层的细胞分裂)和偶然结瘤(Mathews et al. 1989)。为何一个表型显著的敲出突变体能保持对高诱导子水平的反应？这个答案可能存在于是由于弱亲和力受体和受体之间的相互作用造成的结果。很明显，后基因组时代研究的新领域将把重点放在这些激酶的底物和它们复合物性质的鉴定研究上。建立在蛋白质丰富表达，采用表面细胞质基因组共振(SPR：Surface Plasmon Resonance，见 Biacore 300)的蛋白-蛋白互作分析技术，质谱分析，磷-蛋白质组学，点突变技术以及反向遗传学等技术上，对基因功能进行分析

(如 RNA 干涉(Jorgensen,2002)和 TILLING(Perry et al. 2003))的技术,将增加我们对基因进行遗传与转录分析时的新手段。

10.4.3 结瘤基因的自主调控

多细胞生物需要调控细胞的繁殖。这可以在细胞水平上,以及组织水平(定位)和器官水平(系统化的),通过细胞周期控制来完成。控制的程度对于植物的发育是极为重要的,因为在植物发育中多功能的干细胞是保持在形成层、中柱鞘和顶端原基中。植物是如何控制细胞分裂的潜能和再生组织最终的细胞命运呢?很明显,多个机制相互重叠,其中一个就是茎顶端分生组织的 CLAVATA 复合物,这个机制在拟南芥里已得到了很好的证明(Fletcher 2002;Clark et al. 1997)。相似的系统在其他分生组织里发挥作用,就像 AtCLV1 的广泛表达谱一样(Gresshoff and Schenk,未发表数据),CLV1 相关的受体激酶在拟南芥基因组里存在丰富,以及在最近发现的豆类作物自主调控突变体。

结瘤过程的自主调控(*AON*)是一个反馈调控系统,在这个系统中,年轻的侵染阶段限制着新的侵染步骤的发育(Caetano-Anolles and Gresshoff 1991;Gresshoff 1993)。*AON* 基因的失去功能突变体可产生大量根瘤,冠以超根瘤之称(Carroll et al. 1985a,1985b)。调控功能一是通过抑制新细胞分裂簇(就像在苜蓿中,在早期起作用)的起始,二是在抑制诱导簇的发展中起作用(Mathews et al. 1989;Caetano-Anolles and Gresshoff 1991)。这种调控是系统性的,正如分离根的系统(Olssen et al. 1989)和互相嫁接(Delves et al. 1986,1992;Jiang and Gresshoff2002;Krusell et al. 2002),说明了茎控制着自主调控。通过利用豌豆中具有根状的三出叶的叶片,保持由来源植物控制的根瘤表型是可能的,说明叶片本身能够控制自主调控(Bano and Harper 2002;Li and Gresshoff, 未发表的数据)。将野生型茎与超结瘤突变体的茎相互嫁接,并不会抑制结瘤(Li and Gresshoff, 未发表的数据)。*AON* 突变体在大豆、豌豆、百脉根和苜蓿中都被分离到(Searle et al. 2003),而且通常都拥有增加结瘤的个数、结瘤中的氮耐受性、结瘤时根系统减少和 *AON* 的茎控制等这些相同的特性。这个大范围的突变体与其他 LRR 受体激酶中的相似突变体相耦联,可以定义出具有激酶活性的保守结构成分,保守的如 APE 和 DFG 位点,还有磷酸化的活性位点(Dievart et al. 2003)。一些如 *Ljhar1-1* 这样的超结瘤突变体,在特殊的生长条件下,具有改变了的侧根表型,表明相同的基因控制着结瘤和侧根的起始和向外生长(Wopereis et al. 200)。在叶片控制自主调控的总体性中存在两个例外;在豌豆中有一个 *nod*3 突变体,这个并不是 *Pssym*29(豌豆的 *GmNARK* 直线同源基因)的等位基因,而是由根控制的。相似地,百麦根的突变体 astray(Nishimura et al. 2002b)通过增加根瘤数而被定性,并且通过一个“有教育的估计”发现,这个突变体是拟南芥 *Hy5* 的直线同源,而已知 *Hy5* 是增加侧根数量。有趣的是,*Ljastray* 突变体并没有侧根改变的表型。*LjASTRAY* 编码一个 bZIP 型转录因子，而且在 *GmSTF*1 中有一个直线同源基因。*Ljastray* 也在根中起作用。*GmSTF*1 的实时定量 PCR 表达分析表明，这个基因在大豆各组织中都广泛表达(Davis 2003)。

基于图谱的克隆方法在发现豆类主要的叶片激活 *AON* 基因上是成功的。Landau-Ellis 等(1991)是第一个在新构建的大豆图谱上定位 *AON* 突变位点(即大豆的 *nts*382)的。紧密连锁的标记用来分离候选 BAC，这揭示了与 CLAVATA 相关的受体激酶基因 GmNARK(结瘤自主调控受体激酶)(Searle et al. 2003；Men et al. 2002)。用这个位点上的多个等位基因突变体，在突变和突变体表型之间建立直接的相关。然而，大多数突变结果证明是无义突变，表明错意突变可引起细微结构的变化，除非在靠近重要氨基酸残基部位，否则在突变体筛选中其细微表型变化难以检测出来。在大豆上一个非常好的例子是突变体 *nts*116，它显示为超结瘤表型(是野生型的 3 倍)，突变体在 *V837A* 位点发生突变(Searle et al. 2003)。由缬氨酸变成丙氨酸这个微小的错义突变只有通过表型检测才表现出来，因为这个改变正好位于临近激酶结构域的活性位点。相似的，Krusell 等(2002)和 Nishmura 等(2002a)克隆了一个相关基因，即百脉根中的 *LjHAR1*。*GmNARK* 在叶片中和茎中的 RNA 表达很强，但在茎顶端分生组织或根瘤中很弱(Searle et al. 2003；Gresshoff et al. 2004)。*GmNARK* 在根中 RNA 表达量高，但缺乏生物学活性，这个矛盾依然需要通过一些详细的生物化学研究来解决，这些研究包括组织特异的伴侣分子，如拟南芥系统里的 AtCLV2，以及 RNA 的转变，或者特定配基的应用，或下游反应元件(如拟南芥中的 ROP，KAPP，WUSCHEL，或者 POLTERGEIST；Fletcher 2002；Gresshoff et al. 2003)。*GmNARK* 像 *GmCLV*1*A* 一样在大豆基因组里被重复(Men et al. 2002)，两者相同性在 DNA 水平上达到 95%。这个重复位点不拥有自主调控活性，这个结论已被 G. soja(Men et al. 2002)用快中子创制的缺失突变体 *FN37* 所证实，这个突变体缺少 *GmNARK* 而依然拥有缺乏自主调控的 *GmCLV*1*A*。*GmCLV*1*A* 与 *GmNARK* 和 *AtCLV*1 共享一个 RNA 的表达谱，在 SAM 中是中度表达(比 *GmNARK* 高 10～30 倍)，并在叶片、根和花里是普遍表达(D. Buzas，A . Hayward, S. Nontachaiypoom，数据未发表；Gresshoff et al. 2003)。*GmCLV*1*A* 会在 SAM 中发挥与 ATCLV1 相似的功能吗？GmCLV1A 是否可以在 *GmNARK* 突变体的较老组织中，拥有一些残留的与 AON 相关的活性(就如 *nts*1007)，能够表现出一些自主调控的形式呢？*GmCLV*1*A* 突变体是否具有一个与簇生和结荚发育相关的表型？这些问题现在已经能回答了，因为图位克隆揭示了 *AON* 级联中的一些重要成员。但是，在 DNA 和 RNA 层次上的分析是有限的，因为它们不能联系到分子生理上，然而毕竟只有分子生理才能找到“行动产生的地方”。基因组数据与表型组数据相联系，将是未来 10 年中发育生物学上的主要挑战。

在植物发育中发现新的长距离信号传导，尤其是那些控制细胞繁殖和细胞命运基因,可以在植物发育中,从小的信号物质(生长素,细胞分裂素等,见 Beveridge et al. 2003)到较大的分子如 RNA(Jorgensen 2002;Tang et al. 2003)和肽(Takayama and Sakagami 2002;Matsubyayashi et al. 2002;Ryan et al. 2002)等。*GmNARK* 中纯化的激酶或 LRR 结构域,能够可以分离特殊的抗体,这个抗体可以用于 NARK 复合物的免疫沉淀,并能够用于检测与 *GmNARK* 相互作用的对象。

NARK 系统的迷人的方面,是在细胞繁殖的长距离调控中所包含的内容,以及与 CLAVATA 复合物的相似特性。有更多的与细胞繁殖调控相关的受体激酶。植物硫肽激素受体感受不同的小磺化肽,并对保存在细胞培养中的植物细胞调控细胞的分裂(Lorbiecke and Sauter 2002)。主要的大豆抗囊肿线虫基因(*Rhg*1 和 *Rhg*4))是 LRR 受体激酶(K. Meksem,数据未发表)。在一种豆类作物中线虫和根瘤菌相互作用,尽管在生物学上有大的不同,但是还是有很多共性环节的,如在百脉根中 *Cheetah* 基因启动子融合的激活(D. Lohar,数据未发表)。一些真菌诱导子受体也是 LRR 受体激酶,就像包括 *EGF*(表皮的生长因子)中的动物细胞分裂机制中的成分。有趣的针对控制 AONNARK 杂交活性,以及菌根的自主调控,反映了在侵染阶段早期诱导过程中存在重叠,表明 *AON* 可能也是一个,来自植物组织中,真菌控制微观共生建立和侵染的古老调控机制。可以设想菌根真菌和根瘤菌诱导一个普遍的植物反应(可能通过 NORK/SYMRK 步骤),产生一个移位信号,而且能被叶片识别,且用一个共同的方式被转换,产生来自茎的抑制子,这个抑制子现在阻碍了微生物更多的成功侵入。如果在组织里根瘤进一步繁殖持续进行是根本性的,那么入侵的调控就可以调控细胞的繁殖。因此,对于结瘤的自主调控,包含在 SAR 里系统信号传递的那些成分,以及总的真菌反应是“盗版的”。

10.5 结 论

植物发育基因的图位克隆,现在灵活地应用在模式植物体系中。我们能够在分子标记技术,分子图谱,BAC 文库构建,数据搜寻,高效低耗的 DNA 测序等技术上,可以利用这个 10 年为周期的技术发展优势。EST 和 SNP 信息日益增长,丰富了进行探测候选基因的信息库。虽然植物转化在很多物种中依然很困难,但在很多实验室里已成为了常用的方法。

在未来的五年里可能完成或将近完成更多的植物基因组测序。番茄、大豆、烟草、百脉根和苜蓿就是其中的一些例子。构建的物理图谱,尽管还有许多间隙,但已可将用于归类 BAC 克隆到更大的毗连群上。一些植物物种中都已有了 T-DNA 插入文库,这样就可方便迅速分离到相关于突变表型插入位点两侧翼的序列。反向遗传学,包括基于基因序列的突变体筛选(借助 T-DNA 文库筛选或 TILLING;Perry et al. 2003)或 RNA 干涉将增强对植物发育现象遗传成分的认识,而面对诸多知识，还需要进行生理特性的整合。总之，对冗余和功能缺失的认识，以及对“蛋白质世界”复杂性和最终综合代谢产物的认识，将预示着植物生命科学奇迹的出现。

致　谢

The Australian Research Council, the University of Queensland through its Strategic Initiative Funds and other central funds, and the Queensland State Government are thanked for providing support for the ARC Centre of Excellence. I thank past and present colleagues, staff, and students for their interest in and support of nodulation biology.

参考文献

Appel, M., Bellstedt, D. and Gresshoff, P. M. (1999) Differential display of eukaryotic mRNA: meeting the demands of the new millennium? *J. Plant Physiol.* 154:561–570.

Bano, A., and Harper, J.E. (2002) Plant growth regulators and phloem exudates modulate root nodulation of soybean. Funct. Plant Biol. 29:1299–1307.

Bano, A., Harper, J.E., Augé, R.M., and Neuman, D.S. and (2002) changes in the phytohormones levels following inoculation of two soybean lines differeing in nodulation. Funct. Plant Biol. 29:965–974.

Bassam, B. J., Caetano-Anollés, G. and Gresshoff, P. M. (1991). A fast and sensitive silver-staining for DNA in polyacrylamide gels. *Analytical Biochemistry* 196:80–83.

Beach, K. and Gresshoff, P. M. (1988). Characterization and culture of *Agrobacterium rhizogenes* transformed roots of forage legumes. *Plant Science* 57:73–81.

Beveridge, C. A., Gresshoff, P. M., Rameau, C., and Turnbull, C. G.N. (2003) Many more signals needed to orchestrate development. *J. Plant Growth Regulators* 22:15–24.

Bond, J. E., McDonnell, R. E. and Gresshoff, P. M. (1996) The susceptibility of nodulation mutants of *Glycine max* to *Agrobacterium tumefaciens*. *J. Plant Physiol.* 148:684–692.

Buzas, D. M., Lohar, D., Stiller, J. and P. M. Gresshoff, P.M. (2005) Lotus japonicus promoter trapped lines provide markers for developmental domains. (in preparation).

Carroll, B. J., McNeil, D. L. and Gresshoff, P. M. (1985a) Isolation and properties of soybean mutants which nodulate in the presence of high nitrate concentrations. *Proc. Natl. Acad. Sci. USA* 82:4162–4166.

Carroll, B. J., McNeil, D. L. and Gresshoff, P. M. (1985b). A supernodulation and nitrate tolerant symbiotic (nts) soybean mutant. *Plant Physiol.* 78:34–40.

Caetano-Anollés, G., Joshi, P. A., and Gresshoff, P. M. (1991a). Spontaneous nodules induce feedback suppression of nodulation in alfalfa. *Planta* 183:77–82.

Caetano-Anollés, G., Bassam, B. J. and Gresshoff, P. M. (1991). DNA amplification fingerprinting using very short arbitrary oligonucleotide primers. *Bio/Technology* 9:553–557.

Chang, C., Kwok, S. F., Bleecker, A. B. and Meyerowitz, E. M. (1993) *Arabidopsis* ethylene-response gene *ETR1*: Similarity of product to two-component regulators. *Science* 262:539–545.

Charon, C., Johansson, C., Kondorosi, E., Kondorosi, A. and Crespi, M. (1997) *enod40* induces dedifferentiation and division of root cortical cells in legumes. *Proc. Natl. Acad. Sci. USA*, 94:8901–8906.

Clark, S. E., Williams, R. W., and Meyerowitz, E. M. (1997) The *CLAVATA1* gene encodes a putative receptor kinase that controls shoot and floral meristem size in Arabidopsis. *Cell* 89:575–585.

Cregan, P. B. and Quigley, C. V. (1997) Simple sequence repeat DNA marker analysis. In: DNA Markers: protocols, applications and overviews. eds. G. Caetano-Anollés and P. M. Gresshoff. Wiley and Sons, New York. pp. 173–185.

Davis, P. (2003) Regualtion of nodule and lateral root related genes in soybean. Honours thesis, Botany Department, Univ. of Queensland, Brisbane, Australia.

Delves, A. C., Mathews, A., Day, D. A., Carter, A. S., Carroll, B. J. and Gresshoff, P. M. (1986). Regulation of the soybean-*Rhizobium* symbiosis by shoot and root factors. *Plant Physiol.* 82:588–590.

Delves, A. C., Higgins, A. and Gresshoff, P. M. (1992). The shoot apex is not the source of the systemic signal controlling nodule numbers in soybean. *Plant, Cell and Environment* 15:249–254.

Diévart, A. and Clark, S. E. (2003) Using mutant alleles to determine the structure and function of leucine-rich repeat receptor-like kinases. *Curr. Opin. Plant Biol.* 6:507–516.

Edwards, J. W. and Coruzzi, G. M. (1990) Cell-specific gene expression in plants. *Ann. Rev. Genet.*, 24:275–303.

Endré, G., Kereszt, A., Kevei, Z., Mihacea, S., Kalo, P. and Kiss, G. P. (2002) A receptor kinase regulating symbiotic nodule development. *Nature* 417:962–966.

Feldman, K. A. (1991) T-DNA insertion mutagenesis in *Arabidopsis*: mutational spectrum. *Plant J.*, 1:71–82.

Fletcher, J. C. (2002) Shoot and floral meristem maintenance in *Arabidopsis*. *Annu. Rev. Plant Biol.* 53:45–66.

Funke, R., Kolchinsky, A. and Gresshoff, P. M. (1993). Physical mapping of a region in the soybean (*Glycine max*) genome containing duplicated sequences. *Plant Mol. Biol.* 22:437–446.

Gresshoff PM (1993) Molecular genetic analysis of nodulation genes in soybean. *Plant Breeding Reviews* 11:375–401.

Gresshoff, P. M. (2001) *Glycine max* (soybean). *Encyclopedia of Genetics*. Eds. S. Brenner and J. Miller, Academic Press, London, New York, pp. 884–885.

Gresshoff, P. M. (2003a) Post-genomic insights into nodulation. *Genome Biology* 4:201.

Gresshoff, P. M. (2003b) Genetics and genomics of nodulation and symbiotic nitrogen fixation nodulation. *Handbook of Plant Biotechnology*, J. Wiley & Sons (London), eds. P. Christou and H. Klee, pp. 246–265.

Gresshoff, P. M., Rose, R. J., Singh, M., and Rolfe, B. G. (2003) Symbiosis signals. *Today's Life Science* May/June 2003, 30–33.

Gresshoff, P. M., Buzas, D. M., Laniya, T. S., Men, A., Jiang, Q., Schenk, P., Hayward, A., Kam, J., Li, D. X., Miyahara, A., Nontachaiyapoom, S., Indrasumunar, A., Brcich, T., Gualtieri, G., Davis, P. and Carroll, B. J. (2004) Systemic regulation of nodulation by a leaf-controlled LRR-receptor kinase. Mol. Plant Microbe Interactions St. Petersburg; eds. I. Tikhanovich pp. 233–236.

Handberg, K. and Stougaard, J. (1992) *Lotus japonicus*, an autogamous, diploid legume species for classical and molecular genetics. *Plant J.* 2:487–496.

Hayashi, M., Miyahara, A., Sato, S., Kato, T., Yoshikawa, M., Taketa, M., Hayashi, M., Pedrosa, A., Onda, R., Imaaizumi-Anraku, H., Kawasaki, S., Kawaguchi, M., and Harada, K. (2001) Construction of a genetic linkage map of the model legume *Lotus japonicus* using an intraspecific F_2 population. *DNA Research* 8:301–310.

Jiang Q., and Gresshoff, P. M. (1997) Classical and molecular genetics of the model legume *Lotus japonicus*. *Molecular Plant-Microbe Interactions* 10:59–68.

Jiang, Q. and Gresshoff, P. M. (2002) Shoot-control and genetic mapping of the har1-1 (hypernodulation and aberrant root formation) mutant of *Lotus japonicus*. *Funct. Plant Biol.* 29:1371–1376.

Jorgensen, R. A. (2002) RNA traffics information systemically in plants. *Proc. Natl. Acad. Sci.* USA 99:11561–11563

Kawaguchi, M., Imaizumi-Anraku, H., Koiwa, H., Niwa, S., Ikuta, A., Syono, K., and Akao, S. (2002) Root, root hair and symbiotic mutants of the model legume *Lotus japonicus*. *Mol. Plant. Microbe Interact.* 15:17–26.

Kertbundit, S., De Greve, H., DeBoeck, F., van Montagu, M. and Hernalsteens, J.-P. (1991) *In vivo* random β-glucuronidase gene fusions in *Arabidopsis thaliana*. *Proc. Natl Acad. Sci. USA*, 88:5212–5216.

Kolchinsky, A., Landau-Ellis, D. and Gresshoff, P. M. (1997). Map order and linkage distances of molecular markers close to the supernodulation (*nts-1*) locus of soybean. *Molec. Gen. Genetics* 254:29–36.

Koncz, C., Martini, N., Mayerhofer, R., Koncz-Kalman, Z., Korber, H., Redei, G. P. and Schell, J. (1989). High frequency T-DNA-mediated gene tagging in plants. *Proc. Natl Acad. Sci. USA*, 86:8567–8571.

Krusell, L., Madsen, L. H., Sato, S., Aubert, G., Genua, A., Szczyglowski, K., Duc, G., Kaneko, T., Tabata, S., de Bruijn, F., Pajuelo, E., Sandal, N., and Stougaard, J. (2002) Shoot control of root development is mediated by a receptor-like kinase. *Nature* 420:422–426.

Kosata, S., Chabaud, M., Lougnon, G., Gough, C., Dénarié, J. Barker, D. G., Bécard, G.(2003) A diffusible factor from arbuscular mycorrhizal fungi induces symbiosis-specific *MtENOD11* expression in roots of *Medicago truncatula*. *Plant Physiology* 131:952–962.

Landau-Ellis, D., Angermüller, S. A., Shoemaker, R., and Gresshoff, P. M. (1991). The genetic locus controlling supernodulation co-segregates tightly with a cloned molecular marker. *Mol. Gen. Genetics* 228:221–226.

Limpens. E., Franken, C., Smit, P., Willemse, J., Bisseling, T., and Geurts, R. (2003) LysM domain receptor kinases regulating rhizobial nod factor-induced infections. *Science* 302:630–633. (published online: 28 August 2003;10.1126/science.1090074.

Lohar, D., Schuller, K. A., Buzas, D., Gresshoff, P. M., and Stiller, J. (2001) Efficient transformation of *Lotus japonicus* using selection with the herbicide BASTA. *J. Exp. Botany* 43:857–863.

Lohar, D. P., Stiller, J., Hababunga, S., Kam, J. H.W., Tabata, S., Sato, S., Dunlap, J., Stacey, G., and Gresshoff, P. M. (2004). Ethylene insensitivity conferred by the *Arabidopsis ETR1-1* receptor gene alters nodulation control and lateral root formation in transgenic *Lotus japonicus*. Submitted for publication.

Lorbiecke, R. and Sauter, M. (2002) Comparative analysis of PSK peptide growth factor precursor homologs. *Plant Science* 163:321–332.

Madsen, E. B., Madsen, L. H., Radutoiu, S, Olbryt, M., Rakwalska, M., Szczyglowski, K., Sato, S., Kaneko, T., Tabata, S., Sandal, N., and Stougaard, J. (2003) A receptor kinase gene is involved in legume perception of rhizobial signals. *Nature* 425:637–640.

Maguire, T. L., Grimmond, S., Forrest, A., Iturbe-Ormaetxe, I., Meksem, K., Gresshoff, P. M. (2002) Tissue-specific gene expression monitored by cDNA microarray analysis of soybean (*Glycine max*). *Journal of Plant Physiology* 159:1361–1374.

Martirani, L., Stiller, J., Mirabella, R., Alfano, F., Lamberti, A., Radutoiu, S. E., Iaccarino, M., Gresshoff, P. M., and Chiurazzi, M. (1999) T-DNA tagging of nodulation and root related genes in *Lotus japonicus*: expression patterns and potential for promoter trapping and insertional mutagenesis. *Mol. Plant-Microbe Interact.* 12:275–284.

Mathews, A., Carroll, B. J., and Gresshoff, P. M. (1989) Development of *Bradyrhizobium* infections in supernodulating and non-nodulating mutants of soybean (*Glycine max* (L.) Merrill). *Protoplasma* 150:40–47.

Matsubayashi, Y., Ogawa, M., Morita, A., and Sakagami, Y. (2002) An LRR receptor kinase involved in perception of a peptide plant hormone, phytosulphokine. *Science* 296:1470–1472.

Meksem, K., Zobrist, K., Ruben, E., Hyten, D., Quanzhou, T., Zhang, H. B., and Lightfoot, D. A. (2000). Two large-insert soybean genomic libraries constructed in a binary vector: applications in chromosome walking and genome wide physical mapping, *Theor Appl Genet* 101:747–753.

Men, A. E., and Gresshoff, P. M. (2001) DAF yields a cloned marker linked to the soybean (*Glycine max*) supernodulation *nts-1* locus. *J Plant Physiol* 158:999–1006.

Men, A. E., Laniya, T. S., Searle, I. R., Iturbe-Ormaetxe, Hussain, A. K.M., Gresshoff, I., Jiang, Q., Carroll, B. J., and Gresshoff, P. M. (2002) Fast neutron mutagenesis produces a supernodulating mutant containing a large deletion in linkage group H of soybean (*Glycine soja* L.). *Genome Letters* 1:147–155.

Mylona, P., Pawlowski, K. and Bisseling, T. (1995) Symbiotic nitrogen fixation. *Plant Cell*, 7:869–885.

Nishimura, R., Hayashi, M., Wu, G.-J., Kouchi, H., Imaizumi-Anraku, H., Murakami, Y., Kawasaki, S., Akao, S., Ohmori, M., Nagasawa, M., Harada, K., and Kawaguchi, M. (2002a) HAR1 mediates systemic regulation of symbiotic organ development. *Nature* 420:426–429.

Nishimura, R., Ohmori, M., Fujita, H., and Kawaguchi, M. (2002b). A *Lotus* basic leucine zipper protein with a RING-finger motif negatively regulates the developmental program of nodulation. *Proc. Natl. Acad. Sci. (USA)* 99:15206–15210.

Niwa, S., Kawaguchi, M., Imaizumi-Anraku, H., Chechetka, S. A., Ishizaka, M., Ikuta, A and Kouchi, H. (2001) Responses of a model legume *Lotus japonicus* to lipochitin oligosaccharide nodulation factor purified from *Mesorhizobium loti* JRL501. *Mol. Plant Microbe Interact.* 14:848–856.

Oldroyd, G. E.D. (2001) Dissecting symbiosis: developments in nod factor perception. *Annals of Botany* 87:709–718.

Olsson, J. E., Nakao, P., Bohlool, B. B. and Gresshoff, P. M. (1989). Lack of systemic suppression of nodulation in split root systems of supernodulating soybean (*Glycine max* (L.) Merr.) mutants. *Plant Physiol.* 90: 1347–1352.

Perry, J. A., Wang, T. L., Welham, P. J., Gardner, S., Pike, J. M., Yoshida, S., and Parniske, M. (2003) A TILLING reverse genetics tool and web-accessible collection of mutants of the legume *Lotus japonicus*. *Plant Physiol.* 131:866–871.

Pillai, S., Funke, R. P., and Gresshoff, P. M. (1996) Yeast and bacterial artificial chromosomes (YAC and BAC) clones of the model legume *Lotus japonicus*. *Symbiosis* 21:149–164.

Penmetsa, R. V., Frugoli, J. A., Smith, L. S., Long, S. R., and Cook, D. R. (2003) Dual genetic pathways controlling nodule number in

Medicago truncatula. Plant Physiology 131:1–11.

Radutoiu, S, Madsen, L. H., Madsen, E. B., Felle, H. H., Umehara, Y., Gronlund, M., Sato, S., Nakamura, Y., Tabata, S., Sandal, N., and Stougaard, J. (2003) Plant recognition of symbiotic bacteria requires two LysM receptor-like kinases. *Nature* 425:585–592.

Röhrig, H., Schmidt, J., Miklashevichs, E., Schell, J., and John, M. (2002) Soybean ENOD40 encodes two peptides that bind to sucrose synthase. *Proc. Natl. Acad. Sci.* (USA) 99:1915–1920.

Ryan, C. A., Pearce, G., Scheer, J., and Moura, D. S. (2002) Polypeptide hormones. *Plant Cell* 14:S251–264.

Sandal, N. et al. (2002) A genetic linkage map of the model legume *Lotus japonicus* and strategies for fast mapping of new loci. *Genetics* 161:1673–1683.

Schauser, L., Roussis, A., Stiller, J. and Stougaard, J. (1999) A plant regulator controlling development of symbiotic root nodules *Nature* 402:191–195.

Searle, I. R., Men, A. M., Laniya, T. S., Buzas, D. M., Iturbe-Ormaetxe, I., Carroll, B. J., and Gresshoff, P. M. (2003) Long distance signalling for nodulation requires a CLAVATA1-like receptor kinase. *Science* 299:108–112. (first published on line 31. Oct. 2002. 10.1126/science.1077937).

Smith, N. A., Singh, S. P., Wang, M. B., Stoutjesdijk, P., Green, A. and Warerhouse, P. M. (2000) Total silencing by intron-spliced hairpin RNAs. *Nature* 407:319–320.

Spaink, H. P. (2000) Root nodulation and infection factors produced by rhizobial bacteria. *Annual Review of Microbiology* 54:257–288.

Stiller, J., Martirani, L., Tuppale, S., Chian, R.-J., Chiurazzi, M. and Gresshoff, P. M. (1997) High frequency transformation and regeneration of transgenic plants in the model legume *Lotus japonicus*. J. exp. Botany 48:1357–1365.

Stracke, S., Kistner, C., Yoshida, S., Mulder, I., Sato, S., Kaneko, T., Tabata, S., Sandal, N., Stougaard, J., Szczyglowski, K. and Parniske, M. (2002) A plant receptor-like kinase required for both bacterial and fungal symbiosis. *Nature* 417:959–962.

Szczyglowski, K., Shaw, R. S., Wopereis, J., Copeland, S., Hamburger, D., Kasiborski, B., Dazzo, F. B. and de Bruijn, F. J. (1998). Nodule organogenesis and symbiotic mutants of the model legume *Lotus japonicus. Mol. Plant-Microb. Inter.*, 11:684–697.

Takayama, S. and Sakagami, Y. (2002) Peptide signalling in plants. *Current Opin. in Plant Biol.* 5:382–387.

Tang, G., Reinhart, B. J., Bartel, D. P., and Zamore, P. D. (2003). A biochemical framework for RNA silencing in plants. *Genes Dev.* 17: 49–63.

Tomkins, J. P. Mahalingam, R., Smith H, Goicoechea, J. L., Knap, H. T. and Wing, R. A. (1999). A bacterial artificial chromosome library for soybean PI 437654 and identification of clones associated with cyst nematode resistance. *Plant Mol Biol* 41:25–33.

Vos, P., Hogers, R., Bleeker, M., Reijans, M., van de Lee, T., Hornes, M., Frijters, A., Pot, A. J., Peleman, J., Kuiper, M., and Zabeau, M. (1995). AFLP: a new technique for DNA fingerprinting, *Nucleic Acids Res* 23:4407–4412.

Webb, J. et al. (2000) *Mesorhizobium loti* increases root-specific expression of a calcium-binding protein homologue identified by promoter tagging in *Lotus japonicus. Mol. Plant Microbe Interact.* 13:606–616.

Wopereis J., Pajuelo E., Dazzo F. B., Jiang Q., Gresshoff P. M., de Bruijn F. J., Stougaard J., and Szczyglowski K. (2000) Short root mutant of *Lotus japonicus* with a dramatically altered symbiotic phenotype. *Plant Journal* 23:97–114.

Zhu, T., Shi, L., Funke, R. P., Gresshoff, P. M. and Keim, P. (1996) Characterization and application of soybean YACs to molecular cytogenetics. *Mol. Gen. Genetics* 252:483–488.

Chapter 11

全基因组物理作图:DNA指纹法概述

概　述

基于细菌的插入大片段克隆的全基因组物理作图,已经成为基因组研究中非常活跃的领域。前人的研究表明,基于克隆的全基因组物理图谱对于基因组学和分子生物学更加广泛和进一步的深入研究是非常重要的,如大规模的基因组测序,大规模的基因作图、基因克隆及定性研究,以及大范围的基因组分析。DNA 指纹图谱对于基于细菌的大片段插入克隆的大规模分析,和产生基于克隆的全基因组物理图谱,已被证明是有效的方法。为了促进利用基于细菌的插入大片段克隆进行物理作图研究,已开发了若干种指纹图谱方法。应用这些方法再辅助于一些其他工具,已经在少数具有重要实用价值或者具有重要生物学意义的物种中,利用基于细菌的插入大片段克隆,开发了这些物种的全基因组物理谱。这些物理图谱的开发,极大地促进了在这些物种以及相关物种中,进行全面的基因组学研究。克隆 DNA 指纹图谱技术的有效利用,将强有力地推进全基因组物理作图研究,并由此加速有关植物、动物、人类、昆虫、微生物等的基因组学研究。本章内容扼要介绍了包括指纹图谱方法,以及在全基因组物理图谱中应用,并详细讲解了基于细菌的插入大片段克隆指纹图谱产生的具体方法。

摘　要

DNA 指纹图谱与细菌中 DNA 大片段克隆技术相结合,已经成为利用插入大片段克隆进行全基因组物理作图研究中,最为广泛使用的方法。为了提高这个方法在全基因组物理作图中的利用效率,本章简要介绍最新开发的几个主要指纹图谱的方法的,如用琼脂糖凝胶的限制性指纹图谱方法,人工测序或用聚丙烯酰胺胶的限制性指纹图谱方法,自动测序胶和用毛细管电泳的限制性指纹图谱方法。也详细介绍了几个目前推广应用中的,非常具有应用前景的指纹图谱方法的详细步骤。通过应用指纹图谱法,和比较分析不同指纹图谱方法的最新结果,分析了最新的全基因组物理图谱。结果表明,高质量的毗连群图谱构建,受到所应用的指纹图谱方法的显著影响。尽管对于插入大片段克隆，任何指纹图谱方法都可以用来产生指纹，和构建毗连群图谱，但是利用毛细管电泳的两酶切或三酶切的指纹图谱方法，对全基因组物理作图似乎是最有效的。通过上述研究，也发现了其他一些工具，如遗传图谱的 DNA 标记。利用这些标记，对构建来自指纹图谱方法产生的克隆源指纹图谱，即由每条染色体的一个或几个毗连群所组成的，容量更大、范围更广的物理图谱是有着极大帮助的。而对于基因组中富含串联重复的区域，如中心着丝粒和 rDNA 重复区，在构建这些特殊区域的毗连群图时，还需要一些新的技术和策略。

11.1 引　言

11.1.1 DNA 指纹图谱的起源及其发展

DNA 指纹图谱或表达谱是检测个体生物 DNA 或克隆在克隆寄主中的 DNA 片段限制性酶切特异性的一种方法。生物 DNA 片段或者克隆 DNA 片段的特异性，可以用来区分生物或克隆之间的差异。Jeffreys et al.(1985)在使用微卫星 DNA 探针与 DNA 杂交时，首次使用了 DNA 指纹图谱这一术语。自此，一系列基于 DNA 杂交、PCR 扩增和限制性酶切的 DNA 指纹图谱系统得到了充分的发展。基于杂交和 PCR 技术的 DNA 指纹图谱系统，已被广泛应用于法医鉴定，和植物研究中开发的分子标记遗传作图，以及育种及疾病诊断中(Weising et al. 1995)。

本章内容将详解应用于细菌人造染色体(BACs)、噬菌体 P1 产生的人造染色体(PACs)、具有植物转化能力的双元 BACs(BIBACs)、基于质粒的细菌插入大片段克隆(PBCs)、具有转化能力的人造染色体(TACs)(参见第 9 章)等载体中的，利用限制性内切酶产生各种基于细菌的插入大片段克隆指纹图谱的方法，并介绍这些内切酶在产生全基因组综合物理图谱，和复杂巨大基因组的遗传图谱中的应用。

11.1.2 基于克隆的全基因组物理作图

基于克隆的全基因组物理作图的目的，是用插入的大片段或阵列排列 DNA 文库重建一个生物的全基因组。一般而言，该方法是将通过不同方法(见下文)产生的，有重叠的，能够代表全基因组的插入大片段 DNA 文库，按照顺序排列。具有重叠的克隆，被认为是来自相同的基因组区域，可用计算机按照其核苷酸序列或者是限制性酶切图谱的相似性进行归组，形成一个各个克隆之间都具有重叠的多个克隆所组成的组群，由此被称为“毗连群”。跨越了一个基因组区或全基因组区域的，连续状重叠的克隆所组成的毗连群，就构成了基于克隆的基因组区域或整个基因组的物理图谱。物理图谱的毗连群能够通过 DNA 标记作图到遗传图的方式,定位到遗传连锁图谱上。如果应用更多的作图标记,物理图谱中的所有毗连群,都可以着陆定位到遗传连锁图中,从而形成一个功能强大的,综合的物理/遗传图谱(图 11)。相似地,通过荧光原位杂交(FISH),将含有 DNA 标记的插入大片段克隆用作探针,能够锚定和整合的物理/遗传图谱到一条染色体上,由此形成一个物理的,遗传的和细胞遗传的图谱。

综合的物理和遗传图谱是基因组学研究的核心部分,它们不但为基因组学的所有研究活动与结果,如基因组序列、遗传连锁图谱、DNA 标记、基因、数量性状位点(QTLs)、表达序列标签(ESTs)调控序列,以及重复元件等,提供了崭新的研究平台和结构框架,而且也使得结构的、功能的,进化的基因组学研究,有了通畅之路(图 11-1)。

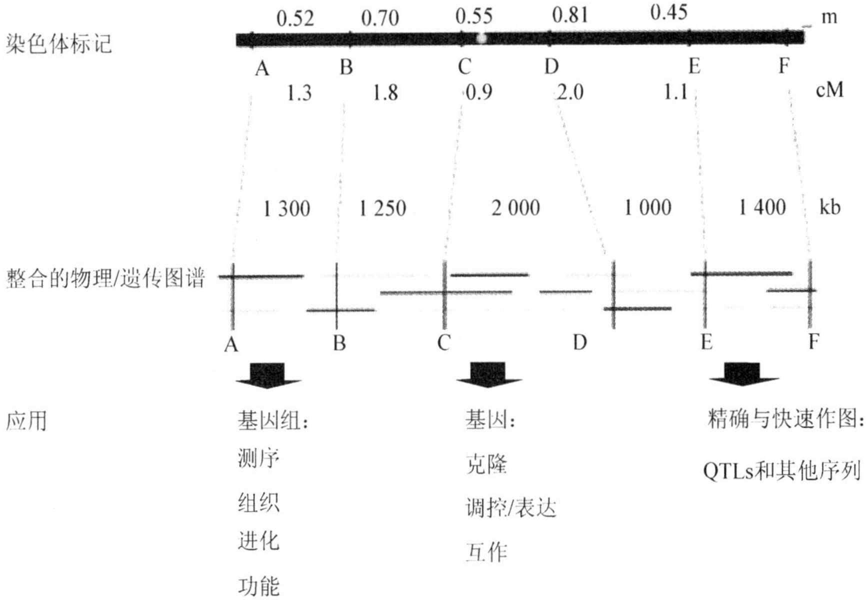

图 11-1　植物染色体概念性的整合物理、遗传、分子细胞遗传图谱及其应用。整合物理/遗传图谱中暗灰色与浅灰色重叠条带表示诸如 BACs/BIBACs 的大片段插入基因组 DNA 克隆。浅灰色显示的是克隆的最小重叠状磁片状路径。字母 A-F 表示从遗传连锁图谱中选择出的 DNA 标记。标记通过筛选 BAC 源文库被整合到物理图谱中。整合的物理/遗传图谱通过与 BACs/BIBACs 标记相联系的 FISH 作图于染色体上。标记之间的距离在整合物理/遗传图谱中用 kb 和厘摩(cM)表示,在分子细胞遗传中用微米(μm)表示。整合的物理、遗传、分子细胞遗传图谱为所有的基因组研究活动提供了强有力的平台。

基于细菌的插入大片段克隆指纹图谱和毗连群的组装已经成为了全基因组物理作图的方法选择。为了推进用基于细菌的插入大片段克隆构建全基因组物理图谱,已经发展起来了几种限制性酶切指纹图谱方法,包括琼脂糖凝胶电泳方法

(Olson et al. 1986; Marra et al. 1997),人工聚丙烯酰胺凝胶电泳或凝胶测序方法(Coulson et al. 1986; Zhang AND Wing 1997),凝胶自动测序法(Gregory et al. 1997; Ding et al. 1999, 2001),或者毛细管电泳法(Xu et al. 2002, 2004)。琼脂糖凝胶电泳法和凝胶人工测序法已经成功地应用在了数个物种的全基因组、插入大片段和基于克隆的物理图谱构建中,这些物种包括了拟南芥(Marra et al. 1999; Chang et al. 2001)、果蝇(Hoskins et al. 2000),人类(IHGMC 2001)、籼稻(Tao et al. 2001)、小鼠(Gregory et al. 2002)、粳稻(Chen et al. 2002; Li et al. 2004)、大豆(Wu et al. 2004)和鸡(Ren et al. 2003)。凝胶自动测序或毛细管电泳法代表了基于细菌插入大片段克隆的全基因组物理图谱法中的最新技术。因为它们高的分辨率、高通量、自动化、易产生复杂指纹图谱,这些方法目前正在用于多个物种的全基因组物理图谱的构建中。

11.1.3 用于全基因组物理作图的 DNA 文库资源

基于细菌的插入大片段的阵列排列 DNA 文库对于用酶切指纹图谱和毗连群组装进行全基因组物理作图,是理想的工作对象。它们不仅对全基因组物理作图重要,对大规模测序及巨大而复杂的基因组分析也同样重要(Zhang and Wu 2001; 见第 10 章)。克隆在 BAC,PAC,BIBAC,PBC 或 TAC 中的基于细菌的插入大片段 DNA 文库,代表了细菌中克隆大片段 DNA 的精湛技术状态。与早期克隆在考斯粒、福斯粒、P1 和 YAC 等中的文库不同,基于细菌的插入大片段 DNA 文库,具有在细菌中克隆长到 300 kb 的 DNA 片段能力,而且在寄主中也是稳定的,较低的嵌合克隆。并且较易进行高通量的 DNA 纯化。

全基因组物理作图所需要的基于细菌的插入大片段 DNA 文库,具有下列特征(见第 10 章):首先它们应该有大的插入片段,空载体的数量较少。根据 Soderland et al. (2000) 的研究,尽管具有插入平均较大片段的文库,能够更方便构建高质量的全基因组物理图谱,但具有平均 160 kb 或更大片段插入的文库对全基因组物理图谱构建十分必要。第二,源文库应当能够全面地代表整个目标基因组。因为几乎所有基于细菌的插入大片段 DNA 的文库的构建都是对基因组 DNA 进行部分内切酶的消化而成,而内切酶的酶切位点在基因组内并不是均一分布,因此构建多个文库时就需要多种不同的内切酶。况且,在构建文库中,用不同的载体或寄主体系,将进一步增强只用一种或另一种载体或寄主体系很难克隆的序列能力,事实上,几乎所有现在已经报到的全基因组物理图谱,都是用不同限制内切酶酶切产生的两个或更多个 DNA 文库构建而成的(见上述)。第三,因为基因组研究的主要目标之一是利用基因组研究所能提供的工具改良农作物的农艺性状。用具有转化能力的载体如 BIBAC 或 TAC 所构建的基因文库,通过遗传转化能够方便后续应用物理图谱,进行功能分析和基因组的遗传工程。最后:基因组的覆盖是需要考虑的另一个十分重要的方面。研究表明用大约等于 10× 单倍体基因组的大小的克隆数量,对全基因组物理图谱构建似乎是最有效的(Xu et al. 2004)。在两种微生物(Fleischmann et al. 1995;Fraser et al. 1995)和高等生物(Hokins et al. 2000)的全基因组鸟枪法测序中,用了 6～10×覆盖基因组的克隆数量,这一事实有力地支持了这一结论。

11.2 技术和方法

基于细菌的插入大片段克隆的限制性指纹图谱,依赖于用一种或两种限制性内切酶对 DNA 酶切,之后再测量酶切片段的大小。尽管克隆 DNA 可以被单一内切酶酶切并用琼脂糖凝胶电泳分离(Olson et al. 1986;Marra et al. 1997)或者被两种或更多种酶酶切,并用荧光或放射性核苷酸在片段末端进行标记,之后再用聚丙烯酸酰胺电泳分离(Coulson et al. 1986;Carrano et al. 1989;Gregory et al. 1997;Hong 1997;Zhang and Wing 1997;Ding et al. 1999, 2001)或毛细管电泳分离(Xu et al. 2002, 2004),产生不同限制性内切酶指纹图谱的方法。这种通过基于细菌的插入大片段克隆的指纹图谱分析,进行全基因组物理作图的方法,包括了下列步骤:

1. 在 DNA 源文库中选择克隆,并将其培养在加有相应抗生素的培养基上,分离并纯化克隆 DNA。

2. 用 1 种或多种限制性内切酶酶切 DNA,将酶切的限制性片段直接通过琼脂糖凝胶电泳分离,或先在末端标记后再用测序胶或毛细管电泳分离。

3. 将克隆的限制性图谱或者叫指纹图谱,在计算机上观察和数字化处理。

4. 根据各个克隆的限制酶切类型或指纹图谱的相似性,用计算机软件 Fingerpringted Contig(FPC)(http://www./Sanger. ca. uk/Saftware/fpc/),通过重叠的克隆组装成毗连群。

图 11-2 显示的是采用 DNA 分离自动化工作站 AutoGenprep 960(Auto Gen, Inc. USA),用基于细菌的插入大片段克隆,进行自动化基因组物理作图的方法,自动化 DNA 毛细管电泳测序仪 ABI 3100(Applied Biosystems,USA),以及一个用于计算聚类的高性能计算机工作站(Dell,USA)。本章接下来将详细讲述指纹的产生和指纹作图方法的比较及其应用,至于指纹编辑和毗连群图谱的构建将在第 12 章讲述。

11.2.1 从基于细菌的插入大片段克隆中准备 DNA

有多种方法可以用于指纹作图中基于细菌的插入大片段克隆中准备 DNA。所有这些方法都是基于 Birnboim 和 Doly(1979)所开发的碱性裂解法。这里介绍三种方法:一个克隆一个克隆的逐个克隆法、人工法、全自动 96-孔板形式的小量准备法。相比较而言,人工法和全自动 96-孔板形式的小量准备法比一个克隆一个克隆

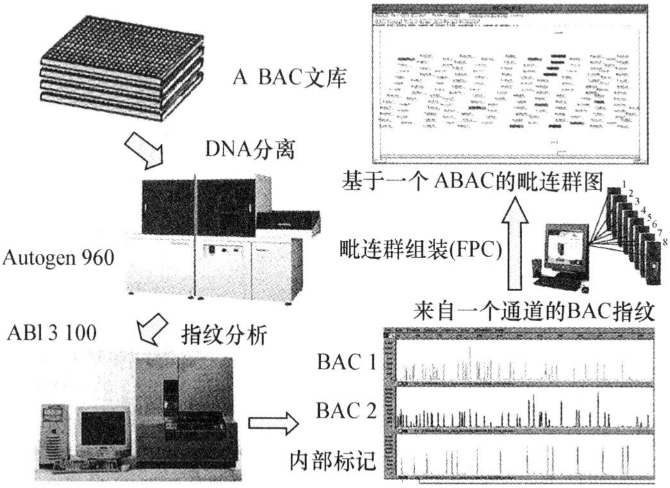

图表 11-2　插入大片段指纹及毗连群组装的自动程序(根据 Xu et al. 2002 和 http://hbz. tamu. edu-Analysis Tools-Automated). 源 BAC 文库储藏在 384 孔板。BAC DNA 由 Auto-Genprep960Robotic Workstation 分离,由 *Hind*Ⅲ,*Bam*HⅠ和 *Hae*Ⅲ消化,一步法中,在 *Hind*Ⅲ和 *Bam*HI 末端用 HEX-ddATP(BAC1)或 NED-dd-ATP(BAC2)作末端标记。限制性和末端标记了的 DNA 片段用 ABI 3100Genetic Alnalyzer 用内部分子量标记进行分离。两个 BACs 指纹,一个内部标准标记(桔色)由 ABI 3100 的单道毛细管产生。指纹收集于安装在 ABI 3100 的 GenesScan,转移到计算机工作站的高性能计算簇中,组装称作毗连群,即全基因组物理图谱的一个区段,这个工作由称为 FingerPrintedContig(FPC)的计算机程序完成。毗连群最终用一个或多个显示在毗连群图下的 DNA 标记锚定于一个遗传连锁图谱中。

的逐个克隆法,在产出效能上,具有高出几倍的功效。使用一个克隆一个克隆的逐个克隆法一天一个科研工作者通常可以分离 1 200～2 400 个克隆。

11.2.1.1　使用逐个克隆法从基于细菌的插入大片段克隆中分离 DNA

1.用无菌牙签以 DNA 文库接种单克隆至装有 2 mL LB 或 TB 培养液的 10 mL 聚丙烯或玻璃管中,并在培养液加入相应抗生素。在 250 r/min 的摇床上 37℃培养至少 16 h。

2.用 2 500 r/min(1 200 g)的离心机离心 10 min 收集细胞,弃掉上清液。完全除去遗留的培养基,因为这可能对后续的内切酶消化有干扰。

3.加 0.3 mL 的溶液Ⅰ(15 mmol/L Tris-HCl,pH 8.0,10 mmol/L EDTA,100 μg/mL RNase A)涡旋沉淀,重悬细胞,并将细菌细胞在冰上培养 5 min。

4.加 0.3 mL 新准备的溶液Ⅱ(0.2 mol/L NaOH,1%SDS),并轻柔摇试管,使内溶物均匀混匀。冰上置 5 min。当浑浊的悬浮液变得澄清透明时,细胞就被成功完全裂解了。

5. 缓慢加入 0.3 mL 溶液Ⅲ(3 mol/L KOAc,pH 5.5)至试管中,轻轻摇匀。厚的,白色 *E. coli* 细胞碎片和基因组 DNA 将可见,试管在冰上放置至少 15 min。

6. 在 4℃的离心机转速 3 250 r/min(1 900 g)下,30 min 收集细胞碎片和染色体 DNA。将上清液转移至 1.5 mL 的 Eppendorf 试管中。转移时尽量避免转移白色沉淀物。加 0.8 mL 异丙醇,混匀,将试管置于室温至少 10 min。否则就要将样品置于−20℃下过夜。

7. 在台式离心机中离心沉淀 DNA 10 min。弃去上清液,将 DNA 沉淀物用 0.5 mL的 70%乙醇清洗 2 次,室温稍离心,5 min。

8. 弃去上清液并在室温下风干沉淀物,将沉淀悬浮于 30 μL TE(10 mmol/L Tris-HCl,1 mmol/L EDTA,pH 8.0)。该 DNA 可以用于琼脂糖凝胶电泳或聚丙烯电泳等的限制片段指纹图谱分析。

11.2.1.2 用手动法在 96 孔板从基于细菌的插入大片段克隆中分离 DNA

1. 用 96-孔克隆复制器(Fisher Scitific,USA),将存储在 384 孔平板上的源文库,分别秩序接种到 4 个 96 孔的深孔板(Beckman,USA)中,每个深孔盛有 1 mL TB 或 LB 培养基,并添加了相应的抗生素,将平板用铝箔封好,在 37℃摇床上 325 r/min下摇动培养 20 h。

2. 用 GS-6KR 微孔板离心机(Beckman,USA),在 2 500 r/min(1 200 g)下离心 10 min 沉淀细胞,将板反过来道扣,弃去上清液。

3. 用 8 或 12 道移液枪,加 40 μL 溶液Ⅰ(15 mmol/L Tris-HCl,pH 8.0,10 mmol/L EDTA,100 μg/mL RNase A)至每个孔,对细胞板涡旋使细胞沉淀悬浮于溶液中,在冰上置 5 min。

4. 加 80 μL 新配制的溶液Ⅱ(0.2 mol/L NaOH, 1% SDS)至每个孔,轻拍微孔板顶部至少 20 次使溶液混匀。在室温放置 5 min 后,再置冰上 5 min。悬浮液将从浑浊变得澄清,说明细胞已经完全裂解。

5. 向每个孔缓慢加入 60 μL 的溶液Ⅲ(3 mol/L KOAc,pH 5.5),涡旋轻轻混匀。可以看到白色 *E. coli* 细胞碎片和 DNA 沉淀。将平板置冰上 15 min。

6. 在 4℃下 3 250 r/min(1 900 g)离心 30 min,使细胞碎片和染色体 DNA 沉淀,用 8 或 12 道的移液枪将 100 μL 的上清液转移至 96-孔板上的 0.2 μL 的孔里。尽量避免将白色沉淀转移。

7. 每个样品加入 100 μL 的异丙醇,混匀,室温下静置 10 min。样品可以置−20℃下过夜。

8. 3 250 r/min(1 900 g)下离心 15 min,使 DNA 沉淀。弃去上清液,用 0.1 mL 70%的乙醇洗 DNA 沉淀物两次,每次清洗时板倒置几次。3 250 r/min 下离心 5 min。

9. 弃去上清液,室温下将沉淀物风干,将其溶解于 20 μL 的 TE 中。该 DNA 可以用基于琼脂糖凝胶或聚丙烯酰胺凝胶的限制性指纹图谱分析。

11.2.1.3 用 AutoGenprep 960 机器人工作站在 96-孔板中从基于细菌的插入大片段克隆中分离 DNA

1. 用 96-孔克隆复制器，将存于 384-孔板中的源文库转移至 4 个 96-孔板(Autogen Inc.，USA)上进行培养，每个孔加 1.4 mL TB(或 LB)培养液，并添加了合适的抗生素，用铝箔封好板，在 37℃下摇床 350 r/min 24 h。

2. 用 AutoGenprep 960 自动工作站，依据制造商推荐的标准步骤分离 DNA。

3. 将 DNA 溶解于 40 μL 的 TE 中，TE 中含有 100 μg/mL 的无 DNA 的 RNase，涡旋 20 s，37℃下培养 10 min。稍离心收集，该 DNA 可被用于限制性指纹图谱分析。

11.2.2 用限制性内切酶制作克隆 DNA 的指纹图谱

对于全基因组物理作图，用限制性内切酶在基于细菌的插入大片段克隆中产生指纹图谱，已经开发出了若干方法。下面将分别总结每个方法。

11.2.2.1 基于琼脂糖凝胶的限制性指纹图谱制作方法

用基于琼脂糖凝胶的方法(Marra et al. 1997)产生基于细菌的插入大片段克隆指纹图谱，是通过用具有在单一识别 6-bp 碱基的限制性内切酶，如 Hind Ⅲ 或 *Eco*R Ⅰ 酶切克隆的 DNA，之后用琼脂糖凝胶将 DNA 分离。该克隆的指纹图谱可以用 Vistra 或 SYBR 绿染色后观察到，并可以收集进入计算机，通过 FluorImager 进行分析。该方法用一种内切酶消化产生指纹图谱片段，因为琼脂糖凝胶只允许 200 bp 到 20 kbp 的限制性片段分离，这也正是 6-bp 限制性内切酶消化所能产生的大小。图 11-3 列举了人类 PAC 指纹图谱，就是用 Hind Ⅲ 消化产生片段后用琼脂糖电泳分离的结果。下面介绍 Marra et al. (1997)的方法：

设备及材料

1. 20 cm×25 cm 透明盘和 H4 型电泳仪(Life Technologies，USA)，该仪器配置有循环冷凝设备(1170 型，VWR Scientific，USA)。

2. Molecular Dynamics FluorImager SI(Amersham Biosciences，USA)。

3. SYBR 绿(FMC BioProducts，USA)或 Vistra 绿(Molecular Probes，USA)。

4. 10×TAE：400 mmol/L Trizma Tris-碱 base，200 mmol/L 冰醋酸，10 mmol/L EDTA pH 8.0。

5. 6×上样缓冲液：0.25%溴酚蓝，0.25%二甲苯晴蓝，15%菲可(聚糖体)。

6. 标准标记混合物：1 μg/μL 浓度的 1 kb 的 DNA 标记(Life Technologies USA)，取 0.83 μL。250 μg/μL 标记Ⅱ，取 0.33 μL。250 μg/μL 标记Ⅲ(Boehringer-Mannheim，Germany)，取 0.33 μL。92.5 μL 的 TE，25 μL 的 6×上样缓冲液。

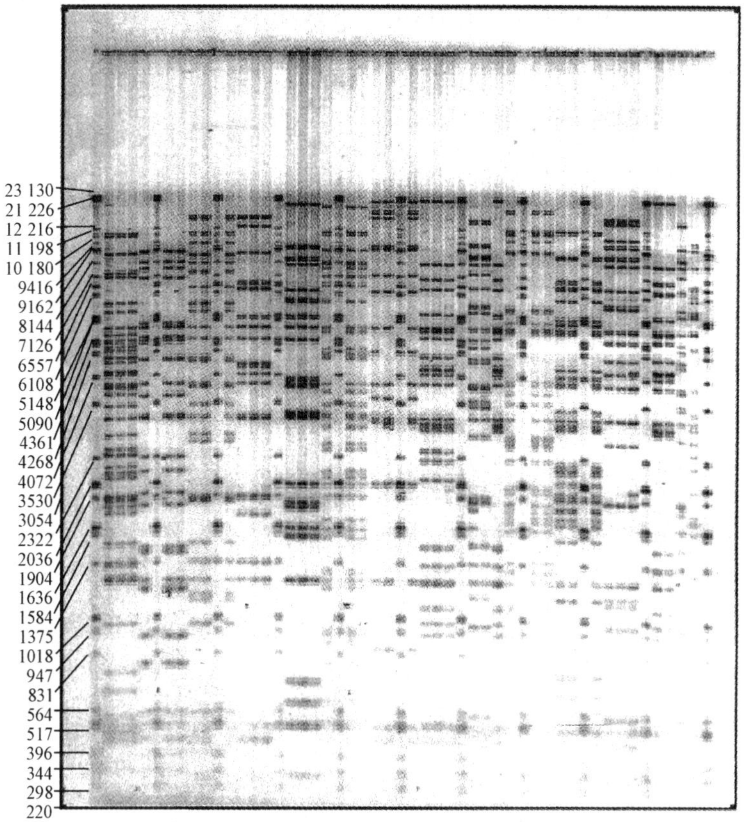

图 11-3　由 *Hin*d Ⅲ 酶切的基于琼脂糖凝胶的限制性酶切指纹法(Marra et al. 1997),产生的人类 PAC 指纹。左边第一条带是分子标记,以后每隔五条带都是 DNA 的大小标准,每个泳道的 DNA 标记片段的大小以 bp 标在第一泳道的 DNA 标记片段上。其余泳道的指纹来自于人类 PACs。注意不同泳道中相同的指纹是同一 PAC 的重复(来自 Marra et al. 1997,已经允许)。

克隆 DNA 限制性酶切及标准标记的准备

1. 在 96-孔板中,每样品 10 μL 反应体积,进行 BAC DNA 的消化。

ddH_2O	3.75 μL
10×反应缓冲液	1.00 μL
40 U/μL *Hin*dⅢ	0.25 μL
DNA	5.00 μL(1.2～1.5 μg)
总体积	10.00 μL

2. 在水浴或 PCR 仪中,37℃培育 3 h。

3. 消化后,离心再在平板孔的底部收集 DNA,再加 4 μL 的 6×上样缓冲液,通过稍离心,混合、收集 DNA 样品。用铝箔封住板子,置于冰上或保存在 4℃直至电泳。

4. 在电泳之前,将 20 μL 的标准标记混合物直接移至另一个管中,再加 17 μL

TE和3 μL 6×上样缓冲液进行稀释，60℃下培育5 min。

用琼脂糖凝胶电泳分离限制性片段和收集数据

1.用1×TAE准备1%的琼脂糖凝胶。在46℃的水浴中时常摇动溶解的琼脂糖凝胶，使其冷却。向20 cm×25 cm的能观察UV的透明盘里加入大约200 mL溶解的琼脂糖，并插入一个合适大小的梳子(如2 mm宽，1 mm厚)。

2.凝胶固定后，将梳子移动放入电泳槽，同时向电泳槽加入预冷的(14℃)TAE缓冲液，将凝胶完全淹没。

3.在每个样孔中，加入消化好的DNA 1.75 μL与上样缓冲液的混合物，第一个样孔和每隔五个样孔，加1 μL的标准标记。

4.在56 V，14℃电泳大约14 h。

5.向1×TAE中加稀释倍数为1∶10 000的Vistra绿500 mL，对凝胶染色，并在黑暗里摇动15 min。每次可以染两块凝胶，使用相同的染液时，可以染四块凝胶。可在4℃下存储稀释的用锡箔纸包裹的染液器皿里。

6.染色后，用Fluorimager观察凝胶并扫描成像，像素为200 μm，用16节的数字分辨率处理，检测其中高敏感区，950 V的PMT电压，530 nm下滤色。剪切凝胶图像，并将图像传至合适的16节Molecular Dynamics形式，到8节TIFF图像。

7.用ftp形式传至Unix工作站(SUN微系统)，以便条带重显和毗连群构建(见第13章)。

11.2.2.2 聚丙烯酰胺凝胶(测序)的限制性指纹图谱制作方法

基于聚丙烯凝胶的限制性指纹图谱方法(Coulson et al. 1986；Hong 1997；Zhang and Wing 1997)，是对克隆的DNA酶切后产生出黏性末端而产生的，基于细菌的插入大片段克隆的指纹图谱法，使用6-bp的限制性内切酶如*Hin*dⅢ；对末端标记用放射性核苷酸，如^{32}P-ATP，^{33}P-dATP或^{35}S-dATP；用4-bp限制性酶消化(更多用平末端酶)，同时进行或分开进行，然后在DNA测序凝胶上将限制性片段分开。用放射性自显影显示克隆的指纹图谱，用计算机扫描指纹图谱并成像进入计算机。可以产生黏性末端的6-bp限制性内切酶常用于消化DNA，可以控制限制性片段的数量，并为在其末端标记提供了黏性端，同时用4-bp的限制性内切酶消化，可以使DNA片段更小，以便我们在测序凝胶上分离变性的DNA时，其片段大小都在50～1 000个核苷酸。图11-4举例介绍了BAC，PBC和BIBAC指纹图谱的产生。以下步骤是根据Zhang and Wing(1997)，Chang et al.(2001)和Tao et al.(2001)的方法而编成，该方法中DNA消化和末端标记是由一步完成。

设备和材料

1.Sequi-gen GT测序仪(Bio-Rad，USA)。

2.双凝胶干燥系统(Bio-Rad，USA)。

3.40%的聚丙烯酰胺溶液(Bio-Rad，USA)。

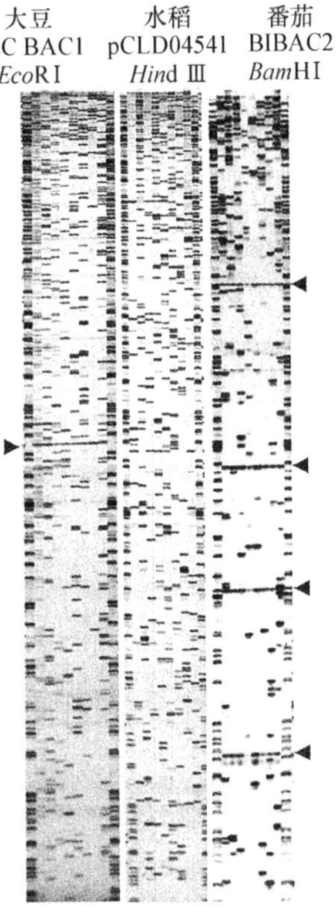

图 11-4 用 *Hind*Ⅲ和 *Hae*Ⅲ,以手工测序凝胶的限制性指纹法产生的克隆于 pEBCA1 的大豆 BACs 指纹,克隆于 pCLD04541 的水稻 PBCs 克隆指纹和克隆于 BIBACs 的番茄 BIBAC2 的指纹。每一个类型中的第一个和最后一个是用带有^{33}P-dATP 末端标记的 Lamda/Sau3AI 泳道中的 DNA 标记,其余的泳道是植物 DNA BAC, PBC,或 BIBAC 克隆。BAC,PBC 和 BIBAC 的 DNA 根据 Chang(2001)和 Tao 等(2001)的方法在 96 孔板上提纯。用 *Hind*Ⅲ和 *Hae*Ⅲ消化的 BAC,PBC 和 BIBAC DNA 及用带有^{33}P-dATP 在 *Hind*Ⅲ末端标记,用单一步骤在一个拥有 8 个微小管的排管带中完成标记。在 pCLD04541 克隆指纹中没有观察到载体条带,在 pECBAC1 克隆指纹中观察到一个载体条带,BIBAC2 克隆指纹中观察到 4 个载体条带,每一个在图中用箭头表示出来。

4. 10×TBE:0.89 mol/L Tris base,0.89 mol/L 硼酸,0.02 mol/L EDTA,pH 8.0。

5. 3×上样缓冲液:98%的去离子甲酰胺,0.3%的溴酚蓝,0.3%的二甲苯腈蓝,10 m mol/L EDTA,pH 8.0。

6. 8 mol/L 尿素。

7. Kodak 胶卷(35 cm×43 cm)。

准备标准 DNA 标记

用内切酶消化 λ-DNA,并在末端标记限制性片段,产生标准分子重量的 DNA 标记,末端标记反应缓冲液含有 0.1 mol/L 的醋酸钾,25 mmol/L Tris-醋酸盐溶液(pH 7.5),10 m mol/L 的醋酸镁,1 mmol/L 的 DTT。

1. 准备 DNA 标记的反应混合物如下:

ddH_2O	36 μL
0.5 μg/μL λ-DNA(Biolabs,USA)	2 μL
10×反应缓冲液	5 μL
10 mmol/L dGTP(Sigma,USA)	2 μL
10 mmol/L ddTTP(Sigma,USA)	2 μL

10 U/μL *Sau* 3 A1(Promega,USA)	1 μL
10 U/μL AMV-反转录酶(Promega,USA)	1 μL
^{33}P-dATP(>2 500 CiCM^{-1},Amersham,USA)	1 μL
总体积	50 μL

2. 37℃下将混合物保温 2 h。加入 25 μL 3×上样缓冲液终止反应,并置于−20℃。

3. 95℃加热 5 min,使用前放置于冰上。每个样点加 1.5～3.0 μL 样品。

DNA 限制性酶切和用放射性核苷酸进行末端标记

每个 DNA 样品的消化和标记是一步完成的,其反应缓冲液含有 27.5 mmol/L 的 Tris-醋酸盐缓冲液,pH 7.8,110 mmol/L 醋酸钾,11 mmol/L 醋酸镁,1 mmol/L DTT,110 μg/mL BSA,7 μmol/L ddGTP(必须用无 DNase 的 110 μg/mL 的 RNaseA 加入缓冲液里),用 8 或 12-道的移液枪操作。

1. DNA 消化和标记的反应物如下:

BAC DNA	3 μL(100～200 ng)
2×指纹图谱反应缓冲液(see above)	2.79 μL
50 U/μL *Hind* Ⅲ(Promega,USA)	0.05 μL
50 U/μL *Hae* Ⅲ(Promega,USA)	0.05 μL
10 U/50 U/μL AMV-反转录酶(Promega. USA)	0.06 μL
^{33}P-dATP(>2500 Ci/(mmol/L),Amersham)	0.05 μL
总体积	6.00 μL

2. 混合均匀后 37℃下保温 2 h。加入 3 μL 3×上样缓冲液终止反应。

3. 95℃加热 5 min,使用前转移至冰上。每个孔加样 1.5～3.0 μL。

用变性测序凝胶电泳分离限制性片段,并收集数据。

1. 小心地清洗一对测序平板,将测序凝胶板等安装就位,准备 100 mL 的 4%的聚丙烯酰胺溶液。为了准备溶液,混合好 10 mL 40%的聚丙烯酰胺,在 1×TBE 中加入 90 mL 的 8 mol/L 尿素,40 μL TEMED,500 μL 的 1%APS。

2. 小心将溶液倒入凝胶装置中,用 0.4 cm,73 孔的鲨鱼齿梳(Bio-Rad,USA)并使凝胶完全凝固。

3. 在 1×TBE 缓冲液里,90 W 下预走电泳 1 h。

4. 用 1×TBE 充分冲洗凝胶顶部,插入一个鲨鱼齿梳(0.4 cm,73 孔),用塑料注射器完全清洗所有的样孔。

5. 点样,吸取每个 DNA 指纹图谱样品 1.5～3.0 μL 点至板上样孔中,第一个样孔中加入 λ/*Sau* 3AI 标准分子标记,然后每隔 9 个样孔,均点入标准分子标记,最后 2 个样孔,也点入标准分子标记。

6. 在 90 V 下 100 min 走胶，直到溴酚蓝染料距离胶底约 4 cm 停止。

7. 将凝胶置于 3 mm 的层析纸上(Whatman，USA)，用保鲜膜(Saran Wrap)包裹好，并且用真空凝胶干燥仪在 80℃下真空干燥。

8. 将凝胶暴露于柯达 Biomax MR 胶卷 1～2 d，并冲片。

9. 将放射性自显影显示的指纹图谱，用 UMAX Mirage D-16L 扫描仪，扫描成图像文件，然后转移到 Unix 工作站(SUN，Microsystems)，进一步分析(见第 13 章)。

11.2.2.3　自动测序凝胶及基于毛细管电泳的限制性指纹图谱制作方法

使用基于毛细管电泳(Xu et al. 2002，2004)或聚丙烯酰胺凝胶(Gregoryet al. 1997；Ding et al. 1999，2001)自动测序仪的自动限制性指纹图谱法产生指纹图谱，是源于基于细菌插入大片段的克隆。该法选用一个或多个黏性末端 6-bp 限制性内切酶消化 DNA，再用诸如 ddATP-HEX，ddATP-NED 的双脱氧核苷酸荧光染料标记末端，之后再用一个 4-bp 的平末端限制性内切酶消化而成。在基于人工测序凝胶的限制性指纹图谱法中，用 6-bp 黏性末端的限制性内切酶消化 DNA 是为了控制限制性片段的数目，并为标记反应提供黏性末端，用 4-bp 限制性内切酶，再一次对 DNA 片段消化，获得更小的片段，是为了能够在测序胶或基于毛细管电泳的自动测序仪上将这些 35～600 个核苷酸的片段分离开。在 DNA 测序仪的凝胶里或测序的毛细管里将这些片段分开后，克隆的指纹图谱就可以用自动 DNA 测序仪如 ABI-PRISM 377(Applied Biosystem，USA)和 ABI3100 进行直接观察，并使用安装在测序仪上的 GeneScan 软件收集图谱，存入计算机里。图 11-5 举例说明了用三个限制性酶消化并用一种荧光颜色标记的指纹图谱，以及用五种不同的酶消化四种不同的荧光染料(SNaPshot kit，Applied Biosystems，USA)标记后 DNA 指纹图谱，分离片段用的是 ABI3100 测序仪的一根毛细管进行的(彩图11-5)。

设备及材料

ABIPRISM 377，ABI 3100，或任何先进类型的 DNA 自动测序仪附有 DNA 基因型分析功能的材料都可以选用。

限制性酶切和荧光核苷酸末端标记

在这一指纹图谱方法里，每个 BAC DNA 可以用下面方法消化：①用两个酶，如 *Hin*dⅢ/*Sau*3AI 的酶消化，并用单一荧光染料如 ddATP-HEX，ddATP-NED 和 ddATP-TET 在 *Hin*dⅢ的酶切位点进行末端标记(Gregory et al. 1997)；②用一个ⅡS 型和一个Ⅲ型限制性内切酶进行消化，如 *Hga*Ⅰ/*Rsa*Ⅰ，并用一个荧光双脱氧终止子试剂盒(Applied Biosystems，USA)，在未知的 *Hga*Ⅰ的酶切位点进行末端标记，试剂盒含有 ddATP-R6G，ddT(U)TP-ROX，ddGTP-R110 和 ddCTP-TEMRA(Ding et al. 2001)；③用三个酶，如 *Hin*dⅢ/*Bam*HⅠ/*Hae*Ⅲ消化，并用一种

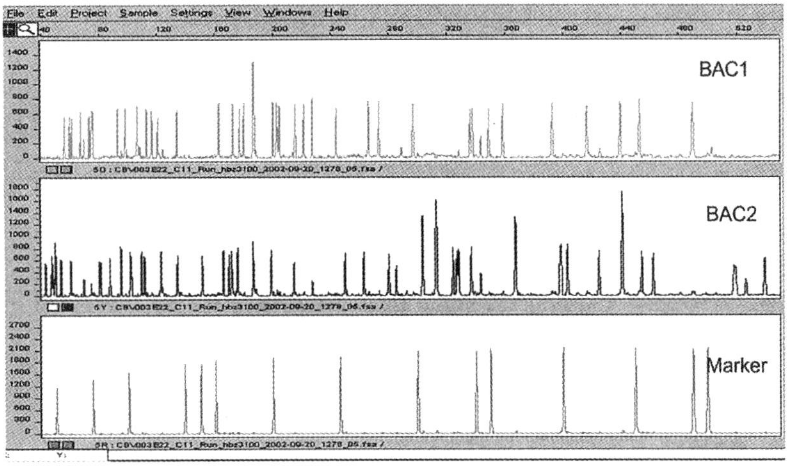

A: ABI 3 100测序仪中一个通道中的两个BAC指纹

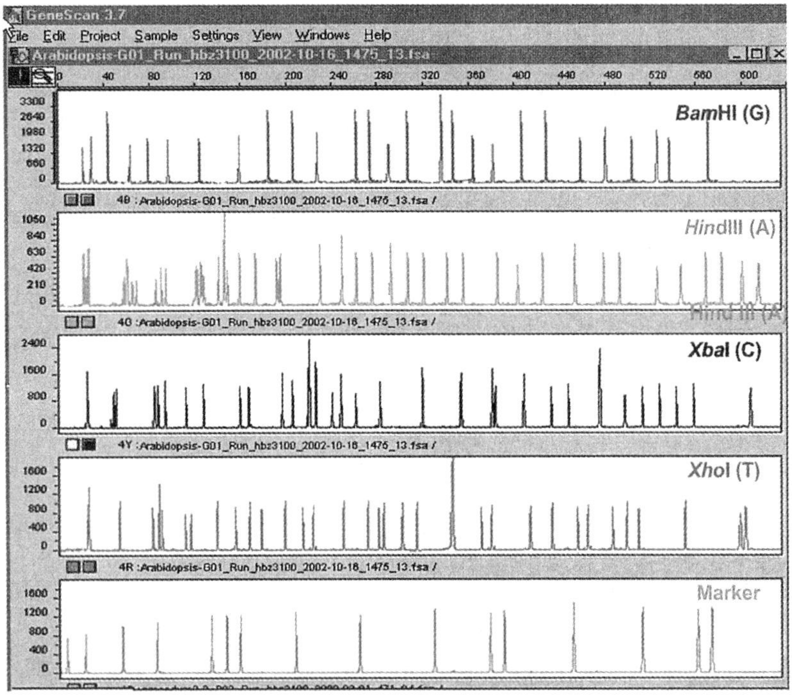

B: ABI 3 100测序仪中一个通道中的一个BAC指纹

图 11-5 用基于毛细管电泳的限制性酶切指纹图谱方法(Xu et al. 2002,2004;图 11.2)产生的拟南芥 BACs 指纹图谱。BAC DNA 的分离是在 AutoGenprep 960 Robotic Workstation 上的 96 孔板中完成。(A)BAC DNA 用 *Hind*Ⅲ/*BamHI*/*Hae*Ⅲ酶切并用 HExddATP(BAC2)进行末端标记。BACs 用不同颜色相结合进行标记。(B)BAC DNA 用 *Hind*Ⅲ/*BamHI*/*Xba* Ⅰ/*Xho* Ⅰ/*Hae*Ⅲ酶切。用 SNaPshot Kit 中含有的 RGG-ddATP(绿),Rno-ddGTP(蓝),TAMRA-ddCTP(黑)和 Rox-ddT(U)TP(红)在 *Hind* Ⅲ *BamH* Ⅰ,*Xba* Ⅰ,和 *XhoI* 酶切位点进行末端标记,限制性酶切片段和末端标记片段与内部分子量 DNA 标记(橙色)混合,并在 ABI 3100 Gentic Analyzer 上分离,每个 BAC 的指纹的捕获由 GeneScan 软件完成(引自 Xu et al. 2004)。

荧光染料，如 ddATP-HEX，ddATP-NED，ddATP-TET（Applied Biosystems，USA），在 *Hind*Ⅲ，*Bam*HI 位点，或者两个酶的位点进行末端标记（Xu et al. 2002、2004）；④用三对限制性内切酶，如 *Hind*Ⅲ/*Rsa* Ⅰ，*Hind*Ⅲ/*Dpn* Ⅰ和 *Hind*Ⅲ/*Hae*Ⅲ进行分别酶切，用三种不同的荧光染料如 ddATP-HEX，ddATP-NED 或 ddATP-TET，在 *Hind*Ⅲ位点分别进行末端标记（Ding et al.，1999）；⑤用五种限制性酶，如 *Hind*Ⅲ/*Bam*HⅠ/*Xba*Ⅰ/ *Xho*Ⅰ/ *Hae*Ⅲ，并用 SNaPshot 试剂盒在 *Hind*Ⅲ，*Bam*HⅠ，*Xba*Ⅰ，*Xho*Ⅰ的酶切位点进行末端进行标记，SNaPshot 试剂盒有 ddATP-RGG，ddGTP-R110，ddCTP-TAMRA 和 ddT（U）TP-ROX（Xu et al.，2002，2004）。注意：用于产生指纹图谱的限制性酶的数量是由每个克隆要求提供的条带数来决定。依据 Xu et al.（2004）的研究，对于基于自动测序仪方法中的固定的条带大小范围（30～500 bp），每个克隆的条带数在 50～70 条是最好的对于精确度来说，大的毗连群组装是用 FPC 程序（Soderland et al. 2000）来完成。Ding et al（1999）和 Xu et al（2004）的研究都显示尽管对于签定和组装毗连群来说，每个克隆的一定数目条带是必需的，但是在每个克隆中太多的带将很难使用 FPC 程序精确组装毗连群。下面将依据 Xu et al（2000，2004）的研究，详细介绍几种插入大片段克隆的限制性酶切和末端荧光核苷酸标记方法的步骤。

1. 用 *Hind*Ⅲ/*Hae* Ⅲ消化 DNA，在 *Hind*Ⅲ的酶切位点用单一荧光进行标记，在缓冲液里进行反应，缓冲液包括 25 mmol/L Tris-醋酸盐（pH 7.8），100 mmol/L 醋酸钾，10 mmol/L 醋酸镁，1 mmol/L DTT：

ddH_2O	6.425 μL
DNA	20.00 μL（200～500 ng）
10×反应缓冲液	3.00 μL
10 mg/mL BSA	0.30 μL
80 U/μL *Hind*Ⅲ	0.037 μL
80 U/μL *Hae*Ⅲ	0.038 μL
NED-ddATP 或 HEX-ddATP	0.10 μL
8 U/μL *Taq* DNA 聚合酶 FS	0.10 μL
总体积	30.00 μL

用 *Hind*Ⅲ/*Bam* HⅠ/Hae Ⅲ对 DNA 消化，用单一荧光染料在 *Hind*Ⅲ和 *Bam*HⅠ的末端进行标记，在缓冲液里进行反应，缓冲液包括 25 mmol/L Tris-醋酸盐（pH 7.8），100 mmol/L 醋酸钾，10 mmol/L 醋酸镁，1 mmol/L DTT 和 6 μmol/L dGTP：

ddH_2O	6.388 μL
DNA	20.00 μL（200～500 ng）

10×反应缓冲液	3.00 μL
10 mg/mL BSA	0.30 μL
80 U/μL *Hind*Ⅲ	0.037 μL
80 U/μL *Bam*HⅠ	0.037 μL
80 U/μL *Hae*Ⅲ	0.038 μL
NED-ddATP 或 Hex-ddATP	0.10 μL
8 U/μL *Taq* DNA 聚合酶 FS	0.10 μL
总体积	30.00 μL

用 *Hind*Ⅲ/*Bam*HⅠ/*Xba*Ⅰ/*Xho*Ⅰ/*Hae*Ⅲ消化 DNA，用含有 ddATP-RGG，ddGTP-R110，ddCTP-TAMRA，ddT(U)TP-ROX 和 Taq DNA 聚合酶 FS 的 SNaPshot 的试剂盒，标记由 *Hind*Ⅲ，*Bam*HⅠ，*Xba*Ⅰ，*Xho*Ⅰ酶的酶切位点。首先在缓冲液Ⅰ中进行该反应，缓冲液Ⅰ包括了 50 mmol/L NaCl，10 mmol/L Tris-HCl(pH 7.9)，10 mmol/L 醋酸镁和 1 mmol/L DTT：

ddH_2O	4.45 μL
DNA	35.00 μL (200～500 ng)
10×反应缓冲液	4.50 μL
10 mg/mL BSA	0.45 μL
20 U/μL *Hind* Ⅲ	0.15 μL
20 U/μL *Xba*Ⅰ	0.15 μL
20 U/μL *Xho*Ⅰ	0.30 μL
总体积	45.00 μL

37℃下温育 2 h 后，65℃加热 15 min，用异丙醇沉淀 DNA，再用 70%的乙醇清洗 DNA，风干，溶解于 45 μL 的 ddH_2O，在缓冲液Ⅱ中进行下一个反应，缓冲液Ⅱ包含了 13.8 mmol/L Tris-醋酸盐(pH 7.8)，37.5 mmol/L NaCl，25 mmol/L 的醋酸钾，10 mmol/L的醋酸镁，1 mmol/L DTT。

dd H_2O	5.80 μL
DNA	45.00 μL
10×缓冲液Ⅱ	6.00 μL
10 mg/mL BSA	0.60 μL
80 U/μL *Bam* HⅠ	0.05 μL
80 U/μL *Hae*Ⅲ	0.05 μL
SnaPshot 试剂盒	2.50 μL
总体积	60.00 μL

2. 混合混匀，37℃下温育 2 h，再在 65℃下温育 45 min。

3. 依据需要用不同的染料对多个克隆进行标记，用 100%乙醇沉淀 DNA(此前储于－20℃),用冰冷的70%的乙醇清洗,风干沉淀物。

4. 将沉淀物溶于9.75 μL高纯度甲酰胺中,加入0.25 μL的Liz 500 DNA大小的标准标记,涡旋,稍离心,4℃过夜。

5. 95℃加热5 min,置于冰上待用。每个样点里点样1.0 μL,使用ABI-PRISM 377或分离DNA的ABI3100遗传分析仪(测序仪),使用运行模式。

6. 用具有物理图谱毗连群组装功能的GeneScan软件收集指纹图谱数据(见第13章)。

11.2.3 DNA指纹图谱在基因组物理作图中的应用

11.2.3.1 用指纹图谱分析由插入大片段克隆的BAC产生的全基因组物理图谱

基于细菌的插入大片段克隆已经成功的运用于全基因组物理图谱研究,该法通过运用限制性指纹图谱分析并辅以计算机程序FPC的毗连群组装分析,已经对多种植物、动物、微生物作了成功的分析(Sulston et al. 1988;Soderlund et al. 1997,2000)。这些具有物理图谱的物种包括:拟南芥(Marra et al. 1999;Chang et al. 2001),籼稻(Tao et al. 2001),粳稻(Cheng et al. 2002;Li et al. 2004),大豆(Wu et al. 2004),果蝇(Hoskins et al. 2000),人类(IHGMC 2001),老鼠(Gregory et al. 2002),鸡(Ren et al. 2003),大豆蔓生根瘤菌(Tomkins et al. 2001)。表11-1总结了物理图谱一些基本特征。这些研究反映了至少下列一些结果:首先,限制性酶切指纹图谱方法能够通过随机基于细菌插入大片段克隆,构建可靠基于毗连群的全基因组物理图谱。物理图谱的构建可以使用琼脂糖凝胶限制性指纹图谱法(Marra et al. 1997),也可以用基于人工测序胶的限制性指纹图谱方法(Zhang and Wing 1997;Tao and Zhang 1998)。需要注意的是,使用这两种方法构建的所有指纹图谱并不是意味着他们就是很好的全基因组物理图谱;仅仅能说明他们是首次用在了构建物理图谱的构建中。自动测序胶和基于毛细管电泳的指纹图谱方法现在正被用于构建若干个物种的物理图谱。第二,运用指纹图谱法构建的全基因组物理图谱,并没有显著受到全基因组大小和复杂性的影响,事实说明具有很好质量的物理图谱的构建,已从只有几兆碱基对大小基因组的物种到基因组大小在3 200 Mb的物种。第三,两个或更多内切酶构建的DNA文库促进了质量好的物理图谱的构建,事实说明大多数质量好的物理图谱都是用这样的文库构建的。第四,与6.9X-77X等量数目的源克隆用于构建物理图谱,说明需要研究决定究竟需要多少倍的克隆数目,才能有效地构建高质量的物理图谱。最后,指纹图谱仅仅能够用于构建各个克隆之间的重叠跨度少于一百万碱基对的重叠克隆毗连群,这说明其他工具如DNA标记物图谱,克隆末端序列和共线性序列,需要进一步扩展毗连群到更大的毗连群,以最终构建每条染色体只包括少数毗连群的功能更强的物理图谱。

表 11-1 进行了指纹分析的由基于细菌的大片段插入克隆构建的物理图谱

物种	基因组大小（Mb）	指纹方法	源文库	补充工具	自动毗连群数	编辑的毗连群数	基因组覆盖率	参考文献
植物：								
拟南芥	125	琼脂糖凝胶	BAC(2 个,17×)	NA	372	169	NA	Marra et al. 1999
		聚丙酰胺凝胶	BAC/BIBAC (3 个,8.1×)	77 标记	268	194	96.9%	Chang et al. 2001
籼稻	430	聚丙酰胺凝胶	BAC(3 个,6.9×)	83 标记	585	298	97.4%	Tao et al. 2001
粳稻	430	琼脂糖凝胶	BAC(3 个,25.6×)	3199ESTs,1704 标记,110,438 STCs,sequences	1 069	284	90.6%	Chen et al. 2002
大豆	1 115	聚丙酰胺凝胶	BAC/BIBAC (3 个,9.6×)	388 标记	5 488	2 905	NA	Wu et al. 2004
动物：								
果蝇	97	琼脂糖凝胶	BAC(1 个.14×)	1 226 标记,697 STSs,sequences	378	9	97.9%	Hoskins et al. 2000
线虫	(染色体 chr. 2,3)							
人类	3 200	琼脂糖凝胶	BAC(5 个,15×)69,	69 507 标记/STSs,sequences	7 700	1 246	96.0%	IHGMC 2001
老鼠	2 800	琼脂糖凝胶	BAC(2 个,15×)	16 992 标记,sequences,human syntenic sequences	7 587	296	90.0%	Gregory et al. 2002
鸡	1 100	琼脂糖凝胶	BAC(3 个,8.2×)	367 标记	5 543	2 331	NA	Ren et al. 2003
微生物：								
大豆蔓生根瘤菌	8.7	聚丙酰胺凝胶	BAC(1 个,77×)	194 标记 1152BAC 末端	6	2	99.7%	Tomkins et al. 2001

* NA 表示没有数据,“Sequences”表示用于辅助物理图谱组装的大多数基因组已被测序。

11.2.3.2 不同指纹图谱制作方法的比较

表 11-2 总结了一些限制性指纹图谱方法的主要特征,这些方法是目前用限制性内切酶从基于细菌的插入大片段克隆中产生指纹图谱所开发的方法。每一个方法和其他方法相比较都有自己的优点和缺点。基于琼脂糖凝胶的方法(Marra et al. 1997)相对简单而且经济,可以将大到 20 kb 的 DNA 片段分离开,并可以很好地去估计片段的大小,这一特点促进了大规模的克隆指纹图谱的开发。然而,该方法对片段的分辨率很低,即片段大小在 600 bp 区域只有 4 bp 的分辨力,而在 16 kb 区域只有 112 bp 的分辨力。而且因为只用一种酶对每个克隆产生指纹图谱,对每个克隆琼脂糖凝胶方法比聚丙烯酰胺凝胶和自动测序法产生更少的指纹图谱条带(图 11-3)。因为将样品和标准分子重量标记点在分别的泳道上,其准确性比自动测序法要低了许多。所有这些缺点都可能降低大毗连群组装的准确度。因为需要人工点样,该方法仍不适合进行过于复杂的分析,该方法无法用自动化,其比自动 DNA 测序法的功效要低很多。

人工聚丙烯酰胺凝胶法(Zhang and Wing 1997;Tao and Zhang 1998)也是一种相对简单经济的方法。该方法的相似性是确保了消化的彻底性和消化与标记可以通过一步而同步进行。该方法可以区分一个核苷酸差异的高分辨率,可以从条带上将相差一个核苷酸的片段区分开来。而且该方法所生成的片段大小在 58～773 个碱基之间,这一区域非常适合毗连群图谱构建,每个克隆的条带数可以通过调整用于酶切和标记中的限制性内切酶的数目,来调整源克隆中插入片段的大小。这些特点对大规模、高质量的指纹图谱产生和毗连群的组装是非常关键的。然而,由于酶切片段的观察,是通过片段末端的放射性核苷酸标记的放射性而观察到,但是分离胶的上样等操作仍然是人工进行的,所以这个方法也不适于自动化和高通量的指纹图谱的产生。样品与标准分子重量标记处在不同的泳道,也同样降低了条带反映的精确度。

自动化 DNA 测序方法(Gregory et al. 1997;Ding et al. 1999,2001;Xu et al. 2002,2004)满足了大而复杂的全基因组物理图谱的快速开发,尽管至今还没有报道用这些方法开发的全基因组物理图谱。这些方法依据所用的 DNA 序列,可以使产生的指纹图谱的分辨率达到 0.5 或 0.2 个碱基。他们的开发促进了指纹图谱产生过程的自动化和高通量指纹图谱的产生。产生的指纹图谱能直接被观察,电泳过程中还可以直接用计算机捕获图像和编辑,并通过用户设计的软件转换成一个 FPC 文件。依照 Gregory et al(1997)的方法和 Xu et al. (2004)三酶切方法,用可辨出差异、显示出不同迁移速率的荧光染料标记不同的克隆,允许在一条凝胶泳道或毛细管通道上,运行分离四个克隆,这样相对于其他产生指纹图谱的方法,就进一步增加了产生指纹图谱的 4 倍功效。标准分子重量标记与样品点在同一个凝胶泳道或毛细管的同一通道,显著增加了条带所代表的图谱的精确度。像人工测序胶方法,针对源克隆中的插入片段大小,每个克隆的条带数目很容易调整。依据 Ding et al(2001)的方法和 Xu et al. (2004)的五酶法,用五个酶使每个克隆产生更多数目的谱带。尽管每个克隆的条带增加并不能增强构建物理图谱的质量(见下述),限制性内切酶数目和标记过程的增加将会使指纹图谱产生过程更加

表 11-2 不同限制性指纹法的对比

方法	仪器	所用酶个数	可用片段范围	分辨率	大小标准	观察方法	自动	攻效	花费($/BAC)	参考文献
琼脂糖凝胶	传统	1个(*Hind*Ⅲ)	600 bp～16 kb	4～112 bp	分别泳道	Vistra or SYBR	非	384	1.20	Marra et al. 1997
手工聚丙酰胺凝胶	传统	2个(*Hind*Ⅲ/*Hae*Ⅲ)	58～773 base	1 base	分别泳道	^{32}P, ^{33}P 或 ^{32}P	非	384	0.50	Tao et al. 2001
自动DNA序列										
凝胶巨阵	ABI 377	2个(*Hind*Ⅲ/*Hae*Ⅲ)	75～500 base	0.5 base	样品内	荧光	是	1 536	1.30	Gregory et al. 1997
凝胶巨阵	ABI 377	3对(*Hind*Ⅲ/*Rsa*Ⅰ, *Hind*Ⅲ/*Dpn*1 and *Hind*Ⅲ/*Hae*Ⅲ)	75～500 base	0.5 base	样品内	荧光	是	384	3.00	Ding et al. 1999
凝胶巨阵	ABI 377	1对类型Ⅰ,IS和类型Ⅱ(*Hga*Ⅰ/*Rsa*Ⅰ)	75～500 base	0.5 base	样品内	荧光	是	384	3.00～4.00	Ding et al. 2001
毛细管	BAI 3100	3个(*Hind*Ⅲ/*Bam*HI/*Hae*Ⅲ)	35～500 base	0.2 base	样品内	荧光	是	1536	1.30	Xu et al. 2004
毛细管	ABI 3100	5个(*Hind*Ⅲ/*Bam*HI/*Xba*I/*Xho*I/*Hae*Ⅲ)	35～500 base	0.2 base	样品内	毛细管	是	384	3.00～4.00	Xu et al. 2004

1 琼脂糖凝胶的分辨率是变化的，范围从 4.2 bp，600 bp 区域到 112 bp，16 kb 的区域，而 DNA 测序凝胶或毛细管电泳的分辨率是由制造商来固定的。

2 功效指两个人在一个工作日的工作量，从克隆细胞到指纹图谱产生。注意 Gregory 等(1997)的两酶法和 Xu 等(2004)的三酶法可以进行多个样品的多元法操作，每个凝胶泳道或毛细管的通道中可进行四个克隆分析。

3 估计是以出版物中的方法为依据，包括 DNA 分离和指纹费用但不包括人力。

复杂,包括更多的步骤,也会有更多的潜在的非特异性酶切条带产生,这样就不仅影响了毗连群的质量,而且也增加了指纹图谱酶切反应的花费。然而,使用ⅡS 型和Ⅲ型限制性内切酶的自动 DNA 测序仪法,虽然不是经济划算,但在检测小的重叠时有更高的精确度。所以,这种方法对于填补大规模指纹图谱和整个基因组物理作图中的缺刻与断带是非常有用的 (Ding et al. 2001)。

各种指纹图谱方法的开发已经提供了不同的工具,以推进全基因组物理图谱迅速而高效的构建。然而,尽管 琼脂糖凝胶法(Marra et al. 1997)和人工测序凝胶法(Zhang and Wing 1997)已经在若干个物种的全基因组物理图谱构建中得到发展,但直到最近才有对各种方法进行比较的研究(Xu et al. 2004)。Xu et al.(2004)首次系统化地采用电子构建法研究了不同指纹图谱方法,对高质量物理图谱构建的影响。这些方法包括:琼脂糖凝胶法,单酶法(Marra et al. 1997),人工测序凝胶法,两酶法(Zhang and Wing 1997),毛细管电泳法,三酶法(Xu et al. 2002, 2004),基于自动凝胶测序的四酶法(Ding et al. 1999),基于毛细管电泳的五酶法(Xu et al. 2002,2004)。他们发现使用不同的指纹图谱法可以建立不同质量的物理图谱。结果表明基于人工测序胶的二酶法一致地表现出,可以产生更大更精确的毗连群,接下来是基于毛细管电泳的三酶法,琼脂糖凝胶电泳单酶法,基于毛细管电泳的五酶法,基于自动测序凝胶的四酶法,这些方法的效果依次降低。这是因为尽管对克隆的鉴定和组装成一个毗连群来说,每个需要一定数量的谱带,但每个克隆产生太多的谱带又对 FPC 程序组装毗连群造成麻烦,降低了精确度,增加了谱带错配率。结果还表明指纹图谱的分辨率对构建高质量图谱作用重大:一个核苷酸的分辨率或更高分辨率,极大地促进高质量图谱的构建。Xu et al.(2004)也研究了源克隆的全基因组覆盖度的影响,范围是 5×到 15×的基因组覆盖度,对构建高质量的图谱的影响。结果显示随着克隆数目从 5×到 10×增加,所有研究的方法中毗连群的长度快速增加。然而,当克隆数目从 10×到 15×的覆盖度时,毗连群长度增长缓慢甚至是降低。因此,他们得出结论:基于指纹图谱高通量和自动化的考虑,毛细管测序的三酶法(Xu et al. 2002,2004)或毛细管测序的二酶法用大约 10×的克隆数目,构建图谱时效果最好。值得注意的是两个指纹图谱方法都非常适合于复杂指纹图谱构建,这一特点又使这两个方法在全基因组物理图谱构建中明显比其他方法更优越。

11.3 讨　论

DNA 指纹图谱对于研究基于细菌的插入大片段 DNA 克隆的,全基因组物理图谱构建是一个强大的工具。这一点在过去几年进行的几个物种的物理作图时就体现出来了,这些物种有人类、植物、动物、昆虫、微生物(表 11-1)。如果使用毛细管电泳和二酶或三酶法(Xu et al. 2004),一个大约 70 000 个克隆相当于 10×一个生物的基因组覆盖度的指纹图谱在大约四个人月工作量就可以产生，这个工作量是足够组装一个拥有1 000 Mb大小物种的全基因组物理图谱。过去几年所发展起来的DNA指纹图谱法(尽管每个方法相对其他方法都有优点和缺点存在，许多仍然在构建毗连群中使用)，选择一个适合于物理作图项目的作图方法对快速有效地构建高质量的物理图谱是非常重要的。Xu et al.(2004)的研究表明基于毛细管电泳的二酶或三酶的指纹图谱方法，是最有效的高物理图谱构建法，因为该方法简单，全自动化，适合于复杂和高通量的指纹图谱的产生。另外，每个克隆产生的条带数目，对于采用基于自动DNA测序仪方法的物理图谱毗连群组装是最为需要的。

通过指纹图谱分析，构建全基因组物理图谱是一个复杂的过程。除了使用最合适的物理图谱构建方法，由克隆的指纹图谱构建高质量物理图谱，受到其他许多因素影响。这些因素包括插入片段平均大小，基因组的代表性，源克隆的基因组覆盖度(见第9章；Soderlund et al. 1997)。还可能受到从指纹图谱组装毗连群的计算机作图程序的影响。对于来自插入大片段DNA克隆指纹图谱的，全基因组物理图谱毗连群的组装，FPC程序是最为广泛应用的程序。这一程序最初是由Sulston et al.(1988)开发的，利用人工测序凝胶方法(Coulson et al. 1980)构建的，由考斯粒产生的线虫(*Caenorhabditis elegans*)指纹图谱的毗连群图。后来，该程序经Soderlund et al.(1997,2000)第二次或更多次的改进，推进了使用琼脂糖凝胶分析法(Marra et al. 1997)，人工测序胶方法(Hong 1997；Zhang and Wing 1997)(见第13章)，产生的来自插入大片段克隆指纹图谱中的毗连群构建。尽管FPC程序的改进版比原始版具更多的优势，但其仍须进一步改进，尤其是对于不同自动测序法构建的指纹图谱中产生的，来自指纹图谱的毗连群图谱的构建。当前使用FPC程序分析大的精确的毗连群组装仍然很大部分受到人的经验和其他干涉的很大影响。

需要使用多个工具去开发只由一个或少数几个毗连群组成的各条染色体的功能强大的物理图谱。先前的物理作图(Marra et al. 1999；Hoskins et al. 2000；Chang et al. 2001；IHGMC 2001；Tao et al. 2001；Chen et al. 2002；Gregory et al. 2002；Ren et al. 2003；Wu et al. 2004)显示，DNA指纹图谱法仅仅允许小于1.0 Mb的毗连群组装。这就还需要一些附加工具，将毗连群延伸，或者使相邻的毗连群归并为一个较大的一个毗连群，或者归并成为一个“毗连群框架”(“Contig Scaffold”)。定位到遗传连锁图的DNA标记在这方面提供了有力的工具。再者，用DNA标记锚定毗连群到遗传连锁图中，也可以进一步确定毗连群，而增加全基因组物理图谱的实用性。其他一些工具，作为高质量物理图谱构建的辅助工具，包括来自随同共线性基因组序列中，已有指纹图谱的BAC末端序列的STSs的分配和FISH作图。先前的研究(Wu et al. 2004)已清楚地表明，对于基因组的异染色质部分，新技术需要挑战物理图谱构建，尤其对那些串联重复元件，如着丝点重复区和 rDNA。获得物理图谱是这个努力的最根本的基础,这个图谱要覆盖整个基因组,这样才能够研究基因组的组织结构、功能和进化。

通过指纹图谱分析进行全基因组物理作图,在基因组研究中继续发挥着重要作用。首先,尽管现在已经构建了若干个物种的全基因组物理图谱(表 11-1),但是对于基因组学的更高级研究,还需要有更多的其他物种或基因型的物理图谱。第二,在过去几十年里,DNA 测序技术发生了革命性变化,所以当初耗费大的、复杂的基因组测序已经可以承受得起花费了。越来越多的与人类健康有关的、科学性的、经济性状的、农艺性状的或具环境效应的重要植物、动物、昆虫、微生物的基因测序工作正在进行或即将展开。无论用何种测序法——已经用过的逐个克隆法或全基因组鸟枪法,但基于细菌的插入大片段克隆对于精确组装和完成全基因组序列是不可缺少的。基于克隆的物理作图对于分析基因结构、组织、功能、进化及应用测序结果改良植物性状,也提供了一个综合的资源。

致 谢

本文得到了美国国家科学基金、植物基因组计划的资助(No. 9872. 635 和 0077766);USDA/CSREES 美国国家创新研究项目资助(No. 99-35205-8566 和 2001-52100-11225);美国德州农业实验平台项目资助(ACC. ＃8536-203104)。

参考文献

Birnboim, H. C. and J. Doly (1979) "A rapid alkaline extraction procedure for screening recombinant plasmid DNA" Nucleic Acids Res. 7:1513–1523.

Carrano, A. V., J. Lamerdin, L. K. Ashworth, B. Watkins, E. Branscomb, T. Slezak, M. Raff, P. J. de Jong, D. Keith, L. McBride, S. Meister, and M. Kronick (1989) "A high-resolution, fluorescence-based, semiautomated method for DNA fingerprinting." Genomics 4:129–136.

Chang, Y. L., Q. Tao, C. Scheuring, K. Meksem, and H.-B. Zhang (2001) "An integrated map of *Arabidopsis thaliana* for functional analysis of its genome sequence." Genetics 159: 1231–1242.

Chen, M., G. Presting, W. B. Barbazuk, J. L. Goicoechea, B. Blackmon, G. Fang, H. Kim, D. Frisch, Y. Yu, S. Sun, S. Higingbottom, J. Phimphilai, D. Phimphilai, S. Thurmond, B. Gaudette, P. Li, J. Liu, J. Hatfield, D. Main, K. Farrar, C. Henderson, L. Barnett, R. Costa, B. Williams, S. Walser, M. Atkins, C. Hall, M. A. Budiman, J. P. Tomkins, M. Luo, I. Bancroft, J. Salse, F. Regad, T. Mohapatra, N. K. Singh, A. K. Tyagi, C. Soderlund, R. A. Dean, and R. A. Wing (2002) "An integrated physical and genetic map of the rice genome." Plant Cell 14:537–545.

Coulson, A., J. Sulston, S. Brenner, and J. Karn (1986) "Toward a physical map of the genome of the nematode *Caenorhabditis elegans.*" Proc. Natl. Acad. Sci. USA 83: 7821–7825.

Ding, Y., M. D. Johnson, R. Colayco, Y. J. Chen, J. Melnyk, H. Schmitt, and H. Shizuya (1999) "Contig assembly of bacterial artificial chromosome clones through multiplexed fluorescence-labeled fingerprinting." Genomics 56:237–246.

Ding, Y., M. D. Johnson, R. Colayco, Y. J. Chen, J. Melnyk, H. Schmitt, and H. Shizuya (2001) "Five-color-based high-information-content fingerprinting of bacterial artificial chromosome clones using type IIS restriction endonucleases." Genomics 74: 142–154.

Fleischmann, R. D., M. D. Adams, O. White, R. A. Clayton, et al., (1995) "Whole-genome random sequencing and assembly of *Haemophilus influenzae Rd.*" Science 269(5223): 496–512.

Fraser, C. M., J. D. Gocayne, O. White, M. D. Adams, R. A. Clayton, R. D. Fleischmann, C. J. Bult, A. R. Kerlavage, G. Sutton, J. M. Kelley, J. L. Fritchman, J. F. Weidman, K. V. Small, M. Sandusky, J. Fuhrmann, D. Nguyen, T. R. Utterback, D. M. Saudek, C. A. Phillips, J. M. Merrick, J.-F. Tomb, B. A. Dougherty, K. F. Bott, P.-C. Hu, T. S. Lucier, S. N. Peterson, H. O. Smith, C. A. Hutchison III, and J. C. Venter (1995) "The minimal gene complement of *Mycoplasma genitalium.*" Science 270(5235):397–403.

Gregory, S. G., G. R. Howell, and D. R. Bentley (1997) "Genome mapping by fluorescent fingerprinting." Genome Res. 7: 1162–1168.

Gregory, S. G., M. Sekhon, J. Schein, S. Zhao, K. Osoegawa, C. E. Scott, R. S. Evans, P. W. Burridge, T. V. Cox, C. A. Fox, et al. (2002) "A physical map of the mouse genome." Nature 418(6899):743–750.

Hong, G. (1997) "A rapid and accurate strategy for rice contig map construction by combination of fingerprinting and hybridization." Plant Mol. Biol. 35:129–133.

Hoskins, R. A., C. R. Nelson, B. P. Berman, T. R. Laverty, R. A. George, L. Ciesiolka, M. Naeemuddin, A. D. Arenson, J. Durbin, R. G. David, P. E. Tabor, M. R. Bailey, D. R. DeShazo, J. Catanese, A. Mammoser, K. Osoegawa, P. J. de Jong, S. E. Celniker, R. A. Gibbs, G. M. Rubin, and S. E. Scherer (2000) "A BAC-based physical map of the major autosomes of *Drosophila melanogaster.*" Science 287(5461):2271–2274.

(IHGMC) International Human Genome Mapping Consortium (2001) "A physical map of the human genome." Nature 409(6822): 934–941.

Jeffreys, A. J., V. Wilson, and S. L. Thein (1985) "Hypervariable 'minisatellite' regions in human DNA." Nature 314(6006):67–73.

Li, Y., T. Uhm, T. S. Santos, C. Ren, C. Wu, M.-K. Lee, B. Yan, F. Santos, A. Zhang, Z. Xu Z., D. Luo, and H.-B. Zhang (2004) "An integrated map of rice *japonica* for functional analysis of its genome sequence." Genetics (submitted).

Marra, M. A., T. A. Kucaba, N. L. Dietrich, E. D. Green, B. Brownstein, R. K. Wilson, K. M. McDonald, L. W. Miller, J. D. McPherson, and R. H. Waterston (1997) "High throughput fingerprint analysis of large-insert clones." Genome Res. 7:1072–1084.

Marra, M. A., T. A. Kucaba, M. Sekhon, L. Hiller, R. Martienssen, A. Chinwalla, J. Crockett, J. Fedele, H. Grover, C. Gund, W. R. McCombie, K. McDonald, J. McPherson, N. Mudd, L. Parnell, J. Schein, R. Seim, P. Shelby, R. H. Waterston, and R. Wilson (1999) "A map for sequence analysis of the *Arabidopsis thaliana* genome." Nat. Genet. 22: 265–270.

Olson, M. V., J. E. Dutchik, M. Y. Graham, G. M. Brodeur, C. Helms, M. Frank, M. MacCollin, R. Scheinman, and T. Frank (1986) "Random-clone strategy for genomic restriction mapping in yeast." Proc. Natl. Acad. Sci. USA 83:7826–7830.

Ren, C., M.-K. Lee, B. Yan, K. Ding, B. Cox, M. N. Romanov, J. A. Price, J. B. Dodgson, and H.-B. Zhang (2003) "A BAC-based physical map of the chicken genome." Genome Res. 13:2754–2758.

Soderlund, C., I. Longden, and R. Mott (1997) "FPC: a system for building contigs from restriction fingerprinted clones." Comput. Appl. Biosci. 13:523–535.

Soderlund, C., S. Humphray, A. Dunham, and L. French (2000) "Contigs built with fingerprints, markers, and FPC V4.7." Genome Res. 10:1772–1787.

Sulston, J., F. Mallett, R. Staden, R. Durbin, T. Horsnell, and A. Coulson (1988) "Software for genome mapping by fingerprinting techniques." Comput. Appl. Biosci. 4:125–132.

Tao, Q., Y. L. Chang, J. Wang, H. Chen, M. N. Islam-Faridi, C. Scheuring, B. Wang, D. M. Stelly, and H.-B. Zhang (2001) "Bacterial artificial chromosome-based physical map of the rice genome constructed by restriction fingerprint analysis." Genetics 158:1711–1724.

Tomkins, J. P., T. C. Wood, M. Stacey, J. T. Loh, A. Judd, J. L. Goicoechea, G. Stacey, M. J. Sadowsky, and R. A. Wing (2001) "A marker-dense physical map of the *Bradyrhizobium japonicum* genome." Genome Res. 11:1434–1440.

Weising, K., H. Nybom, K. Wolff, and W. Meyer (1995) DNA Fingerprinting in Plants and Fungi, CRC Press, Inc., pp. 157–226,

Wu, C., S. Sun, P. Nimmakayala, F. Santos, R. Springman, K. Ding, K. Meksem, D. Lightfoot, and H.-B. Zhang (2004) "A BAC and BIBAC-based physical map of the soybean genome." Genome Res. 14:319–326.

Xu, Z., Y. L. Chang, K. Ding, L. Covaleda, S. Sun, C. Wu, and H.-B. Zhang (2002) "Automation of the procedure for whole-genome physical mapping from large-insert random BACs and BIBACs." In: Proceedings of the Plant & Animal Genomes XI Conference, San Diego, California, pp. 123 (abstract).

Xu, Z., S. Sun, L. Covaleda, K. Ding, A. Zhang, C. Wu, C. Scheuring, and H.-B. Zhang (2004) "Genome physical mapping with large-insert bacterial clones by fingerprint analysis: methodologies, source clone genome coverage and contig map quality." Genomics (submitted).

Zhang, H.-B. and C. Wu (2001) "BAC as tools for genome sequencing." Plant Physiol. Biochem. 39:1–15.

Chapter 12

限制性片段物理图谱的软件

概 述

十多年前，公开发表了用限制性酶切片段指纹图谱法建立的首个毗连群。Coulson 等人[1]用可产生能够在聚丙烯酰胺凝胶分离的小片段的双酶切法，绘制了线虫的基因组图谱，该工作得到了许多覆盖一组克隆的高精度片段。Olson 等人[2]用完全酶切的方法，通过琼脂糖凝胶分离酶切后的大片段，对酵母基因组作图，这项工作得到了覆盖大部分克隆的低精度片段。Marra 等人[3]改进了这个方法，并推广应用，包括应用于绘制人类指纹图谱的产生中[4]。Ding 等人[5,6]提出了高信息量指纹图谱(HICF)的方法，即用双酶切处理后，用测序仪分离酶切片段，通过这个过程每个片段都可以通过大小，或通过一个或五个标记了的碱基而被鉴定，和用在线虫中的处理方法一样，这种方法产生覆盖了一组克隆的高精度片段。这种方法后来被 Dupont[7] 和 Luo[8] 等加以改进，分别被称为我们下面将要提到的 Dupont 和 SNaPshot 方法。本节将讨论和比较这些方法，并阐述如何产生 HICF 片段的技术，以及在 FPC(Finger Printed Contigs)程序中如何组装这些片段。[9,10]

12.1 引 言

12.1.1 琼脂糖凝胶指纹图谱法与 FPC 的比较分析

在琼脂糖凝胶指纹图谱方法中，使用一个限制性内切酶(如 *Hind*Ⅲ)酶切克隆的 DNA，然后在琼脂糖凝胶上分离这些酶切片段。*Hind*Ⅲ酶特异性地含有 6 个碱基的识别序列，因此大概一次可酶切 $4^6=4\ 096$ 个碱基，这样对于一个典型的 130 kb 的BAC 克隆，一般平均产生 32 个片段。从胶上，我们可以观察到片段呈黑色条带，并且每个片段都有各自的迁移率都。这项工作通常是通过 Image[11]，(见 www.sanger.ac.uk/software/Image)软件完成，这个工作重要的是存在相互作用，如研究者必须决定哪一条带是真正的条带。每个片段的迁移率与片段大小反相关。通过在一条标准泳道走胶,可以将迁移率转换成与以碱基对表示的条带的大小。不论是迁移率还是碱基对大小,都可以输入 FPC 程序,我们经常输入的是迁移率。迁移率的真值应在测量值的公差值范围内。当使用迁移率时,使用的是固定的公差值。如果用碱基大小,则可以使用可变的公差值。在这章中,我们只考虑迁移率,并且经常会以"条带"这个称呼代替迁移率。

克隆的指纹图谱可以通过 FPC 组装成毗连群。这一组装过程包括两个不同的步骤:首先,每一克隆和其他克隆比较,对每对克隆的条带重叠情况,按照每个克隆的总条带数目,和重叠共有条带的数目进行打分,如来自两个不同克隆的两条带之间的差异小于公差值的话,则这两条带就是重叠共有的。公差值是用户提供给 FPC 的参数。每一对克隆之间的分数将作为两个克隆在随机情况下多个条带都相同的粗略判断概率,条带的重叠分值,我们粗略地估计两个克隆位点与其他条带随机共享的可能性。分值越低,说明实际上两个克隆在基因组中有更大可能的重叠。FPC 针对用户提供的参数,比较两克隆之间的分数,然后选取截取,如分数较低的,就将这两个克隆放进相同的毗连群中。

在 FPC 把所有克隆结合到毗连群后,就需要在毗连群中决定这些克隆的排序。为了达到这个目的,FPC 绘制出了一个"共有序列条带图谱"或者叫 CB("consensus band map")图谱。CB 图谱非常理想地列出了毗连群覆盖的基因组 DNA 链上所有条带的正确排列顺序。但在实际操作时,克隆条带文件包括有很多的错误,如:额外的条带,丢失的条带和大小不正确的条带。这些情况将导致无法绘制精确的 CB 图谱。而且,毗连群也可能错误地结合假阳性的重叠。也就是说即使有了非常好的数据,也可能因为毗连群覆盖了实际两个或更多的 DNA 片段的错误结合而无法形成一个好的 CB 图谱。

通过计算找到最佳解决上述问题的方案,可能需要占用很长的时间。因此,建立 CB 图谱的算法只是一个近似的方法。FPC 提供了很多种计算 CB 图谱的方法(精确的数目是由用户特异设定的),每次都从不同的起始克隆开始。每一次试绘制的 CB 图谱都有一个分数,这个分数反映了实际比对到图中的克隆条带中部分片段的情况,而那些没有比对到图中的条带则被认为是"额外"条带。一个包括超过 50%额外条带的克隆被记为 Q(意思是有问题的克隆)。通常,一定 Q 克隆数量的存在,说明一个毗连群至少含有一个错误的阳性重叠,而应该将这个毗连群分为两个或多个毗连群(这些将在 12.4.5 进一步讨论)。

针对每个毗连群,FPC 选择最佳得分的 CB 图谱,并且记录下每个毗连群的 Q 克隆的数量,这些数据会反馈给用户,然后用户可选择运行"DQer"来降低 Q 克隆的数目。DQer 通过对那些 Q 克隆再运行毗连群组装算法,用更严格的截取值(cutoff),可将具有更多的已知数目(用户设定的)的 Q 克隆毗连群拆分。特别情况,可以重新运行 3 次运行算法,每次都用用户设定的步骤来降低截取值。如,如果步骤被设定为 1 的截取值被设定在 1e-12,那么所有含过多 Q 克隆的毗连群都将在 1e-13 处被重新估测。这可以区分开一些毗连群，有希望消除不好的结合点，并减少 Q 数量。如果结果中仍含有很多 Q 克隆，那么可在 1e-14 处继续重新估测，如果结果还不满意，可在 1e-15 处再次估测。

下面是建立一个琼脂糖图谱的步骤，先讨论适合于琼脂糖凝胶电泳方法的参数的精确度，并由此可与接下来要讨论的 HICF 作比较。

公差值(tolerance)是由通过条带聚集器(band caller)判定的凝胶图像精确程度来决定的，典型地经常使用参数为 7(大约对应的是 15 bp)。在这些单元中，条带大小的范围大概是 500～1 900 bp，所以“凝胶长度”参数应该是 1 400 bp。凝胶长度是个重要的参数，因为它决定了两个随机条带在允许公差值范围内重叠的可能性。如从 500～1 900 bp 范围内随机挑出的两条条带更可能在相互之间为 7 的范围内，而不是从 10 倍胶长度范围内挑出的两条条带。

我们注意到在 FPC 上缺省默认的胶长度参数是 3 300，这也是在很多凝胶分析项目中使用的值。这个值明显大于 1 400 这个“正确”的值很多，说明分数值不能简单地解释为概率(并且这一下文中解释中，讨论 12.5.2 中的一些因子时，也存在问题)。这些项目的成功使用表明：即使该分值严格意义上不能解释为概率，而将其作为一种一致性的打分，充当这种作用还是很成功的。事实上这个也是通常被称作为一致性的分数。

影响最佳截取值的因素有两个，第一，项目的大小，项目中克隆数越多，对于严格有随机产生的虚假重叠的机会也更多，所以要求截取值要尽可能的低，从而排除这些虚假重叠。第二，因为基因组不是随机排列的，本身就存在一些重复的条带，这使得各个克隆之间共享的条带数更多于他们随机排列可能产生的共享条带数。正因为这样，截取值必须尽可能的低，以使能够避免假阳性重叠。但是，因为存在很多 Q 克隆，这样就提供了一种方法检测大多数假阳性[10]，截取值可以不必降到太低以完全消除这两大因子。相反，运行 DQer 能减少假阳性。对于使用 BAC 克隆的、胶长为 3 300 的琼脂糖凝胶分析系统，截取值 1e-12 一般就能给出好的结果(随后运行 DQer)。

截取值决定了两个要结合到一个毗连群的克隆之间重叠的大致百分比，这也反过来决定了期望的毗连群(contig)和断裂处(gap)的多少。如在公差值为 7，胶长 3 300 时，1e-12 的截取值，意味着两个 30 个条带的克隆肯定至少共享 21 个条带才能归为一个毗连群(计算来自 Sulston 重叠公式[12])。换句话说，这两个克隆至少有 70%的重叠才能归为一个毗连群。

θ 代表要求的重叠百分数，c 代表覆盖数，N 表示克隆的总体数目。那么，毗连群的期望数目近似等于 $Ne^{-c(1-\theta)}$[13]。因为这个数值是依据 θ 呈指数增大的，所以 θ 能尽可能地减小，这样甚至由于一个小的减小，在必需的覆盖数上就能转换为一个显著的成倍减少。典型琼脂糖凝胶项目 70%的值看起来已非常高，而 HICF 的一个最初目标就是降低这个数目。

除了要求 70%的重叠外，另一个利用琼脂糖凝胶方法的缺点是对条带必须进行人工聚集(band calling)，这是一项非常耗时的工作，每个 96 孔板，大约需要 45 min，而且这个工作过程中也易于出错。

12.2 HICF 技术

12.2.1 总论

HICF 指纹图谱就像应用已经产生高通量测序的相同技术到物理作图，在 HICF 中，克隆被限制性酶消化，从而在一端或两端形成黏性末端，然后用一个或多个荧光标记将黏性末端标记。这些标记根据结合的核苷酸不同呈不同的颜色，所以一个片段所呈现的颜色或多种颜色，直接对应了黏性末端结合的核苷酸(这一原理的例外情况是[5]的原始方法)。在测序仪上对这些片段进行测序，确定这些片段的大小和颜色，这一过程不需要费时的人工进行条带的聚集。如果两片段大小之间的差异小于公差值，而且如果他们之间的颜色标记也是相同的，那么来自不同克隆的片段被判断为是匹配的。

根据末端是一个还是多个外悬的碱基被标记，HICF 技术可以分为两种类型。多个碱基的标记方法真正是小的测序反应，在这个反应中每个片段的外悬末端碱基都被测序。如果这种方法具有可操作性，那么很显然这样就会大大增加指纹图谱的信息含量；但是在这个方法中，测序结果的分析变得非常困难，并且据我们所知至今的实践中，只有在单碱基标记时使用过。

即使是单碱基的标记，有时一个片段也会有不只一个标记。这是无法避免的，因为显然有些片段会在两端都被只产生一个外悬的黏性末端的酶切开，这样这一片段的两端都是外悬黏性末端，因而都将被标记上。如果这两个标记是不同的颜色，那么这个片段会被认为是两个大小相同但是颜色不同的片段。这些结果被分析成一个片段还是两个片段将会在 12.5.2 节中详细阐述。

除了更加自动化程度外，HICF 技术比琼脂糖凝胶分析技术更敏感，原因有两点。第一，片段大小的具有很高的精确性，通常至少是 0.3 bp 的精确度(区分碱基对的含义将在接下来讨论)。这意味着当片段在允许的公差值范围内匹配起来时，很少有可能是随机的，所以只需要较少数目的匹配就可以辨别出真正的重叠区。第二，HICF 技术中的克隆片段比琼脂糖凝胶分析克隆的片段多，大约是每个克隆 100 条。更多的片段数意味着更多的信息，只要还没有开始随机匹配，这将是该技术的优点。HICF 技术不但具有高精确度，而且使用不同颜色标记进一步区分片段，这减少了大量的假匹配，而能够利用更多的片段。

因为这种超敏感度，HICF 与琼脂糖胶分析相比，在理论上是可以分辨更小的克隆重叠群。例如，用 HICF 作典型参数分析，一个截取值为 1e-12，只需要大约

30%的克隆重叠。这从效率角度而言，收获非常高，虽然从实际角度讲，DNA 分子的非随机性和错配几率等因素会阻止实际来自这样一个小的重叠。目前 HICF 主要应用于玉米和小麦，因为它们的基因组是高度重复的，已经发现截取值的范围在 1e-25 到 1e-50 之间是必需的。

接下来我们讨论 HICF 的第一个缺点：HICF 的条带无法通过电子制图精确复制，就是说，已测序的克隆无法回到物理图谱上绘制。这是非常不幸的，因为现已证实[14]，将已测序的克隆重新在回到物理图谱中绘制出来，在使用琼脂糖凝胶中被证明是非常有用的。第二个缺点是：这些片段只能覆盖克隆中的一部分，因此无法用这些片段来估计克隆的大小，而这若是用琼脂糖凝胶方法则是非常有效的。

从 1999 年起至今，以 Ding 等[5]为代表的科学家已经提出了 HICF 的多种变化的版本。这种方法需要对每个克隆进行三个分开的标记反应，并在 2001 年[6]以一种ⅡS 型限制性酶为基础，对过去方法进行了改进。12.2.2 节详细描述了 Dupont[7]曾经使用过的这种方法。另外一个基于 ABI SNaPshot kit 的变化版本（见[8]），将在 12.2.3 节描述，该方法前景也非常广阔。

12.2.2 使用ⅡS 类限制酶的方法

Ding 等[6]提出ⅡS 类限制性酶，五碱基的 *Hga* Ⅰ，能把 DNA 切成含 5 bp 外悬黏性末端的片段。用类型Ⅱ限制性酶的四碱基内切酶 *Rsa* Ⅰ，能将上述片段进一步消化，产生平末端片段。第二个酶的应用是必须的，以产生能被测序仪测序的小片段。这类片段有一个外悬黏性末端，能被一个或者五个荧光标记所标记，然后通过运行 ABI 377 测序仪，测定这些标记以及片段的大小(需要注意的这些酶切后片段的大多数两端都被四碱基酶切，因此两端都没有被标记。这些片段将被遗弃，将不显示在指纹图谱中)。Ding 等[6]还开发了另一种技术，即下面将要讨论的、能直接用 FPC 处理 HICF 数据的方法。

Dupont 开发的方法是对其步骤进行了小的修改[7]，产生了“Dupont”方法。在这种方法中，ⅡS 类限制性酶是六碱基内切酶 *Ear* Ⅰ，类型Ⅱ限制性酶是四碱基内切酶 *Taq* Ⅰ。与 Ding 的方法不同，这个四碱基酶切的结果是一个两碱基的外悬黏性末端，其中第一个碱基是 *g*。因为四碱基酶切非常频繁，碱基 *g* 就没有被标记上。因此，与原始的四种颜色的标记不同，Dupont 方法中只有三个颜色的标记。而且，虽然 *Ear* Ⅰ有三个碱基的突出末端外悬，这种方法也只使用单碱基标记。

Dupont 已经使用这种方法并借助 ABI 377 测序系统，构建了玉米基因组的完整图谱。据他们报道，与已发表的琼脂糖胶图谱相比，该方法在相同克隆中显示了明显的较小数量的毗连群。但是，他们并没有发表他们的图谱。

基于这个正面的报道，已决定采用 Dupont 方法，构建玉米的 HICF 图谱，提供人们公开使用。这项工作已由 Rutgers 和 Arizona 大学的一个团队完成。该团队中包括本文的作者(见 http://www.genome.arizona.edu/fpchical/maize)。为了增加数据的高通量，我们用 ABI3 700 测序系统替代 377，并使用 Dupont 方法中相同的限制性内切酶。我们已经发现：必须选取比 Dupont 报道的更低的截取值（1e-45 到 1e-50），但是因为 Dupont 的数据不是公开可用的，所以很难解释此间的矛盾。

对于这个过程，我们发现了大约 17％的错误率，也就是说大约 17％的条带在最终条带文件中是不正确的。这意味着对两个相同的克隆，独立准备并且在不同的仪器中进行指纹图谱分析后，平均只有约 66％的条带重叠，而这一错误是无法通过调整数据处理过程来纠错的。

12.2.3 SNaPshot HICF

SNaPshot HICF 程序是由 Applied Biosystems 公司开发的，用于分析 SNPs，已经被 Luo 等[8]采纳，用于指纹图谱分析，他用这个方法构建了小麦 D 基因组的物理图谱（NSF 小麦 D 基因组计划，http://wheatdb.ucdavis.edu:8080/wheatdb；见[15]）。SNaPshot 法中，克隆被四个六碱基Ⅱ型内切酶［*EcoR* Ⅰ，*Bam*H Ⅰ，*Xba* Ⅰ和 *Xho* Ⅰ］和一个四碱基内切酶（*Hae* Ⅲ）（进一步减少片段的大小）消化。选择这四个酶是因为，在它们作用下产生的外悬黏性末端的第一个碱基是非常独特的，这意味着在标记后，四个酶切产生的末端所产生的对应四种颜色。因为Ⅱ型内切酶的酶切位点存在于它的识别序列中，所以位于标记位点周围的序列也就能被确定。与使用ⅡS 类限制酶的方法相比，应用该方法能产生更多一致的标记。所以结果非常明显地显示干扰因素在 SNaPshot 方法中降低了，从而提高了检测质量。在 NSF 小麦 D 基因计划中，部分测试结果显示：每个指纹图谱的错误率大约只有 13％（Frank You. 个人通讯）。这对于 Dupont HICF 中 17％错误率来说，是一个显著的改进。但是，关于这两项技术优劣性的系统比较还没有进行过。SNaPshot 现在无法应用于 3 700 机器，但它能应用于 3 730 和 3 100 机器，所以产生高通量的指纹图谱是可能的。

12.3 HICF 数据处理

12.3.1 峰值评分

从 ABI 测序仪中收集到的 HICF 数据，以扩展名“.fsa”的形式存在于“trace”文件中。这个文件包括了一个关于信号强度的图，记录的是随时间变化的不同颜色信号强度曲线（即电子记录图），是由仪器输出的原始数据。当一条片段输出，而被检测仪检测到时，仪器便会在曲线图中产生一个和它的颜色标记信号所对应的峰线。工作的目标就是要确定这些曲线峰的位置，将真正的峰从虚假的峰中挑出来，并且确定这些片段的大小（即碱基对）。

如果 ABI 基因组扫描分析软件被设定在“自动分析”，那么这套软件就会自动运行这些程序。特别是它会确定峰的位置，标注峰值所对应的片段大小。各种峰和它们的高度、宽度、片段大小，都列于命名为“Peak table”的表格中，这些表格也包括在“trace”的文件中(图 12-1)。根据当前的大小标准，将片段大小确定在35～500 bp 之间。

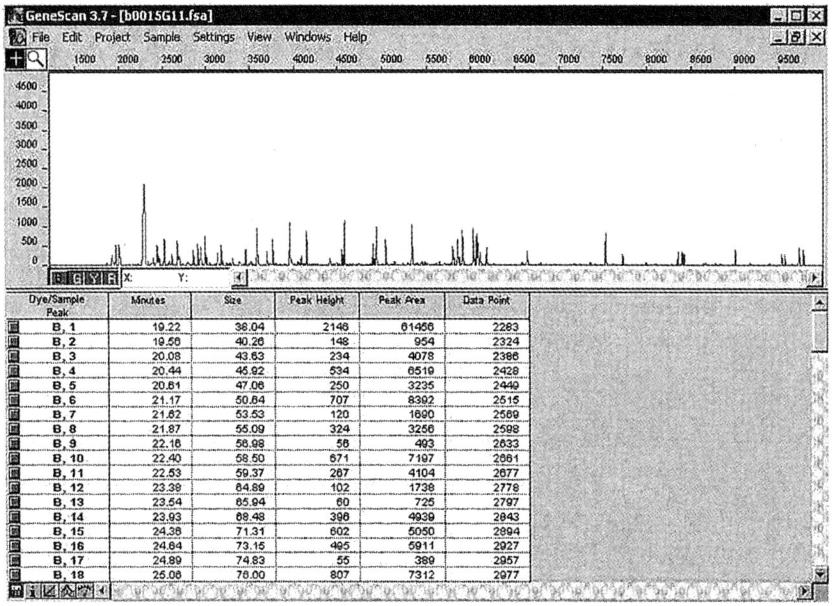

Dye/Sample Peak	Minutes	Size	Peak Height	Peak Area	Data Point
B, 1	19.22	38.04	2146	61456	2283
B, 2	19.56	40.26	148	954	2324
B, 3	20.08	43.63	234	4078	2386
B, 4	20.44	45.92	534	6519	2428
B, 5	20.61	47.06	250	3235	2449
B, 6	21.17	50.64	707	8392	2515
B, 7	21.62	53.53	120	1690	2569
B, 8	21.87	55.09	324	3256	2598
B, 9	22.16	56.98	56	493	2633
B, 10	22.40	58.50	671	7197	2661
B, 11	22.53	59.37	267	4104	2677
B, 12	23.38	64.89	102	1738	2778
B, 13	23.54	65.94	60	725	2797
B, 14	23.93	68.48	398	4939	2843
B, 15	24.36	71.31	602	5050	2894
B, 16	24.64	73.15	495	5911	2927
B, 17	24.89	74.83	55	389	2957
B, 18	25.06	76.00	807	7312	2977

图 12-1 表明电子图的 Genescan 显示的 HICF 指纹图谱和蓝色通道中显示峰值表

但是，不幸的是仍然存在一些障碍。首先，“Peak table”中包括许多假的峰值，有时候可达上百个，因此我们必须把真的峰鉴别出来。这样就需要一个域值：设定真的峰值高于假峰值，那么选择一个域值后，低于域值的峰值就要被舍弃。但是，选择域值并不容易。由于一个固定的域值并能真正运用，因为信号强度总体来看一段到另一段，一种颜色到另一种颜色变化的非常剧烈，这样就无法采用固定的阈值。实际操作中，有时最高的峰值可能会低于 1 000，有时则会高过 10 000 或者更高。由于这些变化性，通常需要用一个或者多个较高的峰值使高度的比例标准化；例如，在我们的玉米项目中，对于每种颜色我们都会选择每种颜色的第六个峰值，并且把它的高度乘以 0.25，从而获得该颜色的阈值。Dupont 使用了一个相似的方案。GenoProfiler 应用(下面将会讨论)也是利用的这个思想，用的是用户设定的参数[16]。

显然这个类型的阈值方案，有许多可调整的参数，需要在一些对照数据中优化。在我们的项目中，我们重复对一些克隆群落进行了指纹图谱分析选出了一些与各次重复都有很好匹配的参数。但是，我们发现：将因子设定在 0.2～0.4 之间时，显示结果几乎是相等的，似乎说明并不存在最好的参数设定。

对于 3 700 测序仪，和其他一些基于毛细管的测序仪，也称作“front-end loading”还存在一些复杂的现象，即会产生一些低于 75 bp 的虚假峰的结果。这个问题通常是通过不采用短于 75 bp 的片段来解决的。

12.3.2 片段的大小

片段的大小由 Genescan 软件执行，其分析结果非常一致。例如，我们给六个确定的载体条带设定一个 0.15 bp 的最大标准偏差，用 5 个不同的 3 700 仪器和大约 60 000 个克隆对其进行检测，结果显示了一致性。和凝胶法相比，这个一致性能让在 FPC 中，与琼脂糖胶比较，使用非常低的公差值来建立 HICF 指纹图谱。

虽然大小具有高度的一致性，但是这些片段的大小却不是非常精确。这已被所有的 HICF 小组观察到，ABI 也意识到了这一问题。这个错误典型地在 0～6 bp 浮动；例如，一个实际是 100 bp 大小的片段能给出一个 94～106 bp 范围内的峰，目前没有可甄别这些错误的方法。有证据显示：它主要和序列本身有关系。Luo 等[15]已经观察到一条链和它的互补链经常有不同的变动性；他们又深入测试了 GC 含量是否能够解释这些不同，但是没有发现明显的联系。

假设这个错误和序列有些关系，那么仪器得出的大小信息，就不仅包含片段的大小，还包含额外的信息，正是这个信息使分离的碱基对大小有了意义。例如，一个大小 99.7 的片段和大小在 100.3 片段几乎肯定是不同的，但是如果仪器把它们都确定为 100，那么上述不同的信息就会丢失。因此，与序列相关的变动性会提高 HICF 的敏感性。但是由于缺乏更深入的认识，我们无法精确地说出到底获得了多少信息。但这种现象所映射出的特性则是有益的。

我们要强调的是对于构建图谱和对指纹图谱相互之间比较，片段大小的误差不是问题，而只有将指纹图谱在与理论期望片段大小比较时，才是一个问题。这是一个检测和验证过程的明显方法之一，由于片段大小的错误，这样它所提供的信息就达不到人们所期望的程度，错误也使通过前文提到的电子酶切方法，在图谱中加入测过序的克隆变得困难。

12.3.3 质量与污染筛选

在进行克隆的指纹图谱制作时，有时会有失败，可以通过质量校正排除这些失败。当产生错误时，克隆过程本身以载体条带形式，为错误提供了很好的校正。这些条带是通过酶切克隆载体产生的 HICF 条带，在一个给定的文库中，对于每个克隆来说，它们在数量上非常少，要求几乎所有出现的条带在质量上，都具有一个非常好的校正结果(如前面叙述到的，对于所有条带，不要求都这样校正，这样校正的唯一原因是因为那些峰的分值是不准确的，而且有时会遗漏一个峰值，或许有时会错过一个峰，而实际这个值又不低于值域)。

在校正中同样具有作用的，是片段大小标准的峰值，它总是用区别于其他 HICF 片段颜色的标记来标记。如果胶运行的顺利，那标准峰应该是这些颜色中最高的峰，通过 Genescan 能够精确定位在它们预先确定的大小位置上。所有的标准峰都不曾被错过，如果错过了（这是非常少的），这个克隆就不能用。一个更常见的问题是，对于一个虚假峰的存在，会产生比一个或者多个真正的标准峰值更高的结果，如果一个或者两个这样的峰被观察到，那便说明存在问题，这个克隆就应该被舍弃。

其他校正可以通过检测在记分前后记录的峰的个数来进行。很少或者没有原始峰时，表明存在错误，而这在实际操作中是非常普遍的。有些曲线本会有很多原始峰，但是如果我们没有发现则说明这是一个不好的指纹。那些产生太少的具有分的峰值的克隆也要被舍弃，因为它们可能会只产生单克隆，即因条带太少，而无法与另外的克隆产生显著的重叠而被归为单克隆（无法归为毗连群的克隆被称为单克隆）。

还有一个严重降低构建指纹图谱质量的可能问题就是嵌合指纹图谱，例如指纹图谱含有两个来自不同克隆的片段。这种现象的形成，可能是在指纹图谱的制作过程中的各个阶段，材料从一个样孔转移到另一个样孔的转移过程中被污染。嵌合的指纹图谱，引发虚假的组合，导致错误的毗连群。可以有两种方法来筛选出这种污染。最彻底的筛选是建立在假设污染是在平板上就发生，而因此去搜寻同样平板上的克隆对，而在这个平板上假设是有高度的重叠的。这种检测能够被应用到所有配对中，或者是只应用到相邻的样孔。在何处设定域值还不确定，但是设定较低的域值可能比较好，因为每个可能滑落污染的嵌合克隆可能都会产生一个破坏性的虚假组合。在我们的项目中，我们用的是在 FPC 中用的同样的截止点。所以，我们不允许任何来自同一个板上的两个克隆组合。将在下面讨论的 Genoprofiler，也会包括这种平板到平板过程中污染类型的检测。

第二种筛选利用了嵌合指纹通常会比正常情况的谱带更多一些，因为嵌合指纹含有来自两个克隆的 DNA。因此，所有的指纹拥有多余的已知的条带都可能被作为有疑问的条带而被抛弃。在某种程度上，这个在 FPC 中已经利用，因为 FPC 只不接受拥有 250 个以上条带的克隆，但是这个数量比典型的嵌合克隆数目要大，因这类嵌合克隆的条带通常预期有大约多于正常条带两倍的数目，或者对于 Dupont HICF 方法，则有大约 200 个条带。

每种筛选都有各自的优缺点。第一种筛选方法将控制所有可能的板内污染，并可为是否确实发生了污染提供证据。但是，一个嵌合克隆可能在这种检测中仍然被遗漏，如果这种污染没有在指纹图谱中显示出来。因为这种检测可能会错过 15%的嵌合克隆，而实际上这些克隆的指纹结果是不能用。第二种筛选不依赖成功的指纹图谱，但是它非常需要选择一个最大数目的条带，这是很难的。如果条带数目量的限定值太高，较少嵌合的克隆就会被通过，而如果条带数目量的限定值太低，许多有效的克隆将也会被舍弃。或许最好的解决方法是将这两种方法结合起来使用。

最后要提一下，即使未做筛选，低质量或背景紊乱的指纹图谱通常对图谱也应该不会有太大的影响，因为它们应该只产生在单克隆的结果中。所以，质量筛选不必太严格，而只是观察更仔细，作为一种跟踪成功率和鉴定问题的方式。当然，污染的破坏性是非常大的，如果可能必须被清除。

12.3.4 载体与重复筛选

在任何一个指纹图谱计划中，筛选出载体条带是一个很好的思路。载体条带，是从克隆载体中来的，对于每一个克隆都是一样的，因此会对重叠产生错误的检测，从而在分值中产生重大的不同。例如，两个 100 个条带的克隆中，其中 60 个条带相匹配，公差＝7，Gellen＝25 500，将有一个 7.4e-50 重叠分值；增加四个匹配载体条带后，重叠分值降到 1.1e-55。如果所有的克隆都使用同样的克隆载体，那么这个重叠分值可以通过一个较低的截止值来补偿，但是如果这个项目使用的是拥有不同载体的多个文库，那么这个补偿的方法就行不通了。另外一个我们可能想要筛出的条带群是那些来自于高拷贝的重复子，这些重复序列在许多植物基因组中普遍存在。对于琼脂糖凝胶项目，这些片段并不比典型的逆转座子片段小多少，因为逆转座子是能够被其他逆转座子插入而打断，所以产生很多一致大小的片段似乎是不可能的。但是，在 HICF 中片段平均大小是 128 bp，所以它们很容易整合到逆转座子中。除非它们被破坏性地打断或者突变，这些条带最终将显现在最后的指纹中。所以我们有理由相信重复子条带在 HICF 中起的作用会大于在琼脂糖胶中所起的作用。在小麦 D 基因组计划中，大约筛选出 30 个重复子条带，我们也正在研究着这种概率。而 Dupont 并未在玉米图谱中进行重复子的筛选。

在筛选任何重复子(或载体)条带前，它们必须是确定的。最容易的方法就是对这些载体本身进行指纹图谱分析。重复子片段可以从整个克隆中抽提出来，通过标出每个条带出现的频率和找到区分出峰值的标记。Genoprofiler 具有嵌入功能，来进行这种频率分析。

有两种方法来进行筛选，以决定哪些条带是需要筛选。FPC 能通过输入一个条带的文件来进行筛选，这可以应用到每一个新加入的克隆中(见 12.4.1 节)。FPC 仅在添加克隆时运行筛选，所以如果筛选设置后来改变，程序必须重新产生，并重新添加所有克隆。Genoprofiler 中也可以运行筛选，在这个系统中，筛选运行的同时会建立一个条带文件，所以，筛选中的一点改变就需要所有条带文件更新产生一遍。

12.3.5 针对 FPC 的 HICF 数据整理打包

输入 FPC 的是含有一个或者多个克隆指纹图谱的文件，其中每个指纹图谱文件中，每个指纹都被一列正的整数所表示，并被从最小到最大分类。这个文件可以是一个“条带文件”，扩展名为“.bands”，也可以是个“条带大小的文件”，扩展名是“.sizes”，这两类在 FPC 的应用中没有区别。

FPC 无法立即接受条带大小为小数的数据或者多色条带数据。因此，HICF 指纹必须转化成正确的 FPC 格式。所幸的是，这个很容易做到，运用由 Ding 等[6]提出的一项技术来处理。这个方法就是先用一个因子重新调整大小，从而去掉小数点，然后对每种颜色添加一个特异于每种颜色的增加值。例如，对于三色 HICF，我们可以先将每个片段大小乘以 20，在仍然保持 1/20＝0.05 bp 的精确度的前提下去掉小数部分。因为片段大小范围是从 75～500，在重新调整后它们会成为 1 500～10 000。然后我们将三个颜色融合到一个表格中，绿色条带加 10 000，黄色条带加 20 000。这样将不同的颜色分为不同的范围，在使用 FPC 时它们之间就不会相互配对。最后结果产生含 0～30 000 范围的条带的一个表，拥有对应于排除了 0～75 大小片段范围的缺口。

对于 SNaPshot，它有四种颜色，程序是相似的。但使用的调整因子是 10，颜色增加值则是 5 000，10 000 和 15 000。Genoprofiler 利用了这种方法，并配有可调的参数。

12.3.6 GenoProfiler

GenoProfiler[16]是一个 Java 软件的应用程序，因处理 HICF 数据而发展起来的（http://wheat.pw.usda.gov/Physical Mapping/tools/genoprofiler，图 12-2）。GenoProfiler 能运行以上所描述的所有步骤。从 ABI 序列分析仪（任何型号）的原始输出开始，它就产生扩展名为“.sizes”的 FPC 兼容性条带文件。它还包括其他的特征，如片段频率分析和污染检测。它能处理三色和四色的 HICF 数据，目前还在进行积极的发展和改进。

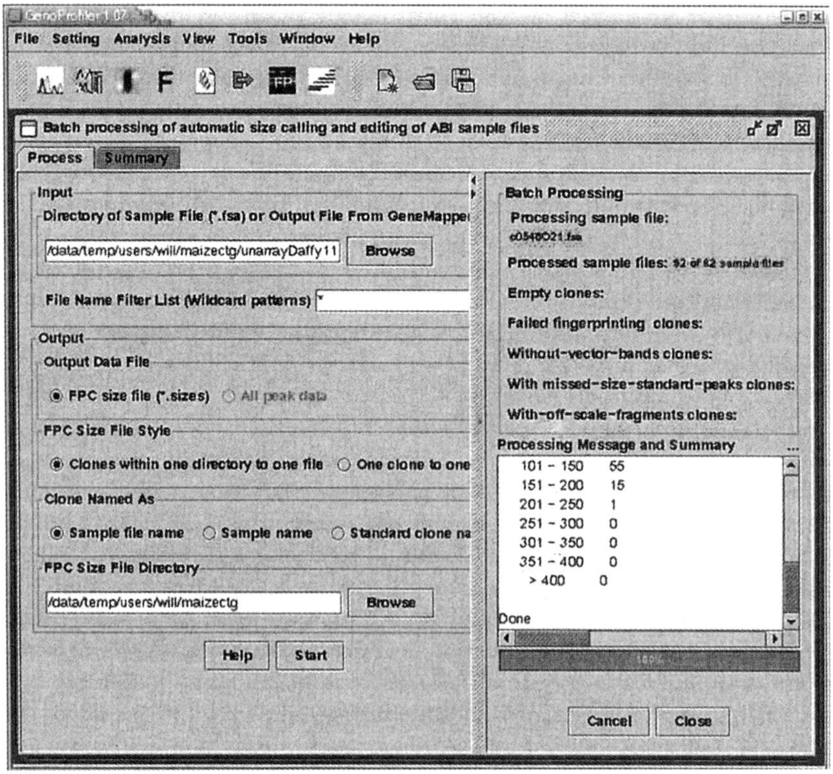

图 12-2 Genoprofiler v1.07 主操作窗口

12.4 用 FPC 构建 HICF 图谱

一旦建立了条带文件，它们就会被导入 FPC 中，并被组装起来。对于 HICF 程序，使用 FPC 版本 7 或者更高版本很重要，它们可以从 http://www.genome.arizona.edu/software/fpc 中获得。版本 7 包括多种针对接受 HICF 的修改，最重要的是双精度数的应用，以接受 HICF 中产生得非常小的重叠值。在与 HICF 无关的原因，这个版本也比 FPC 的以前版本有更大的优势。它有一个新的、多用途的且容易使用的毗连群图谱的显示窗口，从而在结构图的轨迹中观察到标记和其他数据。它也有 BSS(Blast Some Sequence)路线，这样可简化针对定位在 FPC 图谱中的序列的 blast 搜寻，还有一个自动的最小瓷片化路径选择器[见[14]]。

12.4.1 建立一个新项目，导入指纹图谱并筛选载体

对于大部分来说，构建图谱过程和琼脂糖胶程序一样，并且在 FPC 使用指导中有描述[17]。它也能在 www.genome.arizona.edu/software/fpc 中获得，该网站中随带有用户指南(User′s Guide)和现场演示(demo)。我们在这里总结这个方法是为了解释不同之处，但是新的使用者仍然要阅读指导书，因为它描述了更多重要的特点。

建立一个新的程序，先去目录，建一个称为“Image.”的亚目录。把将要用的条带文件(或者大小文件)输入图像目录。FPC 总是会在目录中搜索新的指纹图谱，然后，在无命令行选择下运行 FPC，FPC 主要窗口会显示出来(图 12-3)。右击 File 按钮，选择“Create new project”，在弹出的窗口输入项目名字。

现在一个新的、空的项目已经存在了。如果需要，在添加指纹图谱前，载体条带的筛选应该被设定。要完成这个步骤，按住 Main 窗口中“Configure”这个钮，会弹出一个 Configure 窗口(图 12-4)。在标有“Vector file”的文本框里，输入需要筛选的载体条带的文件名字，按 Close 键，这个文件可以包括许多不同克隆文库的载体条带。文件格式的细节能在用户指南上找到(http://www.genome.arizona.edu/software/fpc/faq.html)；注意这个格式对于新释放的 FPC 需要即时校正。

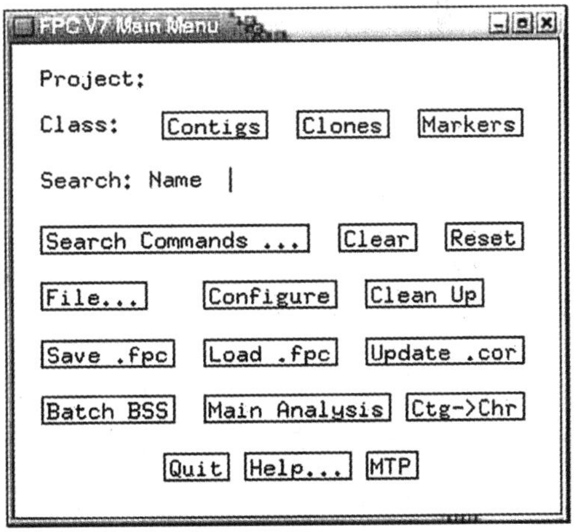

图 12-3 FPC 主窗口

一旦载体的筛选文件被设定了，就可以导入指纹图谱了。在 Main 窗口按住“Update.cor”按钮可运行这一项。它能让 FPC 导入所有来自 Image.目录的指纹

图谱文件。在它导出一个文件后，它根据文件的扩展名将该文件转移到 Bands 目录下或者转移到 Sizes 目录下；如果这些目录不存在，那它会创建一个，这两类目录仅仅是储存那些不再被 FPC 使用的文件。

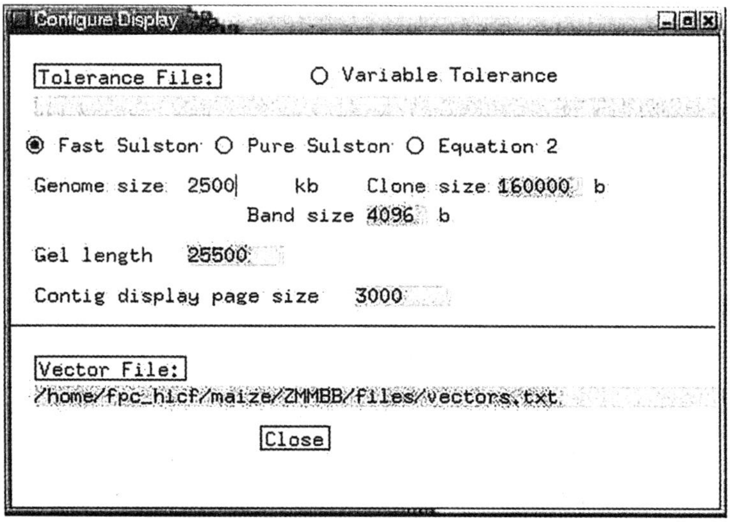

图 12-4 以典型的 HICF 凝胶长度设置的 FPC 构造窗口，同时显示了载体筛选文件的进入

在"Update. cor"键中的". cor"涉及一些文件，这些文件的扩展名是由 FPC 产生的，以便去储存条带的信息。这是一个二进制格式的只读而不能编辑的文件。FPC 也创建了一个扩展名为". fpc"的文件，这是最初的项目文件。. fpc 文件包括了项目中的所有需要去展示的信息，但是因为这个文件档并不包括真实的条带，所以所有使用条带的操作都需要运行". cor"文件。最后，一个". fpc"文件也被创建，它存储毗连群结构分布的文件。这个文件不是运行 FPC 所必需的；但是如果它缺失了，设置将会逆转到它们的缺省值。

12.4.2 公差和凝胶长度

公差的设置可在 FPC Main Analysis 窗口中找到(图 12-5)，它告诉 FPC 两条被认为是匹配的条带的接近程度。它的值应该根据在项目中观察到的特定条带的大小变化来设置。举个例子，正如上述描写的，我们在 3 700 机器上观察了一个载体条带，其指纹图谱的最大标准差为 0. 15 bp，根据这个，我们选择公差为 0. 35 bp，在加倍因子 20 处理后，我们得到了加倍单元中的公差为 7。没有"最佳"的值，5～10 之间的任何值都可以，对我们都能得到同样好的工作。对于 SNaPshot 项目使用的加倍因子是 10，同样的算法后，得到公差为 3. 5，所以公差为 3 或者 4 都可以同样工作。

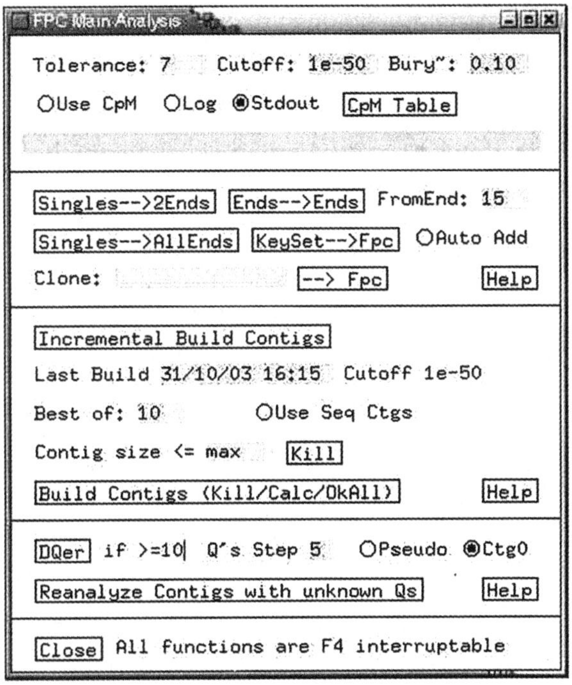

图 12-5 FPC 主分析窗口,显示了典型的 HICF 截点值和 DQ 设置

"胶长"的设置可以在 FPC Configuration 窗口中找到,它应该被设置成所有可能条带值的总数。例如对于上面描述过的三色 HICF,加倍因子是 20,增量为 10 000 和 20 000,这些条带被分为三个区间:1 500～10 000,11 500～20 000 和 21 500～30 000。每个区间大约长度为 8 500,总的胶长为 25 500。

12.4.3 截止点

截止点的设置在 FPC Main Analysis 窗口中,它控制的是两个必需结合成为一个毗连群的克隆应该有多少重叠部分。正如上面所描述的,有各种理论因子控制它的值,但是实际上它必须由实验和误差来决定。目标是为了找到最高的截止点,那样,在 DQer 运行后,构架才会有一个易接受的错误结合点的最小数目。对于琼脂糖项目,截止点在 1e-12 是正常的。但是在 HICF 中,它们通常更低,为 1e-30 到 1e-50。FPC 的版本 7 已被改进为在重叠区的计算中用双精度浮点数字,这让使用这些低值变得没有问题。

12.4.4 构建

一旦上述这些设置完成后,这个项目就可以去构建了。为了从零乱的信息中构建图谱,按下 Main Analysis 窗口中被标有"Build Contigs(Kill/Calc/Ok All)"

的键，这将破坏所有的毗连群，如果还存在一些毗连群，则将重新建立它们的每个部分。

如果要在一个已存在项目中，建立一个新的指纹图谱而不破坏已有的毗连群，按“Incremental Build Contigs”键，新的指纹图谱会增加到已有的毗连群中，其中有一些可能会合并而形成更大的毗连群。

12.4.5 构建的特性、Q 克隆及 DQer

正如在引言中讨论的那样，构建结果可能会存在错误地结合含有大量 Q 克隆数目的毗连群。然后在运行 DQer 时，这些 Q 克隆的数目会被降低。而对版本 7 来说，它已经被修正以接受用户定义的步幅大小。对于琼脂糖而言，步幅为 1 工作的挺好（如 1e-13，1e-14，1e-15）。但是对于 HICF 而言，这样小的步幅，几乎没有效果，这个步幅应该调整为像 5 这样的数（如 1e-55，1e60，1e-65）。如果存在很多干扰，就如我们使用 Dupont 方法进行实验的经验一样，这也将认识到提升允许使用来自缺省值 5 的 Q 克隆的数目，我们当前使用 10，更大的数字或许也合适。

为了详细说明这一项，一个 Q 克隆并不一定要错。如果这个指纹图谱包括大量的错误，那么仍能正确地定位包含超过 50%“额外”条带的克隆，将它标记上 Q。DQer 的目标不是为了排除所有的 Q 克隆，而是为了打散一些坏的结合毗连群。如果一个错误的阳性结合发生了，那么这个毗连群的所有克隆都会错误地结合到另一个毗连群，因为现在没有任何方法可以在一个线性 CB 图谱中排列两个不同的毗连群中的克隆，一个毗连群中的克隆是排列在一个堆叠中，就像图 12-6 中显示的那样，堆叠的克隆条带无法排序，所以它们最后被堆起来定义为 Q 克隆。因此，一个有着很多 Q 克隆的毗连群可能有一个错误地结合，应该被舍弃掉。理想的情况是：DQer 设置应尽可能地降低，并减少大部分不好的结合 Q-堆叠。但如果这些设置过于严格，超过了必要设置，正确的毗连群将会被拆分。

在 DQing 之前，构建把克隆的大量片段放入一个毗连群中是非常普遍的。如果 DQer 无法将这一堆打散进入好的毗连群中，那开始的截止点应该被降低，构建重新运行。DQer 的好处在于它允许最初的构建在相对高的截止点运行来得到最大数目的结合组群，而后用更加的截止点打散大部分错误组群。

DQer 也应该在每个加倍构建后运行一次，因为每个新添加的克隆都可能导致错误毗连群的组合，而这些都是应该被打散的。

12.4.6 多倍 FPC

（http://www.discoverybio.com/products/multifpc/multifpc_intro.htm）中，Discovery Biosciences 产生了多重 FPC。这是一个 FPC v4.6.4 的改版，它包

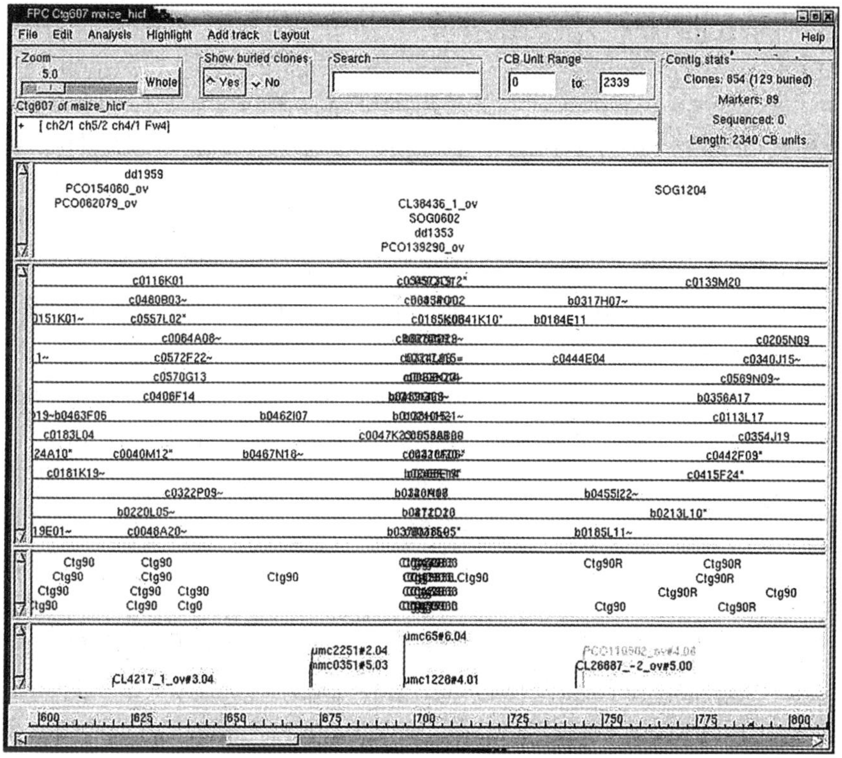

图 12-6 Q 克隆堆,显示了不好的结合

括一个特别为 HICF 设计的修饰性克隆重叠格式。这些在修饰后的设想是合理的,将会在 12.5.2 中详细讨论。但是多重 FPC 也存在着一些明显的缺点(在版本 1.2.01)。第一,由于它是由一个旧的 FPC 的版本改编而来,因此缺少很多 FPC v7 改进的内容。第二,它明显比 FPC 要慢,大约 13 min 建立一个 930 bp-克隆的检测项目,而 FPC 只要 1 min。因此,我们感觉目前使用 FPC v7 来构建 HICF 项目更好,除非将来多重 FPC 有了更深的发展。

12.5 理论方面

12.5.1 模拟

我们用水稻第 10 条染色体进行了模拟,来测试 HICF 作图的效果。和玉米相比,水稻含有较少的重复序列,所以它是 HICF 较好的试验材料。我们的模拟实验显示当无干扰时,和琼脂糖的图谱相比 HICF 有着巨大的优势。在这个模拟中引入干扰后,我们也能根据毗连群形成和 Q 克隆出现过程中,得到一个质量是怎样降低的概念。

在这个模拟中,我们使用了水稻第 10 号染色体的假分子,所有的序列毗连群间隙都被移去了,这样它就仅仅是一个长序列。然后我们创建一个模拟的 15×倍的克隆文库,这个文库中有 2 029 个克隆,有着平均插入大小 168 kb,标准差为 12 kb。最后,我们创建了一个数据组,拥有的克隆,通过电子虚拟式被 HindⅢ酶切(对琼脂糖模拟而言),第二个数据组,其中的克隆是被 Dupont HICF 的酶酶切的。

当比较这两种模拟项目时,HICF 输出的结果比琼脂糖要好很多。忽略使用的截止点,不存在 Q 克隆,在 1e-25 时所有的克隆都聚集到同一个毗连群中,而琼脂糖则相反,在 1e-12 时有 34 个毗连群,而在 5e-12 时仍然有 25 个毗连群,以及 180 个 Q 克隆,说明至少有一个错误的阳性结合。

一个类似的结果在 8×倍的模拟 930 个克隆的文库中也可以看到,在这个例子中,HICF 在 1e-15 时形成 7 个毗连群,0 个 Q 克隆,而琼脂糖在 1e-8 时,仍然以 200 个 Q 克隆为代价形成 26 个毗连群。从这些结果中显而易见,在无干扰和少量重复基因组情况下,HICF 比琼脂糖更有效。

重新回到 15×的库中,我们也在干扰中进行了模拟。这个模拟的干扰方法是:只随机移走一些条带,再用别的随机产生的条带替代它们。例如,5%的干扰意味着移走 5%的真实的条带(平均),并被随机条带替代。在截止点为 1e-45,干扰为 5%,10%,20%情况下,分别运行构建,进行图谱构建(选择这个严格的截止点是为了确保所有的 Q 克隆的产生是因为干扰而不是因为坏的结合)。

正如图 12-7 所示,干扰明显降低了 HICF 形成毗连群的能力。在 10%干扰时形成 34 个毗连群,而 0%干扰时形成 9 个毗连群。实际上,每增加 5%的干扰,毗连群数目就明显地加倍。Qs 克隆一直保持最小直到干扰达 10%,在这之后,它们迅速增长。

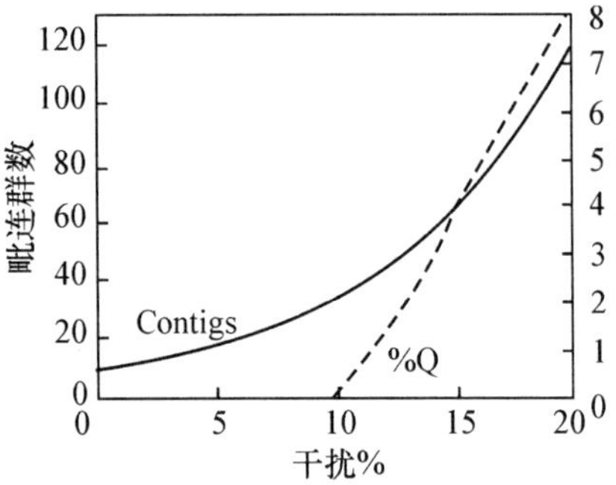

图 12-7 干扰下 HICF 模拟中的毗连群数和 Q 克隆百分数。

在我们的玉米项目中,运行 DQer 降低坏结合后,我们有 6.2%的 Q 克隆,对应图 12-7 中约 17%的干扰。有趣的事,这恰恰是我们在前面已经提到过的,用克隆复制比较所估计出的干扰值。但是,我们并不知道 Q 克隆的百分数是否总能如此精确地估计干扰度。

12.5.2 重叠方程

上述提到的、被所有 HICF 项目所使用的方法,用的是 Sulston 公式[12],不加修饰地计算克隆间的重叠概率。正如前面讨论的,各种颜色的条带都是简单地通过前面已经讨论过的加倍因子和颜色增加的方法结合到一个数目的范围中。尽管如此,最新的 HICF 却对这个公式作了一些修饰。我们也会讨论已经结合在上述中提到的多重 FPC 方法中的两种类型。

一种可能的修饰是说明 HICF 片段的不均衡分布。HICF 片段在大小上平均为 128 bp,但是这些片段的范围一般都在 50～500 bp。在这个范围内的高端,片段的密度比低端的要低很多。因此,大片段的匹配显然不太可能是随机的。这就意识到可以修改这个重叠公式,以给这些匹配一个较高的分量;的确,这对琼脂糖胶来说确实也是这样,这已经被 J. Hatfield[18] 研究证实。在执行的过程中,也发现这个思想在模拟数据上反应也很好,但是用真正的琼脂糖胶是需要一点小小的改进。

多重 FPC 的作者宣称这种效果在 HICF 中增强了,而事实的确如此(图 12-8)。但是,在琼脂糖胶中,对较小片段的偏差大量存在,两种情况的分布是远离平滑的,这意味着关于平滑分布的任何概率计算方式仅仅是个大概的估计。

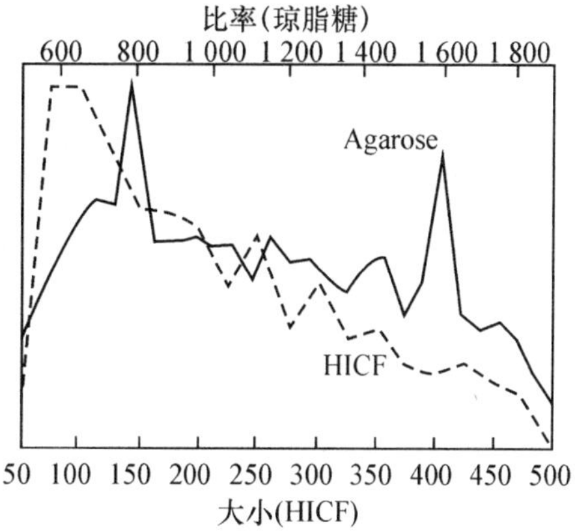

图 12-8 玉米中 HICF 和琼脂糖条带分布,两者的分布均向右跌落,但有大量的原位起伏。

另外一种修饰,针对于处理双末段标记片段,似乎已经唯一被多重 FPC 的作者研究了。这些是相对不普通的片段,每个片段的两个末段都被标记酶切割,而不是一端被未标记的四碱基切酶切割。之后这个克隆将有两条大小相同但颜色不同的条带。共享这两个条带的克隆实际上共享的是一个片段,因此这不该被看作是共享两个真正的不同片段。精确地说,不管多重 FPC 的作者研究出的结果少了多少,看到这个偏差将总是很有趣的[19]。

最后,我们简短地讨论一个通过 Discovery Biosciences 进行的测试,从而比较多重 FPC 重叠公式和 FPC 的 Sulston 公式(http://www.discoverybio.com/products/multifpc/multifpc_results1.2.01.htm)。结果对多重 FPC 公式非常有益。但是看起来,在这个测试中,Sulston 的分值差,大部分是因为应用了单精确浮点数,这些数是无法代表 HICF 中获得的非常小的重叠分值的。上述提到,因为 FPC v7 的数据已经由于使用双精确数而改变,所以并不清楚有多少执行缺口。

致 谢

部分工作被 NSF ＃0213764 和＃0211851 支持。作者对 Ed Butler,Arvind Bharti,Galina Fuks,Jamie Hatfield,Frank You,Michele Morgante 和 Kevin Fengler 等的成果交流表示感谢。

参考文献

1. Coulson, A., Sulston, J., Brenner, S., and Karn, J. 1986. Towards a physical map of the genome of the nematode *C. elegans*. *Proc. Natl. Acad. Sci. USA*, 83:7821–7825.
2. Olson, M., Dutchik, J., Graham, M., Brodeur, G., Helms, C., Frank, M., MacCollin, M., Scheinman, R., and Frank, T. 1986. Random-clone strategy for genomic restriction mapping in yeast. *Proc. Natl. Acad. Sci. USA* 83:7826–7830.
3. Marra, M., Kucaba, T., Dietrich, N., Green, E., Brownstein, B., Wilson, R., McDonald, K., Hillier, L., McPherson, J., and Waterston, R.. 1997. High throughput fingerprint analysis of large-insert clones. *Genome Research* 7:1072–1084.
4. The International Human Genome Mapping Consortium. 2001. A physical map of the human genome, *Nature* 409:934–941.
5. Ding, Y., Johnson, M., Colayco, R., Chen, Y., Melnyk, J., Schmitt, H., and Shizuya, H.. 1999. Contig assembly of bacterial artificial chromosome clones through multiplexed fluorescent-labeled fingerprinting. *Genomics* 56:237–246.
6. Ding, Y., Johnson, M., Chen, W., Wong, D., Chen, Y-J., Benson, S., Lam, J., Kim, Y-M., and Shizuya, H.. 2001. Five-color-based high-information-content fingerprinting of bacterial artificial chromosome clones using type IIS restriction endonucleases. *Genomics*. 74:142–154.
7. Faller, M., Fengler, K., Meyers, B., Dolan, M., Tingley, S., and Morgante, M. 2000. Construction of a contig-based physical map of corn using fluorescent fingerprinting techonology. Poster presentation, Plant and Animal Genome VIII Conference.
8. Luo, M-C., Thomas, C., You, F., Hsiao, J., Shu, O., Buell, C., Malandro, M., McGuire, P, Anderson, O., and Dvorak, J. 2003. High-throughput fingerprinting of bacterial artificial chromosomes using the SNaPshot labeling kit and sizing of restriction fragments by capillary electrophoresis. *Genomics*. 82:378–389.
9. Soderlund, C., Longden, I., and Mott, R.. 1997. FPC: a system for building con-
10. Soderlund, C., Humphrey, S., Dunhum, A., and French, L. 2000. Contigs built with fingerprints, markers and FPC V4.7. *Genome Research* 10:1772–1787.
11. Sulston, J., Mallett, F., Durbin, R., and Horsnell, T. 1989. Image analysis of restriction enzyme fingerprint autoradiograms. *CABIOS* 5:101–132.
12. Sulston, J., Mallet, F., Staden, R., Durbin, R., Horsnell, T., and Coulson, A. 1988. Software for genome mapping by fingerprinting techniques. *CABIOS* 4:125–132.
13. Lander, E. and Waterman, M.1988. Genomic mapping by fingerprinting random clones: a mathematical analysis. *Genomics* 2:231–239.
14. Engler, F., Hatfield, J., Nelson, W., and Soderlund, C. 2003. Locating sequence on FPC maps and selecting a minimal tiling path. *Genome Research* 13:2152–2163.
15. Luo, M-C., Thomas, C., Deal, K., You, F., Anderson, O., Gu, Y., Li, W., Kuraparthy, V., Gill, B., McGuire, P., Dvorak, J. 2003. Construction of contigs of aegilops tauschii genomic DNA fragments cloned in BAC and BiBAC vectors. Proc. 10th Intern. Wheat Genet. Symp. 1:293–296, Paestum, Italy.
16. You, F., Luo, M-C., Gu, Y., Lazo, G.,Thomas, C., Deal, K., McGuire, P., Dvorak, J., and Anderson, O. 2004. GenoProfiler: automated processing of capillary fingerprinting data. Submitted to Bioinformatics.
17. Engler, F. and Soderlund, C.. 2002. Software for Physical Maps. In Ian Dunham (ed.) *Genomic Mapping and Sequencing*, Horizon Press, Genome Technology series. Norfolk, UK, pp. 201–236.
18. Hatfield, J. 2002. Analyzing restriction fragments for contig assembly. Master's Thesis, Clemson University.
19. Robinson, M., Chen, W., and Hunkapiller, T. In preparation. multiFPC: The use of automated sequencer multicolor data in large-scale clone mapping.

Website References

http://www.genome.arizona.edu/software/fpc/, FPC and WebFPC Download Site

http://www.genome.arizona.edu/fpc_hicf/maize/, AGI/PGIR Maize HICF Map

http://www.discoverybio.com/products/multifpc/multifpc_intro.htm, MultiFPC Site

http://wheat.pw.usda.gov/PhysicalMapping/tools/genoprofiler, GenoProfiler Site

http://wheatdb.ucdavis.edu:8080/wheatdb/, NSF Wheat D Genome Project

Chapter 13

简化代表性策略及其在植物基因组中的应用

概　述

许多重要物种的基因组很大，而且高度重复，这使得全基因组测序和组装技术变得非常困难，花费也很大。然而，越来越多高通量“减少代表性”策略的应用，使得可以分离和研究重要的感兴趣的序列组，即使它们来自最大的植物基因组。下面是一些对最近用于植物研究的减少代表性技术的综述，其中重点讨论了在测序基因间隔和重复序列时，这个策略的优点和局限。另外，对应用这项技术重新发现DNA 的多态性也进行了综述。具体讲解了下面的技术。

1. 表达序列标签(EST)测序，是目前阐明基因表达编码区最经济的手段(Rudd 2003).

2. 甲基化过滤(MF)。基于比较某些植物中重复序列与非甲基化基因的基因富集技术(Rabinowicz et al. 1999)。

3. 点位克隆及测序(CBCS)，基于 DNA 复性动力学原理的技术，这项技术使得基因、重复序列、或者基因组中的相关序列得到富集(Paterson et al. 2002a, 2002b)。

4. 减少代表性鸟枪测序(RRS)，基于基础分子生物技术发现的小片段多态性方法，如 DNA 限制性酶切和琼脂糖凝胶电泳(Altshuler et al. 2000)。

5. 简并寡核苷酸引物 PCR(DOP-PCR)，一个发现小片段多态性的技术。通过这项技术，部分简并引物被用来扩增基因组序列的亚单位，然后再将它们进行克隆、测序、并进行比较(Jordan et al. 2002)。

6. 微卫星捕获技术，这项技术使用小重复序列合成的寡核苷酸来发现基因组DNA 中的简单重复序列(SSRs)。

13.1 引　言

“每件事情都比你认为的要更简单，又会比你想象的要更复杂。”

——Johann Wolfgang Von Goethe(1749—1832)

与其他物种基因组顺序及基因功能比较而言，种子植物（被子和裸子植物）表现出在相关基因顺序和总的基因功能上的高度的保守性。即使在最直接相关的分类中，这个保守性也是非常明显的；如，30 亿年前松树与拟南芥从一个共同的祖先中分离，而松树的 EST 毗连群 90%与拟南芥同源（Kirst et al. 2003）。相对而言，种子植物基因组大小（1C DNA 含量）却有很大的伸缩性，如松树的基因组大小是拟南芥基因组的 162 倍，尽管松树并不需要这么大的基因组。文献记载，同一个科的物种在 1C DNA 上也可能表现出 100 倍左右的差异，即使同一个属的物种也会有 10 倍左右的差异（Bennett and Leitch，2003）。极端而言，被子植物 Fritillaria assyriaca（一种百合）和 Cardamine amara（一种芥菜）在基因组大小中有 2 123 倍的差异（Bennett and Leitch，2003），虽然这两种植物的结构复杂性相当。高等真核生物中，基因大小与结构复杂性之间的较低的相关性被称为 C-值悖论，这方面的研究与讨论已经进行了数十年（见 Hartl 2000 和 Petrov 2001 的综述）。

种子植物绝大多数的基因组大小变化是因为非基因“重复序列”的线性特异性扩增，这些序列或许可以在成千上万的单个 1C 基因组的克隆中找到。而只有少量重复序列行使结构功能（如着丝点和端粒重复区），大部分都是功能未知的。植物基因组中很多重复因子看起来是来源于转座因子的基因间增埴（SanMiguel and Bennetzen 2000），而其他则没有确定的来源（Lapitam 1992）。多倍化，基因重复和基因丢失的确导致了种子植物基因组大小的某些变化，但是它们对于 C-值悖论的贡献似乎非常小（Hartl 2000）。如多倍化在植物基因组大小大于 2 000 倍的变化中仅占少于 0.5%的比例①。而基因复制和基因丢失原因所占的比例就更少了。

全基因组序列通过不同物种 DNA 之间的比较提供了最终数据。但是，很多重要作物有非常大的基因组（图 13-1），其中包含很大一部分重复序列。这些基因分散于整个基因组内，起源相近（如表现出拷贝间几乎很少分化），这使得基因分离和全基因组序列的组装变得异常困难而且昂贵（Rudd 2003）。在最近几年中，多种“减少代表性”技术已经被用来作为高产出的、有效的方式，来分离和研究来源于大的及有重复的重要或有趣的序列组。这些亚群包括（但是并不仅仅局限于）表达序列，低拷贝（≈基因丰富性）基因组区域，多态 DNA 标记和重复因子。使用减少代表性分析方法可以获得和解释一个物种的“序列复杂性”（SqCx-图 13-2，彩图 13-2），由此可以用少量的钱获得全基因组测序效果的大部分结果。其他减少代表性技术可以快速确定 DNA 多态性的特征，而不需要事前有基因组序列的知识，并能

---

①在 RBG Kew Plant C-Values Database（Bennett and Leitch 2003），种子植物种类在倍性上改变，从 2×到20×（10-）。在倍性上变化 10-倍，被 2 123 倍除，结果在这些相同的物种上观察到 DNA 含量上变化是 0.5%。

在研究的基因组中分析研究基因组序列多样性,并为那些已完成测序的物种提供有效的基因型分类机制。

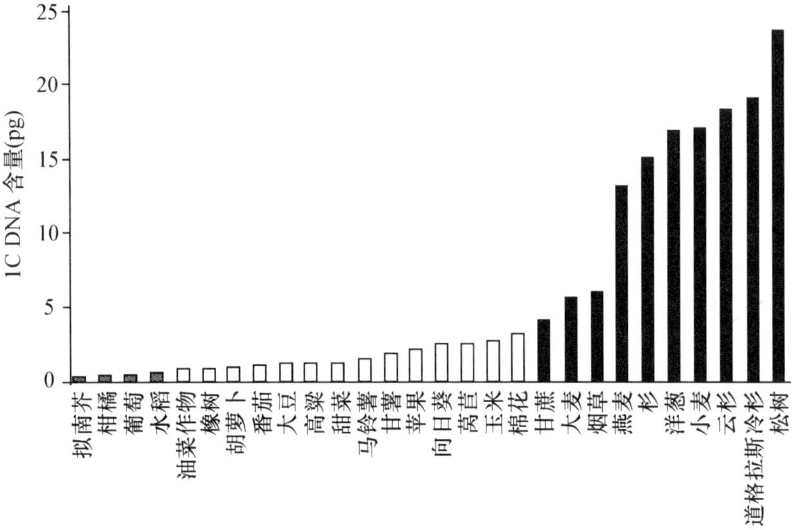

图 13-1 主要经济作物与拟南芥的比较基因组大小的比较。除拟南芥的数据(Arabidopsis Genome Initiative 2000)外,所有的 1C 基因组大小数据来源于 Bennett 和 leitch(2003)。松树,云杉,橡树,杉,道格拉斯冷杉的基因组大小数据分别来自它们各自的属平均基因组大小。相当于或小于水稻基因组大小的物种在图中用灰色表示,大于人类(3.62 pg)基因组的物种用黑色表示,而那些 1C DNA 含量在水稻和人类之间的用白色表示。

这章重点在于减少代表性分析策略的介绍,以及这些策略是如何在植物基因间隔测序中应用,如何有效确定基因组的重复因子的特征,并且能重新发现一些 DNA 的多态性,也将讨论每种减少代表性技术的优点和局限性。

13.2 简化代表性分析技术

13.2.1 EST 测序

反转录酶(Baltimore 1970;Temin and Mizutani 1970)是一个依赖于 RNA 的 DNA 聚合酶。在自然界,反转录病毒(如带有 RNA 基因组的病毒)用此酶来产生互补 DNA(cDNA),从而整合到寄主基因组中。分子生物学中,用反逆转录酶从分离到的 mRNA,而后构建 cDNA 文库,标志着基因表达研究时代的到来。因为每一个 cDNA 库都是产生 cDNA 的细胞中基因表达的"快照",所以比较不同器官或发育阶段,或从不同环境刺激下得到的同样器官中提取的cDNA文库,提供了形态变化和细胞活动与基因表达变化之间相互关系研究的一种方式。

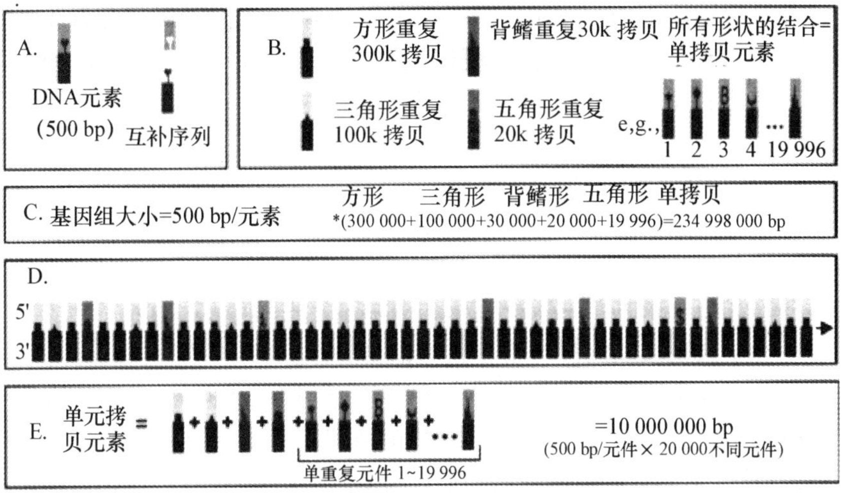

图 13-2 基因组大小对应序列复杂性(SqCx)。(A)假设植物 *Planta genericus* 的基因组是由许多 DNA 元件构成的,每个元件由一个长方形所代表,这个长方形由两个在连锁的(如,互补)片段/序列所组成。为了简单起见,每个元件被假设为 500 bp 长。(B)在基因组中的两个最高度的重复(HR;蓝色)是“平方”(300 000 拷贝/基因组)和“立方”(100 000 拷贝)。相当少的拷贝被发现具有中度重复(MR;绿色)元件“背鳍”(30 000 拷贝)和“五角形”(20 000 拷贝)。所有在基因组中其他的 19 996 个元件在自然界中是单拷贝或低拷贝的(SL;红色)。(C)*Planta genericus* 基因组的 63.8%是由“平方”拷贝组成的,而“立方”、“背鳍”和“五角形”分别构成了基因组的 21.3%,6.4%和4.3%。基因组保留的 4.2%是由 19 996 个不同的 SL 序列所构成。(D)*Planta genericus* 的一小段伸展的 DNA 表现的 HR,MR 和 SL 元件的比较频率。(E)SqCx 是一个基因组中所有唯一序列信息的总和。而“平方”和 “立方”说明了 *Planta genericus* 基因组大小中的大部分,这些元件每一个对 SqCx 的贡献是可以忽略的[100×(500 bp/10 000 000 bp)=0.000 5%]。比较起来,SL 序列只构成了基因组的 4.2%,但说明了 99.9%的 SqCx。基因丰富性减少代表性技术是要在来自重复元件的最小阻力下,分离和测序那些元件,即大部分贡献给 SqCx(如,SL DNA)的元件,这些重复元件可以构成基因组的主干部分,但却对 SqCx 贡献很小。

随着 PCR 和自动测序的发展,从 cDNA 克隆中测定大量末端序列成为可能。cDNA 末端序列,通常也被称为表达序列标签(ESTs;Adams et al. 1991),可以被用作分子标记,也是极大地推进了分子图谱的一个发现(如 Komulainer et al. 2003)。因为 cDNA/EST 测序的结果是部分表达基因的优先测序,它是一项强大的减少代表性技术,成为探索植物基因间隔方法中一项经济节省的最初方法。(见文献中 Rudd 2003)。

13.2.2 甲基化过滤

DNA 甲基转移酶是一类在选择的 DNA 碱基上增加甲基团的酶。DNA 甲基转移酶通常催化甲基团从 S-adenosyl-*L*-甲硫氨酸到胞嘧啶的嘧啶环上第 5 个 C 从而形成5-甲基胞嘧啶(m5C)(Kumar et al. 1994)。但是,胞嘧啶的残基并不是不加选择地甲基化。而且,甲基化是被高度调控的,并且它和所有的遗传现象有关,包括正常的基因表达调控(如 Finnegan et al. 1998,2000;Zluvova et al. 2001),印记作用(如 Kinoshita et al. 2004;Berger 2004),副突变(如 Lisch et al. 2002),转基因沉默(如 Fojtova et al. 2003;Meng et al. 2003),衰老(如 Fraga et al. 2002),重组抑制(如 Fu et al. 2003),异源多倍体的二倍体化(Liu and Wendel 2003),以及在应对主要环境改变后的快速表观遗传的适应(Fraga et al. 2002;Kovalchuk et al. 2003;Fojtova et al. 2003)。

早期克隆甲基化 DNA(包括来自植物的富含-m5C DNA)的尝试不是很成功(见 Redaschi 和 Bickle 1996)。这个难题的主要原因在20世纪80年代后期得到了解释,当时,科学家们发现在一些 *E. coli* 菌株拥有的酶倾向限制外界甲基化的 DNA 序列。像其他的限制性核酸内切酶一样,三类 *E. coli* 甲基-特异性限制性酶(MSREs),McrA,McrBC,Mrr,显然是在保护细菌免受噬菌体的侵入中发挥作用。但是,它们也具有切割甲基化的植物 DNA 的能力(Redaschi and Bickle 1996)。在 MSREs 发现之后,*E. coli* 菌种被改造成无功能的 *MSRE* 基因(如 $mcrA^-$,$mcrBC^-$,和/或 mrr^- 基因型)来促进甲基化 DNA 的克隆。

在一些植物中,高密度 m5C 残基的存在(如超甲基化)与一些重复序列(如逆转录元件等)紧密相关,而低拷贝序列典型地只含有很少或者不含有 m5Cs(如,它们是弱甲基化的)。这种甲基化类型的明显例子就是玉米(Bennetzen et al. 1994)。

最近,Rabinowicz 等(1999)开发了一个灵敏且简单的方法,这个方法可以用来制备富含弱甲基化序列的基因组文库。简单地说,他们将机械剪断的玉米 DNA 克隆到 $mcrA^+$,$mcrBC^+$ 及 mrr^+ 等寄主菌种中。在这些菌种中大部分超甲基化的 DNA 都被切割。因此,最终得到的文库就是富含弱甲基化的(表面上是基因密集的)DNA。他们应用的技术的概况,就是甲基过滤(MF)技术,如图 13-3 所示。在构建富含基因的基因组文库中的甲基化过滤效率已在玉米上显现出来(Rabinowicz et al. 1999;Whitelaw et al. 2003)。据称在油菜和小麦上也有表现。甲基过滤技术的专业合格证书唯一授予了 Orion Genomics(www. oriongenomics. com),在 Gene Thresher 名下市场化。

13.2.3 基于 Cot 曲线的克隆和测序

在19世纪60～70年代,有关真核生物基因组结构主干的大部分知识是直接来自 Roy Britten 和他的同事所做的工作。[①] 由 Britten 和他在华盛顿的卡耐基研

---

①由 Britten 解释的核酸重聚的原理是今天利用的许多分子技术建立的核心,包括 PCR 技术,滤膜杂交(Southern/Northern 印记,菌落印记,大阵列),微阵列,以及基于芯片的重聚实验(见 Goldberg 2001)。

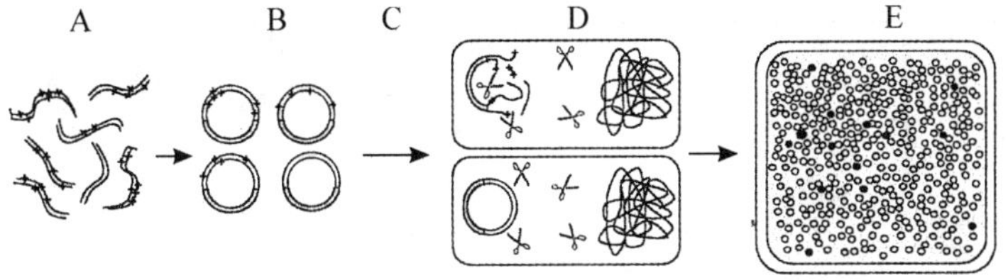

图 13-3 甲基化过滤的概览。(A)植物基因组 DNA 被甲基化切割成片段。针对被显示的物种,与基因序列相比,重复序列被超甲基化。超甲基化的 DNA 区域由沿着 DNA 链的小星标出。(B)基因组 DNA 片段被插入一个含有抗生素抗性基因和一个克隆位点的载体,克隆位点可进行 α 互补(蓝/白斑筛选)。(C)重组分子被用来随同活性的 MSREs(如,McrAB,McrC 和 Mrr 基因产物)转化一个细菌菌株。(D)MSREs 由裁剪者描述,切割植物超甲基化的 DNA(较上部的细胞),但是不是被严格的甲基化 DNA(较下部的细胞)。(E)具有挑战的是当在一个选择性培养基上用一个抗生素时,只有那些含有一个完整环形质粒的细菌将存活,并形成菌落。含有质粒的菌落在它们的多克隆位点如果缺少一个插入的话将表现出蓝色,而那些在多克隆位点含有一个插入的将表现白色。保存扩繁白色的克隆将产生一个富含超甲基化(表面基因丰富)DNA 的文库。

究中心的同事们实验研究了溶液中基因组 DNA 重聚,利用了他们称之为"Cot"分析的方法。通过这项技术,他们发现了真核基因组的重复特性(Britten 和 Kohne 1968),简单地说,当溶液中机械性剪开 DNA 被加热到接近沸腾的温度时,能使互补碱基粘在一起的分子力受到破坏,双键维系的螺旋形成的两条链解离或者"变性"。如果变性的 DNA 慢慢地回到一个比较低的温度,序列会开始"重聚"(复性)形成互补双链。可以调节复性时的温度,使得极少或者无任何序列发生错配。根据平均原则,一条链的序列找到对应杂交互补链的概率和序列在基因组中的重复性直接相关(图 13-4,彩图 13-4)。换言之,那些非常丰富大量的序列(平均来说)要以配对方式找到互补链是相对较快的,而单拷贝序列需要花很长的时间来找互补链。在 Cot 分析中,一系列的 DNA 样品被允许在不同的 Cot 值复性;一个样品的 Cot 值就是它的 DNA 浓度(c_0),重聚时间(t)的结果,如果条件适宜,缓冲液里的阳离子效应决定了复性速度(Britten et al. 1974)。每个 Cot 值的重聚的 DNA 数量一般由羟磷灰石(HAP)色谱法分离双链和单链(dsDNA 和 ssDNA),并用分光光度法来确定洗涤成分中双链或者单链 DNA(dsDNA 和 ssDNA)的数量。作为 Cot 功能的一个能反映基因组 DNA 重聚的图即被称为 Cot 曲线。通过研究不同物种的 Cot 值,Britten 等发现真核生物基因组是由若干个明显不同的动态学组分组成一尤其是高度重复序列(HR),中度重复(MR),和单个或低拷贝(SL)DNA. 图 13-4 中指出,用 Cot 值曲线作为指南,HAP 色谱法能够被用来分离一个基因组的不同动态学组分(如 Britten 和 Kohne1968; Goldberg 1978; Kiper 和 Herzfeld 1978; Paterson et al. 1998)。

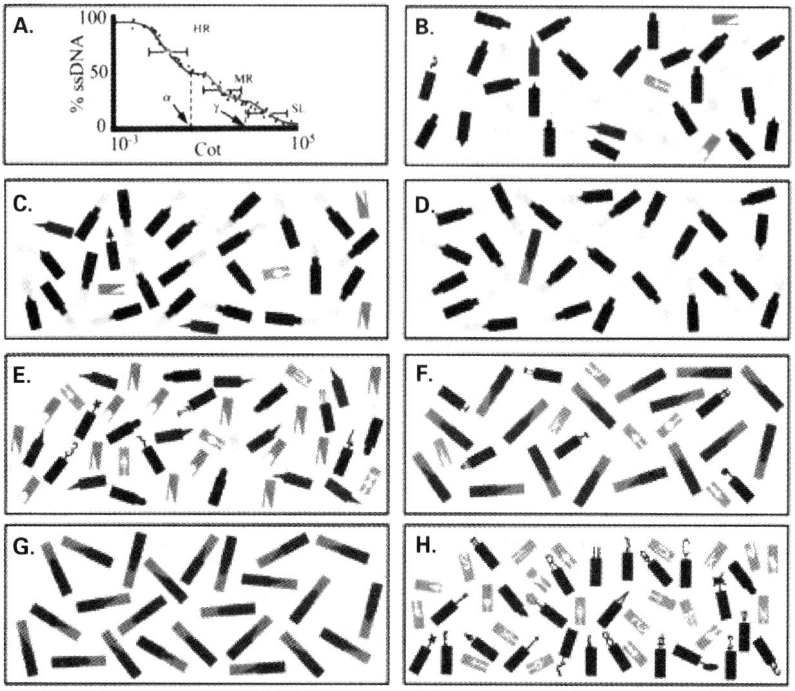

图 13-4 假设的物种 ***Planta genericus*** 基因组用 CBCS 分开。如图 13-1，在 ***Planta genericus*** 基因组中的每个元件由一个长方形代表，通过 2 个连锁（如，互补）片段/序列所组成。另外，所有元件大致长度在 500 bp。（A）一个 ***Planta genericus*** 的 Cot 分析展示它的基因组有快速（蓝色）组成，一个中间快速（绿色）和一个缓慢的重新关联组分组成。在每个组分中的部分和每个组分的动力学复杂性（用于估计序列复杂性）由 Cot 曲线的数学分析决定。因为一个基因组的重新相关中的元件对它们的拷贝数目成一定比例，在快速重新相连的组分中的那些序列代表了基因组中最高度的重复序列（HR；蓝色），而那些中度快速和慢速重心相关的组分分别代表了中度重复（MR；绿色）和单一的/低-拷贝（SL；红色）元件。（B）***Planta genericus*** DNA 被剪切成 450 bp 长片段，并被变性。这里的例子和后续的每个图框显示了一个更大量复性反应的一个小的随机部分。然而，在一个图框中的每个元件被显示在针对来自它们自己和其他组分的元件的正确部分。（C）DNA 被允许复性到 Cot 值“***α***”（参见框图 A）。犹如显示在 Cot 曲线（框图 A），在 Cot 的 ***α*** 点近乎所有 HR 元件已经形成了双螺旋（建立在与互补链的“碰撞”基础上），但是很少 MR 和基本上没有 SL 元件已经发现互补。然后羟磷灰石（HAP）色谱被用于分离。（D）双股链（复性的）HR 的 DNA 来自（E）单股的 DNA（MR 和 SL 的 DNA）。双股 HR 的 DNA 被克隆产生一个 HRCot 文库。（F）在第一次 HAP 部分可以复性到一个 Cot 值相等于 γ（参见框图）之后，单股 DNA 保留，在此点实际上所有 MR 元件已经形成双螺旋，但是单拷贝元件仍然不可能发现互补。HAP 色谱被用来分离（G）双链 MR 的 DNA 形成（H）单股链 SL 的 DNA。MR 丰富的 DNA 部分（框图 G）被克隆到产生一个 MRCot 文库。在富含 SL 部分，针对单链的 DNA 分子，随机引物链合成被用来产生互补链（框图 H），而且结果的双螺旋被克隆产生一个 SLCot 文库。

在20世纪90年代后期，我开始在佐治亚大学Andrew H. Paterson实验室进行博士后的工作。我之前在Cot分析和核DNA分离的一些训练(Paterson et al. 1997,1998)和Paterson在植物遗传学和基因组学方面的研究经历(如Paterson et al. 1995,2000)最终使我们开发了“基于Cot的克隆和测序”(CBCS)，一个Cot方法、分子克隆和高通量DNA测序的综合，它能为富集基因或重复序列DNA文库的建立以及深入研究方面作贡献(Paterson et al. 2002a,2002b)。在CBCS中，Cot曲线的结果(或通过其他技术决定的基因组参数)被用来指导基于HAP的基因组DNA片段的分配进入主要的动态学组分(如HR,MR和SL DNA)。分离得到的动态学组分被克隆出来，分别产生HRCot,MRCot,SLCot文库，并对组成的文库分别测序(图13-4)。如果只对低拷贝DNA的测序感兴趣，那只需要准备一个SL-Cot文库(如Yuan et al. 2003;Lamoreux et al.，交稿)①。CBCS作为基因间隔丰富性的工具的效率已经在高粱(Paterson et al. 2002a)，玉米(Yuan et al. 2003; Whitelaw et al. 2003)，小麦(Lamoreux et al.，准备稿件)，棉花(Paterson et al.，准备稿件)和小鸡(Wicker et al.，准备稿件)中被证明。

在减少代表性分析技术中，CBCS是唯一一个理论上允许测序物种序列复杂性(SqCx,图13-2)的技术。因为Cot分析能提供每个成分的动态学复杂性(如预测的SqCx)，捕获一个物种的总SqCx最有效的手段是测定每一个Cot文库到一个深度，以提供一个高概率，在那个组分中的所有因子至少都测序过一次(Peterson et al. 2002a,2002b)。因为几乎植物基因组的所有SqCx都能在它的SLCot库中找到，因此大部分的资源可以用来测序SLCot克隆(图13-4)。对于许多植物基因组而言，CBCS应该使SqCx测序花费是传统鸟枪测序的1/4～1/20(见Peterson et al. 2002b)。

当我们回顾历史时，可以明显发现DNA重聚可以用来创建基因富集(或重复区富集)的基因组文库，有几个因素可能对相对缓慢的CBCS发展有贡献：①当Cot分析在20世纪70年代被频繁使用时，分子克隆的优势渐显，而它则逐渐衰退；②Cot分析(尤其是当它在70年代时的应用时)技术上需要一套极其标准化的步骤，因此即使在它最鼎盛的时期也只能在少量实验室中使用；③和分子克隆相比，Cot分析显而易见没有被广泛应用，由于后者的优势，大部分重聚动态学的学者将他们的研究重点转移到分子克隆上；④直到成为可能的时候，以前的很多Cot分析人员已经退休。

自发表最初的CBCS手稿(Peterson et al. 2002a)以来，我们一直致力于完善CBCS技术的所有方面。例如，在最初的高粱实验中，我们克隆了SL双链DNA，

---

①独立工作J. L. Bennetzen和同事独立工作开发了“high Cot”测序(Yuan et al. 2003)，这是一项用CBCS技术同样的去富集单个和低拷贝序列(例如SLCot克隆的测序)，因为Peterson et al. (2002a,2002b)，提前Yuan et al. (2003)并因为在我们的实验中，人们通常用“high copy”拒绝这个专业词“high Cot”(“high Cot” DNA实际组成了低拷贝序列)，在这篇综述里，我们将用Peterson et al. (2002a)建立的术语学。

它是动态重聚的产物。为了阻止碱基错配,复性过程需要保持高度的严谨性,克隆过程中任何可能的错配都会由寄主细胞的 DNA 修复体系得到修复,但是结果产生的一个序列,仍然可能是供体基因组中不存在的序列。当在获取 SqCx 时,只有少量这种现象产生,在检测基因及重复基因家族中的微小(如 SNPs)多态性时,它会限制 SLCot 克隆的应用。在我们发表第一篇 CBCS 论文之前(Peterson et al. 2002a),我们已经开始使用一种酶,这种酶可以从单链的 SL DNA 模板中合成互补的链,因此避免了很多克隆重聚产物的相关问题,增加了 CBCS 的适用性。目前我们成功地应用了一种随机引物扩增的方法来合成 HR/MR 分子中的互补链①。我们又对目前已发现的切割双链 DNA 的核酸酶的优点(Shagin et al. 2002;Zhulidov et al. 2004)进行了测试,结果表明可以不用 HAP 层析,这就加快和简化了 CBCS 的操作过程。

13.2.4 多态性的重新发现

在一个物种内,大量基因序列的变化是由于相对较小的 DNA 多态性引起的。下面是几个广泛应用于植物基因组进化研究中的微小多态性技术。

1. 单核苷酸多态性(SNPs):从它的名字就可以看出,SNPs 是一个基因内的等位基因的单碱基对的不同。这是一种有力的手段,能将最小可能的 DNA 序列变化与表型变异之间的相关表现出来。SNPs 已经广泛应用于哺乳动物中的分子标记,在植物中的分子标记也变得越来越广泛地被使用 (Schmid et al. ,2003;Törjék et al. 2003)。

2. 插入/缺失子多态性(indel):插入缺失子是使用 SNP 方法发现的典型类型。当后者的检测需要测序(或重测序)时,它们是非常有用的遗传标记,与 SNPs 相比更容易打分鉴定,而前者可以通过 PCR 产物中的长度不同来被检测(Bhattramakki et al. 2002)。

3. 微卫星或简单序列重复(SSRs):SSRs 是指 1～7 bp 长的串联重复长的 DNA 序列。它们大量存在于大多数真核生物中,因为它们是常见的多态性,而且是共显性,且容易打分鉴定,因此它们在许多追寻遗传踪迹的研究中被用作分子标记,包括连锁图谱构建,亲本分析,群体遗传研究及标记辅助选择(见 Fisher et al. 1996 和 Dekkers 和 Hospital 2002)。SSRs 技术上是插入缺失子的一个亚类,可以通过大量分析 EST 数据组来发现(如 Gupta et al. 2003)。

研究 SNPs,indels 和 SSRs 的简单方便手段是使用 PCR 来检查一个群体中特异位点的多态性。同样地,从一个物种中得到的基因组或者 EST 序列的数据可以用来研究相近物种中的平行位点。但是,这样的研究需要合成位点特异的引物,以及正在研究核苷酸序列位点的更深入的信息。下面是若干简化代表性技术的讨

①单链的 HR/MR DNA 必须运动到可以发生第二链合成的位置。

论，这项技术可以在不知道序列的情况下发现 SNP 插入缺失子或微卫星。

13.2.4.1 简化代表性鸟枪法(RRS)测序

最近 Altschuler 等(2000)设计了一种来研究适当数量范围位点的 SNPs 和其他微小多态性的方法，这种方法无需事先知道基因组序列方面的知识。他们称这项技术为减少代表性分析鸟枪法(RRS)测序，这项技术非常简单，而且被认为可以应用到大多数物种上(图 13-5 的概述)。简单地说，就是将许多个个体的 DNA 混合，用单限制性酶酶切，然后通过琼脂糖凝胶电泳确定大小。将相对窄小(如 600 bp到 650 bp)的 DNA 片段条带的琼脂糖条切割下来，然后将其克隆并进行测序。因为同一群体中的个体具有相同的限制性酶切位点，因此被切下来的胶可能包括相同位点的等位基因。这样可以通过序列分析检测多态性。

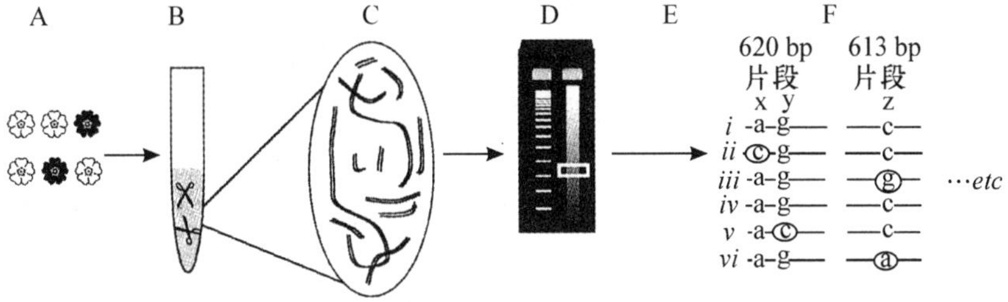

图 13-5 RRS 测序概览。(A)DNA 从一个群体中的多个个体中被提取。(B)所有的 DNA 样品被放在样品管，并且一个单一的限制酶(有剪切者描述)被加入。(C)在完全的酶切后，DNA 混合物由许多不同大小的片段组成。就像在群体中的个体可能分享大多数相同的酶切位点，大多数同源的 DNA 序列可能约有相同大小。(D)酶切的 DNA 由电泳分离大小，而且一个小的带含有 DNA 片段在相对狭窄的大小范围(如，600～650 bp)从胶中被放出。在胶带中的 DNA 被分离、克隆和测序。(E，F)序列用敏感的算法比对被比较。SNPs 和很小的缺失子和插入子能够通过比较那些序列被发现，而这些序列似乎代表了相同的位点(如，大部分是相同的)。针对显示的 620 bp 片段，SNPs 在核苷酸 x 和 y 点被发现。针对 613 bp 片段，在核苷酸 z 处一个 SNP 被检测到。

13.2.4.2 DOP-PCR

十多年前，简并寡核苷酸 PCR 作为一项扩增(或多或少)全基因组的手段而发展。Telenius 等在 1992 年使用人类 DNA，证明带有序列 5′-CCGACTCGAG NNNNNNATGTGG-3′的 PCR 引物(N 指四种核苷酸中任何一种核苷酸)，会结合到全基因组 DNA 链上足够的位点，以使大多数染色体区域都可以扩增到。已经证明：DOP-PCR 是一个在基因组研究中非常有用的工具，尤其是在 DNA 数量来源存在限制的情况下(如 Cheung 和 Nelson 1996；Dietmaier et al. 1999；Buchanan et al. 2000；Kittler et al. 2002)。

最近，Jordan 等(2002)证明 DOP-PCR 作为一个减少代表性分析技术，在发现 3 个不同物种(人类，老鼠和拟南芥)中的 SNPs 和其他微小多态性上非常有用。简单地说，他们设计了一系列与标准 DOP-PCR 引物（见上）相同的引物，但是每个新的引物在它的 3′端增加 1～4 个额外的核苷酸。通过增加引物长度，Jordan 等有效的减少了引物可能会结合的互补序列的数目，因此在一个特殊的反应中降低了 PCR 产物的数量，如减少了扩增位点的数目。为了检测多态性，我们比较了多个个体之间用特异引物或复合引物得来的 PCR 产物序列。

13.2.4.3 SSR 的获得

第一个 SSR 富集方案包括将“类似于微卫星”[1]的寡聚核苷酸杂交到插入了大片段或小片段基因组片段克隆的菌落印迹上，并且鉴定那些含有微卫星的克隆。然而这些方法虽然有效，但是相对来说比较麻烦而且昂贵。

作为文库筛选的选择，Ostrander 等（1992）在 *dut ung E. coli* 菌株中扩繁了有着一个小插入的一个噬菌体质粒文库。在 DNA 复制中 *dut ung* 基因型经常会出现 dUTP 代替 dTTP 的结果。然后，Ostrander 等用 M13 辅助噬菌体从细菌中分离到环状单链噬菌体质粒 DNA。然后是用一个类似微卫星的引物和 *Taq* 聚合酶来为包含互补引物区域的分子合成第二条链，将 DNA 分子导入野生型的 *E. coli*，能产生针对单链富含 dUTP 的 DNA 具有很强的筛选作用结果，接着富集含有微卫星的双链 DNA。

另外一个分离 SSRs 的方法是将微卫星类似的寡聚核苷酸交联到尼龙膜上，然后将膜与基因组 DNA 片段杂交。这个方法能非常有效地获得与寡聚核苷酸互补的 DNA 序列（Edwards et al. 1996）。

目前，最流行的 SSR 富集技术是基于 PCR 基础上的引物延伸（如 Fisher et al. 1996；Phan et al. 2000；Waldbieser et al. 2003），以及利用链霉亲和素包裹的细珠，在生物素标记的类似于微卫星的寡聚核苷酸和基因组 DNA 片段之间，捕获复性杂交（Fischer 和 Bachmann 1998；Hamilton et al. 1999）。引物延伸技术需要：①2 个非常接近的 SSRs，以便用基于 SSR 的引物可以扩增它们之间的区域（如 Fisher et al. 1996；图 13-6，彩图 13-6）。②SSR 引物尽量与重复序列相近，这样就可以使用类似于 SSR 的引物或者基于重复序列的引物来完成扩增（Phan et al. 2000）。③用限制性酶酶切基因组 DNA，将用拥有一个引物结合位点的接头附着到末端，使用 SSR 类似的引物和基于接头的引物或两个基于接头的引物来进行 PCR 扩增（Fischer 和 Bachmann 1998）。而生物素-链霉亲和素“杂交捕获”的方法不要求任何接近 SSR 的特殊序列（图 13-7，彩图 13-7），引物延伸与“杂交获取”技术的结合也已经得到发展（Paetkau 1999）。

13.3 其他简化代表性技术

除了上述列举的这些技术，还有一些其他的简化代表性分析技术，这些技术可以应用于特殊物种或种群，但是作为一个整体，在植物基因组的研究队伍中，这方面

图 13-6 对 SSR 富集的引物延伸方法。所展示的这个技术相似于 Fish et al.(1996)。(A)一系列引物被合成,在它们的 3′端(金色线),每个引物具有相同的相似 SSR 的重复,如(CT)6,而在它们的 5′端(绿色线),有一个部分降解的 7-碱基序列,这个序列不包括任何额外的 CT 重复。(B)引物被用于 PCR-扩增那些基因组区域,并在两侧翼结合引物。PCR 反应的条件被保持在非常严格的条件,以保证引物的 5′端和基因组中的互补序列(红色和粉红色线)实际一起退火,由此阻止引物向靶标到的微卫星位点的 3′端滑动,以及后续在重复的长度上失去变异。(C)每个 PCR 产物的结果在接近它们的端部,有一个 SSR(金色和黄色配对线)。(D)PCR 产物被克隆和测序。

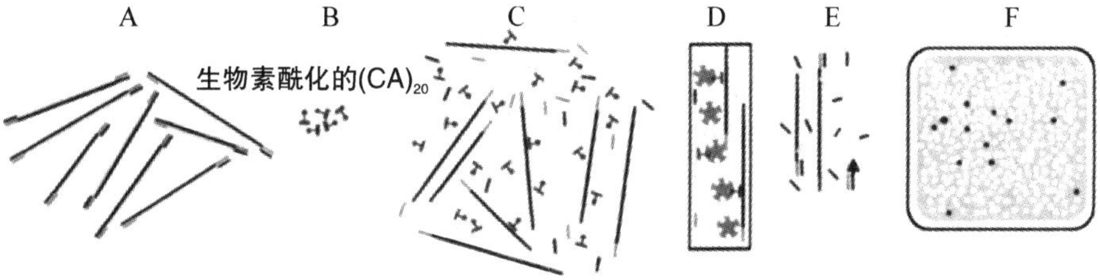

图 13-7 对 SSR 富集的杂交捕获方法。(A)基因组 DNA 用限制性内切酶酶切成片段,这些限制酶的切端是钝端的,一个连接子(linker)被连接到酶切后的片段上,用互补到连接子一条链上的引物的 PCR 来扩增 DNA,由此保证反应中的大量分子的两端都含有连接子。(B)一条或更多个单条的被生物素酰化的似 SSR 序列被合成。在图表中一个生物素酰化的(CA)20 探针代表生物素。(C)基因组 DNA/连接子分子被变性,而且能与一个过量的生物素标记的探针复性。(D)混合物被加载到一个含有链霉抗生物素包被的细微珠子的柱子上,这个柱子被经过清洗。只有那些杂交到生物素标记的探针的基因组 DNA 分子粘在柱子上。(在一个变化中,链霉抗生物素包被的细微珠子是磁性的,并能够用一个磁铁将这些磁性细微珠子从反应浆液中移出。)(E)含有 DNA 的 SSR 从柱子上洗涤下来(通过加热或者是化学方法),并用在步骤 A 中使用的同样的引物进行 PCR 放大。(F)含有分子的 SSR 被克隆和最后测序。

的应用是有限的。例如用来分离玉米基因的 *RescueMu* 技术(见 Raizada et al. 2001 和 Raizada 2003)。简单地说,*RescueMu* 是一个插入玉米 Mu1 转座子的质粒。具有活性的 *RescueMu* 因子总是优先将自己插入玉米的基因区域(通常是 70%～90%)。然后,应用质粒拯救可以恢复插入片段两侧翼 5～25 kb 的 DNA。但是,在 *Mu1* 因子活跃的某些玉米基因型中,*Rescue Mu* 的研究受到了一定的限制。

在一些植物中，某些被称作为“微小颠倒重复转座因子”（MIJEs：miniature inverted-repeat transporsonable elements）的Ⅱ类型转座子，似乎会与基因优先结合（见 Feschotte et al. 2002）。基于这项观察，一个修改过的 AFLP 方案即被称作转座子显示的方法，被用来扩增基因组的一些区域，这些区域含有一个对基因有优先插入的 MITE（Casa et al. 2000）。但是，MITE 家族在物种中变化范围非常大，并不是所有的 MITE 都与基因优先结合，有些基因组只有非常少的 MITE（Casacuberta and Santiago 2003）。从大多数植物基因组的基因间隔测序中，转座子显示并不一定有效。

13.4 讨 论

13.4.1 重复序列的富集

重复序列通常被看成是“垃圾 DNA”，现在已经越来越清楚的认识到重复序列（尤其是可转座元件）是真核生物的成功进化起着主要作用的因子之一（见 Britten 1996 and Wessler 1997）。重复 DNA 影响基因的表达和重组（Assaad et al. 1993；Dorer and Henikoff 1994；Sherman and Stack 1995），一些重复序列还起着维持染色体结构的作用（Lee et al. 1994；Lundblad and Wright 1996）。因此，研究重复序列对于了解植物基因组进化，基因功能和染色体组成都是必要的。

在各种减少代表性分析技术中，CBCS 是唯一一个可以使基因组重复序列得到有效分离及定性的技术。它作为重要的重复序列富集工具的应用已经在高粱（Peterson et al. 2002a）和小鸡（Wicker et al. 已交稿）中得到证明。文献记载，与测序少量插入大片段的克隆相比，CBCS 可以被用于产生一个基因组中重复序列的更精确的总体信息。例如，在高粱 CBCS 项目进行的时候，GenBank 中已有 3 个高粱的 BAC 序列（AF061282，AF114171 和 AF124045）。高粱 Cot 克隆的测序显示：高粱基因组中最丰富的重复序列，是以前从未命名的逆转录元件，而这些元件只在已测序的 BAC DNA 的 424 434 bp 中发现过一次。现在已经知道是 *Retrosor*-6，这个元件的普遍性已经通过 BAC 微阵列芯片分析得到验证，它大约占高粱基因组的 6%（Peterson et al. 2002a）。自从高粱 CBCS 论文的发表以来，GenBank 中有关高粱序列数据迅速增长。正如所料，*Retrosor*-6 目前是很多高粱 dbGSS 登录条目的普遍特征，是最显著的高粱基因组克隆。

对大多数主要作物，重复 DNA 是基因研究中是一个很大的障碍，对于重复序列及其分布知识的了解也许会绕过许多问题，当然也会产生了新的研究机会。举个例子，在与克隆技术分辨率相容的情况下（如能够用于不同 BAC 克隆），对于重复 DNA 家族物理分布更清楚的了解可以为确定“基因丰富”的基因组区域提供一些方法，这些区域是早期测序的重点。另外，完成大基因组的物理作图大大得益于对重复 DNA 家族的序列及其分布方面知识的了解，这或许可能甚至也是必需的。

在这方面，高粱中的 HRCot 和 MRCot 序列推进了这个物种的物理作图（Peterson et al. 2002a）。重复 DNA 的确定对 EST 数据库中重复区的一些虚假重复鉴定也具有价值，并且明显地改进了单基因组的质量。

重复序列研究中，CBCS 的主要限制因子是：由链重聚所形成的双螺旋被克隆，这个产生的特征是将导致偶然性的碱基错配，由此会增加检测重复家族中小多态性的难度。然而，正如上面所说，我们正在致力于寻找一种能用来构建 HRCot 和 MRCot 文库的第二条链的合成技术，这个库的构建将会提高 CBCS 的实用性。

13.4.2 测定基因间隔序列

在上述提到的减少代表性分析技术中，EST 测序，甲基化过滤，和 CBCS 代表的，优先对一个植物的所有的或者部分基因间隔进行测序的方法。为了实现这个目的，每项技术都有其各自的优缺点。

13.4.2.1 EST 测序

与甲基化过滤和 CBCS 相比，EST 测序是唯一一个提供了基因表达和基因间隔内容的减少代表性分析技术。这两项功能特性使 EST 测序成为一个投入效率很高的基因组研究工具（因此众多植物物种的 EST 数据库飞速发展；Rudd 2003）。另外，因为 ESTs 对应于基因的外显子区，因此它们是理想的分子标记：每个 EST 都不是简单地接近于一个基因而是一个基因的一部分。但是，作为一项基因间隔-富集技术，EST 测序也有它特定的限制性。

1. 用于产生 cDNA 的 mRNA 分子是已经经过转录后修饰的，即内含子已经被切除，5′ m^7GpppN 帽子已经加上了每个转录本。3′多聚腺嘌呤也已经粘上了尾部。通常通过他们的多聚腺嘌呤尾巴，mRNA 被分离出来，由寡聚（dT）引物在逆转录酶的催化下合成 DNA 链。但是，对应于转录本的 5′末端的信息会因为逆转录酶的加工过程的限制，及由于 mRNA 的二级结构阻碍了 RNA 聚合酶的移动而丢失（Edery et al. 1995）。

2. 因为在添加多聚腺嘌呤尾巴之前，内含子已经被切除，所有通过 ESTs 的测序很少获得或者几乎没有内含子的信息。

3. 逆转录酶非常容易产生错误，因此 cDNA 分子比克隆的基因组 DNA 更容易含有错误的碱基（Menendez-Arias 2002）。事实上，逆转录酶催化链合成的反应中，基本有相当 3％的核苷酸有可能是错误的（Rudd 2003）。

4. 因为加工后的 mRNA 是构建 cDNA 文库的初始材料，所以基因间隔的关键部分——启动子，在 EST 文库中是无法找到的。

5. 植物组织可能被一些丰富的转录本控制。例如，在拟南芥花粉中发现，超过 40％的转录本，是细胞生物发生基因的一部分产生的（Lee and Lee 2003）。而在分离的 mRNA 群体中，显性转录本的代表值可以通过使用"标准化"策略来降低（Ko 1990；Soares et al. 1994；Neto et al 1997；Zhulidov et al.，2004），因此，即使使用了标准化技术，也不能保证基因拷贝数精确地反映在 cDNA 文库中。

6. 有些转录本存在的时间是很短的，大约只在细胞中存在几分钟（特别是转录因子 mRNA 尤其是这样；Gee et al. 1991；Knauss et al. 2003；Yang et al. 2003），而其他转录本的转录水平都非常低，这使得它们很难被恢复（Ito et al. 2003；Hsu et al. 2004）。

7. 在已知 cDNA 文库中基因的代表性是某个特殊环境条件下某个组织中基因表达的反映。为了真实地获得基因组中所有基因的 mRNA 编码区的信息，理论上应该在每个发展阶段、在每种环境条件下或胁迫下、获得每个组织器官的 mRNA（Rudd 2003），而且克服上面提及的问题。

8. 因为上面这些叙述的局限性（尤其是 4，5，6 点），EST 测序，即使是使用代表了不同发育阶段和不同组织的文库，也只能达到减少到 50%～70%覆盖度的转录本。例如，虽然通过基因组测序已经确定了大约有 29 000 个拟南芥基因（Arabidopsis Genome Initiative 2000），从 61 个不同的拟南芥组织/不同发育阶段/不同放入环境中得到的 178 000 个 ESTs 大约只阐明了 63%（如 16 115）的基因（Rudd 2003）。

虽然有这些缺点，EST 测序提供可能基因编码区的序列信息和基因差异转录的数据的双重功能，已经使 EST 测序成为基因组研究中具有重要作用的工具。ESTs 作为分子标记的价值和将 EST 的数据结合到新的技术上如基因表达系列分析（SAGE），微列阵分析，转录组芯片等，说明 EST 测序在很长时间内将继续是一个重要的工具。

13.4.2.2　甲基化过滤

甲基化过滤是到目前为止最为简单的简化代表性分析技术，这使它对于那些从事高通量基因组的研究者具有很强的吸引力。它清楚地丰富了玉米（Rabinowicz et al. 1999；Whitelaw et al 2003）和一些其他物种（www.oriongenomics.com）的基因区域，可能它也将为许多（也可能是最多的）植物种类提供某种水平上的基因富集或重复减少的工作。在这方面，最近的 BLAST 分析（D. Peterson，未发表结果）表明在 GenBank（2004. 3. 24）中经甲基化过滤的 50 160 个高粱序列，只有 1.53%的序列与 *Retrosor-6* 有显著的（E 值$<1\times10^{-5}$）同源性，*Retrosor-6* 是一个约占高粱 DNA6%的重复元件（见上，Peterson et al. 2002a），因此，甲基化过滤似乎将高粱 *DNA* 中 *Retrosor-6* 的水平降低了大约（76 850 160）3.9 倍。

使用甲基化过滤作为基因富集工具的潜在问题通过检索植物中 DNA 甲基化文献就可以清楚的知道了。第一，已有记载，某些植物基因通常是超甲基化的，而如果弱甲基化后则会因此失活。比如，①某些矮牵牛基因的 CGCG 区位点的甲基化是与正常不定芽的诱导紧密相关的，但是基因甲基化和不定茎出芽都会被 DNA 甲基化酶抑制剂所抑制（Prakash et al. 2003）；②包含白粉病抗性位点 *Mla*，长度为 261 kb 的大麦 BAC，包含一个大范围高度甲基化的基因，又是一个转录水平上活跃的、基因富集的岛(Wei et al. 2002);③在至少7种拟南芥生态型中,包含在色氨酸生物合成的PAI1和PAI4基因,在具有活性时,是高度甲基化的(Melquist et al. 1999;Bartee and Bender 2001);④离体情况下,如果用一种引起DNA弱甲基化的化学试剂5′-氮杂胞嘧啶核苷(5-azacytidine),处理胡萝卜离体培养细胞,则胡萝卜体细胞胚发生被阻止(LoSchiavo et al,1989)。

第二,有大量证据表明甲基化的变化是植物基因调节的正常方式,尤其在发育和胁迫的响应中(Finnegan et al. 2000)。例如,①在休眠的马铃薯中,包含在细胞分裂和分生组织生长的基因转录之前,5′-CCGG-3′序列会发生短暂的大规模去甲基化(50%~70%)(Law and Suttle 2002);②在幼年松树的分生组织区域存在35%的DNA甲基化,相对于成年植株的分生组织区域,则存在>60%的甲基化,但是成年植株暴露出来,在进行刺激后,甲基化水平会降低到与幼年植株中的水平相当(Fraga et al. 2002);③在银杏种子萌发和茎顶端分生组织发育过程中,DNA甲基化水平普遍快速下降(Zluvova et al. 2001);④在许多植物种类中,甲基化似乎参与了mRNA基因的调控(Drozdenyuk et al. 1976;Watson et al. 1987;Follman et al. 1990;Zluvova et al. 2001);⑤在拟南芥和烟草春化过程,似乎是被转入开花基因的脱甲基化所引发(Finnegan et al. 2000);⑥在玉米中,冷胁迫会导致根组织中大范围的DNA去甲基化,继而引起转录的改变(Steward et al. 2002);⑦玉米中已经报道过胚乳特异去甲基化和特异α-微管蛋白等位基因的激活(Lund et al. 1995);⑧玉米的*P1-Blotched*和*P1-Rhoades*基因显示出在发育过程中对甲基化变化的敏感性(Hoekenga et al. 2000);⑨已经在许多植物中,包括番茄(Messeguer et al. 1991)和水稻(Xiong et al. 1999),观察到DNA甲基化的组织特异性的差异。

最后,重复序列的超甲基化不是植物基因组不变的或一致的特性。例如,①草本植物狗尾草的串联*Hae*Ⅲ重复序列是弱甲基化的(Kamm et al. 1994);②当金鱼草处于寒冷的天气下,转座子*Tam*3的甲基化程度降低,这个元件的转位增加(Hashida et al. 2003);③在玉米中,*Robertson*突变子转座子经历了甲基化的改变,这和它们表达量的改变相一致(Singer et al. 2001);④基因组中的高度重复序列能显示出不同的甲基化类型,正如Zingeria biebersteiniana的着丝点重复片段Zbcen1(Saunders and Houben 2001),金鱼草中的"AluI"卫星重复序列(Schmidt and Kudla 1996),以及各种高拷贝的烟草重复序列(Kovarik et al. 2000)中观察到的那样;⑤玉米中的中度重复DNA序列同时存在甲基化和弱甲基化的DNA区域(Bennetzen et al. 1994);⑥玉米的抑制子-突变子转座子元件和香瓜的卫星重复序列,在他们的甲基化类型上存在组织特异性差异(Banks and Fedoroff 1989;Grisvard 1985);⑦在某些情况下(如拟南芥着丝点区域),DNA双螺旋的一条链与另一条互补链相比可能是超甲基化的例如,有可能存在DNA链的偏爱性甲基化(Luo and Preuss,2003)。

前面的观察表明甲基化过滤将会导致甲基化的基因丢失，不管它在原有组织中是活跃的还是失活的。那些参与植物发育和胁迫应答的基因很有可能被甲基化过滤而去除。另外，某些重复序列是以甲基化过滤 DNA 终结的。在这方面，甲基化过滤的玉米文库中有 33%的序列表现出与已知重复序列有高度的同源性(Whitelaw et al. 2003)。

毫无疑问，与其他物种相比，某些物种可能更适合进行甲基化过滤修饰。但是，在投入甲基化过滤之前，很明显我们必须对所要实验生物生命周期中，所发现的 DNA 甲基化类型有基本的了解。

13.4.2.3 基于 Cot 的克隆及测序

在基于 Cot 的克隆和测序(CBCS)中，重复或者低拷贝序列根据它们的相对重聚率分离出来，重聚率是基因组中相对拷贝数目的反映。这样的分类是完全独立于基因表达的，因为在重聚中使用的 DNA 是从基因组 DNA 中机械剪切下来的。同样地，序列复性也独立于甲基化类型(Burtseva et al. 1979)。而且，用 Cot 技术进行的 DNA 序列分离是建立的很好的一个生化现象，它能够应用于所有物种上，无需考虑其系统发生史(Peterson et al. 2002a，2002b)。因此，在 3 种基因富集技术中，从理论上说，CBCS 能够提供最全面的信息，而且是最少偏差地认识植物基因组的低拷贝基因的多样性。

CBCS 是在减少代表性多种技术中最具多样功能的一项技术，因为它能用来富集基因或重复序列。它是唯一一个理论上可以用来测定一个基因组的 SqCx 的减少代表性分析技术(见 Peterson et al. 2002a，2002b)。根据基因的丰富性，用在分离 SL 组分时的参数可以被调控到符合调查者需要的目标，并且可以适应于具体的基因组(Peterson et al. 2002a，2004)。例如，在一些基因被认为是聚集成“孤立岛”的物种中(比如草)，增加用在构建 SLCot 文库的序列长度，可以减少用 SL 组分洗涤到重复元件的概率，从而产生含有较长片段的克隆，更加适合双向测序。另外，让重聚在一个较高的 Cot 值下进行，将增加 SL 分离的严谨性，降低潜在的重复序列的污染。但是，做这样的改变，会有“剔除”重复元件两侧翼的或者相近的短的低拷贝序列的风险。因此，在同样的资金投入下，测序那些来自多个拥有不同大小片段插入的 SLCot 文库的克隆，可以提供基因间隔的最大覆盖度(Peterson et al. 2004)。

与甲基化过滤相比，CBCS 在分离重复序列与低拷贝 DNA 时表现出一个更为严谨的方法。而甲基化过滤方法似乎在高粱 DNA 中的 *Retrosor-6* 的水平上产生了减少 4 倍的结果(见上)，在 499-克隆文库中没有一个 SLCot 克隆与 *Retrosor-6* 相比表现出有同源性(相反，分别有 13.4%的 HRCot 和 1.7%的 MRCot 克隆含有 *Retrosor-6* 序列)。同样，玉米中的甲基化过滤和 SLCot 文库的比较表明：前者的重复序列比后者多出 2 倍以上(Whitelaw et al. 2003)。

就像所有的减少代表性分析技术，CBCS 也有许多局限性或缺点：

1. 在复性动力学研究测定过程中使用的 DNA 必须是绝对干净的，即使是非常少量的蛋白，碳水化合物类，或者是二级复合物的污染都会引起严重的问题（见 Murray and Thompson 1976）。污染物，例如多酚污染可以破坏 DNA，抑制复性（Peterson et al. 1997）。对比起来，碳水化合物的污染可能会有效地减少重聚发生的区域，从而造成人为的复性速率升高的假象。有些污染物可能会吸收 260 nm 及其附近波长的光，如果不检测，就会产生异常的结果。有资料表明，即使“很脏”的 DNA，在许多分子生物学研究方案中都可以进行的很好。但是，这样的 DNA 却不适合 Cot 分析和 CBCS。另外，在 Cot 分析或分流中，使用的必须是核 DNA，而不是总的细胞 DNA。因为明显的细胞器 DNA 污染会使 Cot 分析变得复杂，或者干脆使其无法进行，并且会降低文库质量。分离适合于 Cot 分析及 CBCS 技术应用的高纯度核 DNA 的实验方案，可以在密西西比基因组探索实验室（MGEL：Mississippi Genome Exploration Laboratory）的主页（www. msstate. edu/research/mgel/nucl_DNA. htm）上找到。

2. CBCS 要求对重聚动力学有一个很好的了解。

3. 在少数植物种类中，存在一些非基因的，低拷贝 DNA。例如，番茄基因组似乎有大量非基因的低拷贝元件，但不是基因（Peterson et al. 1998）。对这样一些物种，与全基因组鸟枪法测序相比，CBCS 只可以提供一些边际利润。

4. 根据推测，SLCot 测序可能会产生对大基因家族的成员代表性低的结果（Martienssen et al. 2004）。比如，大的基因家族可能用 MR DNA 分离，这样如果只使用一个严格准备的 SLCot 文库测序就会是一个问题，这很容易通过准备多个拥有部分重叠动力学范围的 SLCot 文库来解决。

5. 在相同单链的低拷贝序列中，可以找到互补区域。当 Cot 值接近 0 时，这样的分子将会自已折叠形成双螺旋。当折叠的 DNA 被认为是基因组的最小组分时，低拷贝折叠的序列会在 SLCot 文库的准备中丢失。而在一些物种中，折叠的 DNA 占据了大于 3%的总基因组 DNA 的量，所以建议对这些折叠部分进行克隆并测序（深入讨论见 Peterson et al. 2006b）。

因为 Cot 分析是个相对麻烦而且耗费时间的过程，因此许多研究者很自然的倾向是放弃实际构建 Cot 曲线图，直接跳跃到进入以重聚为基础的分离和克隆。如果目标仅仅是富集基因间隔，这或许是一个很好的路线，尤其是如果所要研究的基因组包含大量的重复片段是清楚的，则该生物的基因组大小被很好的建立，并且知道重聚中使用的 DNA 是没有污染的。例如，Lamorenx 等（已递交杂志）最近从面包小麦中构建了一个 SLCot 文库，这些数据来源于已知的小麦 Cot 曲线，第二个 SLCot 文库是基于针对单拷贝 DNA 一个估计的 $Cot_{1/2}$ 值，作为来自基因组大小的确定。SL 组分的实验 $Cot_{1/2}$ 值和与单拷贝 DNA 的 $Cot_{1/2}$ 理论值是相当相似。毫无疑问，这两个 Cot 文库的序列内容是没有区别的，为了估计某物种单拷贝组分的 $Cot_{1/2}$，可以使用下面的公式：

$$\mathrm{Cot}_{1/2\mathrm{org}}=(\mathrm{Cot}_{1/2\mathrm{coli}}\times G_{\mathrm{org}})G_{\mathrm{col}} \quad (1)$$

$\mathrm{Cot}_{1/2\mathrm{org}}$是从研究者感兴趣生物的单拷贝 DNA 的 $\mathrm{Cot}_{1/2}$估计得来的，G_{coli}是 *E. coli*的基因组大小的碱基对，G_{org}是研究者感兴趣生物中 1C 的 DNA 含量，用碱基对表示。$\mathrm{Cot}_{1/2\mathrm{coli}}$是 *E. coli* DNA 的 $\mathrm{Cot}_{1/2}$。插入 *E. coli* 的已知基因组大小(4 639 221 bp；Blattner et al. 1997)，它的 $\mathrm{Cot}_{1/2}$值(4. 545 444 M. sec；Zimmerman and Goldberg 1977)产生如下：

$$\mathrm{Cot}_{1/2\mathrm{org}}=(4.545\,455\ \mathrm{M.\,sec}\times G_{\mathrm{org}})4\,639\,221\ \mathrm{bp} \quad (2)$$

输入一个已知生物的基因组大小，进入 Eq. (2)中，算出 $\mathrm{Cot}_{1/2\mathrm{org}}$可以得到单拷贝组分的 $\mathrm{Cot}_{1/2}$理论值，通过预测的 $\mathrm{Cot}_{1/2}$，可以决定一个 Cot 值，这个值将提供一个大部分低拷贝元件将被分离的高可能性(见图 13-4)。

13. 4. 2. 4 简化代表性策略的整合

最近，Whitelaw 等(2003)比较了玉米 SLCot 文库，甲基化过滤的及未过滤的文库中的序列内容。与未甲基化过滤的文库相比(6%的序列表现出与 ESTs 同源)，甲基化过滤文库和 SLCot 文库都显示出表达序列的富集(分别有 27%和 22%克隆能识别 ESTs)。至于重复序列，14%的 SLCot 序列与已知重复序列有明显的同源性，而只有 33%的甲基过滤序列识别重复序列。与甲基化过滤文库相比，SLCot 文库包含了较大比例的，与任何数据库都没有明显匹配的序列(63% ∶ 39%)，这种状况部分反映了甲基化文库中具有较高比例的重复内容，并也反映了 CBCS 捕获片段的能力(如短生活周期的转录因子，其他低拷贝的序列)，而这些片段却从 EST 和甲基化过滤方法中遗漏掉了。或许，这项研究最重要的发现在于：当将 SLCot 和甲基化过滤文库的序列被分到一个毗连群之后，只有 60%的甲基化过滤的克隆与其他的甲基化过滤的克隆组装，而 72%的 SLCot 文库的克隆与其他 SLCot 文库的序列组装。这表明至少在玉米中，SLCot 测序和甲基化过滤可以对大量不同的低拷贝序列亚组进行富集；或者，是一种技术能够比其他技术富集更多低拷贝序列丰富多样性。因此，Whitelaw 等建议对于玉米和其他较大的基因组的生物，同时使用甲基化过滤和 SLCot 测序，也许会产生更好的结果比只用一种战略。

13. 4. 3 多态性发现

13. 4. 3. 1 RRS 测序与 DOP-PCR

大多数多态性发现技术都需要了解特异位点的序列特征，而 RRS 测序和 DOP-PCR 很明显不需要这样。这两种方法或多或少都会随机地富集一组位点。如果来自多个个体的 DNA 归组混在一起，就可以通过对分离的序列组进行测序和使用代数算法来比对可能的等位基因，而由此发现多态性。

RRS 测序和 DOP-PCR 各有其优缺点。两者都能够用于发现 SNP 和插入缺失子。但是，两种方法都不能保证在一个序列组中找到多态性区域。同样地，重复序列很有可能会作为非重复序列来测序；重复序列在电子杂交数据的考虑中被除去。在这两类方法中，RRS 测序当然最直接的，并最有可能是最少花费，因为它不需要合成引物，而所需要的技术对大部分分子生物学家而言都是非常熟悉的。与 RRS 测序相比，DOP-PCR 需要更多的实验步骤（与 Jordan et al. 2002 方法比较 and Altschuler et al. 2002）。但是，一个典型的 DOP-PCR 实验与 RRS 测序相比，能够提供包含更多位点的较大组的位点信息。由于这两个技术都是非常有效的，有可能研究者偏好其一，这只是反应了他或她对引物设计和 PCR 的熟悉程度（或缺少其中的知识）。

13.4.3.2 微卫星分离

目前有很多重新分离微卫星的方法。但是，通常所有的步骤都有一个共同的特点：它们都需要合成微卫星类似的“寡聚”核苷酸在基因组 DNA 中“找到”SSRs。在所有的微卫星分离方案中，“尼龙交联”技术（即将微卫星类似的寡聚核苷酸交联到尼龙膜上，然后将膜与基因组 DNA 共培养；Edwards et al. 1996）具有捕获潜在 SSRs 的最大潜力，因为每一个可能的 SSR 寡聚核苷酸能够很容易结合到一个相对小的尼龙膜上。但是，这个方法没有得到广泛应用，因为据报道是因为它对一些操作物种和操作者来说不能提供令人满意的结果（Fischer and Bachmann 1998）。Ostranda(1992)发现了一种非常好的方法，这种方法能应用于许多种生物，但是它需要用 2 种细菌菌株即一种噬菌体作为媒介，因此，不如简化的 SSR 捕获技术应用广泛。在“引物延伸”方案中，微卫星类似序列形成 PCR 的部分引物序列（图 13-6）。引物延伸方案能够非常有成效，可以被调整到满足大部分研究者的需要。但是，成功地应用这些方案，要求在引物设计和一些反应优化上具有相当娴熟的技巧。同样，为了扩增 SSR 位点，需要 2 个引物的结合位点（见上）。在广泛使用的“杂交捕获”的方案中，生物素标记的微卫星类似寡聚核苷酸和基因组 DNA 杂交，然后通过链霉亲和蛋白包被的细珠分离杂交分子（图 13-7）。这项杂交捕获技术只需要基本的 PCR 技术，不需要类似的微卫星之间相互靠近，以及去靠近其他的元件。因此，对那些对直接进行 SSR 分离有兴趣的人来说，杂交捕获技术可能会替代引物延伸技术。但是，引物延伸技术具有的优点是容易应用到一些基因组或者是在有高度特异要求时应用。因此，它们还是还会被继续利用。

13.5 结　论

简化代表性分析策略提供了一种经济有效的，寻找大片段、重复序列植物基因组的方法。特别是它们使得重要序列组的研究成为可能，在此之前，这些序列组只能通过全基因组鸟枪法测序来获得。简化代表性分析技术可以在给定的条件下应用，这主要取决于研究者的目标及实验生物的特性。在所有种子植物中，EST 测序和 CBCS 在捕获基因间隔上均是非常有效的，而甲基化过滤对于许多植物种类，可能会提供一些水平上的基因富集，而对另一些物种可能可以提供更高水平的基因富集。目前，CBCS 是唯一一个偏向于重复序列研究的简化代表性分析技术。DOP-PCR，RRS 测序，和微卫星富集工具为作图，分子育种，基因型特征及表现性特征之间的关系提供了多态性。

当基因组学的焦点从小基因组的模式生物，更多转移到在经济社会生活中具有重要意义的物种上时，现有的简化代表性分析技术的应用，以及要求有新的简化代表性分析战略将毫无疑问会增加。另外，与脊椎动物研究相比，大多数作物基因组大而复杂，而植物研究者可以利用的资金资源却较少，这样就使得植物学家在简化代表性技术方面将继续成为最为渴望的使用者和开发者。

致　谢

感谢 Andrew H. Paterson 提出的建议，感谢美国农业部（USDA-NRI Award 9901330）、国家自然基金（NSF-DBI Award 0115903）、以及美国林业服务（Award SRS-03-CA-11330126263）的经济支持。这一节作为 Journal Artical 发表在密西西比州立大学、密西西比农林研究站出版的第 BC10511 号杂志上。

参考文献

Adams MD, Kelley JM, Gocayne JD, Dubnick M, Polymeropoulos MH, Xiao H, Merril CR, Wu A, Olde B, Moreno RF, Kerlavage AR, McCombie WR, Venter JC (1991) Complementary DNA sequencing: Expressed sequence tags and human genome project. *Science* 252:1651–1656.

Altshuler D, Pollara VJ, Cowles CR, Van Etten WJ, Baldwin J, Linton L, Lander ES (2000) An SNP map of the human genome generated by reduced representation shotgun sequencing. *Nature* 407:513–516.

Arabidopsis Genome Initiative (2000) Analysis of the genome sequence of the flowering plant *Arabidopsis thaliana*. *Nature* 408:796–815.

Assaad FF, Tucker KL, Signer ER (1993) Epigenetic repeat-induced gene silencing (RIGS) in *Arabidopsis*. *Plant Mol. Biol.* 22:1067–1085.

Baltimore D (1970) RNA-dependent DNA polymerase in virions of RNA tumour viruses. *Nature* 226:1209–1211.

Banks JA, Federoff N (1989) Patterns of developmental and heritable change in methylation of the *suppressor-mutator* transposable element. *Dev. Genet.* 10:425–437.

Bartee L, Bender J (2001) Two *Arabidopsis* methylation-deficiency mutations confer only partial effects on a methylated endogenous gene family. *Nucleic Acids Res.* 29:2127–2134.

Bennett MD, Leitch IJ (2003) Plant DNA C-values database (release 2.0, Jan. 2003). http://www.rbgkew.org.uk/cval/homepage.html.

Bennetzen JL, Schrick K, Springer PS, Brown WE, SanMiguel P (1994) Active maize genes are unmodified and flanked by diverse classes of modified, highly repetitive DNA. *Genome* 37:565–576.

Berger F (2004) Imprinting – a green variation. *Science* 303:483–485.

Bhattramakki D, Dolan M, Hanafey M, Wineland R, Vaske D, Register III JC, Tingey SV, Rafalski A (2002) Insertion-deletion polymorphisms in 3′ regions of maize genes occur frequently and can be used as highly informative genetic markers. *Plant Mol. Biol.* 48:539–547.

Blattner FR, Plunkett III G, Bloch CA, Perna NT, Burland V, Riley M, Collado-Vides J, Glasner JD, Rode CK, Mayhew GF, Gregor J, Davis NW, Kirkpatrick HA, Goeden MA, Rose DJ, Mau B, Shao Y (1997) The complete genome sequence of *Escherichia coli* K-12. *Science* 277:1453–1474.

Britten RJ (1996) Cases of ancient mobile element DNA insertions that now affect gene regulation. *Mol. Phylogenet. Evol.* 5: 13–17.

Britten RJ, Kohne DE (1968) Repeated sequences in DNA. *Science* 161:529–540.

Britten RJ, Graham DE, Neufeld BR (1974) Analysis of repeating DNA sequences by reassociation. *Methods Enzymol.* 29:363–405.

Buchanan AV, Risch GM, Robichaux M, Sherry ST, Batzer MA, Weiss KM (2000) Long DOP-PCR of rare archival anthropological samples. *Hum. Biol.* 72:911–925.

Burtseva NN, Romanov GA, Azizov YuM, Banyshin BF (1979) Intragenome distribution of 5-methylcytosine and kinetics of the reassociation of cow blood lymphocyte DNA in the normal state and in chronic lympholeukemia. *Biochemistry-Moscow* 44: 1636–1641.

Casa AM, Brouwer C, Nagel A, Wang L, Zhang Q, Kresovich S, Wessler SR (2000) The MITE family *Heartbreaker* (Hbr): Molecular markers in maize. *Proc. Natl. Acad. Sci. USA* 97: 10083–10089.

Casacuberta JM, Santiago N (2003) Plant LTR-retrotransposons and MITEs: control of transposition and impact on the evolution of plant genes and genomes. *Gene* 311:1–11.

Cheung VG, Nelson SF (1996) Whole-genome amplification using a degenerate oligonucleotide primer allows hundreds of genotypes to be performed on less than one nanogram of genomic DNA. *Proc. Natl. Acad. Sci. USA* 93:14676–14679.

Dekkers JCM, Hospital F (2002) The use of molecular genetics in the improvement of agricultural populations. *Nature Reviews* 3: 22–32.

Dietmaier W, Hartmann A, Wallinger S, Heinmöller E, Kerner T, Endl E, Jauch K-W, Hofstädter F, Rüschoff J (1999) Multiple mutation analyses in single tumor cells with improved whole-genome amplification. *Amer.*

J. Pathol. 154:83–95.

Dorer DR, Henikoff S (1994) Expansions of transgene repeats cause heterochromatin formation and gene silencing in *Drosophila*. *Cell* 77:993–1002.

Drozdenyuk AP, Sulimova GE, Vanyushin BI (1976) Changes in base composition and molecular population of wheat DNA on germination. *Mol. Biol. (Moscow)* 10:1378–1386.

Edery I, Chu LL, Sonenberg N, Pelletier J (1995) An efficient strategy to isolate full-length cDNAs based on an mRNA cap retention procedure (CAPture). *Mol. Cell Biol.* 15:3363–3371.

Edwards KJ, Barkder JHA, Daly A, Jones C, Karp A (1996) Microsatellite libraries enriched for several microsatellite sequences in plants. *BioTechniques* 20:758–760.

Feschotte C, Jiang N, Wessler SR (2002) Plant transposable elements: Where genetics meets genomics. *Nat. Rev. Genet.* 3:329–341.

Finnegan EJ, Genger RK, Peacock WJ, Dennis ES (1998) DNA methylation in plants. *Annu. Rev. Plant Physiol. Plant Mol. Biol.* 49:223–247.

Finnegan EJ, Peacock WJ, Dennis ES (2000) DNA methylation, a key regulator of plant development and other processes. *Curr. Opin. Genet. Dev.* 10:217–223.

Fischer D, Bachmann K (1998) Microsatellite enrichment in organisms with large genomes (*Allium cepa* L.). *BioTechniques* 24:796–802.

Fisher PJ, Gardner RC, Richardson TE (1996) Single locus microsatellites isolated using 5' anchored PCR. *Nucleic Acids Res.* 24:4369–4371.

Fojtova M, Van Houdt H, Depicker A, Kovarik A (2003) Epigenetic switch from posttranscriptional to transcriptional silencing is correlated with promoter hypermethylation. *Plant Physiol.* 133:1240–1250.

Follmann H, Balzer HJ, Schleicher R (1990) Biosynthesis and distribution of methylcytosine in wheat DNA. How different are plant DNA methyltransferases? In: *Nucleic Acid Methylation*. AR Liss Inc., New York: pp. 199–209.

Fraga MF, Rodriguez R, Canal MJ (2002) Genomic DNA methylation-demethylation during aging and reinvigoration of *Pinus radiata*. *Tree Physiol.* 22:813–816.

Fu H, Zheng Z, Dooner HK (2002) Recombination rates between adjacent genic and retrotransposon regions in maize vary by 2 orders of magnitude. *Proc. Natl. Acad. Sci. USA* 99:1082–1087.

Gee MA, Hagen G, Guilfoyle TJ (1991) Tissue-specific and organ-specific expression of soybean auxin-responsive transcripts GH3 and SAURs. *Plant Cell* 3:419–430.

Goldberg RB (1978) DNA sequence organization in the soybean plant. *Biochemical Genetics* 16:45–68.

Goldberg RB (2001) From Cot curves to genomics. How gene cloning established new concepts in plant biology. *Plant Physiol.* 125:4–8.

Grisvard J (1985) Different methylation pattern of melon satellite DNA sequences in hypocotyl and callus tissues. *Plant Sci.* 39:189–193.

Gupta PK, Rustgi S, Sharma S, Singh R, Kumar N, Balyan HS (2003) Transferable EST-SSR markers for the study of polymorphism and genetic diversity in bread wheat. *Mol. Genet. Genomics* 270:315–323.

Hamilton MB, Pincus EL, Di Fiore A, Fleischer RC (1999) Universal linker and ligation procedures for construction of genomic DNA libraries enriched for microsatellites. *BioTechniques* 27:500–507.

Hartl DL (2000) Molecular melodies in high and low C. *Nat. Rev.* 1:145–149.

Hashida S, Kitamura K, Mikami T, Kishima Y (2003) Temperature shift coordinately changes the activity and the methylation state of transposon Tam3 in *Antirrhinum majus*. *Plant Physiol.* 132:1207–1216.

Hoekenga OA, Muszynski MG, Cone KC (2000) Developmental patterns of chromatin structure and DNA methylation responsible for epigenetic expression of a maize regulatory gene. *Genetics* 155:1889–1902.

Hsu HC, Tan LY, Au LC, Lee YM, Lieu CH, Tsai WH, You JY, Liu MD, Ho CK (2004) Detection of bcr-abl gene expression at a low level in blood cells of some patients with essential thrombocythemia. *J. Lab. Clin. Med.* 143:125–129.

Ito T, Sakai H, Meyerowitz EM (2003) Whorl-specific expression of the *SUPERMAN* gene of *Arabidopsis* is mediated by *cis* elements in the transcribed region. *Curr. Biol.* 13:1524–1530.

Jordan B, Charest A, Dowd JF, Blumenstiel JP, Yeh RF, Osman A, Housman DE, Landers JE (2002) Genome complexity reduction for SNP genotyping analysis. *Proc. Natl. Acad. Sci. USA* 99:2942–2947.

Kamm A, Schmidt T, Heslop-Harrison JS (1994) Molecular and physical organization of highly repetitive, undermethylated DNA from *Pennisetum glaucum*. *Mol. Gen. Genet.* 244:420–425.

Kinoshita T, Muura A, Choi Y, Kinoshita Y, Cao X, Jacobsen SE, Fischer RL, Kakutani T (2004) One-way control of *FWA* imprinting in *Arabidopsis* endosperm by DNA methylation. *Science* 303:521–522.

Kiper M, Herzfeld F (1978) DNA sequence organization in the genome of *Petroselinum sativum* (Umbelliferae). *Chromosoma*: 335–351.

Kirst M, Johnson AF, Baucom C, Ulrich E, Hubbard K, Staggs R, Paule C, Retzel E, Whetten R, Sederoff RR (2003) Apparent homology of expressed genes from wood-forming tissues of loblolly pine (*Pinus taeda* L.) with *Arabidopsis thaliana*. *Proc. Natl. Acad. Sci. USA* 100:7383–7388.

Kittler R, Stoneking M, Kayser M (2002) A whole-genome amplification method to generate long fragments from low quantities of genomic DNA. *Anal. Biochem.* 300:237–244.

Knauss S, Rohrmeier T, Lehle L (2003) The auxin-induced maize gene *ZmSAUR2* encodes a short-lived nuclear protein expressed in elongating tissues. *J. Biol. Chem.* 278: 23936–23943.

Ko MSH (1990) An "equalized cDNA library" by reassociation of short double-stranded cDNAs. *Nucleic Acids Res.* 18:5705–5711.

Komulainen P, Brown GR, Mikkonen M, Karhu A, Garcia-Gil R, O'Malley D, Lee B, Neale DB, Savolainen O (2003) Comparing EST-based genetic maps between *Pinus sylvestris* and *Pinus taeda*. *Theor. Appl. Genet.* 107:667–678.

Kovalchuk O, Burke P, Arkhipov A, Kuchma N, James SJ, Kovalchuk I, Pogribny I (2003) Genome hypermethylation in *Pinus silvestris* of Chernobyl- a mechanism for radiation adaptation? *Mutation Res.* 529:13–20.

Kovarik A, Koukalova B, Lim KY, Matyasek R, Lichtenstein CP, Leitch AR, Bezdek M (2000) Comparative analysis of DNA methylation in tobacco heterochromatic sequences. *Chromosome Res.* 8:527–541.

Kumar S, Cheng X, Klimasauskas S, Mi S, Posfai J, Roberts RJ, Wilson GG (1994) The DNA (cytosine-5) methyltransferases. *Nucleic Acids Res.* 22:1–10.

Lapitan NLV (1992) Organization and evolution of higher plant nuclear genomes. *Genome* 35:171–181.

Law DR, Suttle JC (2002) Transient decreases in methylation at 5′-CCGG-3′ sequences in potato (*Solanum tuberosum* L.) meristem DNA during progression of tubers through dormancy precede the resumption of sprout growth. *Plant Mol. Biol.* 51:437–447.

Lee C, Ritchie DBC, Lin CC (1994) A tandemly repetitive, centromeric DNA sequence from the Canadian woodland caribou (*Rangifer tarandus caribou*): its conservation and evolution in several deer species. *Chromosome Res.* 2:293–306.

Lee J-Y, Lee D-H (2003) Use of serial analysis of gene expression technology to reveal changes in gene expression in *Arabidopsis* pollen undergoing cold stress. *Plant Physiol.* 132: 517–529.

Lisch D, Carey CC, Dorweiler JE, Chandler VL (2002) A mutation that prevents paramutation in maize also reverses *Mutator* transposon methylation and silencing. *Proc. Natl. Acad. Sci. USA* 99:6130–6135.

Liu B, Wendel JF (2003) Epigenetic phenomena and the evolution of plant allopolyploids. *Mol. Phylogenet. Evol.* 29:365–379.

LoSchiavo F, Pitto L, Giuliano G, Torti G, Nuti-Ronchi V, Marazziti D, Vergara R, Orselli S, Terzi M (1989) DNA methylation of embryonic carrot cell cultures and its variations as caused by mutation, differentiation, hormones, and hypomethylating drugs. *Theor. Appl. Genet.* 77:325–331.

Lund G, Messing J, Viotti A (1995) Endosperm-specific demethylation and activation of specific alleles of alpha-tubulin genes of *Zea mays* L. *Mol. Gen. Genet.* 246:716–722.

Lundblad V, Wright WE (1996) Telomeres and telomerase: A simple picture becomes complex. *Cell* 87:369–375.

Luo S, Preuss D (2003) Strand-biased DNA methylation associated with centromeric regions in *Arabidopsis*. *Proc. Natl. Acad. Sci. USA* 100:11133–11138.

Martienssen RA, Rabinowicz PD, O'Shaughnessy A, McCombie WR (2004) Sequencing the maize genome. *Curr. Opin. Plant Biol.* 7:

102–107.

Melquist S, Luff B, Bender J (1999) Arabidopsis *PAI* gene arrangements, cytosine methylation and expression. *Genetics* 153:413.

Menendez-Arias L (2002) Molecular basis of fidelity of DNA synthesis and nucleotide specificity of retroviral reverse transcriptases. *Prog. Nucleic Acid Res. Mol. Biol.* 71: 91–147.

Meng L, Bregitzer P, Zhang S, Lemaux PG (2003) Methylation of the exon/intron region in the *Ubi1* promoter complex correlates with transgene silencing in barley. *Plant Mol. Biol.* 53:327–340.

Messeguer R, Ganal M, deVincente MC (1991) High resolution RFLP map around the root knot nematode resistance gene (Mi) in tomato. *Theor. Appl. Genet.* 82:529–536.

Murray MG, Thompson WF (1976) Contaminants affecting plant DNA reassociation. *Carnegie Inst. Wash. Yearbook* 76:255–259.

Neto ED, Harrop R, Correa-Oliveira R, Wilson RA, Pena SDJ, Simpson AJG (1997) Minilibraries constructed from cDNA generated by arbitrarily primed RT-PCR: an alternative to normalized libraries for the generation of ESTs from nanogram quantities of mRNA. *Gene* 186:135–142.

Ostrander EA, Jong PM, Rine J, Duyk G (1992) Construction of small-insert genomic DNA libraries highly enriched for microsatellite repeat sequences. *Proc. Natl. Acad. Sci. USA* 89:3419–3423.

Paetkau D (1999) Microsatellites obtained using strand extension: an enrichment protocol. *BioTechniques* 26:690–697.

Paterson AH, Bowers JE, Burow MD, Draye X, Elsik CG, Jiang C-X, Katsar CS, Lan T-H, Lin Y-R, Ming R, Wright RJ (2000) Comparative genomics of plant chromosomes. *Plant Cell* 12:1523–1539.

Paterson AH, Bowers JE, Chapman BA, Peterson DG, Rong JK, Wicker TM (2004) Comparative genome analysis of monocot and dicots, toward characterization of angiosperm diversity. *Curr. Opin. Biotech.* (in press).

Paterson AH, Schertz KF, Lin Y-R, Liu S-C, Chang Y-L (1995) The weediness of wild plants: Molecular analysis of genes influencing dispersal and persistance of johnsongrass, *Sorghum halepense* (L.) Pers. *Proc. Natl. Acad. Sci. USA* 92:6127–6131.

Peterson DG, Boehm KS, Stack S (1997) Isolation of milligram quantities of DNA from tomato (*Lycopersicon esculentum*), a plant containing high levels of polyphenolic compounds. *Plant Mol. Biol. Reptr.* 15:148–153.

Peterson DG, Pearson WR, Stack SM (1998) Characterization of the tomato (*Lycopersicon esculentum*) genome using *in vitro* and *in situ* DNA reassociation. *Genome* 41:346–356.

Peterson DG, Schulze SR, Sciara EB, Lee SA, Bowers JE, Nagel A, Jiang N, Tibbitts DC, Wessler SR, Paterson AH (2002) Integration of Cot analysis, DNA cloning, and high-throughput sequencing facilitates genome characterization and gene discovery. *Genome Res.* 12:795–807.

Peterson DG, Wessler SR, Paterson AH (2002) Efficient capture of unique sequences from eukaryotic genomes. *Trends Genet.* 18:547–550.

Petrov DA (2001) Evolution of genome size: new approaches to an old problem. *Trends Genet.* 17:23–28.

Phan J, Reue K, Peterfy M (2000) MS-IRS PCR: a simple method for the isolation of microsatellites. *BioTechniques* 28:18–20.

Prakash AP, Kush A, Lakshmanan P, Kumar PP (2003) Cytosine methylation occurs in a CDC48 homologue and a MADS-box gene during adventitious shoot induction in *Petunia* leaf explants. *J. Exp. Bot.* 54:1361–1371.

Rabinowicz PD, Schutz K, Dedhia N, Yordan C, Parnell LD, Stein L, McCombie WR, Martienssen RA (1999) Differential methylation of genes and retrotransposons facilitates shotgun sequencing of the maize genome. *Nature Genet.* 23:305–308.

Raizada MN (2003) *RescueMu* protocols for maize functional genomics. *Methods Mol. Biol.* 236:37–58.

Raizada MN, Nan G-L, Walbot V (2001) Somatic and germinal mobility of the *RescueMu* transposon in transgenic maize. *Plant Cell* 13:1587–1608.

Redaschi N, Bickle TA (1996) DNA restriction and modification systems. In: *Escherichia coli and Salmonella: Cellular and Molecular Biology.* Edited by: Neidhardt FC. *ASM Press, Washington, D.C.*: pp. 773–781.

Rudd S (2003) Expressed sequence tags: alternative or complement to whole-genome sequences? *Trends Plant Sci.* 8:321–329.

SanMiguel P, Bennetzen JL (2000) Evidence that a recent increase in maize genome size was caused by the massive amplification of intergene retrotransposons. *Ann. Bot.* 82:

37–44.

Saunders VA, Houben A (2001) The pericentromeric heterochromatin of the grass *Zingeria biebersteiniana* (2n=4) is composed of Zbcen1-type tandem repeats that are intermingled with accumulated dispersedly organized sequences. *Genome* 44:955–961.

Schmid KJ, Sörensen TR, Stracke R, Törjék O, Altmann T, Mitchell-Olds T, Weisshaar B (2003) Large-scale identification and analysis of genome-wide single-nucleotide polymorphisms for mapping in *Arabidopsis thaliana*. *Genome Res.* 13:1250–1257.

Schmidt T, Kudla J (1996) The molecular structure, chromosomal organization, and interspecies distribution of a family of tandemly repeated DNA sequences of *Antirrhinum majus* L. *Genome* 39:243–248.

Shagin DA, Rebrikov DV, Kozhemyako VB, Altshuler IM, Shcheglov AS, Zhulidov PA, Bogdanova EA, Staroverov DB, Rasskazov VA, Lukyanov S (2002) A novel method for SNP detection using a new duplex-specific nuclease from crab hepatopancreas. *Genome Res.* 12:1935–1942.

Sherman JD, Stack SM (1995) Two-dimensional spreads of synaptonemal complexes from solanaceous plants. VI. High-resolution recombination nodule map for tomato (*Lycopersicon esculentum*). *Genetics* 141: 683–708.

Singer T, Yordan C, Martienssen RA (2001) Robertson's *Mutator* tranposons in *A. thliana* are regulated by the chromatin-remodeling gene *Decrease in DNA Methylation (DDM1)*. *Genes & Dev.* 15:602.

Soares MB, Bonaldo MDF, Jelene P, Su L, Lawton L, Efstratiadis A (1994) Construction and characterization of the normalized cDNA library. *Proc. Natl. Acad. Sci. USA* 91:9228–9232.

Steward N, Ito M, Yamaguchi Y, Koizumi N, Sano H (2002) Periodic DNA methylation in maize nucleosomes and demethylation by environmental stress. *J. Biol. Chem.* 277: 37741–37746.

Telenius H, Carter NP, Bebb CE, Nordenskjold M, Ponder BA, Tunnacliffe A (1992) Degenerate oligonucleotide-primed PCR: General amplification of target DNA by a single degenerate primer. *Genomics* 13:718–725.

Temin HM, Mizutani S (1970) RNA-dependent DNA polymerase in virions of Rous sarcoma virus. *Nature* 226:1211–1213.

Törjék O, Berger D, Meyer RC, Müssig C, Schmid KJ, Sörensen TR, Weisshaar B, Mitchell-Olds T, Altmann T (2003) Establishment of a high-efficiency SNP-based framework marker set for *Arabidopsis*. *Plant J.* 36:122–140.

Waldbieser GC, Quiniow SMA, Karsi A (2003) Rapid development of gene-tagged microsatellite markers from bacterial artificial chromosome clones using anchored TAA repeat primers. *BioTechniques* 35:976–979.

Watson JC, Kaufman LS, Thompson WF (1987) Developmental regulation of cytosine methylation in the nuclear ribosomal RNA genes of *Pisum sativum*. *J. Mol. Biol.* 193: 15–26.

Wei F, Wing RA, Wise RP (2002) Genome dynamics and evolution of the *Mla* (powdery mildew) resistance locus in barley. *Plant Cell* 14:1903–1917.

Wessler SR (1997) Transposable elements and the evolution of gene expression. *Exp. Biol.* 1039:115–122.

Whitelaw CA, Barbazuk WB, Pertea G, Chan AP, Cheung F, Lee Y, van Heeringen S, Karamycheva S, Bennetzen JL, SanMiguel P, Lakey N, Bedford J, Yuan Y, Budiman MA, Resnick A, van Aken S, Utterback T, Riedmuller S, Williams SM, Feldblyum T, Schubert K, Beachy R, Fraser CM, Quackenbush J (2003) Enrichment of gene-coding sequences in maize by genome filtration. *Science* 302: 2118–2120.

Xiong LZ, Xu CG, Saghai Maroof MA, Zhang Q (1999) Patterns of cytosine methylation in an elite rice hybrid and its parental lines, detected by a methylation-sensitive amplification polymorphism technique. *Mol. Gen. Genet.* 261:439–446.

Yang E, van Nimwegen E, Zavolan M, Rajewsky N, Schroeder M, Magnasco M, Darnell Jr JE (2003) Decay rates of human mRNAs: Correlation with functional characteristics and sequence attributes. *Genome Res.* 13:1863–1872.

Yuan Y, SanMiguel PJ, Bennetzen JL (2003) High-Cot sequence analysis of the maize genome. *Plant J.* 34:249–255.

Zhulidov PA, Bogdanova EA, Shcheglov AS, Vagner LL, Khaspekov GL, Kozhemyako VB, Matz MV, Meleshkevitch W, Moroz LL, Lukyanov SA, Shagin DA (2004) Simple cDNA normalization using kamchatka crab duplex-specific nuclease. *Nucleic Acids Res.* 32:e37.

Zimmerman JL, Goldberg RB (1977) DNA sequence organization in the genome of *Nicotiana tabacum. Chromosoma* 59:227–252.

Zluvova J, Janousek B, Vyskot B (2001) Immunohistochemical study of DNA methylation dynamics during plant development. *J. Exp. Botany* 52:2235–2273.

Chapter 14

大规模DNA测序

摘　要

技术进步使DNA测序取得了巨大进展，新的测序技术不但大幅度提高了测序产出量，也降低了单个碱基测序的费用。由于DNA测序结果已经成为一项非常方便易用的商业品，所以现在已经把DNA序列作为了解任何一种生物的生物学特性的核心。本章就大规模植物DNA测序计划的范围、方法学与展望进行综述。

14.1　引　言

DNA测序在过去的十年有了很大的进展。"Big Dye"化学荧光染料以及以毛细管为基础测序仪器的应用，是这期间的两大主要进展；这种荧光染料能够对测序的碱基进行实时的和多通道的检测。因为这两大进展以及其他一些进展，使得单部仪器与测序中心的完成的测序工作量大大提高，同时伴随着耗费的降低。如今，DNA测序已成为所有研究者在比较合理的费用下，非常方便易用的商品，这样就使得大部分的小到中型规模的实验室都不必再用他们自己的测序设备测序了。DNA测序的主要设备和原材料费用的降低，加上各类科研基金代理机构对DNA测序重要性的认识，测序工作几乎成为了所有现代研究的支柱，这样就促使了更大更远目标测序项目的日益增加。

第一项大规模植物基因组测序工作是从拟南芥基因组测序开始，于1996年正式启动，2000年11月完成基因组测序（AGI 2000）。与用酵母人工染色体（YAC）以及考斯粒文库进行物理作图比较，实际上测序项目开始早5年，当然后来测序也转入到细菌人工染色体（BACs）的测序。因此，大部分测序工作集中于细菌人工染色体（BACs），测序任务被分配到美国、欧洲以及日本等各国的测序中心。每个中心负责特定染色体或者部分染色体的测序，而且各中心不但要完成测序，还要对完成的序列部分初始注释。在四年测序期间，不只是从改进一两个因素而使费用降低，并从那以后测序费用持续下降。

20 世纪 90 年代末，产生的另一项重要进展，是开发出了能够处理庞大而且复杂基因组的序列组装仪，Celera 公司的研究小组通过该测序组装仪证明了组装测序获得的全基因组策略，这项工作最初是由基因组研究所（TIGER：Institute for Genomic Research）（Fleischmann et al. 1995）为研究流感嗜血杆菌基因组而首创，可以应用于更大更复杂的基因组：先是黑尾果蝇（Myers et al. 2000）接着是人类基因组（Venter et al. 2001）。从那时起，全基因组测序计划已更加快速地普遍化，而以细菌人工染色体为基础的测序便退居二线了。每种测序的原理与优点将在下文简要讨论。

14.2 测序的目的与策略选择

大规模测序的动机包括发现基因和发现单核苷酸多态性（SNP），以及作图和比较基因组学。对于测序过程以及下游分析，上述每个方向与任务涉及了不同的获取和管理模板的方法。

14.3 EST 测序

表达序列标签（ESTs）测序对发现基因，以及对于用在功能基因组学中的物种特异序列信息的获取，仍然是一种经济有效的途径。除非研究目标是为了提供下游使用，而需要从特定组织中获得文库，覆盖一个新物种的最有效的途径是从一系列组织与处理中，制备一个 RNA 的混合池，而产生一个单一的文库。文库标准化可以显著增加通过测序而发现基因的速率（Kuhl et al. 2004），但从减少测序中节约耗费必定抵消实现标准化的大量耗费。

14.4 基于 BAC 的大规模测序

以 BAC（细菌人工染色体）为基础的植物基因组计划的一些例子列举在表 14-1 中，这里只是其中的一部分。在 BAC 为基础的计划中，用不同的限制性内切酶从基因组 DNA 中构建了一个或多个的 BAC 文库，目标是产生 10～20×倍的基因组覆盖率。不论物理图谱一开始存在与否，目标就是用最小数目的必需 BACs 来完成重建完整的基因组。这最初的基础可以采用像给行人展示方向的地图的序列标签连接器 （STC）策略（Venter et al. 1996），也可以使用事前存在的通过指纹图谱开发的物理图谱等（见第 11 章）。

表 14-1 植物基因组过程

表 14-1a 以细菌人工染色体为基础的过程

物种	基因组大小	需要 BACs 大约数量	状 态
拟南芥[a]	~120 Mb	1 500	已完成,2000.11
水稻[b]	~430 Mb	4 300	3 391BACs 产生 259 Mb 的唯一草图序列
水稻[c]	~430 Mb	4 300	高质量草图,2002.11,染色体 1,3,4 与 10 已完成,其他正在进行中
玉米[d]	~2 300 Mb	Survey only	500 000 BAC 末端;~100 BACs 正在进展中
莲花[e]	~470 Mb	4 700	256 BACs 含 26.2 Mb
苜蓿[f]	~500 Mb	5 000	HTGS 阶段 3 : 24.71 Mb;211 BACs;HTGS 阶段 2 : 27.08 Mb;220 BACs;HTGS 阶段 1 : 34.34 Mb;349 BACs

[a]http://www.tigr.org/tdb/e2k1/ath1.shtml.(AGI 2000).

[b]http://www.monsanto.com/monsanto/layout/our_pledge/rice_genmo.asp.(Barry 2001).

[c]http://rgp.dna.affrc.go.jp/; see http://www.tigr.org/tdb/e2k1/osa1/ for genomic-wide totals.(Feng et al. 2002;Sasaki et al. 2002;The rice Chromosome 10 Sequencing Consortium 2003).

[d]http://pgir.rutgers.edu/.

[e]http://www.kazusa.or.jp/lotus/ (Asamizu et al. 2003).

[f]http://www.genome.ou.edu/medicago_totals.html.

表 14-1b 全基因组计划

物 种	基因组大小	已完成序列	覆盖倍数	已装配序列总数
粳稻(*Oryza sativa* ssp. *japonica*[a])	~430 Mb	2 500 Mb	5.8×	389.8 Mb
籼稻(*Oryza sativa* ssp. *indica*[b])	~460 Mb	2 522 Mb	4.2×	361 Mb
杨树(*Populus trichocarpa*[c])	~550 Mb	4 800 Mb	8.7×	未获得
Zea mays[d]	2 300 Mb			
Methyl-filtered	260 Mb[e]	183.2 Mb	0.7×[e]	102.8 Mb
Cot-enriched	284 Mb[e]	179.7 Mb	0.6×[e]	120.7 Mb
MeF+Cot	413 Mb[e]	362.9 Mb	0.9×[e]	202.7 Mb

[a]http://portal.tmri.org/rice/Rice Description.html(Goff et al. 2002).

[b]http://www.genomics.org.cn/bgi/english2/index.htm(Yu et al. 2002).

[c]http://genome.jgi-psf.org/poplar0/poplar0.info.html.

[d]http://www.tigr.org/tdb/tgi/maize/.(Whitelaw et al. 2003;Palmer et al. 2003).

[e]过滤的(有效)基因组大小(Filtered (effective) genome size)(Whitelaw et al. 2003).

以 BAC 为基础的测序较全基因组测序方法有许多优势：

1. 测序任务可以更容易分散分配到各测序中心。这就推进了多个机构与国际合作,这样就使得每个中心能够从事序列鉴定,并又更能感觉是在自己的“地域”投资。

2. 较少出现装配问题,这有两种原因。用于装配的大小范围在 50~250 kb 的软件很方便使用,并能在大多数计算机上运行。在序列装配中容易出问题的重复序列，被严格限制在一个个体的细菌人工染色体内的那些重复，因此出现问题的数量要小些。

3. 某些情况下它可能在目标待测基因组区域是一种耗费更有效合理的方法。比如，已揭示苜蓿的基因组被组织为两种或多或少具拓扑结构差异性的区域——异染色质，中心着丝粒周围基因稀薄区域和富含基因的常染色质染色体臂区(Kulilovs et al. 2001)。在 BAC-by-BAC 基础上关注常染色质区臂的测序，苜蓿基因组测序组计划(Medicago Genome Sequencing Consortium)通过测序约 50%的约 500 Mb 基因组，将能够捕获约 90%的基因内容。

14.5 基于染色体的测序

有一些全基因组计划采用了基于染色体的策略来简化组装过程(如，疟原虫：*Plasmodium faciparum*)(Gardner et al. 1998)。在该项技术中，生物的染色体首先通过脉冲电场或流式细胞仪分选，接着制备全染色体的文库，再被测序然后组装，基本方式与全基因组测序过程大体一致。原理上，该方法通过限制待组装序列数目并严格局限在出现在特定染色体上的那些重复序列，具有能够简化组装过程的优势。但也存在缺陷：染色体分选不是很有效。这将产生来自其他染色体的"污染"的出现。另外，有该分选技术产生的 DNA 数量也有限。

14.6 全基因组鸟枪法测序

全基因组鸟枪(WGS)测序法比起 BAC-by-BAC 法具多个优势，其原理非常简单。只需要有覆盖全基因组的很少的不同插入大小的文库，然而对于一个基于 BAC 的计划，对于每个 BAC 都需要 1～2 个文库，而一项典型的基因组计划可能需要几千个 BACs(表 14-1)。另外，包含在基于 BAC 计划中内源冗余被避免了，此内源冗余序列上 10%～20%的重叠被测序。全基因组计划也可将任务分配到多个测序中心，而组装时所有测序中心的资源需要再集中起来。组装可由一个以上的中心来操作，在机器自动组装时提供一个有价值的验证检测。但在处理更大的基因组时，具有执行该组装任务的软硬件两个条件能力的测序中心就被限制在很少很少的几个中心了。

全基因组测序与组装可能产生非常大量的各种组装，这些组装的有序化与定向极大地依赖于有相当好基础的物理与遗传图谱，在这些图中带有的序列有着已测序的遗传标记与 BAC 末端。要求指导间隙的弥合与低质量序列的，"进行中"的全基因组测序计划，必须在一个区域的基础上进行。因此，在全基因组计划的鸟枪测序阶段，也可以用一种必要的随机形式与几个测序中心一起分享，一旦完成鸟枪阶段与初始组装，全基因组计划也将转向区域责任制(如，一条染色体一条染色体的逐条完成)。

14.7 由差异克隆策略进行选择性的基因组测序

全基因组测序计划也可以应用差异克隆策略将测序工作集中于基因组的特定区域。最常见的有甲基过滤法(Methyl filtration)(Rabinowicz et al. 1999)与基于Cot(Cot-based)(Peterson et al. 2002)的策略,它们在前一章节有叙述。

14.8 低覆盖测序

完成基因组测序,例如完成拟南芥的基因组测序在结束(完成过程)阶段,资金耗用和工作量都非常大。如果主要目标是发现基因内容而非每个基因以及基因间隔区序列的精细顺序与方向时,低覆盖面测序是一种很有效的方法。

应用Lander-Waterman方程(Lander and Waterman 1998)可为不同水平的测序估计组装大小以及基因组覆盖面的部分。假设某一基因组长度为L,序列阅读长度为b,n次阅读后某一碱基保持未被测序的概率可根据泊尔松分布计算:

$$P(0)=e^{-bn/L} \quad (1)$$

根据方程(1)我们能得到未被测序碱基总数(总空位(gap)长度):

$$\text{总空位长度}=Le^{-bn/L} \quad (2)$$

接连的未被测序区域总数(总空位数):

$$\text{空位数}=ne^{-bn/L} \quad (3)$$

任一给定水平覆盖度的组装大小由下式计算:

$$\text{组装大小}=L[((e^{c\sigma-1})/c)+(1-\sigma)] \quad (4)$$

其中c=基因组覆盖面(测序的碱基数目/基因组大小),$\sigma=1-T/L$(T=可检测到的重叠所需要的碱基数目)。

应注意到,覆盖水平依赖于阅读长度以及两序列组装阅读时所需要的序列重叠总数,覆盖水平还依赖于被测序文库是原始基因组的随机代表这种假设。典型的120-kb BAC和假设的1 000-Mb基因组的一些数据列于表14-2。忽略基因组大小,不论是BAC还是全基因组的3×序列覆盖度都将捕获约95%的序列任何正在被测序的序列内容。从TIGR上已完成的微生物基因组阅读可获得序列亚组,利用该序列亚组随机样本的重构,显示出Lander-Waterman方程通常是很精确的。

表 14-2a 来自测序的 120-kb BAC 到各种水平序列覆盖的期望值

序列阅读数 (n)	未测序 BAC 百分比	未测序碱基对	双链空位数	空位长度平均值(bp)	平均毗连群大小(bp)	覆盖倍数
171	36.79	44 146	67	662	1 122	1×
514	4.98	5 974	31	194	3 599	3×
857	0.67	809	7	112	14 448	5×
1 371	0.03	40	0	0	147 260*	8×

* 理论上，在单毗连群中，BAC 是闭合的，实际上通常会保留几个空位。

表 14-2b 来自测序 1 000-Mb 的基因组到各种水平的序列覆盖的期望值

序列阅读数 (n)	未测序基因组百分比	未测序碱基对	双链空位数	空位长度平均值(bp)	平均毗连群大小(bp)	覆盖倍数
1 428 571	36.79	367 879 441	564 453	652	1 122	1×
4 285 714	4.98	49 787 068	264 363	188	3 599	3×
7 142 857	0.67	6 737 947	68 786	98	14 448	5×
11 428 571	0.03	335 463	6 788	49	147 260	8×

低覆盖度的测序较 EST 测序具有优势，因为它调查了所有的可能编码区域，而 EST 计划仅典型地挖掘了约 60％的基因组。低覆盖度测序也能为启动子、重复序列等提供信息，但由于大基因组尤其是高度重复序列的大基因组运用此方法耗资太大不太合适。但如果参考基因组能够提供小数目组装的顺序与排列方向上的信息时，从低覆盖度测序中就能够获得大量有价值的信息（如，1.5×覆盖度的狗基因组：Kirkness et al. 2003）。然而，犬与人类有很紧密的相关，而且锚定基因组的程度（如拟南芥作为一个参考对比于油菜，水稻作为一个参考对比于泥沼旱熟禾，苜蓿、莲花作为一个参考对比于豆科植物），对其他一些仍然有待开发的植物物种基因组的排序和定向小的组装，还是非常有用的。

14.9 细菌人工染色体(BAC)末端测序

BAC 末端测序是物理图谱发展的重要组成部分，它也应被列为低覆盖度测序的另一种方式。BAC 末端测序要求略高于通常基于质粒的测序，因为低拷贝载体与大插入片段的结合导致低的模板产量，而且也由此需要更多的工作耗费与试剂。所以，BAC 末端测序就要比高拷贝质粒或者制备好的 PCR 产物测序，费用要高到 2～5 倍。然而，成对的 BAC 末端序列构成了全基因组基因枪测序计划框架方案的很重要的一部分，以及基于 BAC 基因组测序计划的很重要部分。另外，序列本身也或多或少提供了一些随机鉴定的一个新基因组的信息内容（基因、转座子、重复序列）。

14.10 自动测序过程

14.10.1 文库构建

无论是BACs测序、亚基因组部分还是全基因组鸟枪法测序文库,几乎总是根据片段大小分级,随机剪切模板DNA而进行构建。DNA的随机剪切是通过DNA雾状化方法,或者是更复杂的方法(如Hydroshear,Gene Machines,San Carlo,CA)。完成的随机剪切使最终提供给克隆的DNA偏差达到最小化。而了解每个文库的插入片段大小范围的知识,在组装后过程即称作搭建框架的过程的后期步骤中很重要。文库在高拷贝数或中等拷贝数载体中,是以两种或多种片段大小范围(如2~3 kb,10~12 kb)的典型方式被产生。如果由于重组造成的插入稳定性是一个问题的话,低拷贝载体(复制的F-来源因子)也能使用,但是模板准备将有更多要求。克隆策略应当使含有插入片段克隆的数目最大化。在TIGR中利用不会自我连接的BstXI接头(linker)来完成这种任务。要求转录通过插入片段的克隆策略(如蓝白斑选择)更可能遇到有毒序列的问题,来自一组序列的这种毒序列的缺乏,可能影响后续的组装过程。已开发一些载体系统(如Lucigen, Middleton, WI),此系统通过将转录终止信号连于插入序列侧翼而将插入毒性减小到最低程度,并表现出一些优点,但目前这些载体系统未被广泛采用。为提供长范围的连锁信息,捕获大的经选择了大小的基因组片段的两个末端的跳跃文库(见Collins和Weissman 1984年的原理包含在其中),对高通量测序,是有更多修正的,因为它们的全部插入大小不会影响模板的产生;这种类型的文库看起来可能在全基因组计划中要增加应用。

14.10.2 模板产生

高通量的测序需要既高产又经济合理的模板产量。在过去的几年里,由机器人进行的基于碱裂解的方法,已经发展为一种强有力的和经济合理的方法。现在一般通常在384孔板上(250 μL的培养物)进行细胞生长与模板生产,结果模板的分离,获得大约能用于约5个反应的足够反应材料。对于用于末端测序由于BAC模板,常要用到更大的培养体积(1 200 μL)和氧气系统,却得到更低的模板产量(摩尔)。生产模板的其他方法如Templiphi模板(Reagin et al. 2003;Amersham Biosciences, Piscataway, NJ),这个方法是基于Φ29DNA聚合酶的一个扩增过程,也是一种很有效,但却耗费较的方法。

PCR产物可以被直接测序:首先将样品用外切核酸酶与虾碱磷酸酶混合物处理以除去不用的核苷酸与引物;接着加热变性这些酶,加入合适的引物后便进行标准的循环测序反应。对来源于基因组的多个不同区域(如SNP分析),进行PCR

产物的高通量分析，可能还需要在每个 SNP 一特异的引物末端加入一段普通的引物序列，由此使得所有样品在相同的引物下都能被测序，并能除去 SNP 与测序引物之间的可能混合物。

14.10.3 测序反应与分析

由于用于测序的 Big Dye 试剂很昂贵，近来倾向于用越来越小的反应体积。目前，大规模的测序中心应用了生产商供应常规体积的 1/20～1/32 的反应体积，这也相应降低了耗费。整个反应的最后体积为约 10 μL 对于高产量的测序中心。所有测序反应是通过毛细管测序仪进行分析，这个仪器能进行自动上样，运行时间相对较短，精确追踪样品。目前使用的最普遍的工具是 ABI 3700，ABI 3730（Applied Biosystems, Foster City, CA）以及 MegaBACE（Amersham Bioscience, Piscataway NJ）仪器。这些仪器每天可执行 96 个样品的 12 循环，连续工作 72 h 而不间断。

这些高通量的操作也面临着一些问题，其中之一就是保持最新的技术优势，而这个是与提供高通量和较长阅读片段是保持一致的。而这个优势与资金投资在废旧设备上后，怎样才能从中获得全部价值，如何在技术优势与资金投入之间寻找真正的平衡是问题症结所在。

14.10.4 测序能力与成本

国家人类基因组研究院（NHGRI：National Human Genome Research Institute）期望它指派的大规模测序中心，能够每年以一定费用或低于此的费用（写此文时，每个阅读为＄1.50），努力进行 2 亿目标的阅读（详细资料见 http://grants1.nih.gov/grants/guide/rfa-files/RFA-HG-03-002.HTML）。仅有几个测序中心符合这种标准。参照 NHGRI' s 的例子，美国的其他资金机构现在也对测序反应的耗费施加了上限要求。这些费用限制（写此文时，完成每兆碱基为＄80 000）压力，已经有效地区分出那些完全符合这些要求而能够引导中度到大规模的测序计划的测序中心。

14.10.5 测序后数据处理

14.10.5.1 质量校正

最初测得序列的阅读是通过由碱基清点（base-calling）与校正软件来处理，这种软件定义“高质量”序列并能去除任何残余载体。这种软件有 phred/cross_match（Ewing and Green 1998；http://www.phrap.org/phrap.docs/phred.html）与 Lucy（Chou and Holmes 2001）等。虽然这些过程的具体细节因不同机构有差异，但网络效应是相同的，产生没有载体、高质量的备于序列组装的序列阅读。根据以下公式，pred 的质量值（*QV*）与碱基清点误差概率相关。

$$QV = -10 \log_{10}(P_e)$$

其中，Pe 即可能代表碱基清点是一种误差的概率。大部分测序计划都用一个 20 的 phred 值，作为它们高质量测序的截止点(cutoff)，对应于一个 1∶100 概率的错误碱基清点。

14.10.5.2 序列组合

序列组装由组装软件执行，该软件组装符合百分识别率、最小重叠水平等一定标准的组装序列阅读。使用的精确参数依赖于组装仪程序本身以及一定的使用者的取值。对于组装，典型的要求是大于 97%识别率、至少一个 40 核苷酸的重叠和不多于 10 碱基的末端空悬(overhang)错配。组装过程中的每个碱基都分配有，反映碱基位置相对精确度的复合质量得分数。克隆匹配信息(如，在来自同一个克隆的相反末端的阅读序列之间的必需关系)不在严格以序列为基础的组装过程中使用。许多测序组装仪既出现于公共区域又有作为商品包的。然而大部分的组装仪(如，phrap-www.phrap.org；TIGR assembler-Sutton et al. 1996)受限于它们所能处理的基因组大小，最适用于 BACs 以及原核基因组。为将全基因组鸟枪策略扩展至既有大小问题又有重复序列问题的大的原核基因组，开发了新一代的全基因组组装仪，最先由 Celera 发起(Huson et al. 2001)而后是 Whitehead Institute (Batzoglou et al. 2002；Jaffe et al. 2003)。这两种方案都使新的组装策略与代数置于其中。若干个其他的，并且现在用于大的全基因组组装过程的组装软件包(如，由 Baylor College of Medicine 开发的 Atlas，Sanger Center 中心发展的 Phusion，以及 Joint Genomes Institute 开发的 Jazz)为混合包，提供大规模测序管理，但也继续用 phrap 作为基本的组装动力。运行测序大基因组的这些任何组装仪，都需要强大的计算机能力(16～32 Gb 的 RAM)，以及高的并行处理器(20 CPU 或更高)，这对组装过程初始配对序列，进行比较的阶段尤其重要。因此，对于测序，真正的大规模全基因组计划只能在非常少的、有合适计算机资源的测序中心进行测序。

14.10.5.3 序列框架

搭框架是将各测序组装结果连琐在一起的过程，连琐是以克隆-配对与插入片段大小的信息为基础，以便针对相关组装，去开发最一致的秩序和排列方向信息。因此，搭框架提供了一个较长范围的有代表性的基因组。大部分的组装软件包包含了搭框架的模块，但使用者对使用的算法以及输出都很难控制。在 TIGR(Pop et al. 2004)开发的 Bambus 是一个有通用目的的搭框架软件，这个搭框架软件提供给使用者相当大的灵活性来控制搭框架的参数。Bambus 的主要优点在于除了从克隆-配对信息中推理连锁数据，还能够利用连锁数据。一旦与计划目标一致，这种具有搭框架功能的组装仪对指导闭合提供起始点，或者在已知是物理连锁的组装的序列之间，对指定的弥合测序空位完成反应。另外，包含在组装序列中序列，如遗传标记与 BAC 末端，能够提供返回物理图谱与遗传图谱的连锁，这样就可以进一步地辅助定向、排序以及在毗连群间建立联系。随着相对完好的参考基因组数目的增加，物种间由共线性带来的假定序列保守性为组装与毗连群的排序和定向提供了另一种可能的途径，至少可作为指导关闭反应的第一个近似结果。Bambus 能够运用基因组比对程序 MUMmer (Delcher et al. 2002)中的输出结果，来构建低覆盖度基因组的框架(Pop et al. 2004)。

14.10.5.4 序列编辑与间隔补平

当测序目标是对全区域生产高质量完成序列，还需要一些组装后的工作。测序编辑需要检查组装的色谱图衔接标记，以解决影响组装或者是影响组装衔接的自相矛盾的组装或者是模棱两可的组装。这通常是由人工操作，是项耗时的工作，但这却是一项非常重要的工作，在解决由于测序过程的固有误差率(1%～2%)，高度相似的重复区域，重复之间的不同序列测为同一种顺序的问题。为加速检查过程，TIGR 开发的一种自动编辑程序(Autoeditor program)(Gajer et al. 2004)，利用与人工检测过程相似的基本原理也实现了相同的目标。在测试运行中，采用完成的已被人工编辑完成了最后组装的基因组的原始序列阅读段，自动编辑程序能将错误的碱基清点数减少 80%，在每 8 828 个错误改正中只出现一次错误。

初始组装后，对毗连群之间的间隔产生序列后，得到一个完整的序列。利用自动闭合仪(Autocloser)(TIGR)或自动完成仪(Autofinish)(Gordon et al. 2001)等软件鉴定克隆，重测序一些短的或者是无法阅读的片段补平间隔位。跨越间隔的较大克隆的测序通常用基于转座子的技术来检测(如，GPS. New England Biolabs Beverly, MA)。难测序区域可以用一种带有可选择核苷酸组分的特殊试剂盒(kit)或一些特殊试剂，像 DMSO、甜菜碱，或者是它们的优质相等物质，这些物质能够帮助测序反应通过 DNA 的二级结构，完成完整测序。由 2～3 kb 的克隆打破分解成 100～150 bp 片段所构成的微型文库也能帮助获得难测序区域的序列。

14.11 结　论

如表 14-1，大规模测序的前景正在发生变化，而且毫无疑问地将继续变化。由于高质量的参考基因组已经建立，相关基因组的低覆盖度测序将逐渐成为更具信息量的测序。结合甲基过滤(methyl filtration)与 Cot 富集(Cot enrichment)等筛选技术，将会有更经济有效的较大基因组测序方法的出现。基于 BAC 的测序技术将会继续用于关注基因组特定区域的测序。

真正大规模测序中心要能完成他们的下列测序工作目标：必须结合了机器人进行样品准备，自动化毛细管测序，减少反应体积，购置规模的适度等方面，以及总体的紧密组合的强有力的实验室管理信息系统，实现高通量并且低耗费。过去的 5 年里测序耗费显著降低，这除了有以上原因外，还因为有明显增加了阅读长度。然而，在技术有着显著变化(如将反应体积由微升级降至纳升级或出现一些非常有效的新技术)前,进一步降低测序成本的幅度将会减小了。从可操作性出发,大规模的测序中心更倾向于大的测序计划。管理一项从少数几个文库中获取一百万个阅读的测序计划,逻辑上将远比处理100个每个都需要1万个阅读的测序计划要容易得多。已知正在建议,对植物物种多样性进行某一水平的测序,植物基因组的许多测序计划的规模,可能会在中等大小范围的规模,这也在一些小的,但比较有效率的测序中心进行。

致 谢

鸣谢TIGR的所有同事,谢谢他们的建议、鼓励与支持。

参考文献

(AGI) The *Arabidopsis* Genome Initiative (2000). Analysis of the genome sequence of the flowering plant *Arabidopsis thaliana*. Nature 408, 796–815.

Asamizu, E., Kato, K., Sato, S., Nakamura, Y., Kaneko, T., and Tabata, S. (2003). Structural analysis of a *Lotus japonicus* genome. IV. Sequence features and mapping of seventy-three TAC clones which cover the 7.5 Mb regions of the genome. DNA Research 10, 115–122.

Barry, G. F. (2001). The Use of the Monsanto Draft Rice Genome Sequence in research. Plant Physiol. 125:1164–1165.

Batzoglou S, Jaffe DB, Stanley K, Butler J, Gnerre S, Mauceli E, Berger B, Mesirov JP, Lander ES. (2002). ARACHNE: A whole-genome shotgun assembler . Genome Research, 12:177–189.

Chou, H. H. and Holmes, M. H. (2001). DNA sequence quality trimming and vector removal. Bioinformatics 17:1093–104.

Collins, F. S. and Weissman, S. M. (1984). Directional cloning of DNA fragments at a large distance from an initial probe: a circularization strategy. Proc. Natl Acad Sci USA 81: 6812–6816.

Delcher, A. L., Phillippy, A., Carlton, J. and Salzberg, S. L. (2002). Fast algorithms for large-scale genome alignment and comparison. *Nucleic Acids Res* 30:2478–2483.

Ewing, B. and Green, P. (1998). Basecalling of automated sequencer traces using phred. II. Error probabilities. Genome Res. 8, 186–194.

Feng Q, Zhang Y, Hao P, Wang S, Fu G, Huang Y, Li Y, Zhu J, Liu Y, Hu X, Jia P, Zhang Y, Zhao Q, Ying K, Yu S, Tang Y, Weng Q, Zhang L, Lu Y, Mu J, Lu Y, Zhang LS, Yu Z, Fan D, Liu X, Lu T, Li C, Wu Y, Sun T, Lei H, Li T, Hu H, Guan J, Wu M, Zhang R, Zhou B, Chen Z, Chen L, Jin Z, Wang R, Yin H, Cai Z, Ren S, Lv G, Gu W, Zhu G, Tu Y, Jia J, Zhang Y, Chen J, Kang H, Chen X, Shao C, Sun Y, Hu Q, Zhang X, Zhang W, Wang L, Ding C, Sheng H, Gu J, Chen S, Ni L, Zhu F, Chen W, Lan L, Lai Y, Cheng Z, Gu M, Jiang J, Li J, Hong G, Xue Y, Han B. (2002). Sequence and analysis of rice chromosome 4. Nature. 420:316–320.

Fleischmann, R. D., Adams, M. D., White, O., Clayton, R. A., Kirkness, E. F., Kerlavage, A. R., Bult, C. J., Tomb, J. F., Dougherty, B. A., Merrick, J. M., McKenney, K., Sutton, G., FitzHugh, W., Fields, C., Gocayne, J. D., Scott, J., Shirley, R., Liu, L., Glodek, A., Kelley, J. M., Weidman, J. F., Phillipps, C. A., Spriggs, T., Hedblom, E., Cotton, M. D., Utterback, T. R., Hanna, M. C., Nguyen, D. T., Saudek, D. M., Brandon, R. C., Fine, L. D., Fritchman, J. L., Fuhrmann, J. L., Geoghagen, N. S.M., Gnehm, C. L., McDonald, L. A., Small, K. V., Fraser, C. M., Smith, H. O. and Venter, J. C. (1995). Whole-genome random sequencing and assembly of *Haemophilus influenzae* Rd. Science 269:496–512.

Gajer, P., Schatz, M. and Salzberg, S. L. (2004). Automated correction of genome sequence errors. *Nucleic Acids Research* (in press).

Gardner, M. J., Tettelin, H., Carucci, D. J., Cummings, L. M., Aravind, L., Koonin, E. V., Shallom, S., Mason, T., Yu, K., Fujii, C., Pederson, J., Shen, K., Jing, J., Aston, C., Lai, Z., Schwartz, D. C., Pertea, M., Salzberg, S., Zhou, L., Sutton, G. G., Clayton, R., White, O., Smith, H. O., Fraser, C. M., Adams, M. D., Venter, J. C. and Hoffman, S. L. (1998). Chromosome 2 sequence of the human malaria parasite *Plasmodium falciparum*. Science 282:1126–1132.

Goff SA, Ricke D, Lan TH, Presting G, Wang R, Dunn M, Glazebrook J, Sessions A, Oeller P, Varma H, Hadley D, Hutchison D, Martin C, Katagiri F, Lange BM, Moughamer T, Xia Y, Budworth P, Zhong J, Miguel T, Paszkowski U, Zhang S, Colbert M, Sun WL, Chen L, Cooper B, Park S, Wood TC, Mao L, Quail P, Wing R, Dean R, Yu Y, Zharkikh A, Shen R, Sahasrabudhe S, Thomas A, Cannings R, Gutin A, Pruss D, Reid J, Tavtigian S, Mitchell J, Eldredge G, Scholl T, Miller RM, Bhatnagar S, Adey N, Rubano T, Tusneem N, Robinson R, Feldhaus J, Macalma T, Oliphant A, Briggs S. (2002). A draft sequence of the rice genome (*Oryza sativa* L. ssp. *japonica*). Science. 296:92–100.

Gordon D, Desmarais C, Green P. (2001). Automated finishing with autofinish. Genome Res. 11:614-625.

Huson DH, Reinert K, Kravitz SA, Remington KA, Delcher AL, Dew IM, Flanigan M, Halpern AL, Lai Z, Mobarry CM, Sutton GG, Myers EW. (2001). Design of a compartmentalized shotgun assembler for the human genome. Bioinformatics 17 Suppl 1:S132–139.

Jaffe, D. B., Butler, J., Gnerre, S., Mauceli, E., Lindblad-Toh, K., Mesirov, J. P., Zody, M. C., and Lander, E. S. (2003). Whole-genome sequence assembly for mammalian genomes: ARACHNE 2. Genome Research 13:91–96.

Kirkness, E. F., Bafna, V., Halpern, A. L., Levy, S., Remington, K., Rusch, D. B., Delcher, A. L., Pop, M., Wang, W., Fraser, C. M. and Venter, J. C. (2003). The dog genome: survey sequencing and comparative analysis. *Science* 301:1898–1903.

Kuhl, J. C. Cheung, F., Yuan, Q., Martin, W., Zewdie, Y., McCallum, J., Catanach, A., Paul Rutherford, P., Sink, K. C., Jenderek, M., Prince, J. D. Town, C.D, and Havey, M. J. (2004). Unique set of 11,008 onion (*Allium cepa*) ESTs reveals expressed sequence and genomic differences between monocot orders Asparagales and Poales. Plant Cell (in press).

Kulikova, O., Gualtieri, G., Geurts, R., Kim, D. J., Cook, D., Huguet, T., de Jong, J. H., Fransz, P. F., Bisseling, T.(2001). Integration of the FISH pachytene and genetic maps of *Medicago truncatula*. Plant J. 27:49–58.

Lander, E. S. and Waterman, M. S. (1988). Genomic mapping by fingerprinting random clones: a mathematical analysis. Genomics 2: 231–239.

Myers EW, Sutton GG, Delcher AL, Dew IM, Fasulo DP, Flanigan MJ, Kravitz SA, Mobarry CM, Reinert KH, Remington KA, Anson EL, Bolanos RA, Chou HH, Jordan CM, Halpern AL, Lonardi S, Beasley EM, Brandon RC, Chen L, Dunn PJ, Lai Z, Liang Y, Nusskern DR, Zhan M, Zhang Q, Zheng X, Rubin GM, Adams MD, Venter JC. (2000). A whole-genome assembly of *Drosophila*. Science 287:2196–2204.

Palmer, L. E., Rabinowicz, P. D., O'Shaughnessy, A. L., Balija, V. S., Nascimento, L. U., Dike, S., de la Bastide, M., Martienssen, R. A. and McCombie, W. R.(2003) Maize genome sequencing by methylation filtration. *Science* 302:2115–2117.

Peterson DG, Schulze SR, Sciara EB, Lee SA, Bowers JE, Nagel A, Jiang N, Tibbitts DC, Wessler SR, Paterson AH. (2002). Integration of Cot analysis, DNA cloning, and high-throughput sequencing facilitates genome characterization and gene discovery. Genome Res. 12:795–807.

Pop, M., Kosack, D., and Salzberg, S. (2004) Hierarchical scaffolding with Bambus. Genome Research (in press).

Rabinowicz PD, Schutz K, Dedhia N, Yordan C, Parnell LD, Stein L, McCombie WR, Martienssen RA. (1999). Differential methylation of genes and retrotransposons facilitates shotgun sequencing of the maize genome. Nat Genet. 23:305–308.

Reagin, M. J., Giesler, T. L., Merla, A. L., Resetar-Gerke, J. M., Kapolka, K. M. and Mamone, A. J. (2003). TempliPhi: A sequencing template preparation procedure that eliminates overnight cultures and DNA purification. J Biomol. Tech. 14, 143–148.

The Rice Chromosome 10 Sequencing Consortium (2003). In-depth view of structure, activity, and evolution of rice chromosome 10. *Science* 300:1566–1569.

Sasaki T, Matsumoto T, Yamamoto K, Sakata K, Baba T, Katayose Y, Wu J, Niimura Y, Cheng Z, Nagamura Y, Antonio BA, Kanamori H, Hosokawa S, Masukawa M, Arikawa K, Chiden Y, Hayashi M, Okamoto M, Ando T, Aoki H, Arita K, Hamada M, Harada C, Hijishita S, Honda M, Ichikawa Y, Idonuma A, Iijima M, Ikeda M, Ikeno M, Ito S, Ito T, Ito Y, Ito Y, Iwabuchi A, Kamiya K, Karasawa W, Katagiri S, Kikuta A, Kobayashi N, Kono I, Machita K, Maehara T, Mizuno H, Mizubayashi T, Mukai Y, Nagasaki H, Nakashima M, Nakama Y, Nakamichi Y, Nakamura M, Namiki N, Negishi M, Ohta I, Ono N, Saji S, Sakai K, Shibata M, Shimokawa T, Shomura A, Song J, Takazaki Y, Terasawa K, Tsuji K, Waki K, Yamagata H, Yamane H, Yoshiki S, Yoshihara R, Yukawa K, Zhong H, Iwama H, Endo T, Ito H, Hahn JH, Kim HI, Eun MY, Yano M, Jiang J, Gojobori T. (2002). The genome sequence and structure of rice chromosome 1. Nature 420:312–316.

Sutton, G. G., White, O., Adams, M. D. and Kerlavage, A. R. (1996). TIGR Assembler: A new tool for assembling large shotgun sequencing projects. Genome Science and Technology 1:9–19.

Venter, J. C., Smith, H., and Hood, L. (1996). A new strategy for genome sequencing. Nature 381:364–366.

Venter JC, Adams MD, Myers EW, Li PW, Mural RJ, Sutton GG, Smith HO, Yandell M,

Evans CA, Holt RA, Gocayne JD, Amanatides P, Ballew RM, Huson DH, Wortman JR, Zhang Q, Kodira CD, Zheng XH, Chen L, Skupski M, Subramanian G, Thomas PD, Zhang J, Gabor Miklos GL, Nelson C, Broder S, Clark AG, Nadeau J, McKusick VA, Zinder N, Levine AJ, Roberts RJ, Simon M, Slayman C, Hunkapiller M, Bolanos R, Delcher A, Dew I, Fasulo D, Flanigan M, Florea L, Halpern A, Hannenhalli S, Kravitz S, Levy S, Mobarry C, Reinert K, Remington K, Abu-Threideh J, Beasley E, Biddick K, Bonazzi V, Brandon R, Cargill M, Chandramouliswaran I, Charlab R, Chaturvedi K, Deng Z, Di Francesco V, Dunn P, Eilbeck K, Evangelista C, Gabrielian AE, Gan W, Ge W, Gong F, Gu Z, Guan P, Heiman TJ, Higgins ME, Ji RR, Ke Z, Ketchum KA, Lai Z, Lei Y, Li Z, Li J, Liang Y, Lin X, Lu F, Merkulov GV, Milshina N, Moore HM, Naik AK, Narayan VA, Neelam B, Nusskern D, Rusch DB, Salzberg S, Shao W, Shue B, Sun J, Wang Z, Wang A, Wang X, Wang J, Wei M, Wides R, Xiao C, Yan C, Yao A, Ye J, Zhan M, Zhang W, Zhang H, Zhao Q, Zheng L, Zhong F, Zhong W, Zhu S, Zhao S, Gilbert D, Baumhueter S, Spier G, Carter C, Cravchik A, Woodage T, Ali F, An H, Awe A, Baldwin D, Baden H, Barnstead M, Barrow I, Beeson K, Busam D, Carver A, Center A, Cheng ML, Curry L, Danaher S, Davenport L, Desilets R, Dietz S, Dodson K, Doup L, Ferriera S, Garg N, Gluecksmann A, Hart B, Haynes J, Haynes C, Heiner C, Hladun S, Hostin D, Houck J, Howland T, Ibegwam C, Johnson J, Kalush F, Kline L, Koduru S, Love A, Mann F, May D, McCawley S, McIntosh T, McMullen I, Moy M, Moy L, Murphy B, Nelson K, Pfannkoch C, Pratts E, Puri V, Qureshi H, Reardon M, Rodriguez R, Rogers YH, Romblad D, Ruhfel B, Scott R, Sitter C, Smallwood M, Stewart E, Strong R, Suh E, Thomas R, Tint NN, Tse S, Vech C, Wang G, Wetter J, Williams S, Williams M, Windsor S, Winn-Deen E, Wolfe K, Zaveri J, Zaveri K, Abril JF, Guigo R, Campbell MJ, Sjolander KV, Karlak B, Kejariwal A, Mi H, Lazareva B, Hatton T, Narechania A, Diemer K, Muruganujan A, Guo N, Sato S, Bafna V, Istrail S, Lippert R, Schwartz R, Walenz B, Yooseph S, Allen D, Basu A, Baxendale J, Blick L, Caminha M, Carnes-Stine J, Caulk P, Chiang YH, Coyne M, Dahlke C, Mays A, Dombroski M, Donnelly M, Ely D, Esparham S, Fosler C, Gire H, Glanowski S, Glasser K, Glodek A, Gorokhov M, Graham K, Gropman B, Harris M, Heil J, Henderson S, Hoover J, Jennings D, Jordan C, Jordan J, Kasha J, Kagan L, Kraft C, Levitsky A, Lewis M, Liu X, Lopez J, Ma D, Majoros W, McDaniel J, Murphy S, Newman M, Nguyen T, Nguyen N, Nodell M, Pan S, Peck J, Peterson M, Rowe W, Sanders R, Scott J, Simpson M, Smith T, Sprague A, Stockwell T, Turner R, Venter E, Wang M, Wen M, Wu D, Wu M, Xia A, Zandieh A, Zhu X. (2001). The sequence of the human genome. Science 291:1304–1351.

Whitelaw, C. A., Barbazuk, W. B., Pertea, G., A. P. Chan, A. P., Cheung, Y. Lee, Y., Zheng, L., van Heeringen, S., Karamycheva, S., Bennetzen, J. L., SanMiguel, P., Lakey, N., Bedell, J., Yuan, Y., Budiman, M. A., Resnick, A., Van Aken, S., Utterback, T., Riedmuller, S., Williams, M., Feldblyum, T., Schubert, K., Beachy, R., Fraser, C. M. and Quackenbush, J. (2003). Enrichment of gene-coding sequences in maize by genome filtration. Science 302: 2118–2120.

Yu J, Hu S, Wang J, Wong GK, Li S, Liu B, Deng Y, Dai L, Zhou Y, Zhang X, Cao M, Liu J, Sun J, Tang J, Chen Y, Huang X, Lin W, Ye C, Tong W, Cong L, Geng J, Han Y, Li L, Li W, Hu G, Huang X, Li W, Li J, Liu Z, Li L, Liu J, Qi Q, Liu J, Li L, Li T, Wang X, Lu H, Wu T, Zhu M, Ni P, Han H, Dong W, Ren X, Feng X, Cui P, Li X, Wang H, Xu X, Zhai W, Xu Z, Zhang J, He S, Zhang J, Xu J, Zhang K, Zheng X, Dong J, Zeng W, Tao L, Ye J, Tan J, Ren X, Chen X, He J, Liu D, Tian W, Tian C, Xia H, Bao Q, Li G, Gao H, Cao T, Wang J, Zhao W, Li P, Chen W, Wang X, Zhang Y, Hu J, Wang J, Liu S, Yang J, Zhang G, Xiong Y, Li Z, Mao L, Zhou C, Zhu Z, Chen R, Hao B, Zheng W, Chen S, Guo W, Li G, Liu S, Tao M, Wang J, Zhu L, Yuan L, Yang H. (2002). A draft sequence of the rice genome (*Oryza sativa* L. ssp. *indica*). Science 296:79–92.

词　汇

也许读者不熟悉本书中的主题，这里为读者列出许多相关术语。

A

Accession number：是针对存储在序列数据库（如 GenBank）中每个序列的唯一编码，可用这个编码在记录序列的数据库中如 GenBank，搜寻对应的序列。

Anonymous single nucleotide polymorphism（anonymous SNP）：存在的高频率单核苷酸多态性（SNPs）中的任何一种，目前还不知道这种 SNPs 对基因功能的作用。

B

BAC clone：任何细菌人工染色体（BAC）载体，携带有一段基因组 DNA 插入，DNA 片段大小典型地为 100～150 kb，最大在 300 kb。由数千个 BAC 就构成了一个克隆文库，文库所插入的 DNA 片段包括了数倍靶标基因组的片段（5～10×），这样所有克隆中所含有的插入 DNA 片段的序列就至少有一个克隆代有基因组片段的序列。

BAC DNA microarray（BAC microarray）：按秩序排列不同的 BAC 克隆，并将其固定在微小而薄的支持物上（如尼龙膜，硅胶，玻璃或石英芯片上）。每个菌落含有 100～150 kb 长的 DNA 片段。这样的微阵列被用于分离含有一个基因或者多个目标基因的基因组 DNA，可以通过放射性标记或荧光标记的探针与微阵列杂交来检测基因是否存在。

BAC end pair：从 BAC 克隆的两端阅读的序列。

BAC end sequencing：BAC 克隆的一端或者两端序列的估算。BAC 端部测序实际可作为研究整个基因组序列的第一步，从一些完全测序的 BAC 克隆（这也称作“种子”或者“晶核克隆”）开始，扩展到一组从端部测序 BACs 选出的重叠 BAC 克隆。

BAC fingerprinting：一种限制片段长多态性技术，这种技术是用一系列限制内切酶酶解克隆，以区分 BAC 文库的不同克隆。

BAC libirary：基因组 DNA 片段文库，DNA 片段的典型长度是 100～150 kb，最大 300 kb，这些片段被克隆到 BAC 载体（如，pBelo BAC11）。

BAC map (genome fingerprint map)：有秩序地排列 BAC 克隆，以方便构建基因组的物理图谱。

Bacterial artificial chromosome (BAC)：一种细菌的克隆载体，是建立在 *E. coli* 的

单个拷贝 F—因子基础上，它允许克隆长度达 300 kb 的 DNA 片段（平均大小：150 kb）。克隆的 DNA 片段结构上在寄主中是稳定的（不重排），因为低拷贝数目的 F 质粒不接受插入重组。

Balanced polymorphism：任何通过自然选择保留在群体中的稳定遗传的多态性。

Base pair map：一种基因组的物理图谱，其中基因组部分的序列是已知的。

C

Candidate single nucleotide polymorphism（candidate SNP）：一个基因外显子上的任何 SNP，可期望这个 SNP 对这个外显子编码蛋白的功能有影响。

Causative single nucleotide polymorphism（causative SNP）：是指对一个病变表型的连锁不平衡中的任何 SNP，而由此这个 SNP 对这个疾病是后选的致病原因。

Centromere mapping：单条染色体上着丝点的定位，如，荧光原位杂交。

Chromosome microdissection：用原子力显微镜或激光显微解剖方法，从单条染色体中去除染色体中相对大的部分染色体（如，一条染色体臂的一半）。显微解剖的切片仍然含有至少 10^6 的碱基对，并可用在 BAC 或根据图谱克隆方法建立的基因组亚文库中。

Clone-based map：建立在重叠 BAC 克隆的测序和序列比对排列基础上的一个基因组的任何物理图谱。

Clone coverage：一个 BAC 文库或者质粒文库的所有克隆中所插入的 DNA 片段在整个基因组 DNA 片段的代表程度。是用于测量目标基因组 DNA 在克隆文库中数量的指标。

Clone overlap single nucleotide polymorphism（clone overlap SNP）：通过测序两个（或更多个）BAC 的重叠部分，并比较测序结果检测任何 SNP。

Coding single nucleotide polymorphism（coding SNP，copy SNP，cSNP）：对定位在一个基因外显子中 SNP 的一个误导的术语。

Codominant marker：检测一个特殊基因组位点的两个等位基因的任何分子标记。如限制片段长多态性（RFLP）或标签序列微卫星位点标记是属于这个种类。

Common haplotype：在区别十分明显的群体中，大多数个体都具有的，共有特征的单倍型。

Common single nucleotide polymorphism（common SNP）：超过一个群体基因组 10% 比例存在的较小等位基因的 SNP。

Comparative candidate positional cloning：分子克隆一个具体表型的几个候选基因，并在不同个体中检测这些基因的 SNPs。首先，通过遗传作图，建立一个生物表型和一个具体染色体位置的连锁关系。然后用类型 I DNA 标记（如，基因）作为定位标记进行比较作图，在另外一个相关的生物遗传图谱的同源区域中推理出已选择的染色体区域中的几个候选基因。最后，开发和检测与具体表型具有密切关系的，在候选位点中间或者周围的类型Ⅲ DNA 标记（SNPs）。

Comparative mapping：用来自一个相关物种的探针，建立未知基因组组成物种的遗传连锁图谱。因为水稻中的多个基因排列（小区域共线性）、多个基因结合组的排列，或者整个染色体区域的排列（大区域共线性），RFLP 探针等存在相似性，特别是因为它们在探针与序列的杂交中具有丰富的序列同源性，由此可用水稻的探针对小麦基因组对应序列进行作图。

Contig：(a)在一个能够完全显著地覆盖目标基因组片段（用"微小拼瓷砖"方法）的物理图谱中的一组克隆（如 BAC 克隆）。(b)鸟枪测序的最终产物。

Contig map：代表了一个完全伸展的 DNA（如，一个 BAC 克隆，一条染色体）的具有重叠克隆（contigs）的文库。一个毗连群图是用毗连群作图的结果。

D

De novo sequencing：对于没有序列数据也没有任何片段文库（如 BAC 文库）的整个基因组进行逐个碱基测序。

Di-allelic map(bi-allelic map)：一个建立在已知两个亲本等位基因的多个分子标记（如，SNPs）基础上的遗传图谱。

Domain walking：一种检测 DNA 序列的电子杂交（*in silico*）方法，这个 DNA 序列是编码相邻一个具体结构域的两侧翼区。这个结构域的序列代表了为搜寻数据库中相邻序列的起始点。

Dominant marker：在一个遗传位点的等位基因之间没有区别的任何分子标记。

Double-hit single nucleotide polymorphism(double-hit SNP)：针对每个等位基因呈现在两个（或更多）来自一个截然不同群体的样品的任何 SNP。

E

Electronic single nucleotide polymorphism(eSNP)：通过在表达序列标签（EST）数据库进行数据搜寻产生的 SNP。来自人类、动物或植物不同个体的 EST 序列被排列比对，并且在序列中搜寻 SNPs。这些 SNPs 是唯一由电子杂交（*in silico*）来发现的。

Exonic single nucleotide polymorpphism(exon SNP;expressed single nucleotide polymorphism)：在一个基因外显子存在的 SNP。与表达 SNP 同义。

Expression marker：任何表达序列，如：一个 cDNA。一个产生于基因表达系列分析（SAGE）的标签，或者一个表达序列标签（EST），这个已通过高通量表达谱确证（如，大规模并行特征测序，微阵列平台中的任何部分，或者基因表达的系列分析），而且用于针对一个疾病的诊断（甚至是预测）标记。

F

Fiber fluorescent in situ hybridization (fiber-FISH)：一种常规的荧光原位杂交(FISH)技术。用不同荧光色素标记的不同探针杂交到染色体纤维上的靶标序列，以检测和定量这些靶标序列，而这些染色体纤维是通过分子梳理来产生。

Fingerprinted contig(FPC)：是一种采用末端标记的双酶切方法或者完全酶切方法，使多个克隆组装成为毗连群的软件包。为了决定两个克隆是否重叠，要统计出共有条带数。如果他们拥有相同的值(在一个公差范围内)，两个条带被认为是"共有的"。*n* 条共有条带一致性的概率被计算出来，如果结果的分值处在用户设置的截止点以下，这个克隆被认为是重叠的，如果两个克隆有一样的分值，在阈值以下，但又不重叠，它们代表的是假阳性(F^+)，而如果两个克隆有相同的分值在阈值以上，而一定又是重叠的，它们代表的是假阴性(F^-)。截止点必须设置 F^+ 和 F^- 重叠的数目到最小值。

Fingerprinting(DNA prfiling, genetic fingerprinting)：产生一个指纹(DNA 指纹，遗传指纹)所必需的多种技术的所有环节。如，一个遗传指纹代表了高度特异的杂交类型，这个类型是由基因组 DNA 的限制片段长多态性(RFLPs)产生。这样的多态性是在一个酶切位点内的突变结果，而由此导致出现或者失去限制性的识别序列。

Fluorescent *in situ* hybridization(FISH)：一项通过与互补核酸探针杂交，鉴定整条染色体特异序列的技术，这些探针是共价地结合到荧光色素上。通常生物材料(更多是用中期染色体)被压片法制备到显微载玻片上，通过 DNA 变性，然后用荧光色素标记的单链探针杂交，染色体上被杂交上荧光的部分能够通过荧光显微镜被直接观察到。

Functional map：(a)一个基因组的物理图谱，在这个基因组中已知(如被实验证明)功能的基因的定位被描绘出来。(b)任何分子之间相互作用的图形描绘，以及单个分子的功能都是被实验证明了的。如，拥有已知功能的相互作用蛋白部分反映了一个功能图谱。

Functional polymorphism：在一个基因或者启动子(或者非编码调控序列)上的任何多态性，即改变了所编码的密码子，以及编码蛋白质的氨基酸组成，或者在一个启动子中改变转录因子结合位点的序列，以使得转录因子与序列的结合以及后续对相邻基因的激活被阻止。

G

Gene-based single nucleotide polymorphism(gene-based SNP)：任何被定位在一个外显子、内含子或者一个基因启动子的 SNP。

Gene mapping：多个基因线性排列的估算，在具体染色体或者质粒上确定具体基因的相对位置，以及一个基因与另一个基因之间的相对距离。基因图谱能够建立在经典的遗传重组分析基础上，也可以从 DNA 测序中直接获得 DNA 的数据。

Gene surfing：通过在基因组或蛋白质数据库中进行序列比较，对一个未知 DNA 中的基因的 DNA 序列进行鉴定。在这些数据库中，序列的功能（如，编码序列）已经被归类（有些是已经被证明）。也可以利用一些计算程序如 Genescan 或者 GeneWise 预测在原始序列数据中是否存在基因，以及存在几个基因。

Genetic diversity：生物的两个群体或者两个生物的基因组 DNA 的序列变异。

Genetic map (linkage map, recombination map)：一幅图谱用于描述沿着染色体也被称为联锁组中线性排列分布（如，相对位置）的分子标记和形态学标记，排列位置是基于根据它们之间交叉和重组的频率来确定，在减数分裂期间，两个比较位点交叉事件的平均数目，遗传距离，是用厘摩来表示。

Genetic mapping：决定沿着一条伸展 DNA（如一个 BAC 克隆，一条染色体）上，分子标记或者基因（一般是位点）的线性次序的一项技术。遗传作图的结果是构建一个基因组的遗传图谱。

Genome：一个病毒或者一个细胞器（如，一个线粒体，一个叶绿体或一个细胞核），或者一个细胞的全部遗传物质。

Genome equivalent：一个基因组文库中一个基因组代表程度的统计测量方法。如，在一个文库中存在 5～6 组相等基因组，就可保证对应基因组序列的 99%被代表至少一次。

Genome map：描述一个基因组中所有序列元素（如，基因，启动子，或者重复 DNA）的图谱。这可由基因组作图组成。

Genomic library：一组产生于单个生物基因组（如，细胞核）DNA 的重组 DNA 分子，理想状况是包含了基因组的所有序列。

Genomics：一个名词用于描述研究基因组组织结构和基因组要素（如，基因）功能的所有技术。

H

Haplotype block(hapblock)：与定义的序列（具体的基因，也可以是 SNPs）有关的相对较大的基因组区域中的任意一个。

Haplotype：在 DNA（如一个 BAC 克隆，一段限制性酶切片段，或者一条染色体）的一个区域内线性排列的等位基因。用实验室的用语说，一个单倍型也是拥有已知他自身的一段 DNA 片段上具体排列等位基因的一个个体（如，一个基因，也叫“区”或者“单倍型区”）。这样的单倍型也可被定义在一条染色体片段（在二倍体：是对应的同源染色体片段）的具体 SNPs 的基础上，这要求重复测序目标区域，如果比较来自不同个体的靶标序列，单倍型的组织结构就变得非常明显。单倍型分析是用来建立遗传风险图谱上，并且用来预测一个生物体对药用化合物（如，药品）

的临床反应。

Hyplotype block:在基因组 DNA(通常是在 10 000～100 000 bp 的范围里)的一个已知区域里,相邻等位基因的一个具体排列。可能是由于这个区的 DNA 重组频率低于基因组的其他部分,这一段 DNA 一个"区"来遗传。实际上在连锁不平衡中,一个单倍型区是由一系列 SNPs 来定性的。

Haplotype map:一种一个基因组的图谱,这个图谱描绘了一个生物基因组的单倍型区。

Haplotype mapping:建立一个单倍型图谱的过程。

Haplotype signature:一个生物中具体等位基因的特征结构。Haplotype signature 能针对一组生物(如,患相同疾病的一些病人)建立起来,因此能够鉴定一个疾病的等位基因。

Haplotype single nucleotide polymorphism(htSNP; haplotye tag SNP):在一个单倍型区内含有的任何 SNP。不要与高通量 SNP 混淆(htSNP:high-throughput)。

Haplotyping:决定一个生物个体的单倍型。

HAPPY mapping(haploid equivalents of DNA and polymerase chain reaction):直接在基因组 DNA 上决定 DNA 标记间隔和秩序的一项离体技术,并在不需要任何亲本株系,多态性标记和分离群体下建立任何密度的物理图谱。简言之,首次分离、随机剪切或者 γ 辐射一个目标生物的高分子量基因组 DNA(>2 Mb),然后用脉冲电泳将随机片段按照大小分离(450～550 kb),而且分离了大小的片段被稀释,然后均等分到 96 孔板中,这样每个微孔含有少于一个单倍体基因组的相等 DNA("作图组")。作图组在含有的基因组片段大小上可以不同,这些片段反过来决定了作图的分辨率和能够被检测到的两个连锁的连续标记之间所跨越的最大距离。如,一种叫短片段组,拥有片段大小小于 100 kb,将检测连锁标记之间的间隔相距在 50 kb("高分辨率"),而另一组拥有片段在 150 kb 或更长,可以检测的连锁标记之间的距离超过 100 kb("低分辨率")。不论这个组的类型,这个作图组都用 15 mer 长的随机引物,用常规的 PCR 反应技术扩增。产生结果的扩增子用正向内部引物和对应选择的每个 DNA 标记(如序列标签位点(STS)或者基因标记)反向引物进行扩增。因为许多标记将被定位,第二次扩增工作用大量的引物组合("全基因组 PCR")。如果两个(或更多)的标记在基因组上是物理连锁的,它们将定位在一个单一的片段上,如在一个分离后分配到 96 孔板中的被随机打断的 DNA 将仍然保持连锁,这些 PCR 的产物然后用凝胶电泳分离。从产生结果的数据中,相关标记能够被计算出来(LOD 分值),由此通过如 *Dgmap* 或者相似的软件,靶标基因组的线性物理图谱能够被构建出来。Happy 作图然后能够代替体内染色体交叉和分离的过程,通过离体的 DNA 打断和稀释,并被分为含有少于一个单倍体基因组相等量的均等分。

Haplotype-tagged single nucleotide polymorphism:从较大的 SNP 数据库中鉴定(或

“标签到”)的任何 SNP,它定位在一个具体基因组区域,习惯用来定义那个区域的单倍型或单倍型结构。

High-density bacterial artificial chromosome grid(high-density BAC grid):一个实验室用的术语,是针对任何硝酸纤维或者尼龙膜上高密度点制的不同 BAC 克隆。这样的膜可以含有一个完整的基因组(依据它的大小),常通过放射性标记的探针的杂交来钓出序列(如,基因)。

High-density map(high-resolution map, high-density genetic map, high-resolution genetic map, high-resolution physical map):一个基因组的任何遗传或物理图谱,这个基因组含有大量作图的标记(如,分子标记),这样多个标记被以 1～5 cM 的重组频率或者 100～500 kb 的物理距离相间隔。这个术语是相对含糊的,因为一些实验室认为一个图谱如果作为一个高密度图谱,标记密度应是 0.5 cM 或更小(遗传图谱),以及 5～10 kb 或更小的(物理图谱)。

High-density mapping(high-resolution genetic mapping, high-resolution physical mapping):建立高密度图谱的过程。

High information content BAC fingerprinting(HICF):一项在相邻的 BAC 克隆之间检测最小重叠的技术,这些相邻的 BAC 克隆是根据在克隆间存在 1～5 碱基末端重叠序列基础上而建立的。这些克隆首次使用类型Ⅱ限制性内切酶 *Hga* Ⅰ结合用类型Ⅱ限制性内切酶 *Rsa* Ⅰ进行限制性酶切。通过 *Hga* Ⅰ产生的外悬 5 碱基,用修饰了的荧光双脱氧终止子测序试剂盒测序。采用标记了第 5 染料的样道内大小标准,片段通过大小和末端碱基序列来定性。HICF 增加了检测克隆重叠的能力,有助于精确组装毗连群,弥补空缺,确证存在的毗连群,并且去建立一个用较少克隆的最小拼瓷砖的路径。

Homologus recombination(legitimate recombination):两个 DNA 分子之间的序列交换(如,两个同源染色体),交换包括的位点有完全同源序列,或者远未达到碱基序列同源的位点。

Homology map:两个(或更多)个基因组(或生物)的同源片段之间基因序列相比较的遗传或物理图谱。

Homosequential linkage map:基因组 A 的一个连锁图谱,是与基因组 B 共享有相似或者甚至是相同标记秩序的连锁图谱(或者是部分连锁图)。

Hybridization:用基因技术中是由两条互补的单链(DNA-DNA, DNA-RNA, RNA-RNA)形成双螺旋分子。杂交技术常常用于检测两不同核酸分子之间的序列同源性。通常一个单链 DNA 被标记有放射性或非放射性的标记作为一个探针,可以与另一个单链核酸分子的同源序列在退火中通过碱基配对结合。杂交分子的结果,依据所用标记的不同,可以用放射性自显影或者各种其他技术来检测。

I

***In silico* map**:通过电子作图法产生的物理图谱。

***In silico* mapping**:对一个没有序列信息的基因组(或部分基因组)使用基因组序列数据库信息为基础,建立物理图谱的一种比较作图方法。如,水稻(oryza sativa)基因组是完全测序,而且这个序列存在数据库中。这些数据能够被用来筛选一个目的基因,将这个基因定位在一个 BAC 克隆中,而这个克隆(或者它的直线同源基因,如,一个来自其他物种的同源克隆)能够被用来建立在黑麦(rye,*Hordeum vulgare*)基因组中相同基因周围区域建立一个物理图谱。电子杂交作图利用了相关(或者也在较少相关的)基因组之间的大量共线性或者微小共线性来作图。

***In silico* single nucleotide polymorphism(*in silico* SNP,isSNP)**:在电子杂交中通过挖掘基因组数据库和 ESTs 中的重叠序列,来鉴定 SNP。因为 isSNPs 代表了"实际的"多态性,所以这些 SNP 发生区域必须通过重新测序验证它们。

***In situ* hybridization(ISH)**:针对鉴定整条染色体上特异 DNA 序列(或者一个细胞的 RNA 序列),通过放射性标记或荧光标记的互补核酸探针(通常是合成的寡聚核苷酸)杂交到中期或间期变性的染色体上一项技术。然后杂交位点通过放射性自显影或者荧光色素激发与反射光谱的捕获,如,光电耦联照相机等来检测。

Integrated map:一个遗传和物理图谱的结合,是遗传连锁数据和标记或者若干基因的物理距离的综合。这个术语也被用于描述一个图谱,这个图谱是由来自相同物种的两个不同的分离群体的连锁数据结合而完成,或者是用不同分子标记技术建立的图谱合并而来的。

Interphase nucleus mapping:一种针对观察细胞核分裂间期(而此时染色体是不可见的)具体基因的常规荧光原位杂交技术。基因通过荧光色素标记的基因探针杂交到靶标基因上,杂交探针的定位(如,基因的定位)能够通过激光诱导荧光色素的激发光观察到。

Inter-retrotransposon amplified polymorphism(IRAP):在长末端重复区内,用互补于保守区域的左右方向都朝向外的引物,在两个相邻的逆转座子之间,通过 PCR 介导的扩增,检测两基因组之间基因序列的任何差异。任何观察到的多态性差异主要是由两个逆转座子之间以及一个逆转座子中或者两个长末端重复序列区域中产生了突变的结果。因为逆转座子是真核基因组的普通元件,IRAP 技术产生多条带,其中一些是多态性的。

Intronic single nucleotide polymorphism(intronic SNP,intron SNP):发生在真核基因内含子的 SNP。内含子的 SNPs 频率要比编码区的 SNPs 高。

Linkage:在相同染色体上两个或更多个基因的紧密物理联系,由此被一起遗传。

Linkage analysis:两个 DNA 序列之间交叉或重组的频率估计(重组频率),常用于在一个遗传图谱上建立一个特别序列(如,一个基因)的位置。

Linkage drag:在一个期望的(正向的)和一个不期望的(负向的)性状和基因之间的联系。

Linkage group(LG):在一条线性染色体图谱(被定位在相同染色体)上任何相邻的一组基因或者 DNA 标记,而且显示一个高度的连锁关系,通常一个连锁组是等同于在相同染色体上所有 DNA 标记或者基因。因此,连锁组的数目是与单倍体组的染色体的数目是相同的。

Linked marker:在相同染色体上定位在一个靶标基因附近的任何分子标记,因此它们之间的重组频率接近 0。通过图位克隆,连锁标记被用于分离连锁的基因。

Locus(loci 的复数):在一条染色体上或一幅遗传图谱中,一个基因的位置(通常 DNA 序列)。

M

Macrosynteny:当通过如染色体原位抑制杂交或荧光原位杂交检测的相关(但是也可以是不相关的)物种基因组中大基因组区(在百万碱基对范围)的保守顺序。

Map:一个对环状(如质粒)或线状 DNA 分子(如染色体)上遗传和物理定义的位置,以及它们的相对位置和距离的图谱描述。一幅图谱能反映具体的限制性酶切位点的分布(限制性酶切图谱),基因的分布(基因图谱),标记的分布(标记图谱),染色体标记分布(染色体图谱),或者两个位点(如一个标记和一个基因)的距离,用碱基对(物理图谱)或者厘摩(遗传图谱)来表示。这个名词现在也用来说明一个细胞中或者一个细胞器中肽链-肽链,肽链-蛋白质,以及蛋白质-蛋白质之间的相互作用网络,以及细胞内低分子量细胞化合物(代谢产物)的分布。

Mapping:一个一般性的名词,针对沿着单股 DNA 链的具体位置(如基因)的作图。

Marker-assisted breeding(MAB):应用分子标记开发新的植物品种,如,通过标记辅助选择。

Marker-assisted introgression:一项促进需要的基因渗入靶标生物的技术。首先要鉴定分子标记,这些标记是紧密连锁到编码目标性状基因的。连锁标记在有性杂交子代确定的分布可被监测。在子代生物上标记的存在可以作为连锁基因存在的指示物。因此,标记辅助基因渗入避免了冗长的评价过程(如,在田间持续若干年来监测植物表型)。

Marker-assisted selection(MAS, marker-based selection, marker-mediated selection):携带有一个需要基因的个体生物(如植物或者动物),在连锁到这个基因的分子标记的帮助下,选择这个个体生物的过程。

Magabase(Mb):100 万核苷酸或核苷酸碱基对,等同于 1 000 kb。

Magabase cloning:一项技术,即克隆非常大的 DNA 片段(范围在 1 个碱基到数百万个碱基)进入一个适宜的载体中。

Megabase mapping:用相互之间在一百万碱基(兆碱基)内的标记构建线性的遗传

或者物理图谱。

Microsatellite(short tandem repeat, STR, simple sequence repeat, SSR; repetitive simple sequence, RSS; simple repetitive sequence, SRS):一系列短的(2～10 bp)中等重复序列的任何之一,被串联排列,以及高度变化(超级变化)DNA 序列分散在整个真菌,植物和动物基因组中。如,$(A)_n$,$(AT)_n$,$(ATT)_n$,和$(AATTA)_n$就是这样的一些微卫星 DNA。这样一些微卫星 DNA 的超级变化导致人类疾病(微卫星扩展疾病如 Huntington 舞蹈病),但是也能够被利用产生所谓的序列标签的微卫星标记。

Microsatellite polymorphism(short tandem repeat polymorphism, STRP):两个(或者更多个)不同基因组,在对应的基因组位点微卫星重复数的差异。

Minimal tiling path:任何表现一组克隆(如 BAC 克隆)的位置和秩序的图谱或者表格,这组克隆完全和连续地覆盖了具体一段 DNA。

Missense single nucleotide polymorphism(missense SNP):发生在一个基因编码区的 SNP,而且改变编码蛋白质的氨基酸顺序。这种错意的 SNPs,如果对一个蛋白质结构域的功能变化起作用,则可能引起疾病。

Molecular marker(DNA marker):是特异 DNA 片段,在不同生物体中,它的碱基序列是不同的(多态性),而因此可作为诊断生物体的指标。分子标记可以能够通过杂交(如用 DNA 指纹图谱或者限制片段长度多态性(RFLP))或者 PCR 反应技术来观察到。理想的分子标记在两个生物体之间是高度多态性,是共显性遗传,平均分布在整个基因组,而且容易观察到。

N

Next generation screening(NGS):一种针对 SNPs(或者其他的突变)的经典筛选,这种方法采用点制有数千个 PCR 扩增的单个遗传位点或者病人基因片段的高密度玻璃微阵列。在这个阵列上每个点对应于一个特殊病人的一个遗传位点,并且含有这个病人的特异等位基因。这些 NGS 微阵列用合成的、荧光标记的、等位特异的并互补于疾病等位基因的寡聚核苷酸杂交。杂交事件是通过检测激光激发对应荧光色素完成。三种信号强度证明了健康的(弱信号),携带者(中度信号),患病者(强信号)等三种基因型。使用多种荧光色素(如,cyanin 5 和 cyanin 3)可以在一个单个 NGS 阵列上,筛选来自 10 000 个病人的多个样品,并能筛选 12～20 个疾病位点,而常规的微阵列格式只能在一张芯片上筛选一个病人的信号。所以,NGS 在一次单个检测中就能决定多个病人的基因型,而且被用在血型,HLA 分析,法医鉴定等,并在遗传性听力丧失和传染疾病中应用。

Non-coding single nucleotide polymorphism(ncSNP):一个发生在基因组非编码区(如,内含子)针对任何 SNP 的误导性术语。NcSNPs 是真核生物中频率最高的 SNPs 类型。

Non-synonymous single nucleotide polymorphism(nsSNP):任何发生在一个真核生物基因编码区的 SNP,它改变编码的氨基酸。NsSNPs 可引起非功能蛋白质的合成,并由此在病变中含有。

P

Physical map:通过非遗传重组的技术确定的一条染色体(或部分染色体)上基因或其他序列的线性排列。在已经确定的基因组位点(如,标记,基因)之间,图谱距离用核苷酸(或核苷酸对)的数目来表示。

Physical mapping:产生物理图谱的技术。

Population-specific single nucleotide polymorphism(population-specific SNP):在一个群体中呈现而在另一个群体中缺失的任何 SNP。如,Polynesia 或者 Americas 的群落中导致单个碱基交换的发展,而这个交换并不发生在亚洲原始人类的祖先群落中。所以可以认为这些 SNPs 分别对 Polynesia 或者 Americas Indian 人群是特异的。

Primer extension:一项用于检测靶标 DNA 中 SNPs 的技术。简言之,靶标 DNA(如一个基因)在常规 PCR 反应中首次用特异引物扩增,而后再变性。这样,一个单链引物被复性到单链靶标 DNA 上,这样引物末端就精确的在 SNP 位点上。复性后,双链暴露一个 3′OH 基团作为在所有四种双脱氧三磷酸(ddNTPs)存在下,而不是脱氧三磷酸(dNTPs)存在下,每种双脱氧三磷酸都标记了特异的荧光色素,由 DNA 聚合酶催化的延伸。配对的 ddNTP 然后将合并而终止延伸。合并的 ddNTP 再通过荧光色素发出的特异荧光得到鉴定。在 SNP 位点与野生型序列比较,可以鉴定 SNP 的类型。

Promoter single nucleotide polymorphism(promoter SNP, pSNP):发生在一个基因启动子序列的 SNP。如果一个 pSNP 阻止了转录因子结合到启动子的识别序列,这个启动子变得部分地丧失功能。

Pulse-field gel electrophoresis(PFGE):一项从普通限制酶切片段,大小从(<10 kb)到长度达到 20 000 000 碱基对(20 Mb)的完整染色体中电泳分离 DNA 分子的技术。DNA 交替处在两个不同角度以特定时间间隔也叫脉冲时间(τ)来进行处理的电场中。在适宜的条件下,DNA 片段的重新确定的方向根据片段的大小和拓扑结构而不同,由此产生不同片段的分离。

R

Random amplified polymorphic DNA(RAPD):用短的随机核苷酸序列的寡聚核苷酸作引物,PCR 扩增得到的 DNA 片段,这在两个基因组之间是多态性的。扩增产物通过琼脂糖凝胶电泳分离,在琼脂糖胶上多态性是作为一个被溴化乙啶(EB)染色的条带被检测。RAPD 这个名词也被无意地用作检测随机扩增多态性 DNA 的技术。

Rare single nucleotide polymorphism(rare SNP):在一个群体中发生频率小于1%的SNP。

Recombonation(genetic recombination):在一个子代分子、细胞或者生物个体中,以一个不同于亲代分子、细胞或者生物个体模式的基因组合。在一个重组子中,由于不连锁基因的独立分配,连锁基因之间的交叉,或者是来自内部的顺反子的交叉,重组是建立在两条染色体上或者在新的基因关系上的DNA序列交换。

Reference single nucleotide polymorphism(refSNP RsSNP rsID SNP ID):在一个基因组(或者基因组的一部分,如一个BAC克隆)中一个具体位点的SNP。这个SNP是作为一个参考点来定义这个位点相邻的SNPs。在提交到数据库时,rsID的数字("标签")被分配到每个refSNP上。

Regulatory single nucleotide polymorphism(regulatory SNP,Rsnp):一个相对稀少的SNP,这个SNP影响一个基因(或者多个基因)的表达。通常这个SNP是定位在基因的启动子处。

Resequencing by hybridization(RBH):一种通过杂交的测序技术,这个技术可以检测一个基因组靶标区域的SNP(或者另种类型的突变)。总之,SNP是在全基因组范围SNP作图项目中首先要检测的,它和一个靶标区域的连锁不平衡(如,对应疾病表型)被确定,而且这个区域用括号里的引物通过常规PCR反应扩增,扩增产物或者寡聚核苷酸和互补序列,以及其他数千个靶标分子,然后被点制到微阵列芯片上,通过与来自患病者基因组DNA(也叫cDNA)杂交检测样品。杂交探针然后被重新测序,确证SNP。

Restriction:通过限制性内切酶催化的识别和降解,从细菌细胞中切除外源DNA。

Restriction endonuclease(restriction enzyme):任何细菌酶,在双链DNA中识别特异靶标核苷酸序列("识别位点"),并且催化特异核苷酸之间内部键的断裂,在这些靶标分子内,或者在一个距此点的特异距离内。限制性内切酶打断双链,即可产生黏性末端,也可产生平末端。限制性内切酶是细菌限制性修饰系统的一个部分,能够用于排除外源DNA。在识别位点细胞自己的DNA通过胞嘧啶残基的甲基化而被保护。

Restriction fragment length polymorphism(RFLP):DNA片段长度的变异,这个DNA片段是由一个特异的限制性内切酶酶切一个物种的两个体(或更多个体)的基因组DNA产生。RFLPs是由基因组重排或者是突变产生的,这个突变是针对特异内切酶而产生或者删除识别位点的结果。因为RFLP技术比较费力,而且包括有放射性工作,所以已被基于PCR的技术所取代。

S

Saturation mapping:一个已经用标记密度非常高的分子标记建立的遗传图谱具体

区域的丰富程度。一个饱和图谱对于以图谱为基础的目的基因克隆是一个前提条件,饱和作图产生一个高分辨率的图谱,并且通常合并由不同标记系统产生的标记。

Sequence-tagged microsatellite site(STMS):一种位点特异的共显性标记,用作如产生 DNA 指纹图谱或者遗传和物理作图,这是通过测序微卫星两侧翼序列产生的,针对这些两侧翼序列设计特异的 PCR 引物,并用它们去扩增基因组 DNA。在大多数情况下,尽管不是所有的情况,只有一个扩增产物能够被检测,这个产物代表了一个 STMS。

Single base extension(SBE):一项检测 SNPs 的技术,这项技术用引物末端直接相邻于 SNP 的错配,并且常用在 Taq DNA 聚合酶的常规 PCR 反应中,合并互补的荧光标记的 ddNTP。在 ddNTP 合并之后,反应被终止,合并的核苷酸能够被激光诱导的荧光来检测。如果采用不同的 5′尾和不同荧光色素的引物(如,ddATP:绿色;ddCTP:蓝色;ddGTP:黄色;ddTTP:橘黄色),则在一个反应中,能够发现若干个 SNPs,

Single-hit single nucleotide polymorphism(single-hit SNP):在一个差异非常明显的群体中每个等位基因只出现在一个样品中的任何 SNP。

Single nucleotide polymorphism(SNP):建立在一个单个核苷酸的交换、一个小的删除,或者一个插入基础上的两个基因组之间的任何多态性。SNPs 代表了基因组中最常见的突变,而且他们相对好的基因组覆盖率,以及他们在编码区和非编码区的全基因组分布,在作图方法中可以作为信息量很高的标记被使用。

Single nucleotide polymorphism database(dbSNP):一个针对 SNPs 的数据库(如单个碱基交换),短删除和插入多态性。Website:http://www. ncbi. nlm. gov/SNP. HGVbaseA 在 http://hgvbase. cgb. ki. se/databases. htm 中保留了其他 SNP 数据库的扩展单。

Single nucleotide polymorphism density(SNP density):基因组 DNA 每单位长度的 SNPs(通常是每个 kb 的 SNPs)。SNP 密度在基因组的不同区域是不同的。如,SNP 密度的区域异质性是冈比亚疟蚊不同染色体的特征,这可能是通过 Mopti 和 Savanna 细胞型(染色体的形式)分开时的基因渗入而引起的。所以 SNPs 是以一个双峰的方式沿着染色体分布的:一个峰是每 10 kb 含有大约 1 个 SNP,另一个峰是每 200 bp 含有大约 1 个 SNP。与基因中的 SNPs 比较,SNP 密度在基因间和内含子区域是高的。

SNP cluster:在相对小的基因组区域 SNPs 的积累。这些簇可以扩展到超过 1 kb(或者更长一些),这相对是很少的但是很古老,是源自被遗传在现存物种的祖先染色体片段。

SNP frequency:SNPs 发生在确定的一段 DNA 或者染色体(通常用每 kb 的 SNP 表示)上的频率。SNP 频率在相同个体或者相关个体之间的基因组区域之间改变。如，在玉米基因组的一些区域，SNP 频率大约在 1/65 bp，在其他区域为 1/85 bp。一般地，SNP 频率是高于插入子或者删除子的频率(1/250 bp)。

SNP map：在两个同源基因组具体区域上 SNPs 的线性排列。

SNP-rich segment：一系列基因组区域的任何一个，在这些区域 SNPs 以比基因组的其他部分发生频率要高出很多的。如，在小鼠基因组中，这样的 SNP 丰富区段每 10 kb 含有大约 40 个 SNPs，而其他区域则含有较少的 SNPs(如，间断序列大约每 10 kb 有 0.5 个 SNPs)。

SNP scanning：在一个已知序列的一段 DNA(如，一个 BAC 克隆，一段基因组区段，或者极端情况是整个基因组)中，用电子杂交搜寻 SNPs。

SNP scoring：在两个(或者更多个)DNA 序列(极端情况是整个基因组)中搜寻 SNPs，以及他们的特征，并用作基因组分析(如，建立一个 SNP 图谱)。

Strong overlap：通过应用最严格的匹配标准决定的两个克隆之间(如，BAC 克隆)碱基匹配的数目。

Synonymous single nucleotide polymorphism(synonymous SNP, synSNP)：发生在一个外显子，但并不改变编码蛋白氨基酸组成的 SNP。

Synteny-based positional cloning：根据来自生物 B 上基因组的作图信息，在生物 A 的基因组中，克隆任何一个基因(或者多个基因)。如，如果分子标记在遗传图谱上标记到目的基因，这个基因就能够被定位到物理图谱上(如，用 BACs 构建的)，并允许分离生物 B 的靶标基因，这样就能够利用相同的标记来标签生物 A 中的直线同源基因，由此这个生物 A 中的直线同源基因能够用相同的技术被分离。这个方法是建立在共线性的基础上。

共线性作图：在一个靶标基因组的 DNA 序列(如整条染色体，大基因组 DNA 区域，多个基因)的定位。这个靶标基因组是共线性的对于在参考基因组的区域内。

T

Tag single nucleotide polymorphism(tag SNP)：两个(或者更多个)强烈相关的(如，共同被遗传的)SNP 位点中的任何一个，对于一个具体的单倍型是一个特征。如，在一个特定的基因组区域内，通常许多 SNPs 呈现是以这个区域特异的一个频率(如在人类基因组中平均是大约 300 个碱基一个 SNP；然而，在这个基因组上存在更多的 SNP 的频率变化)。在选择区域内确定所有 SNPs 的呈现频率，通常可产生一个 SNP 分布图谱，这要求在不同基因型上进行广泛测序。针对基因型分析，从这些区域(称为 tag SNPs)仅选择一些差异明显的 SNPs 预测这个区域中保留的共同 SNPs，而且在一个群体中只需要知道 SNPs 就可鉴定共同的单倍型。

Telomere mapping：在染色体端部的染色体端粒的定位，通过在端粒区域(也可以在亚端粒区域)，采用如荧光原位杂交和其他序列元件的鉴定。

Tetra-allelic single nucleotide polymorphism(tetra-allelic SNP)：群体中呈现的四种

不同等位基因的任何 SNP。

Tiling path:根据相邻克隆的序列重叠来进行 BAC 克隆的顺序排列,由此由这些克隆来完全覆盖染色体对应区域。

Transcriptome mapping:用 cDNA 片段建立遗传图谱的方法。这些 cDNA 片段在亲本上的大小不同、并在子代分离。通常最后的结果图谱揭示了这些片段是母本或是父本遗传。因为 cDNA 片段被示在 Northern 类型的凝胶上,目的片段能够被直接分离和测序,而且序列能够被注释,由此对应的基因得到鉴定。

Tri-allelic single nucleotide polymorphism(tri-allelic SNP):在一个存在三个不同等位基因的群体中的任何 SNP。

Type Ⅰ DNA marker:任何产生于基因序列的分子标记。这样的基因标记通常是高度保守的,所以能够展示微弱的序列多态性,并且极少适合进行家谱分析和群体多样性分析。

Type Ⅲ DNA marker:来自编码序列内或者编码序列之间序列的一系列双等位 SNP 标记中的任何一个标记,针对物种内的家谱、家系和群体筛选具有高度的信息量,但是通常对比较两个目之间的直线同源基因,却没有信息量。

Type Ⅱ DNA marker:任何产生于超级变化的微卫星序列的分子标记。这样的标记在辨别分析、家谱分析和群体研究中具有很高的信息量。类型Ⅱ标记几乎是平均分散分布在整个真核生物的基因组中,在一个群体中每个位点的存在就像许多等位基因一样。

索　引

D

E

F

G

K

L

M

Y

Z

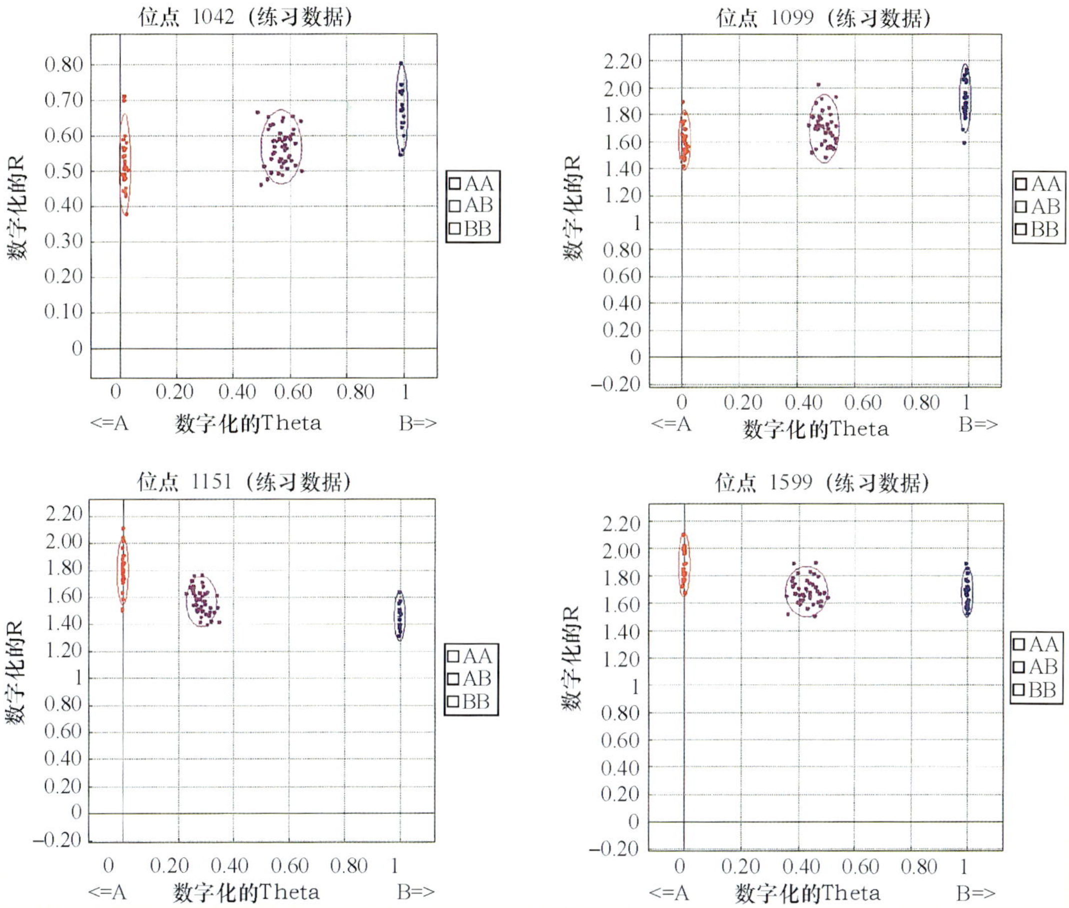

▲ 彩图4-10　96个DNA样品1152个位点复杂反应的结果

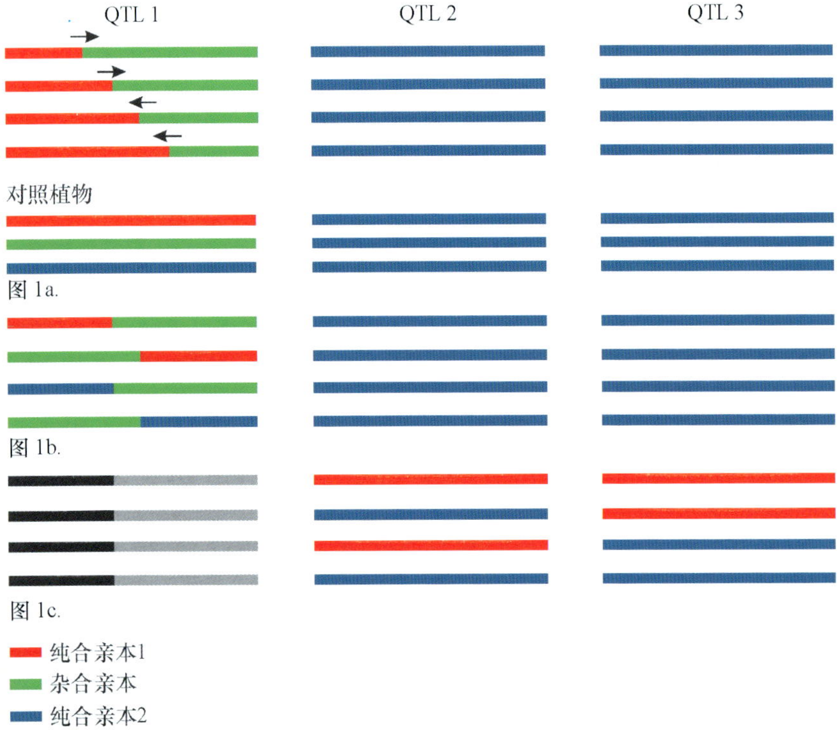

▲ 彩图5-2　反向QTL作图的原理证实了F_2群体中三个QTL的分离。（a）单一QTL近等基因重组个体（QNIR）植物间隔QTL1的逐步减弱。基因的位置取决于与相对于对照植物值的重组体的表现型值。（b）针对一个单一QNIR组可以发现在QTL1存在不同类型的重组体。针对QTL1这样的重组体在其他类型纯合体，如在QTL2和QTL3也存在。（c）同样方式，在QTL2和QTL3 也存在QNIR组。

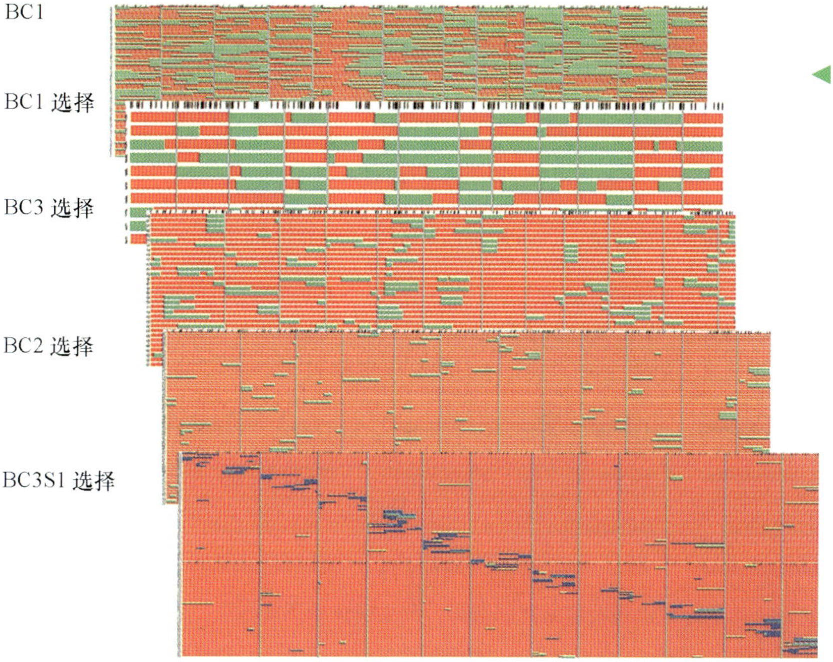

◀ 彩图5-4
通过标记辅助回交育种构建番茄IL文库举例（图中12条染色体各被一条灰线分开）。每一个水平柱状图表示一个个体（BC1的选择效果最好）。红色显示纯合轮回亲本片段，蓝色表示纯合供体片段。绿色代表杂合片段。上面的黑色柱表示通过适合的渗入系得到的相对标记位置。Zamir广泛地回顾了IL文库的构建和使用。

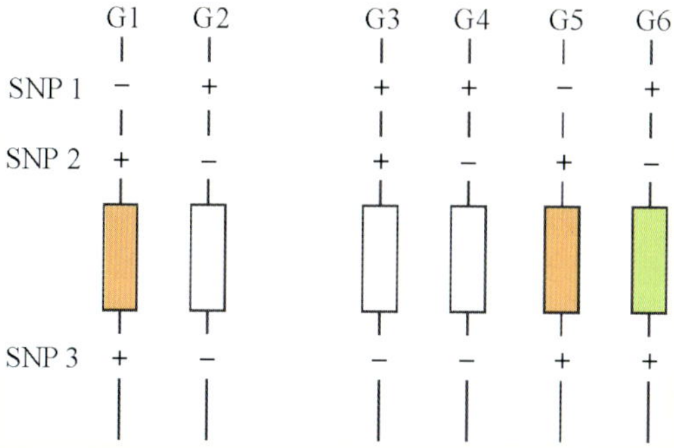

◀ 彩图5-5
单倍型的预测值。G1和G2代表分离群体的亲本。G3-G6代表资源株系。三个等位基因是不同的：橙色，白色和绿色。为了说明原因，三个SNP标记的基因型用+/-号标记。白色的等位基因显示了两个不同的单倍型，而橙色和红色则与唯一单倍型对应。

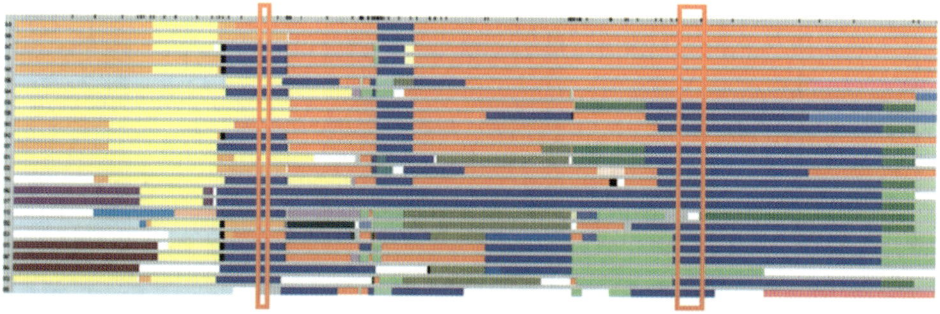

▲ 彩图5-6 一组玉米株系中玉米一条染色体的单倍型。水平线代表了一组株系的相同染色体。标记符号（单倍型）相同的延伸用同一颜色显示。盒状图表明目标基因组的位置。

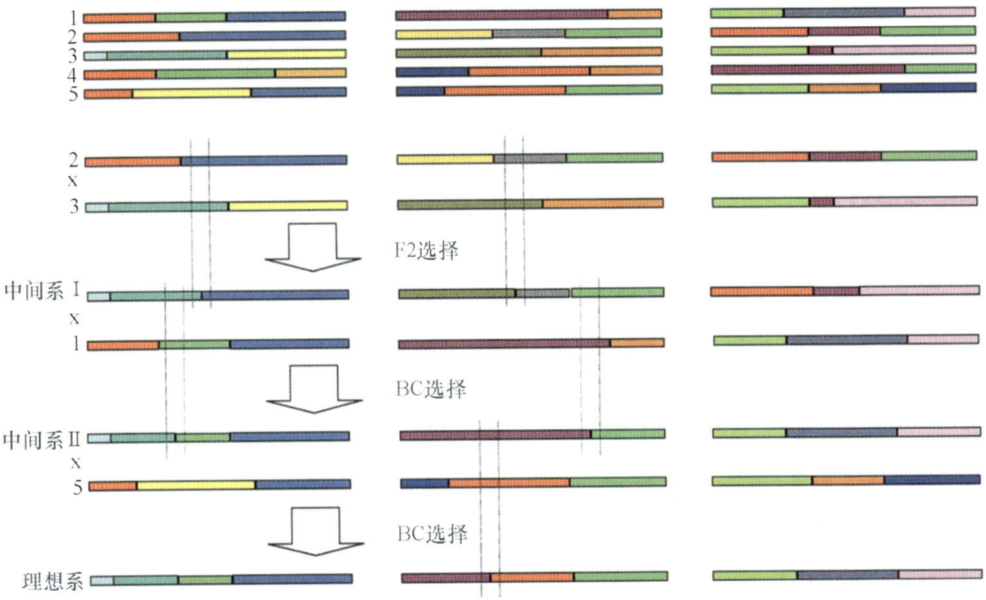

▲ 彩图5-7 设计育种的原理。用标记进行后续杂交和选择，产生优良株系基因型。点线表明了用来选择期望重组体的标记位置。

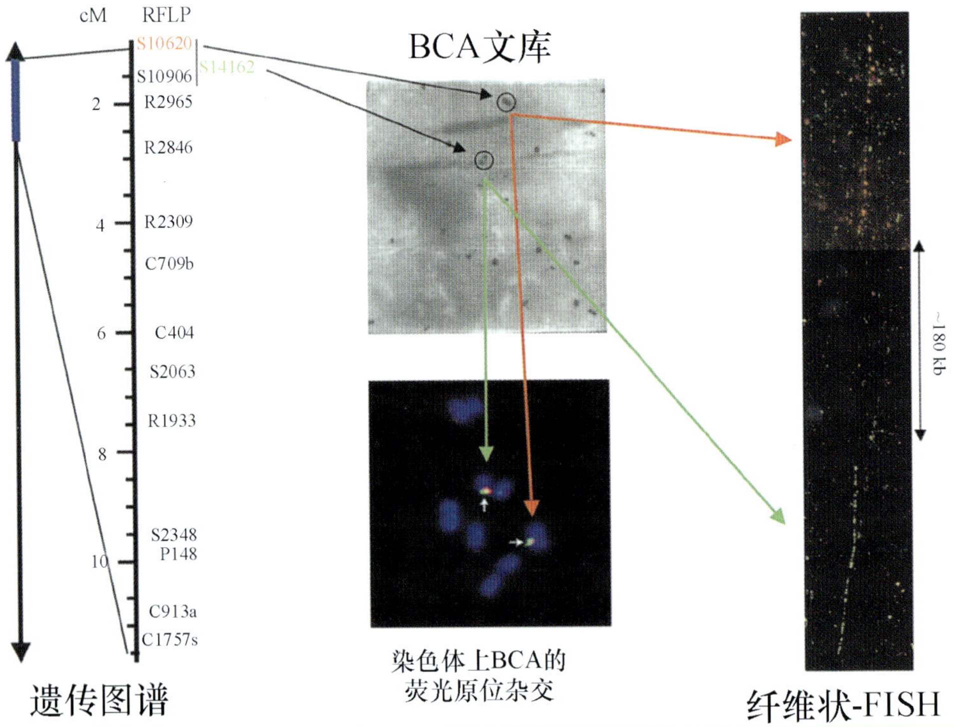

▲ 彩图6-1 遗传图谱与物理图谱之间的相关性。遗传标记可以被用来筛选大片段构建的文库诸如BCA文库。筛选中被鉴定的克隆在FISH作图和纤维状-FISH实验中用作探针来确定遗传标记的物理位点。

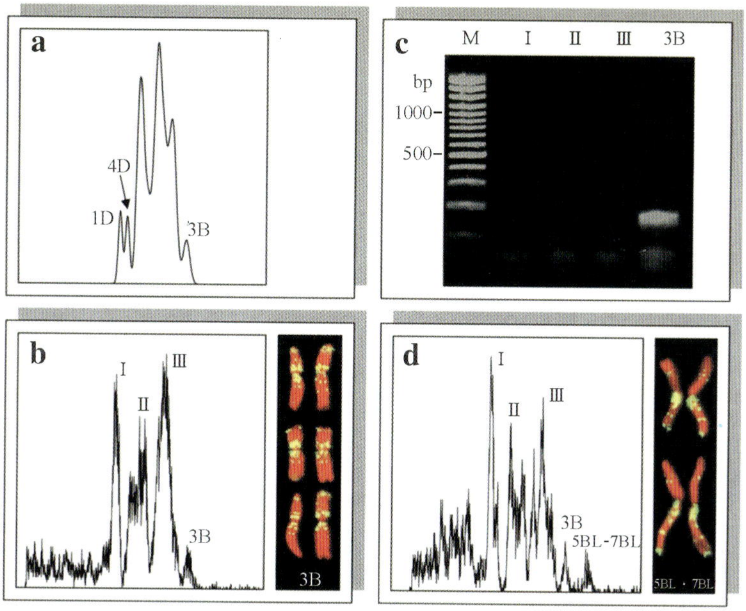

▲ 彩图7-3　六倍体小麦（2n=6x=42）流式细胞仪染色体分析（流式核型）。（a-c）拥有标准核型的栽培种“中国春”。（a）按照发表的染色体长度建立的理论流式核型模型（Gill等，1991）。同时考虑了2%染色体峰值变异系数。这个模型预测了大部分染色体形成三个复合峰，只有1D，4D，3B染色体可以通过不同的峰值区分出来。（b）实验的流式核型显示了三个复合峰值（Ⅰ-Ⅲ），代表了染色体组和3B染色体的峰值。（c）在用一对带有3B染色体的微卫星序列的引物进行PCR得到的流式核型上，染色体3B归于一个峰值。M：100bpDNA分子标记；Ⅰ，Ⅱ，Ⅲ，3B：按流式核型上个体峰值分选出的500条各种类型的染色体。（d）在栽培种“佛罗里达”中，5BL-7BL易位系被确定为一个分离峰值。在对10 000DAPI浸染的染色体分析之后可以获得流式核型（x轴：相对DAPI荧光强度；y轴：发生数）。诸多插入表示了分选的染色体，它可以用带有GAA微卫星（黄色）探针的PRINS确定；染色体用碘化丙啶进行反标记（红色）。

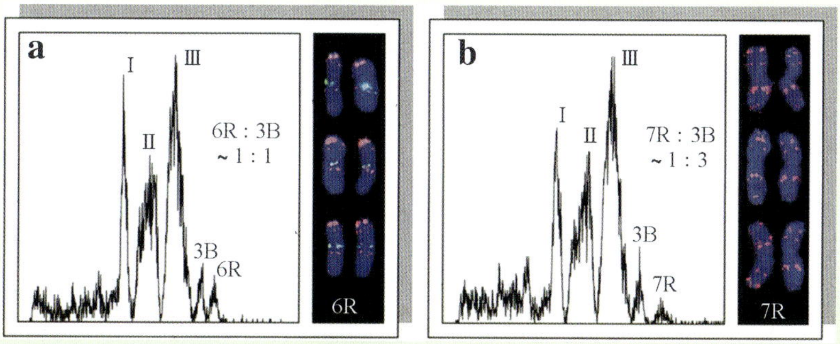

▲ 彩图7-4　两个小麦-黑麦附加系的流式核型。图（a）和（b）分别代表黑麦6R，7R染色体的峰值。染色体峰域的比较（小麦3B染色体：黑麦染色体）可以用来评估群体中外源染色体的频率。6R染色体的峰值比率为1.0时，表明它在每一粒种子中都会出现，小于这个峰域则表明7R染色体的低传输率。通过分析10 000条左右DAPI标记染色体可以获得流式核型。x轴：相对DAPI荧光强度；y轴：发生数。多个插入显示了分选的染色体，可以通过带有pSc119.2重复（红色）和GAA微卫星（黄绿色）的探针，经过双FISH确定。染色体用DAPI进行反标记染色（蓝色）。

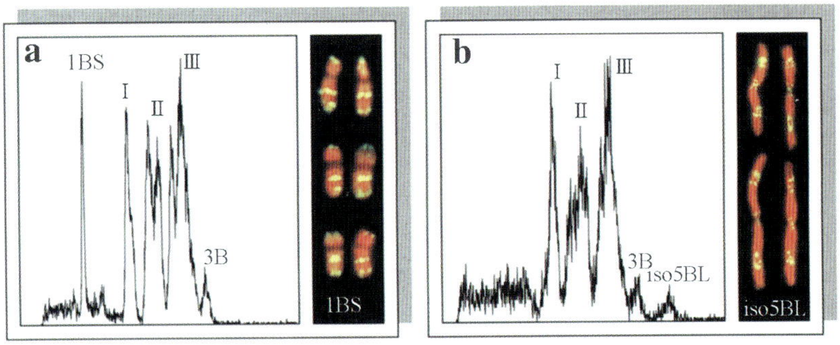

▲ 彩图7-5　六倍体小麦中单染色体臂的分选。（a）峰值代表双端体系“Pavone”中能分辨出的（1BS）染色体的短臂。这方便了对1BS臂的高纯度分选。（b）带有染色体5BL（iso5BL）的“中国春”小麦的流式核型。在对10 000~20 000条DAPI标记染色体分析之后可以获得流式核型（x轴：相对DAPI荧光强度；y轴：发生数）。多个插入是分选的染色体，它可以用带有GAA微卫星（黄色）探针的PRINS确定；染色体用碘化丙啶进行反标记染色（红色）。

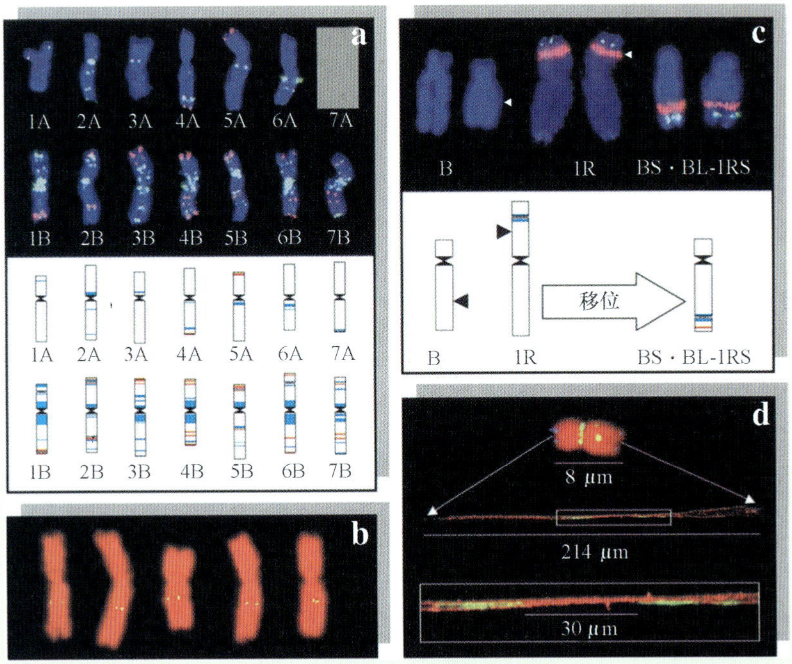

▲ 彩图7-6　FISH中进行DNA序列物理作图流式分选染色体的应用。（a）分子核型已经应用到硬粒小麦($2n=4x=28$)。GAA微卫星（黄绿色）和pSc119.2重复（红色）的基因组分布在双FISH后即可识别，并方便了核型中每一条染色体的识别。（b）小麦3B染色体上单拷贝，1kb DNA序列的定位。注意两条染色质上非特异标记的缺失和两个染色单体上信号的出现。（c）黑麦B染色体上带有45rDNA（红色）和55rDNA(黄绿色)的探针双FISH确定一条B染色体与1R染色体的稀有易位。B染色体上FISH信号的出现使得断裂位点（箭头所指）得到确定及定位。（d）大麦1H 染色体的物理作图在染色体伸展上空间分辨率增加。带有GAA微卫星（黄绿色）及端粒重复（蓝色）探针进行的双FISH。染色体用碘化丙啶进行反标记（红色）。GAA微卫星的两个基因簇之间的物理图谱从未处理前的1.3 μm染色增加到30 μm，使染色体伸展了27倍。

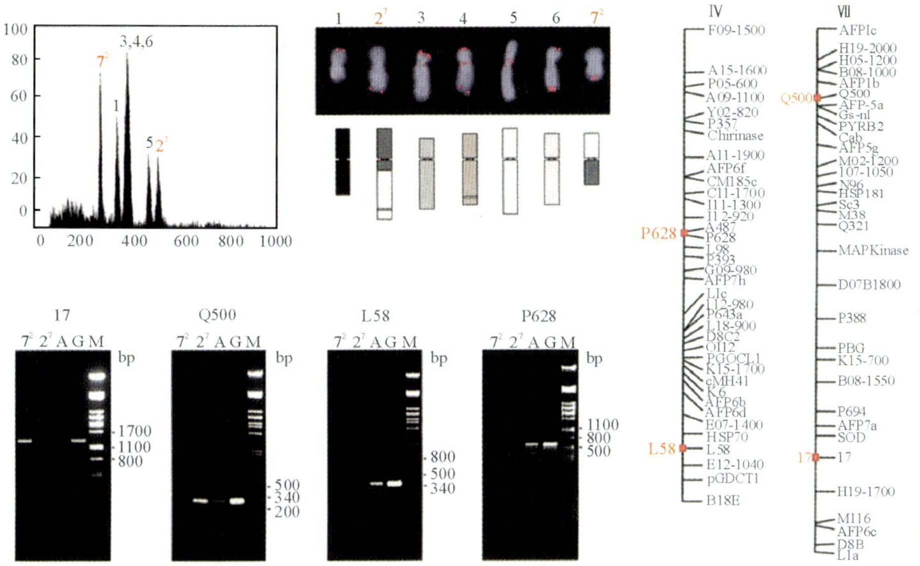

▲ 彩图7-7　豌豆中遗传标记的PCR物理作图（Neumann等，2002）。在包含2号染色体和7号染色体之间的JI-148株系的相互易位中分选染色体，使得其余的染色体在流式核型分析中区别出来（图左上），在用Pis TR-B（红色）探针进行FISH后，确定了染色体。用染色体DAPI(蓝色)反标记染色的染色体，图上中显示了易位系（顶中心）。在分选的染色体2 ^{7}、7 ^{2}部分检测到4个来自连锁组IV和VII（右）的标记。其余所有剩余的染色体（样道A）用于P C R和琼脂糖凝胶电泳反应产物（左下）。样道G带包含着基因组DNA酶切反应，样道M标记包含一个片段大小的标记（带有*Pst* I对照的lambda片段）。

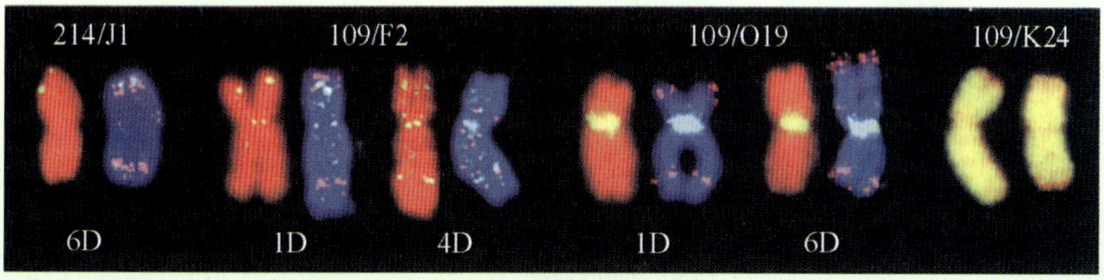

▲ 彩图7-8　流式分选小麦D组染色体FISH中BAC克隆的定位，图以两条染色体为例。定位信号显示BAC克隆214/JI，109/F2，及109/O19在一个或少数几个位点。用碘化丙啶（红色）进行反标记染色的染色体显示了BAC克隆的位置（黄色）用DAPI（蓝色）进行反标记染色的染色体显示用BAC克隆（黄绿色）作探针的双FISH及*Afa*家族重复（红色），这可以方便染色体的定位。BAC 109/K24克隆显示了小麦染色体（黄色）的分散信号。染色体用碘化丙啶进行反标记染色（红色）。

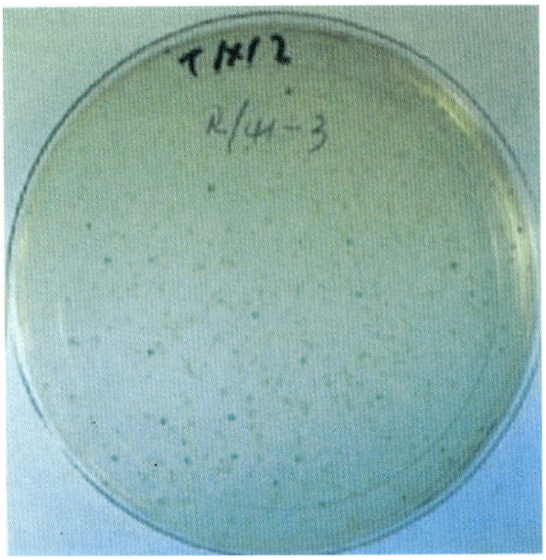

◀ 彩图8-9
在PBC载体pCLD04541克隆的具有转化植物能力的载体BIBACs。蓝色菌落代表没有插入片段（非重组体）的克隆，无色菌落代表有插入片段（重组体）的克隆。

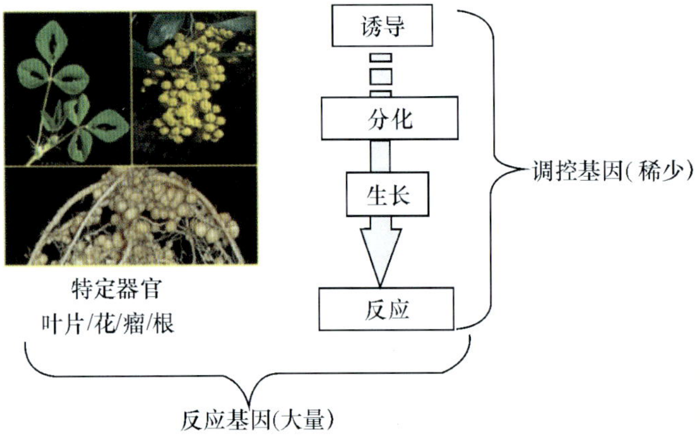

◀ 彩图10-1
发育事件中基因的调控和反应。差异性显示、微阵列分析等多种分子遗传方法检测基因表达变化都随着反应的变化而变化，这通常是大量且显著的。而且，这些反应不是组织特异的，而是在组织上加重。调控基因管理器官在不同阶段预定的发育，基因数量少且表达水平低。调控基因常为转录因子或受体激酶（如：NARK,ETR1,ASTRAY,NIN1）。上图显示的是地下三叶草的叶子和轴芽，澳大利亚金合欢树花（一种豆类）和NARK缺乏的大豆根和瘤系统。

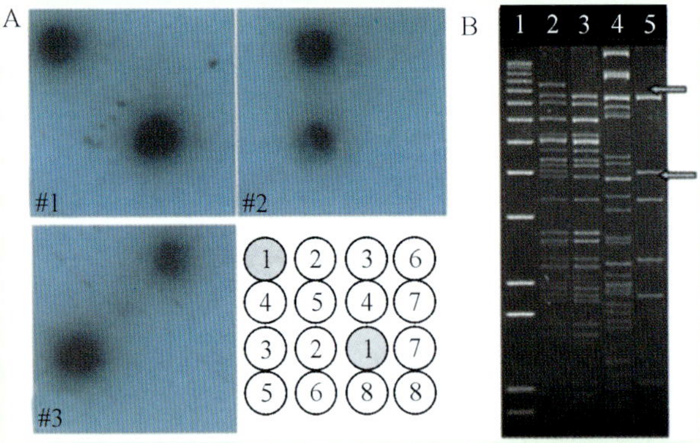

◀ 彩图10-3
BAC克隆检测。（A）滤膜点制文库，BAC文库可以用间隙明显的双点方式机械点制在尼龙膜上。接着用标记探针杂交后，用X射线显影和phosphoimaging仪器等方法来检测两点。点的排列可以帮助选择候选BAC克隆。高密度信号通常表示直接击中。然而，应该注意多基因拷贝和假基因。（B）用PCR进行分组筛选。来自多层板的BCA克隆通过X-Y-Z三维框架分组在一个库内。通过PCR筛选高级分组库。阳性的分组重叠进一步用下一级更详细的分组来检测，到最终找到单克隆。

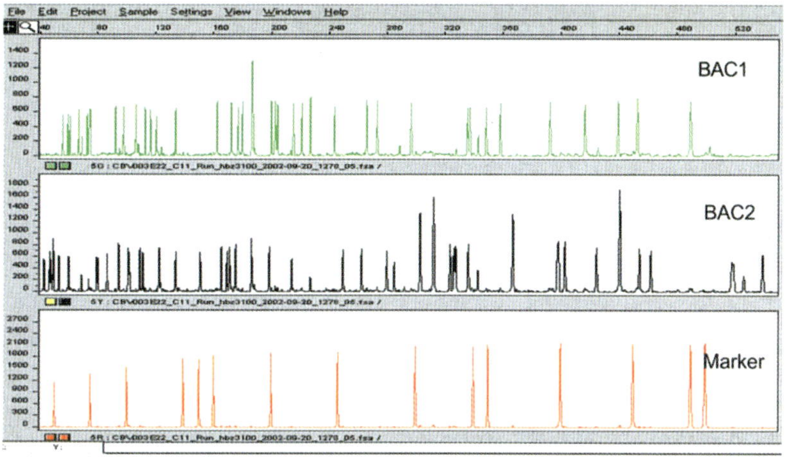

A: ABI 3 100测序仪中一个通道中的两个BAC指纹

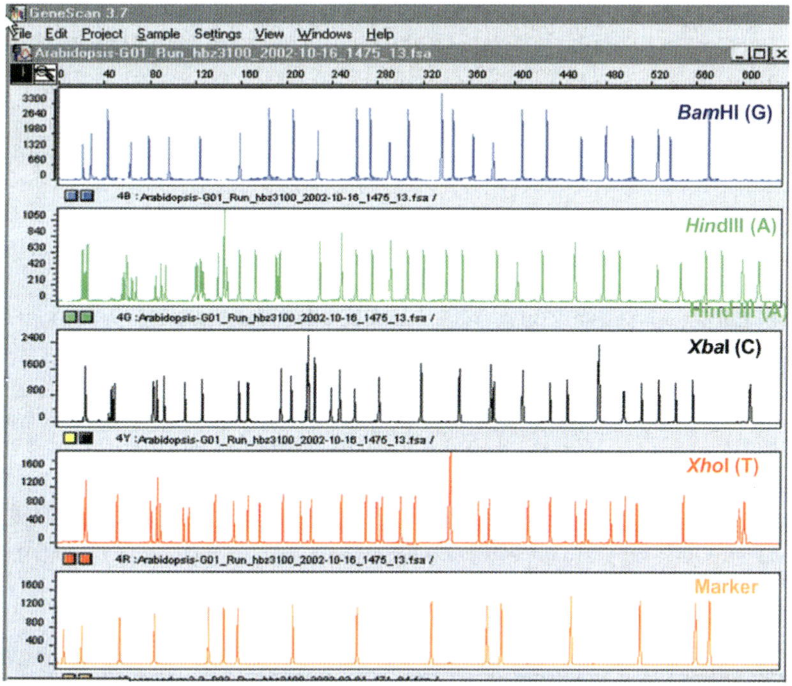

B: ABI 3 100测序仪中一个通道中的一个BAC指纹

▲ 彩图11-5 用基于毛细管电泳的限制性酶切指纹图谱方法（Xu et al.2002，2004；图11.2）产生的拟南芥BACs指纹图谱。BAC DNA的分离是在AutoGenprep 960 Robotic Workstation上的96孔板中完成。（A）BAC DNA用*Hin*dⅢ/*Bam*HI/*Hae*Ⅲ酶切并用HExddATP（BAC2）进行末端标记。BACs用不同颜色相结合进行标记。(B)BAC DNA用*Hin*dⅢ/*Bam*HI/*Xba*Ⅰ/*Xho*Ⅰ/*Hae*Ⅲ酶切。用SNaPshot Kit中含有的RGG-ddATP（绿），Rno-ddGTP（蓝）,TAMRA-ddCTP(黑)和Rox-ddT(U)TP(红)在*Hin*dⅢ *Bam*HⅠ, *Xba*Ⅰ,和*Xho*I酶切位点进行末端标记，限制性酶切片段和末端标记片段与内部分子量DNA标记（橙色）混合，并在ABI 3100 Gentic Analyzer上分离，每个BAC的指纹的捕获由GeneScan软件完成（引自Xu et al.2004）。

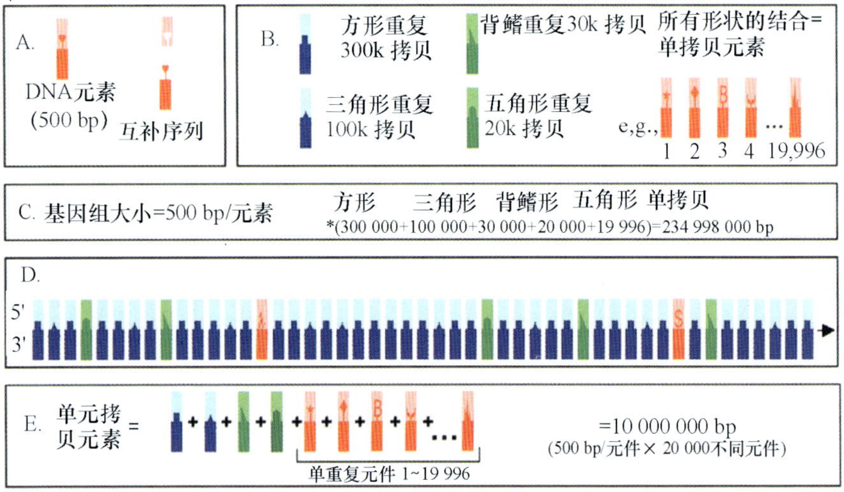

▲ 彩图13-2 基因组大小对应序列复杂性（SqCx）。（A）假设植物*Planta genericus*的基因组是由许多DNA元件构成的，每个元件由一个长方形所代表，这个长方形由两个在连锁的（如，互补）片段/序列所组成。为了简单起见，每个元件被假设为500 bp长。（B）在基因组中的两个最高度的重复（HR；蓝色）是“平方”（300 000拷贝/基因组）和“立方”（100 000拷贝）。相当少的拷贝被发现具有中度重复（MR；绿色）元件“背鳍”（30 000拷贝）和“五角形”（20 000拷贝）。所有在基因组中其他的19 996个元件在自然界中是单拷贝或低拷贝的（SL；红色）。（C）*Planta genericus*基因组的63.8%是由“平方”拷贝组成的，而“立方”、“背鳍”和“五角形”分别构成了基因组的21.3%，6.4%和4.3%。基因组保留的4.2%是由19 996个不同的SL序列所构成。（D）*Planta genericus*的一小段伸展的DNA表现的HR，MR和SL元件的比较频率。（E）SqCx是一个基因组中所有唯一序列信息的总和。而“平方”和“立方”说明了*Planta genericus*基因组大小中的大部分，这些元件每一个对SqCx的贡献是可以忽略的［100×（500 bp/10 000 000 bp）=0.000 5%］。比较起来，SL序列只构成了基因组的4.2%，但说明了99.9%的SqCx。基因丰富性减少代表性技术是要在来自重复元件的最小阻力下，分离和测序那些元件，即大部分贡献给SqCx（如，SL DNA）的元件，这些重复元件可以构成基因组的主干部分，但却对SqCx贡献很小。

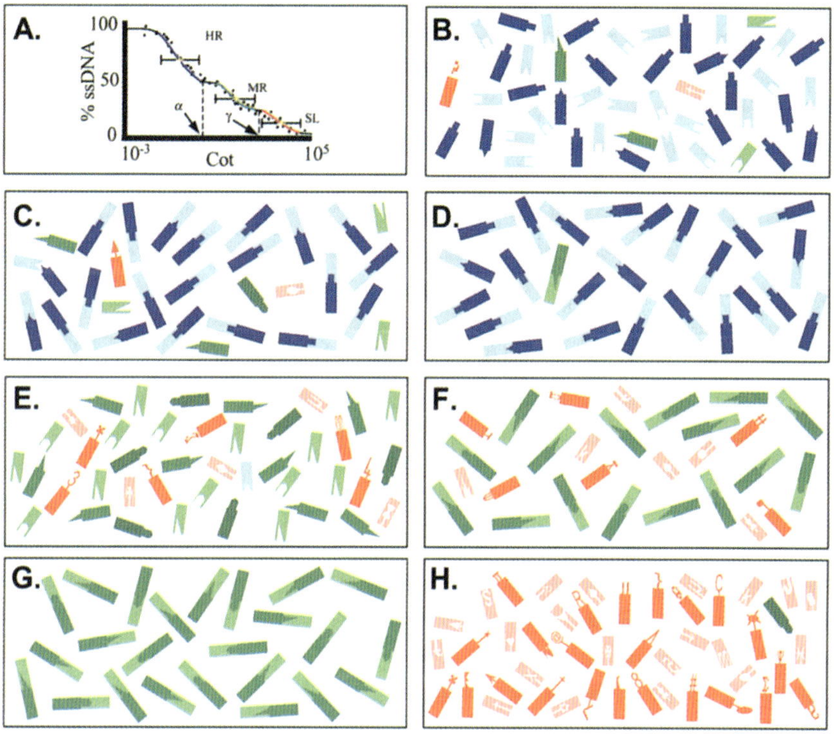

▲ 彩图13–4 假设的物种 *Planta genericus* 基因组用CBCS分开。如图13–1，在 *Planta genericus* 基因组中的每个元件由一个长方形代表，通过2个连锁（如，互补）片段/序列所组成。另外，所有元件大致长度在500 bp。（A）一个 *Planta genericus* 的Cot分析展示它的基因组有快速（蓝色）组成，一个中间快速（绿色）和一个缓慢的重新关联组分组成。在每个组分中的部分和每个组分的动力学复杂性（用于估计序列复杂性）由Cot曲线的数学分析决定。因为一个基因组的重新相关中的元件对它们的拷贝数目成一定比例，在快速重新相连的组分中的那些序列代表了基因组中最高度的重复序列（HR；蓝色），而那些中度快速和慢速重心相关的组分分别代表了中度重复（MR；绿色）和单一的/低–拷贝（SL；红色）元件。（B）*Planta genericus* DNA被剪切成450 bp长片段，并被变性。这里的例子和后续的每个图框显示了一个更大量复性反应的一个小的随机部分。然而，在一个图框中的每个元件被显示在针对来自它们自己和其他组分的元件的正确部分。（C）DNA被允许复性到Cot值“α”（参见框图A）。犹如显示在Cot曲线（框图A），在Cot的α点近乎所有HR元件已经形成了双螺旋（建立在与互补链的“碰撞”基础上），但是很少MR和基本上没有SL元件已经发现互补。然后羟磷灰石（HAP）色谱被用于分离。（D）双股链（复性的）HR的DNA来自（E）单股的DNA（MR和SL的DNA）。双股HR的DNA被克隆产生一个HRCot文库。（F）在第一次HAP部分可以复性到一个Cot值相等于 γ（参见框图）之后，单股DNA保留，在此点实际上所有MR元件已经形成双螺旋，但是单拷贝元件仍然不可能发现互补。HAP色谱被用来分离（G）双链MR的DNA形成（H）单股链SL的DNA。MR丰富的DNA部分（框图G）被克隆到产生一个MRCot文库。在富含SL部分，针对单链的DNA分子，随机引物链合成被用来产生互补链（框图H），而且结果的双螺旋被克隆产生一个SLCot文库。

▲ 彩图13-6　对SSR富集的引物延伸方法。所展示的这个技术相似于Fish et al.(1996)。（A）一系列引物被合成，在它们的3′端（金色线），每个引物具有相同的相似SSR的重复，如(CT)6，而在它们的5′端（绿色线），有一个部分降解的7- 碱基序列，这个序列不包括任何额外的CT重复。（B）引物被用于PCR-扩增那些基因组区域，并在两侧翼结合引物。PCR反应的条件被保持在非常严格的条件，以保证引物的5′端和基因组中的互补序列（红色和粉红色线）实际一起退火，由此阻止引物向靶标到的微卫星位点的3′端滑动，以及后续在重复的长度上失去变异。（C）每个PCR产物的结果在接近它们的端部，有一个SSR（金色和黄色配对线）。（D）PCR产物被克隆和测序。

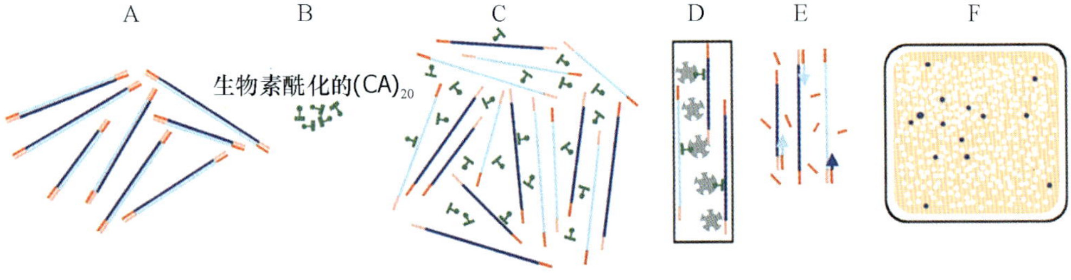

▲ 彩图13-7　对SSR富集的杂交捕获方法。（A）基因组DNA用限制性内切酶酶切成片段，这些限制酶的切端是钝端的，一个连接子（linker）被连接到酶切后的片段上，用互补到连接子一条链上的引物的PCR来扩增DNA，由此保证反应中的大量分子的两端都含有连接子。（B）一条或更多个单条的被生物素酰化的似SSR序列被合成。在图表中一个生物素酰化的（CA）20探针代表生物素。（C）基因组DNA/连接子分子被变性，而且能与一个过量的生物素标记的探针复性。（D）混合物被加载到一个含有链霉抗生物素包被的细微珠子的柱子上，这个柱子被经过清洗。只有那些杂交到生物素标记的探针的基因组DNA分子粘在柱子上。（在一个变化中，链霉抗生物素包被的细微珠子是磁性的，并能够用一个磁铁将这些磁性细微珠子从反应浆液中移出。）（E）含有DNA的SSR从柱子上洗涤下来（通过加热或者是化学方法），并用在步骤A中使用的同样的引物进行PCR放大。（F）含有分子的SSR被克隆和最后测序。